Benes • Groh

Grundlagen des Qualitätsmanagements

„Es gibt kaum etwas auf dieser Welt,
das nicht irgend jemand
ein wenig schlechter machen
und etwas billiger verkaufen könnte,
und Menschen die sich nur am Preis orientieren,
werden die gerechte Beute solcher Machenschaften."

John Ruskin (1819 – 1900)

Georg M. E. Benes
Peter E. Groh

Grundlagen des Qualitätsmanagements

2., aktualisierte Auflage

Mit 217 Bildern, 45 Tabellen und 228 Lernerfolgskontrollfragen

Fachbuchverlag Leipzig
im Carl Hanser Verlag

Prof. Dr.-Ing. Georg M. E. Benes
Dipl.-Ing. Peter E. Groh
Technische Hochschule Mittelhessen
Fachbereich Wirtschaftsingenieurwesen

Bibliografische Information der Deutschen Nationalbibliothek
Die Deutsche Nationalbibliothek verzeichnet diese Publikation in der Deutschen Nationalbibliografie; detaillierte bibliografische Daten sind im Internet über http://dnb.d-nb.de abrufbar.

ISBN 978-3-446-43472-1
E-Book-ISBN 978-3-446-43473-8

Einbandbild: Autoren

www.hanser-fachbuch.de
Lektorat: Jochen Horn
Herstellung: Katrin Wulst
Satz: Peter E. Groh, Lahnau
Coverrealisierung: Stephan Rönigk
Druck und Bindung: Friedrich Pustet KG, Regensburg
Printed in Germany

Vorwort

Das vorliegende Lehrbuch entstand auf der Grundlage der Lehrveranstaltung „Qualitätsmanagement". Es fasst die wichtigsten Elemente des Qualitätsmanagements zusammen.

Jede Tätigkeit des Menschen ist verhaltens- und nutzwertorientiert. Ob es sich um Nahrung, Mobilität, Bildung, Kultur oder Umwelt handelt, wir streben die Erfüllung unserer Wünsche und Bedürfnisse an. Wie hoch die Erfüllung unserer Forderungen ausfällt, hängt von der Qualität der betroffenen Leistung bzw. des Produktes ab. Also gehört die Qualität für den Verbraucher, Anwender bzw. Kunden zu einem wichtigen Entscheidungskriterium bei der Wahl eines Produktes bzw. der Inanspruchnahme einer Leistung. Um den Kunden zufriedenzustellen, muss der Anbieter die geforderte Qualität liefern.

Was ist Qualität und wie wichtig ist sie aus Anbieter- bzw. Herstellersicht tatsächlich? Wie kann sie beeinflusst oder sogar gezielt erzeugt werden? Zu welchen Konsequenzen führt die Nichterfüllung der Qualitätsforderungen?

Die Antworten auf diese Fragen haben wir für interessierte Studierende der technischen Wissenschaften bzw. Industriefachleute systematisch aufbereitet.

Die Erläuterung der Zielsetzung des jeweiligen Themengebietes sowie sein Inhalt werden anhand von grafischen Darstellungen visualisiert, wichtige Aussagen und Stichworte sind hervorgehoben und anhand von praktischen Beispielen ergänzt. Auch an den Lernerfolg in Form von 228 Fragen und Antworten haben wir gedacht. So ist das Buch mit seinen 217 Bildern und 45 Tabellen sowohl zur Vorlesungsbegleitung als auch zum Selbstlernen geeignet. Um die Übersichtlichkeit des Themas zu wahren, wurde der Inhalt in verdichteter Form aufgearbeitet und grafisch unterstützt.

Für theoretische Betrachtungen bzw. die praktische Umsetzung in Betrieben muss selbstverständlich weiterreichende Fachliteratur herangezogen werden.

An dieser Stelle sei hervorzuheben, dass der Hanser Verlag durch die Entscheidung, das Buch farbig zu gestalten, den Lernerfolg positiv mit beeinflusst. So wird die visuelle Aufnahmefähigkeit der Leser gesteigert. Auch die Ergebnisse einer Umfrage unter unseren Studierenden sowie die Betreuung seitens des Carl Hanser Verlages, vertreten durch Herrn Jochen Horn, haben wertvolle Hinweise zu der Buchgestaltung geliefert.

Danken möchten wir unserem Kollegen Prof. Dr. rer. nat. Ulrich Vossebein für die Durchsicht und seine wertvollen Hinweise und nicht zuletzt unseren Familien für das Verständnis, das sie unserer Arbeit entgegengebracht haben.

Friedberg, Oktober 2012

Prof. Dr.-Ing. Georg M. E. Benes
Dipl.-Ing. Peter. E. Groh

Inhaltsverzeichnis

Bedeutung der Qualität

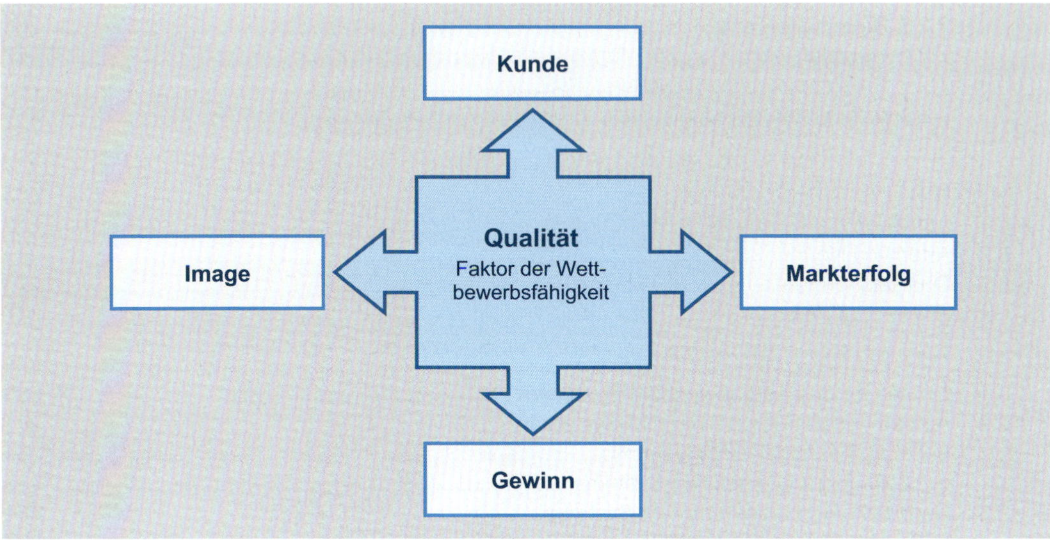

Lernziele:

Qualität ist ein Begriff des täglichen Lebens. Als Verbraucher haben wir aufgrund eigener Erfahrung eine Vorstellung von Qualität. Ihre Bedeutung ist für jeden Einzelnen unterschiedlich ausgeprägt. Trotzdem stellt sie für jeden von uns ein wichtiges Kriterium bei dem Kauf bzw. bei der Verwendung eines Produktes oder der Inanspruchnahme einer Dienstleistung dar. Deswegen muss ein Anbieter bzw. Produzent den Qualitätsaspekt in seiner Marktstrategie berücksichtigen.

Qualität beinhaltet für den Produzenten auch andere Aspekte. Sein primäres Ziel ist, nachhaltig Gewinne zu erwirtschaften, also erfolgreich auf dem Markt zu agieren. Das erfordert Produkte, die den Kundenforderungen entsprechen, eine hohe Wirtschaftlichkeit des Produktentstehungsprozesses und Beachtung der gesellschaftlichen Rahmenbedingungen wie Gesetze, Meinungsbildung usw.

Der Produzent muss demnach eine große Anzahl von Faktoren berücksichtigen, wenn er seine Wettbewerbsfähigkeit erhalten bzw. ausbauen möchte. Im folgenden Kapitel werden unterschiedliche Auswirkungen von Qualität auf Merkmale der Wettbewerbsfähigkeit von Unternehmen aufgezeigt.

1 Bedeutung der Qualität

1.1 Einführung

Globalisierung steigert Konkurrenzdruck

Die Globalisierung der wirtschaftlichen Beziehungen bietet Chancen und birgt in sich gleichzeitig auch höhere Gefahren für jedes Unternehmen. Ein stetig steigender Konkurrenzdruck macht sich nicht nur weltweit, sondern auch in der Bundesrepublik Deutschland in allen Bereichen der Wirtschaft sehr stark bemerkbar. Der schnelle Wandel der Informations- und Kommunikationstechniken verändert weltweit die Technologielandschaft. Forschung und Wissenschaft, Industrien und Infrastrukturen, Technologien und Know-how werden zunehmend transparenter und zugänglicher. Andererseits stellen die Absatzmärkte ein wesentlich inhomogeneres Feld dar. Gesellschaftsbedingte Entwicklungen, wie z. B. die gestiegene Verantwortung für die Umwelt in den hochentwickelten Industriestaaten und der einsetzende Konsum in den osteuropäischen, lateinamerikanischen und ostasiatischen Ländern bzw. das Sichern der Lebensgrundlagen in Afrika, stellen unterschiedliche Forderungen an das Produkt und die Produktionsprozesse. Auch die Kunden haben immer individuellere Wünsche.

Volkswirtschaften im Wettbewerb

Dieser Herausforderung stellen sich viele Unternehmen mit Erfolg. In der vom „Institute for Management Development" in Lausanne zusammengestellten Rangliste zur Wettbewerbsfähigkeit stehen die USA, gefolgt von Japan, an der Spitze. Deutschland ist innerhalb der letzten Jahre in der Bewertung zurückgefallen. Die Gründe für diese Entwicklung sind sicherlich vielfältig. Die Umkehr der seit Jahren andauernden negativen Entwicklung kann nur durch eine Strategie erzwungen werden, die in allen Bereichen der Industrie und der Gesellschaft einen Wandel bewirkt. Die komplexen Zusammenhänge erfordern eine Vielzahl von Maßnahmen, die die Wettbewerbsfähigkeit der deutschen Unternehmen verbessern und den damit zusammenhängenden Lebensstandard in Deutschland sichern.

Mit gezielten Maßnahmen Wettbewerbsfähigkeit sichern

Zur betrieblich beeinflussbaren Verbesserung der Wettbewerbsfähigkeit gibt es eine Vielzahl von Meinungen, Untersuchungen, Theorien und praktischen Beispielen. Shareholder Value, Lean Management, Reengineering, Kaizen, ISO 9001, TQM usw. sind Philosophien bzw. Strategien, mit deren Hilfe eine hohe Wettbewerbsfähigkeit und damit ein langfristiger Unternehmenserfolg gesichert werden sollen. Die praktische Umsetzung führten z. B. die japanischen Automobilhersteller mit Lean Management oder die Firmen Rank Xerox, Milliken, DZB und Texas Instruments Europe im Qualitätsbereich vor, indem ihnen mit der Verleihung des Europäischen Qualitätspreises (EQA) der Erfolg bei Total Quality Management (TQM) bescheinigt wurde. In diesem Rahmen ist auch das Vorhaben der Unternehmen Toyota und Honda zu erwähnen, die gemeinsam ein Fahrzeug nur für den europäischen

Markt entwickeln und damit den spezifisch europäischen Kundenforderungen gerecht werden wollen.

Globaler Wandel betrifft alle Unternehmen.

Der globale Wandel betrifft in Deutschland nicht nur die Großkonzerne, die jahrzehntelange Erfahrungen im internationalen Geschäft aufweisen, sondern verstärkt auch kleine und mittelständische Unternehmen. Die wirtschaftliche Entwicklung in den neunziger Jahren zeigte, dass die vorhandenen Strukturen, Strategien und Denkweisen in der deutschen Wirtschaft immer weniger den sich rasch ändernden Forderungen standhielten.

Erfolgsfaktoren: Kosten, Zeit und Qualität

Die Erfolgsfaktoren Kosten, Zeit und Qualität standen zwar im Mittelpunkt der Unternehmensanstrengungen, aber deren positive Beeinflussung verzeichnete, wenn überhaupt, nur einen verhaltenen und meist kurzfristigen Erfolg. Bisher erfolgreiche Konzepte verloren an Wert. Umfangreiche Rationalisierungsprogramme sollten auf der Kostenseite Entlastung bringen. Eine zunehmende Produktionsverlagerung in Niedriglohnländer und eine auf deren Spur folgende Verlagerung der Entwicklungs- und Konstruktionsarbeiten schloss die Kette zu einem noch härter kalkulierenden Kunden.

In der Zwischenzeit traten Qualität und Innovation deutscher Produkte weltweit in den Vordergrund. Trotz der immer noch hohen Stückkosten sind deutsche Produkte gefragt, sodass Deutschland erneut zu den führenden Exportnationen gehört [BuAu2008].

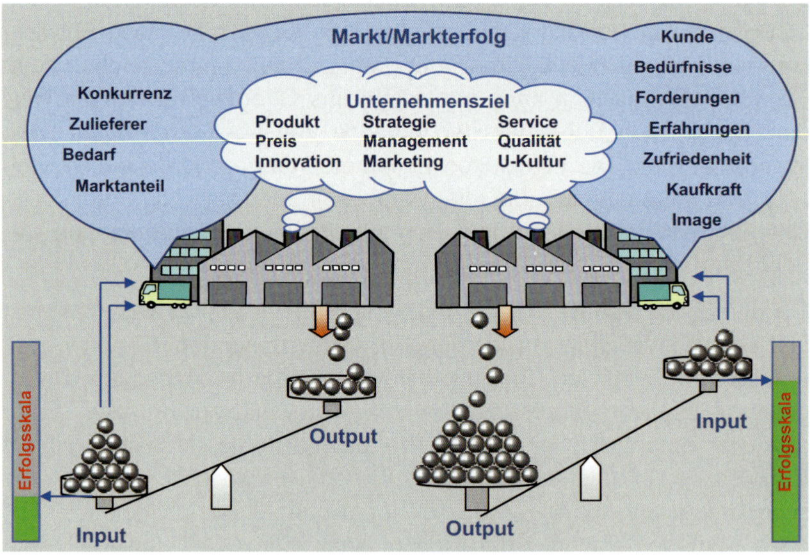

Bild 1.1: Unternehmenserfolg und seine Einflussgrößen

Qualität ist ein komplexer Faktor.

Was ist aber Qualität? Normdefinitionen, Schlagwörter, Modelle bzw. Philosophien versuchen mehr oder weniger erfolgreich, die Qualität zu beschreiben, zu erfassen und deren Bedeutung für das Unternehmen zu erleuchten. Da es sich dabei teilweise um schwer greifbare Werte bzw. um komplexe Abhängigkeiten handelt, deren Parameter ebenfalls nur indirekt bewertbar sind, stellten die Betrachtungsweise der Qualität und ihre Auswirkungen auf die Wettbewerbsfähigkeit nur die jeweilige Sichtrichtung dar. Somit kann der **Wettbewerbsfaktor Qualität** seine Wirkung einbüßen oder sogar kontraproduktiv wirken.

Unternehmen befinden sich offensichtlich in einem Spannungsfeld von externen und internen Einflussgrößen. Die Unternehmensstrategie wird entsprechend den externen Einflussgrößen wie Kundenforderungen, Aktivität der Konkurrenz usw. ausgerichtet (Bild 1.1). Intern steht die Zielsetzung im Vordergrund, die vorhandenen Ressourcen optimal einzusetzen. Entsprechend der Entscheidungs- und Umsetzungsgüte weisen Unternehmen unterschiedliche Ergebnisse auf.

Welche Rolle Qualität spielt und welchen Einfluss sie auf den Unternehmenserfolg ausübt, wird in den folgenden Kapiteln erläutert.

1.2 Qualität als Erfolgsfaktor

In den letzten Jahren gewinnt die Wettbewerbskomponente „Qualität" neben den traditionellen Wettbewerbsfaktoren „Kosten" und „Zeit" erneut an Bedeutung. Der im überwiegenden Teil der Wirtschaftsbereiche festzustellende Wandel vom Verkäufer- zum Käufermarkt und der damit verbundene Zuwachs an „Marktmacht" für den Kunden haben dazu ebenso beigetragen wie die Globalisierung.

Der Kunde fordert umfassende Unternehmensqualität.

Um als Unternehmen auf dem internationalen Markt wirtschaftlich erfolgreich zu sein, ist es heute nicht mehr ausreichend, „nur" eine hochwertige Produktqualität zu erzeugen. Der Kunde fordert immer mehr eine umfassende Unternehmensqualität. Dazu gehören neben der Flexibilität, auf Kundenwünsche reagieren zu können, ein überdurchschnittlicher Kundenservice in Bezug auf Termin- und Liefertreue, umfassende Kundenbetreuung, das Vertrauen in die Zuverlässigkeit und Innovationsfähigkeit der Unternehmen und die neuerdings immer wichtiger werdende Umweltverträglichkeit der Produkte und der Produktion.

Zur Erfüllung der Kundenwünsche haben daher viele Unternehmen freiwillig bzw. unfreiwillig ein Qualitätsmanagementsystem eingeführt, das unter anderem das Vertrauen des Kunden in die Qualitätsfähigkeit des Unternehmens stärken soll.

Qualitätsmanagement – Systemansätze

Die am Markt eingeführten Qualitätsmanagement-Systemansätze lassen sich zwei verschiedenen Prinzipien zuordnen: dem **Erfüllen von Forderungen** und dem **Optimieren aller Aktivitäten**.

In Deutschland überwiegen die Ansätze, die sich mit dem Erfüllen von Forderungen befassen.

Die Modelle der Normenreihe DIN EN ISO 9000 ff. zur Darlegung von Qualitätsmanagementsystemen sind in über 46 000 zertifizierten Unternehmen (Stand Dez. 2006) umgesetzt.

Wie folgende Untersuchung [BeVo1.0] zeigt, ist der Erfolg der zertifizierten Unternehmen nicht eindeutig. Rund 30 % der befragten Unternehmen konnten durch das QM-System die Fehlerverhütungskosten (Kosten für Lieferantenbeurteilungen, Qualitätsförderungsprogramme, Prüfplanungen, Schulungen, etc.) reduzieren (Bild 1.2).

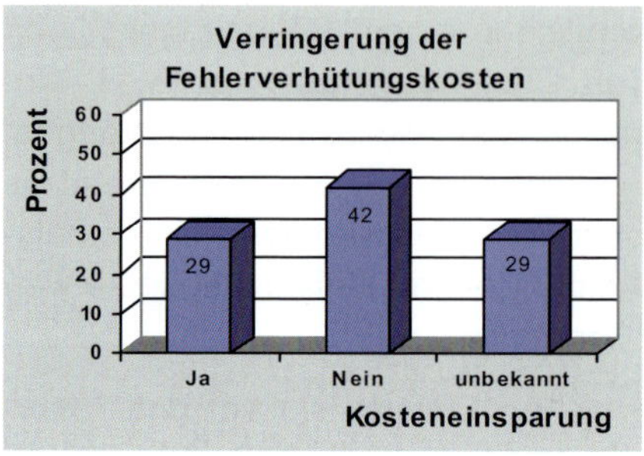

Bild 1.2: Verringerung der Fehlerverhütungskosten

Bei den Prüfkosten zeigte sich noch ein unausgeglicheneres Ergebnis. Nur ca. ein Viertel der Unternehmen konnte eine Verringerung der Prüfkosten verzeichnen (Bild 1.3).

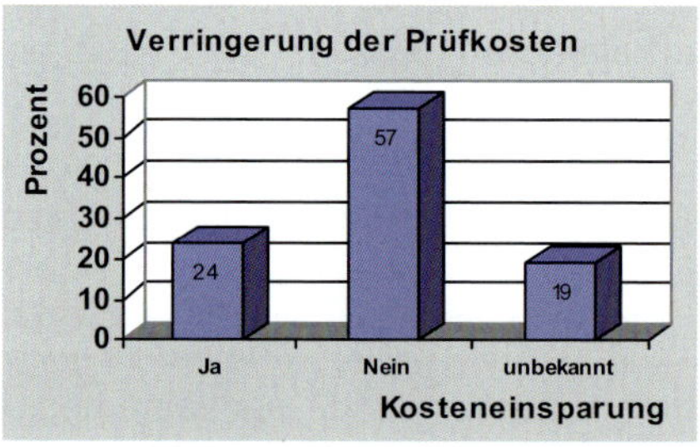

Bild 1.3: Verringerung der Prüfkosten

Der größte Erfolg wurde bei den Fehlerkosten erreicht. Mehr als 50 % der Unternehmen konnten sie aufgrund höherer Qualität senken (Bild 1.4).

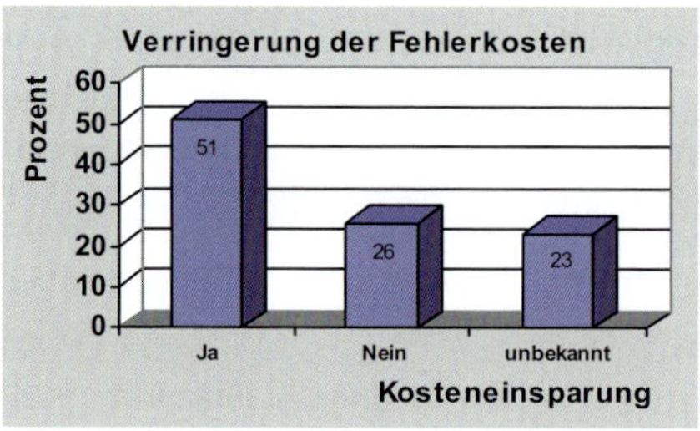

Bild 1.4: Verringerung der Fehlerkosten

Auch bei den Durchlaufzeiten war der Erfolg durchwachsen. Nur ca. ein Drittel verzeichnete messbare Vorteile (Bild 1.5).

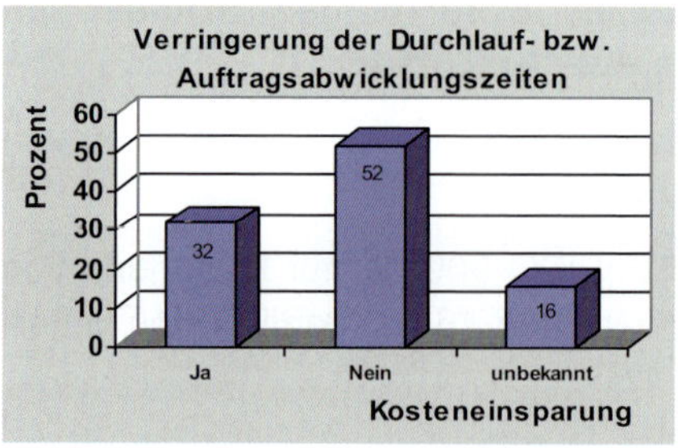

Bild 1.5: Verringerung der Durchlauf- bzw. Auftragsabwicklungszeiten

Es gibt zwei Ursachen für den mäßigen Erfolg der zertifizierten QM-Systeme. Die vordergründige Zielsetzung für die Einführung waren der Kundendruck, der Wettbewerb bzw. das Marketing. Die eigentlichen Qualitätsziele wurden erst in zweiter Linie verfolgt. Der zweite Grund besteht in den nur begrenzten Forderungen der Norm. Trotz dieser in den Erwartungen gedämpften Ergebnisse ist ein positiver Einfluss auf Kosten und Qualität feststellbar.

Hat ein Unternehmen das Ziel, ein umfassendes Qualitätsmanagement einzuführen bzw. aufzubauen, kann die Normenreihe keine echte Alternative darstellen. Durch das Fehlen wichtiger Aspekte des Total-Quality-Konzepts werden zukünftige Forderungen von Kunden, Markt und Gesellschaft von der Norm nicht ausreichend in Betracht gezogen. Die Einführung eines Total-Quality-Management-Systems (TQM) beginnt jedoch mit dem Aufbau eines QM-Systems im Unternehmen, somit kann der Aufbau eines QM-Systems nach der Normenreihe DIN EN ISO 9000 als erster Schritt zur Implementierung eines TQM-Konzepts gesehen werden.

Erster Schritt ist die DIN EN ISO 9000.

Systemansätze, bei denen das Optimieren aller unternehmerischen Tätigkeiten im Vordergrund steht, bezeichnen wir als **Total Quality Management (TQM)**. Die konsequente Ausrichtung des Unternehmens auf die Bedürfnisse des internen und externen Kunden ist eines der Hauptziele von TQM.

Optimieren aller unternehmerischen Tätigkeiten

Tabelle 1.1: Ergebnisse ausgewählter Finalisten und Gewinner des European Quality Awards

Veränderung der Unternehmensergebnisse	Steigerung der Export-Umsätze Steigerung der Gewinnspanne Steigerung des Umsatzes Zugewinn von Marktanteilen
Veränderung der qualitätsbezogenen Daten	Rückgang der Rate von Defekten
Veränderung der Durchlaufzeiten	Senkung der Einführungszeit für neue Produkte Senkung der Durchlaufzeit der Produkte
Einfluss auf die Mitarbeiter	Steigerung des Einkommens der Mitarbeiter Steigerung der Mitarbeiterzufriedenheit Senkung der Krankheitsrate Reduzierung der Arbeitsunfälle Steigerung der Mitarbeiterbeteiligung Steigerung von Schulungsmaßnahmen der Mitarbeiter
Einfluss auf Kunden	Kundenzufriedenheit steigt Rückgang der Kundenbeschwerden
Einfluss auf Zulieferer	Zufriedenheit der Lieferanten steigt
Änderung der Kosten	Verringerung der Kosten pro Einheit
Veränderung der Produktivität	Steigerung der Produktivität

Der TQM-Gedanke

International hat TQM eine weite Verbreitung gefunden. Die praktische Umsetzung von TQM bereitet jedoch vielen Unternehmen aufgrund der Verwirrung, die oftmals bereits in der Begriffsklärungsphase auftritt, Schwierigkeiten. Die Richtlinien der nationalen und internationalen Qualitätspreise geben Hilfestellung zur Umsetzung von TQM.

Qualitätspreise

Die Umsetzung des TQM-Gedankens kann auf der Grundlage der Forderungen der drei wichtigsten Qualitätspreise verwirklicht werden. Es handelt sich um den European Quality Award (EQA/EU), den Malcolm Baldrige National Quality Award (MBNQA/USA) und den Deming Prize (Japan).

Einige Ergebnisse [Zip98] der Finalisten und Gewinner dieser Preise zeigen, dass mit der Umsetzung des umfassenden Qualitätsmanagements ein starker Einfluss auf die Qualität und die Unternehmensergebnisse genommen werden kann (Tabelle 1.1).

Auswirkungen der Qualitätspreise

Die Ergebnisse des MBNQA lieferten vergleichbare Ergebnisse. Interessant ist die Meinung zur Relevanz dieses Qualitätspreises für die USA: 92 % der Unternehmen denken, dass der MBNQA sein Ziel der Steigerung des Bewusstseins, dass Qualität ein immer wichtigerer Wettbewerbsfaktor wird, erreicht hat; 82 % der befragten Unternehmen finden, dass das Ziel „Wecken des Verständnisses für die Elemente", aus denen sich „Quality Excellence" konstituiert, erreicht wurde, und 78 % der Befragten denken, dass die Veröffentlichungen von erfolgreichen Qualitätskonzepten und die Vorteile, die die betreffenden Unternehmen daraus gezogen haben, sehr wichtig sind.

Zusammenfassend kann festgestellt werden, dass eine konsequente Umsetzung des Qualitätsgedankens wesentliche Vorteile für ein Unternehmen mit sich bringt.

1.3 Nichtqualität als Unternehmensrisiko

Für die Erzeugung von Qualität sind folgende Rahmenbedingungen unerlässlich:

Planung, klare Entscheidungen, Informationsaustausch, Arbeitsverhalten

- Qualität ist das Ergebnis klarer Entscheidungen sowie aller Leistungen.
- Qualität will geplant sein.
- Für das Zusammenspiel aller am Produktionsprozess beteiligten Gruppen müssen Informationswege vorliegen, um den vollen Informationsaustausch zu sichern.
- QM umfasst alle Bereiche.
- Qualität muss gelebt werden.

Sehr oft werden im „Tagesgeschäft" diese Rahmenbedingungen nicht eingehalten. Das Resultat ist vereinfacht in Bild 1.6 dargestellt.

Auswirkungen mangelhafter Produktqualität

Fehlerhafte Planung, mangelnde Überwachung und Kommunikation, fehlende Motivation und Arbeitsverantwortung sowie Nichtbeachtung der Kundenforderungen führen zum Misserfolg.

Bild 1.6: Qualitätsprobleme

In Bild 1.7 sind einige praktische Beispiele von Qualitätsproblemen aus der Automobilindustrie aufgezeigt, deren Auswirkungen näher analysiert werden.

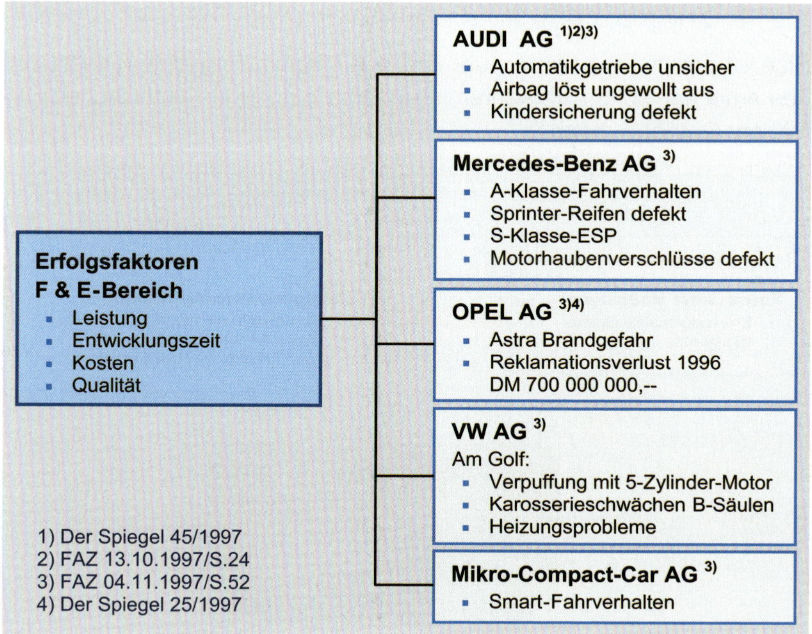

Bild 1.7: Qualitätsprobleme und ihre Auswirkungen

1.3.1 Reklamationen

Reklamationskosten

Aufgrund von mangelhafter Produktqualität betrugen im Jahre 1996 die Reklamationskosten des Unternehmens Opel AG 700 Millionen Mark [Spi97], die direkten Einfluss auf den Gewinn hatten. Für die Öffentlichkeit sichtbare Mängel, wie Brandentstehung beim Betanken des Fahrzeuges, beeinflussen nachhaltig das Image und somit die Marktakzeptanz. Interne Sparmaßnahmen bei der Konstruktion und den Zulieferern verursachen sehr hohe Reklamationskosten.

1.3.2 Kundenvertrauen

Kundenvertrauen ist wichtig.

Das folgende Beispiel soll den Einfluss des Kundenvertrauens auf den Markterfolg eines Unternehmens demonstrieren. Aufgrund eines tödlichen Unfalls (Bild 1.8) durch ein Audi-Fahrzeug mit Automatikgetriebe entstand in der US-Öffentlichkeit der Eindruck, dass Audi-Fahrzeuge unsicher sind.

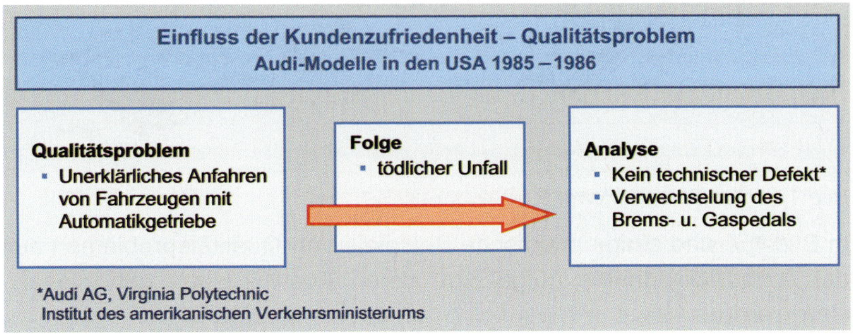

Bild 1.8: Qualitätsprobleme an Audi-Pkws

Eine Überprüfung seitens Audi und des Virginia Polytechnic Institutes des amerikanischen Verkehrsministeriums hat keinen technischen Defekt am Getriebe ergeben.

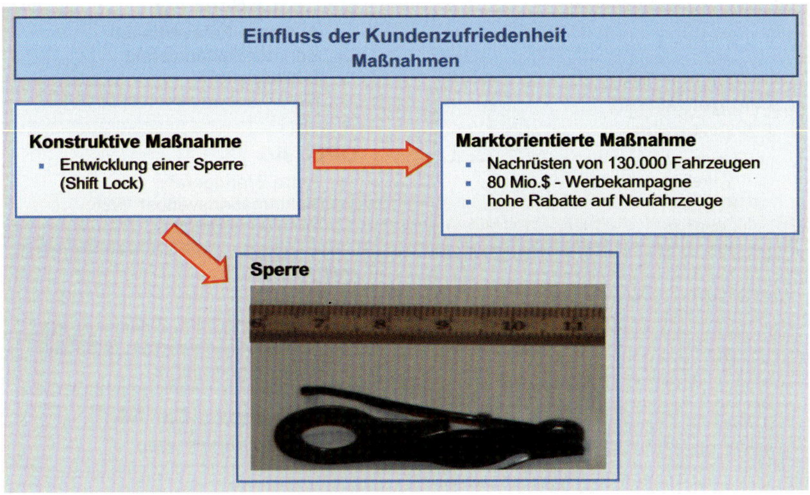

Bild 1.9: Maßnahmen (© FH Gießen-Friedberg)

Fatale Konstellation

Eine vorsorglich durchgeführte Rückrufaktion des Kraftfahrzeugherstellers Audi betraf 900 000 Fahrzeuge. Diese kostspielige Rückrufaktion sollte unter anderem möglicherweise noch aufwendigeren Forderungen aus der Produkthaftung vorbeugen. Auch wenn keine Verschuldung des Herstellers vorlag, hätte ein virtueller Qualitätsmangel negative

Auswirkungen auf die Kundenzufriedenheit und -akzeptanz haben können.

Die nachträglich durchgeführte konstruktive Maßnahme, der Einbau einer Sperre, die anschließende Nachrüstung aller ausgelieferten Fahrzeuge sowie marketingorientierte Maßnahmen brachten nicht den erwünschten Erfolg.

Langfristige Auswirkung

Audi ist als Automobilanbieter ohne eigene Schuld für viele Jahre aus dem amerikanischen Markt verschwunden (Bild 1.10). Erst im Jahr 2002 erreichte Audi die Anzahl der verkauften Einheiten aus dem Jahr 1985.

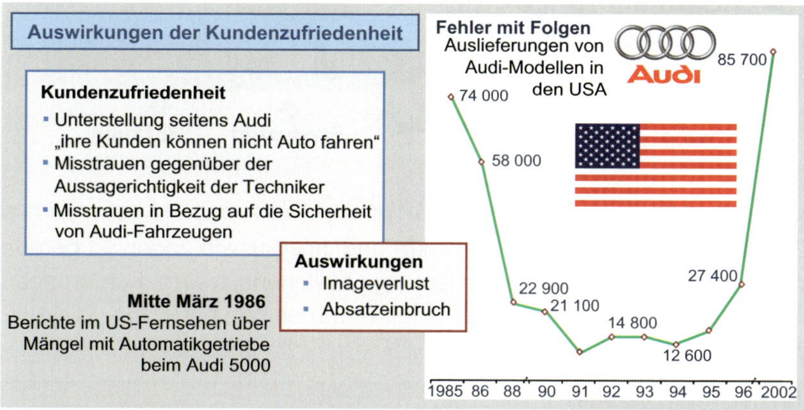

Bild 1.10: Auswirkungen der Kundenzufriedenheit

Imageverlust und Misstrauen in Bezug auf die Sicherheit der Audi-Fahrzeuge waren die Ursachen für den jahrzehntelangen Umsatzeinbruch in den USA.

1.3.3 Haftung

Verpflichtungen in der EU

Haftung, als eine weitere Verpflichtung für fehlerhafte Produkte und ihre Auswirkungen, gewinnt in der EU immer mehr an Bedeutung. Zwei Jahre Garantie und die Umkehr der Beweispflicht in einem Haftungsfall nimmt die Hersteller bzw. Endanbieter in die Pflicht. Im Schadensfall muss der Hersteller nachweisen, dass kein Verschulden seinerseits vorliegt. Die EU-Rechtsprechung wandelt sich zunehmend zugunsten von Geschädigten. Extreme Ausmaße hat die amerikanische Rechtsprechung genommen.

Bild 1.11: Qualitätsforderungen und Produkthaftung

Schadensersatzansprüche in den USA können für Unternehmen existenzbedrohend werden.

Die Haftung für fehlerhafte Produkte und ihre Auswirkungen ist gerade in den USA von enormer Bedeutung. Millionenschwere Forderungen können eine hohe Belastung für jedes Unternehmen bedeuten. Bild 1.12 zeigt einige Beispiele:

Betrag	Fälligkeit	Kläger	Vorwurf
$ 1,2 Milliarden	August 1999	Anderson gegen GM	Sechs Insassen erleiden bei einem Unfall im Chevrolet Malibu Verletzungen durch Tankexplosion
$ 262,5 Millionen	Oktober 1997	Jimenetz gegen Chrysler	Kind wird bei einem Unfall durch die Heckklappe eines Minivans geschleudert und stirbt
$ 173,9 Millionen	Juli 1998	White gegen Ford	Handbremse-Versagen bei Ford Sport Utility Vehicle: Kind wird aus dem Auto geschleudert und stirbt
$ 150 Millionen	Januar 1993	Hardy gegen GM	38-jähriger Autofahrer erleidet nach Überschlag in einem Chevrolet schwere Behinderungen
$ 128,4 Millionen	Februar 1978	Grimshaw gegen Ford	13-Jähriger stirbt nach Unfall in einem Ford Pinto an schweren Brandverletzungen
$ 106,8 Millionen	November 1983	Durill gegen Ford	21-jährige Frau kommt ums Leben, weil einem Ford Pinto bei einem Unfall der Tank explodiert
$ 105,2 Millionen	Februar 1993	Moseley gegen GM	17-jähriger Junge kommt in einem Chevrolet um, der nach einem Unfall Feuer gefangen hatte
$ 100 Millionen	September 1998	Kiefer gegen Chrysler	Zwei Insassen sterben an den Folgen eines Überschlags in einem Chrysler-Pick-up

Risiko-Spiel:
Die großzügigen Schadensersatz-Urteile in den USA treffen alle Branchen.

Bild 1.12: Schadensersatz in den USA (Quelle: auto-motor-sport, 19/99)

1.3.4 Unvollständiges Pflichtenheft

Ein weiteres Beispiel für den Einfluss einer nicht ausreichenden Qualität auf Unternehmensergebnisse stellte die nicht ausgereifte Entwicklung der A-Klasse von Mercedes dar. Sie verursachte nicht nur sehr hohe Kosten, sondern mit einer missglückten Markteinführung eine Gefahr für eine möglicherweise fehlgeschlagene Investition von ca. 2,5 Milliarden D-Mark, verbunden mit einem enormen Imageverlust für das Unternehmen.

Bild 1.13: Unsicheres Fahrverhalten der A-Klasse von Mercedes

Die Ursachen für das unsichere Fahrverhalten bei extremer Fahrweise (Bild 1.13) waren vielfältig.

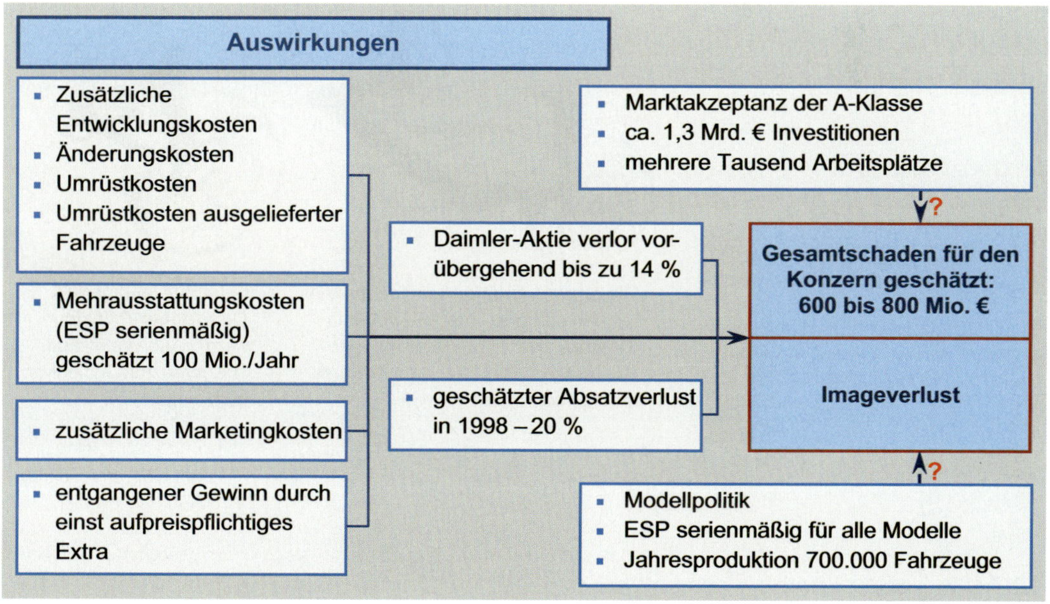

Bild 1.14: Mercedes A-Klasse – Qualitätsauswirkungen

Zeit- und Kostendruck, Unsicherheiten in der Computersimulation des Fahrverhaltens und ein völlig neues Fahrzeugkonzept führten zu der genannten Schwäche (Bild 1.15).

Umgang mit der Problemlage

Auch das anschließende Fehlverhalten des Vorstandes führte zur Verunsicherung der Kunden. Anfängliches Bestreiten des Vorgangs sowie nachträgliche Schuldzuweisungen an den Reifenhersteller stellten die Glaubwürdigkeit des Unternehmens infrage. Eine Notlösung brachte der Einbau von ESP.

Gesamtschaden
Mehrkosten
Imageverlust

Zusätzliche Kosten, entgangener Gewinn für ein aufpreispflichtiges Extra und eine durcheinandergeratene Preispolitik der gesamten Produktpalette waren das Ergebnis. Die Mercedes-Aktie verlor vorübergehend 20 % ihres Wertes (Bild 1.14). Dank des Markenimages ist die A-Klasse doch noch ein Erfolg geworden.

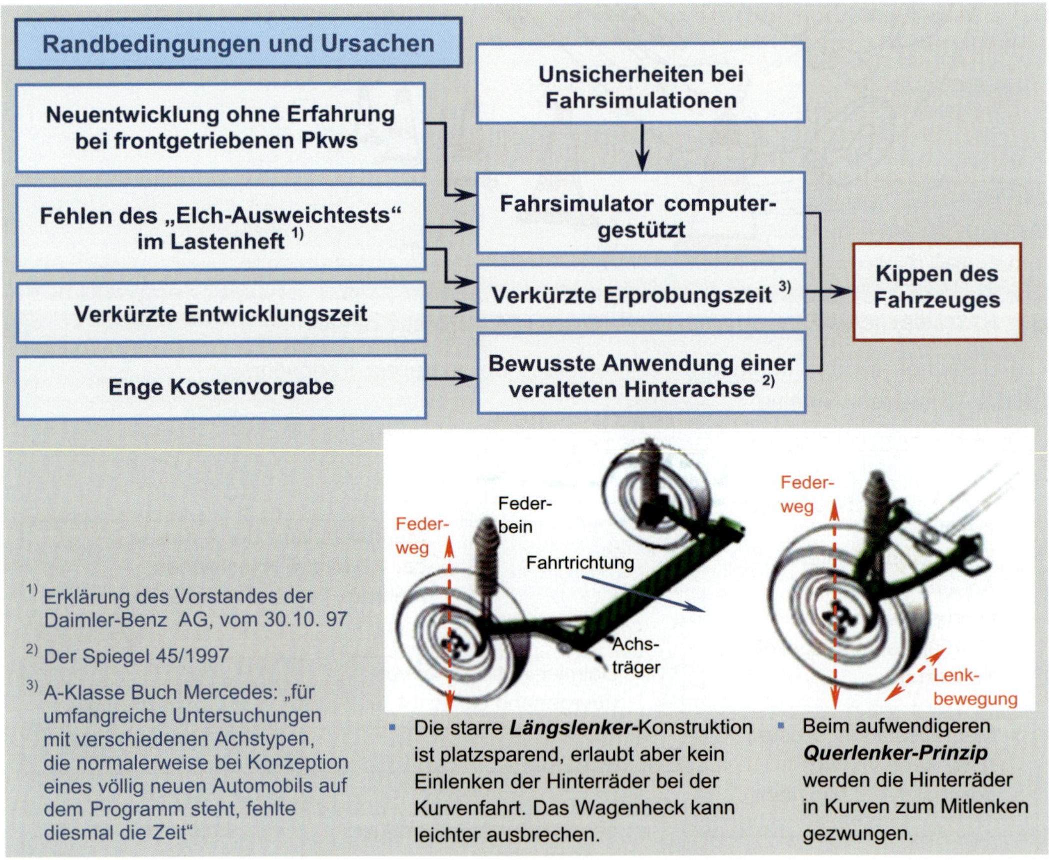

Bild 1.15: Mercedes A-Klasse – Randbedingungen

1.3.5 Qualitätsprobleme durch Software-Fehler

Ein Ausfall der Computersysteme sorgte bei der Deutschen Lufthansa für Peinlichkeit und großen Ärger.

Bild 16: Flughafen
Foto: Günter Wicker (Photur) – Berliner Flughäfen

Lähmende Computerpanne

Am 23.09.04, ab 4.30 Uhr, legte ein Software-Fehler das Check-in-System der Deutschen Lufthansa acht Stunden lang lahm. Rund 6000 Fluggäste waren von den Stornierungen und Verspätungen betroffen. Die Lufthansa musste 60 Flüge streichen, die Frachttochter Lufthansa Cargo musste Lastwagen einsetzen. Das System lief ab 12.30 Uhr wieder normal.

Für Sicherheitsexperten ist das Problem nicht neu. Wenn sich Fehler bei einem Software-Update einschleichen, wirkt sich das auch auf Backup-Systeme aus. Die Software-Firma Unisys bedauerte den Systemausfall. Nach einer planmäßigen Abschaltung des Systems in der Nacht sei es wieder hochgefahren worden und rund 90 Minuten gelaufen. Dann aber habe ein Software-Problem das Check-in-System still-

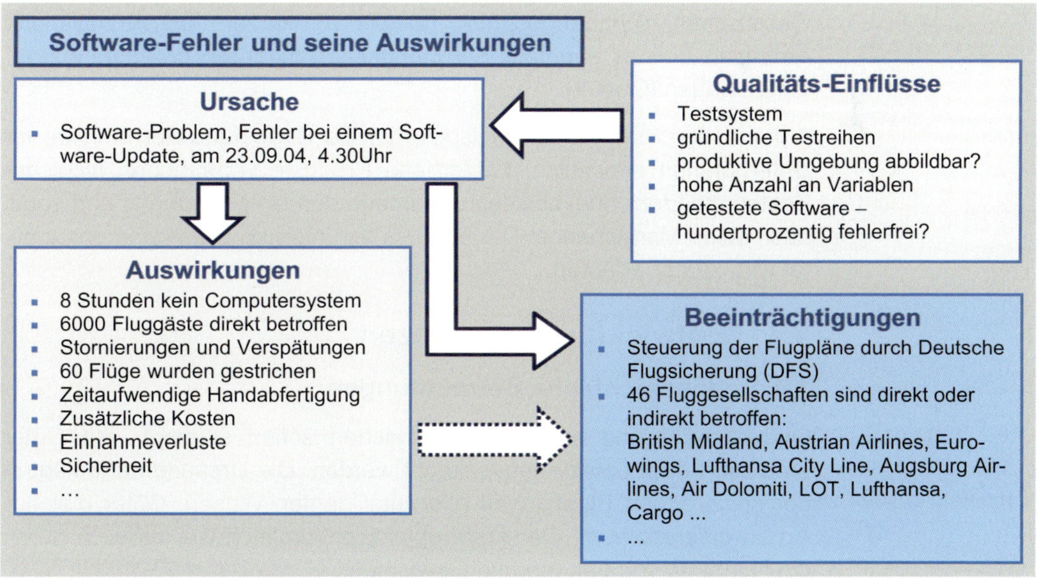

Bild 1.17: Software-Fehler-Auswirkungen

gelegt. Die Systembetreiber haben bestimmt vor diesem Update sehr gründliche Testreihen durchgeführt, um eventuelle Probleme im Vorfeld zu beseitigen. Aber selbst eine gewissenhaft getestete Software kann nicht hundertprozentig fehlerfrei sein.

Leider kann man auch eine produktive Umgebung nicht eins zu eins kopieren. Dazu kommt noch, dass ein produktives System sich immer anders verhält als ein Testsystem. Dazu gibt es einfach eine zu hohe Anzahl an Variablen, die vorher nicht zu „berechnen“ sind.

Bild 18: Check-in
Foto: Werner Hennies

Die Auswirkungen können komplexe Formen annehmen.

Die Deutsche Flugsicherung (DFS) übernahm nach eigenen Angaben vorübergehend die Steuerung der Flugpläne der Lufthansa. „Da sich viele Lufthansa-Maschinen verspäteten, kam es zu Problemen mit der Verkehrssteuerung“, sagte ein DFS-Sprecher. „Auch viele Maschinen anderer Airlines mussten bis zur Landung Warteschleifen fliegen.“

Anscheinend war ein solcher Systemausfall in den Krisenszenarien der Gesellschaft nicht vorgesehen, obwohl vor kurzem US Airways und American Airlines ebenfalls Schwierigkeiten mit ihren Abfertigungssystemen hatten [Que01].

Anhand der vorgestellten Beispiele ist die Bedeutung der Qualität für Unternehmen ersichtlich. Fehlerhafte Produkte verursachen nicht nur Kosten, sondern beeinflussen das Image des Unternehmens und somit auch seine Marktchance. Der Einfluss der internen Unternehmensqualität wird später erläutert.

1.4 Entwicklungstendenzen

1.4.1 Geschichtliche Betrachtungen

Qualitätssicherung ist keine Erfindung unserer Zeit.

Qualitätssicherung beschäftigt Menschen schon solange, wie Güter produziert oder Leistungen erbracht werden. Die Ursache dafür liegt in der spezifischen Eigenschaft aller intelligenten Wesen, Güter gleicher Art zu differenzieren. Der erste objektive Vergleich war möglich durch die Normung von Längen und Gewichten.

Codex Hammurabi, ca. 3700 Jahre alt

- Wenn ein Baumeister ein Haus baut für einen Mann und es für ihn vollendet, so soll dieser ihm als Lohn zwei Shekel Silber geben für einen Sar (1 Shekel = 360 Weizenkörner = 9,1 g; 1 Sar = 14,88 qm).
- Wenn ein Baumeister ein Haus baut und macht seine Konstruktion nicht stark, sodass es einstürzt und verursacht den Tod des Bauherrn, dieser Baumeister soll getötet werden. Wenn der Einsturz den Tod eines Sohnes des Bauherrn verursacht, so sollen sie einen Sohn des Baumeisters töten.
- Kommt ein Sklave des Bauherrn dabei um, so gebe der Baumeister einen Sklaven von gleichem Wert.
- Wird beim Einsturz Eigentum zerstört, so stelle der Baumeister auf eigene Kosten wieder her, was immer zerstört wurde.

Bild 1.19: Codex Hammurabi

Der Begriff der Qualitätsgarantie ist genauso alt. Früher wurde sie durch Siegel, später durch Markennamen für die Käufer ersichtlich. Der neueste Trend sind Gütesiegel wie GS, ISO 9000 und weitere Normen. Überlieferte Schriften aus der archaischen Zeit zeigen, dass es schon damals Verträge bezüglich der Qualität mit Haftungsbedingungen gab (Bild 1.19).

Zünfte sicherten die Qualität.

Im Mittelalter wachten die Gilden und Zünfte (Berufsverbände) über die Qualität der Ware und der Dienstleistungen (Bild 1.20). Für die Zünfte war aber die Qualitätssicherung kein gesondertes Thema, weil die Meister bzw. die Gesellen gleichzeitig für die Erstellung sowie die Qualität allein verantwortlich waren.

Handwerksverordnung für Gold- und Silberschmiede (Auszug)

- Ebenso hatten die Gold- und Silberschmiede genaue Vorschriften. Alles verarbeitete Silber sollte gutes Kaufmannsgut sein, sodass es des Stadtzeichens wert war.
- Alle 6 Monate bestellte das Handwerk zwei Meister als Gold- und Silberschauer, und diese hatten von Zeit zu Zeit unvermutet in allen Werkstätten herumzugehen, die angefertigten Arbeiten auf ihren Feingehalt zu prüfen und alles, was nicht den vorgeschriebenen Feingehalt hatte zu zerbrechen und den Meister in Strafe zu nehmen.
- Wer Kupfer, Zinn, Blei, Stahl oder Eisen in Gold oder Silber des Betrugs verbarg, wurde an Leib und Gut bestraft. Wer unedle Metalle als Edelmetalle verkaufte, dem wurden die Hände und Füße zusammengebunden und er dann in der Donau ertränkt.

Bild 1.20: Handwerksverordnung aus dem Mittelalter

Trennung der Arbeitsausführung und der Kontrolle

Beim Einsatz der Industrialisierung im 19. Jahrhundert hemmte die mangelnde Qualifikation der Arbeiter die Produktivität. Taylor definierte seine Idee der Arbeitsteilung und der Produktivitätssteigerung durch systematische Bewegungs- und Zeitstudien. Jeder Arbeiter führte nur wenige Handgriffe aus, für die er gezielt angelernt wurde. Ihre Tätigkeit musste aber anschließend kontrolliert werden. So kam es zur Trennung von Arbeitsausführung und Arbeitskontrolle.

General Regulativ (Fa. Friedrich Krupp, 1879)

- Es ist bei allen Anlagen – wie im Betrieb der Werke im Großen, wie im Einzelnen – als das oberste Grundgesetz das Ziel im Auge zu behalten: dass die Firma in der Fabrikation stets das Ausgezeichnetste und möglichst Vollkommene zu leisten habe.
- Um dieses Ziel zu erreichen, sind Rohstoffe und Hilfsmaterialien nie in anderer als der besten Qualität anzuschaffen, und es ist ferner stets darauf sorgfältig Bedacht zu nehmen, dass die zweckmäßigsten Maschinen hergestellt, die möglichst vollkommene Fabrikationsmethode angewandt werde.
- Es ist ferner mit sorgsamer Aufmerksamkeit wie in der Voraussicht so in der Ausführung und Kontrolle darauf zu achten, dass keine Stockungen eintreten und keinerlei Überraschungen vorkommen, dass jedes entstehende Bedürfnis die Befriedigung vorbereitet finde.

Bild 1.21: General Regulativ

Die Qualitätsstrategie wurde hauptsächlich von den Fabrikanten geprägt. Bekannte Namen wie Bosch, Krupp, Daimler, Siemens, Rolls, Ford usw. standen für die Qualitätsgarantie (Bild 1.21 und 1.22).

Nicht Qualität prüfen, sondern Qualität erzeugen

Für die Qualität sorgte die Endkontrolle. Dies reichte für die Bedürfnisse eines offenen, ungesättigten Marktes aus (Bild 1.24). Deutliche Verbesserungen im Ausbildungszustand der Arbeiter sowie die geänderte Marktsituation führten in den 30er-Jahren zum Einsatz statistischer Methoden, die immer kompliziertere und teurere Prüfmethoden verlangten. Nach dem 2. Weltkrieg änderte sich die Situation.

Zitat: Robert Bosch

- Das Beste, was sich bei gutem Willen nach reiflicher Überlegung und eingehenden Versuchen mit den vollkommensten Hilfsmitteln der Technik aus den besten Rohstoffen herstellen lässt, ist gerade gut genug, den Namen „Bosch" zu tragen.

Bild 1.22: Zitat von Robert Bosch

Qualität beginnt in der Marketing-, Konzept- und Konstruktionsphase.

Die am Boden liegende japanische Industrie wählte mithilfe der Amerikaner Dr. Deming und Dr. Juran einen anderen Weg. Qualität wurde zur Managementaufgabe gemacht. Der wachsende Wohlstand und der damit verbundene Wandel der gesellschaftlichen Ziele (Bild 1.23) rückten die Qualität immer mehr in den Vordergrund.

Erst gegenwärtig wird in Europa die Erkenntnis umgesetzt, dass das Qualitätsmanagement mit der Marketing-, Konzept- und Konstruktionsphase zu beginnen hat.

Die rasante Entwicklung der Massenfertigung setzte nach 1945 ein. In der Versorgungsphase definierten die Hersteller die Marktbedingungen und somit die Qualität.

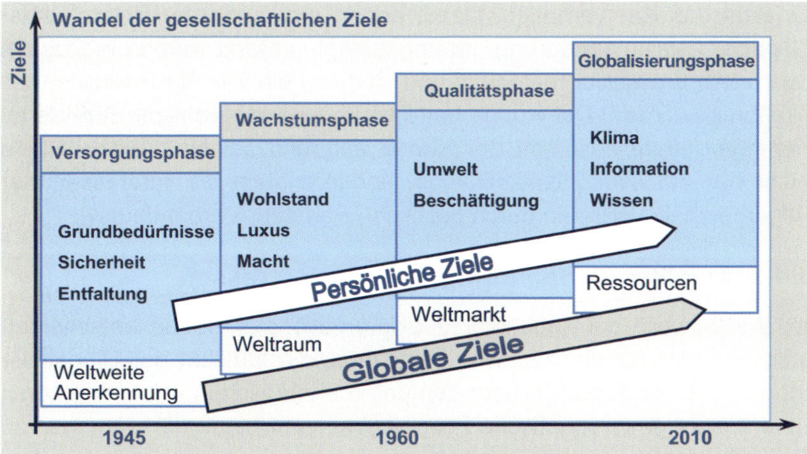

Bild 1.23: Wandel der gesellschaftlichen Ziele in den industriellen Staaten

Mit dem allmählichen Wandel änderte sich auch die Marktsituation (Bild 1.24). Die Qualität gewann immer mehr an Bedeutung.

In den Industrieländern entwickelten sich in zeitlicher Abhängigkeit die in Bild 1.23 dargestellten Phasen und damit verbunden die Bedeutung der Qualität. Trotz zunehmender Globalisierung sind heute zeitgleich alle vier Phasen weltweit zu finden. Deswegen muss die von Unternehmen verfolgte Qualitätsstrategie marktspezifisch definiert und umgesetzt werden. Eine Qualitätsstrategie, die am Markt vorbei agiert, bleibt von Kunden unbeachtet und verfehlt ihre Zielsetzung.

Qualitätsstrategie marktspezifisch definieren und umsetzen

Marktwandel und Qualitätsmanagement

	Herstellermarkt Ungesättigter Markt	**Kundenmarkt** Gesättigter Markt
Kennzeichen	Produktionsorientierung Mangel Nachfrage	Absatzorientierung Überangebot Konkurrenz
Kaufentscheid	Erhältlichkeit Bedarf	Styling Funktion Qualität Prestige Zusatznutzen
Strategie	Optimierung der Produktion	Optimierung der Kundenwunscherfüllung
Vorrang	Stückzahl Rationalisierung	Innovation Qualität und Zuverlässigkeit

1960 → 1980

Bild 1.24: Marktwandel und Qualitätsmanagement

Nach 1945 lag der Schwerpunkt einzig und allein auf der Produktion und auf den Stückzahlen. Um 1965 beginnt mit gestiegenen Ansprüchen das Verlangen nach differenzierten Angeboten. Der heutige Trend zur hohen Qualität und Preiswertigkeit setzte in den 70er-Jahren ein (Bild 1.24). An einem gesättigten Markt bestimmen das Styling und die

Qualität und Preiswertigkeit

Qualität das Kaufverhalten. Damit ändert sich auch der Entstehungsfluss der Qualitätsforderung. Im ungesättigten Markt wurde die Qualität durch den Entwickler festgelegt und ist damit ein Teil der Produktspezifikation geworden. Der Kunde hatte kaum eine Möglichkeit, Einfluss zu nehmen. Heute bestimmt der Kunde aufgrund seines Kaufverhaltens nicht nur die Produktspezifikation, sondern auch die Interessen der Allgemeinheit, vertreten durch politische Parteien, Verbände usw.

Marktwandel und Qualitätsmanagement

1.4.2 Qualität im Spannungsfeld der Interessen

Qualität entscheidet über den unternehmerischen Erfolg.

Im Wettbewerb auf nationaler und internationaler Ebene entscheidet, insbesondere für die deutsche Wirtschaft, die Qualität der Dienstleistungen und der Produkte über den unternehmerischen Erfolg und somit über unsere gesellschaftliche Zukunft. Das entscheidende Merkmal von Qualität ist, dass ihre Beurteilung immer von einer ganzheitlichen Betrachtung aller Interessengruppen ausgehen muss.

Einzelinteresse ⟺ **Gesamtinteresse**

Viele Einzelinteressen (Bild 1.25) knüpfen an die relevanten Eigenschaften eines Produktes an. Diese stehen teilweise auch im Widerspruch zueinander.

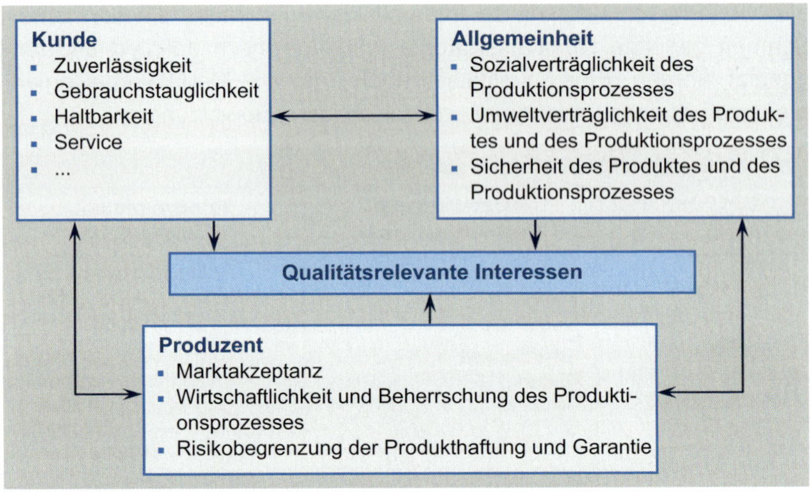

Bild 1.25: Qualitätsrelevante Interessen

Qualität beeinflusst Marktakzeptanz

Der Kunde möchte ein Produkt, das seinen Vorstellungen entspricht. Zuverlässigkeit, schnelle Verfügbarkeit usw. sind für ihn wichtig. Die Allgemeinheit, vertreten durch den Gesetzgeber, Institutionen, Gewerkschaften u. ä., achten auf die Sicherheit, die Umwelt sowie die Sozialbelange der Mitarbeiter.

Für den Hersteller ist die Qualität seiner Produkte und Dienstleistungen aus zwei Gründen von ausschlaggebender Bedeutung. Einerseits beeinflusst sie die Marktakzeptanz seiner Produkte, andererseits die Kosten. Deswegen stehen sowohl die externe als auch die interne Qualität im Vordergrund der betrieblichen Anstrengungen.

Die interne Qualität beeinflusst in besonderem Maße die Herstellungskosten. Deswegen stellt sich die berechtigte Frage nach dem Einfluss der Qualitätsforderung auf die Herstellungskosten.

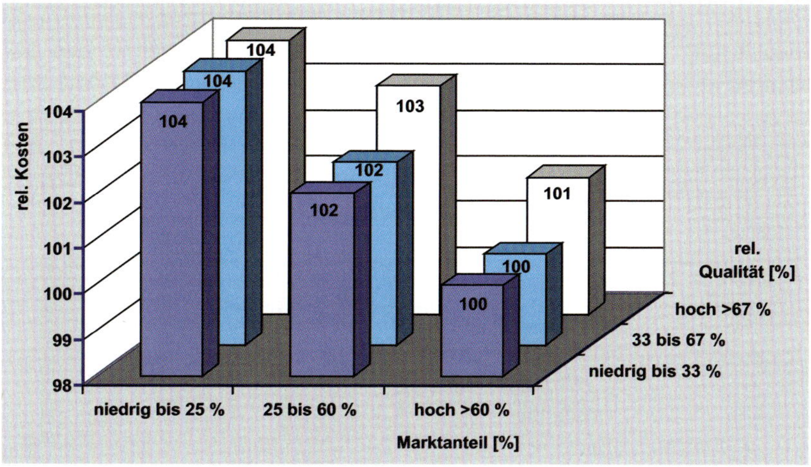

Bild 1.26: Einfluss des Marktanteils und des Qualitätsniveaus auf die Herstellungskosten (Quelle: Buzzle/Gale 1989)

Bild 1.26 zeigt, dass die Herstellungskosten kaum vom Qualitätsniveau abhängen. Den größten Einflussfaktor stellt der Marktanteil dar, also die Möglichkeit, aufgrund hoher Stückzahlen im Einkauf und in der Produktion kostenoptimiert zu produzieren.

Mit einer höheren Produktqualität steigt die Akzeptanz der Kunden, auch einen höheren Preis zu bezahlen (Bild 1.27).

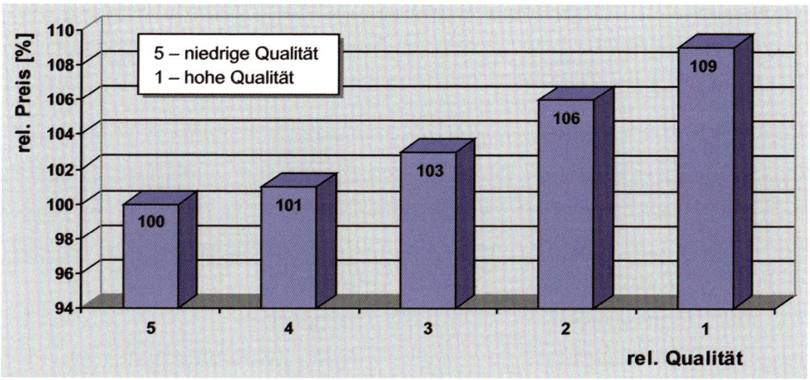

Bild 1.27: Qualität beeinflusst die Preisakzeptanz der Kunden

Also sollte die Strategie zu einer höheren Qualität eingeschlagen werden, um einen höheren Marktpreis erzielen zu können. Dieser Zusammenhang kann auch zu einer umsatzorientierten Strategie genutzt werden, nämlich aufgrund der hohen Qualität und einer Niedrigpreispolitik

Qualität und Niedrigpreispolitik steigern den Marktanteil.

den Marktanteil kontinuierlich zu steigern, wie es die Lebensmittelkette Aldi praktiziert.

Die beiden Faktoren, Preis und Kosten, beeinflussen das erwirtschaftete Unternehmensergebnis.

Also beeinflusst die Qualität in Verbindung mit dem zu erzielenden Preis, mit den Herstellungskosten und mit dem Umsatz den „Return on Investment" (Return on Investment: Kapitalrendite, Verhältnis des gesamten investierten Kapitals und des Umsatzes zum Gewinn, Bild 1.28).

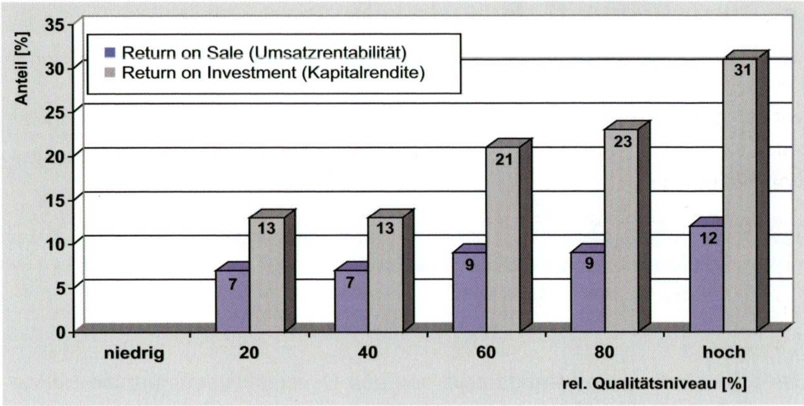

Bild 1.28: Einfluss des Qualitätsniveaus auf Return on Sale und Investment

1.5 Auswirkungen der Qualität – Qualitätsziele

Betriebswirtschaftliche Auswirkungen

Die Auswirkungen der Qualität sind vielfältig. Die besprochenen Beispiele zeigen nur einen kleinen Ausschnitt aus den Beziehungen zwischen Kunden und Anbietern. Berücksichtigt man auch die interne Prozessqualität in der Leistungserstellung, wie z. B. die Verschrottung oder Nacharbeit von mangelbehafteten Erzeugnissen, kann folgende Zuordnung der negativen bzw. positiven Auswirkungen aus der Sicht des Produzenten bzw. Anbieters aufgestellt werden:

Tabelle 1.2: Qualitätsauswirkungen und betriebswirtschaftliche Komponenten

Auswirkungen der Qualität aus der Sicht des Produzenten Beeinflussung des Umsatzes und des Gewinns		
kurzfristige	**mittelfristige**	**langfristige**
Reklamationen	Produkthaftung	Image
Garantieleistungen	Rentabilität	Marktanteil
Nacharbeit/Verschrottung	Preisniveau	Wettbewerbsfähigkeit
Rückrufaktionen	Kundenzufriedenheit	Kundenloyalität
Prozesseffizienz		

Die zeitliche Abgrenzung ist fließend und in allen drei Phasen vernetzt. Auch die langfristigen Aspekte beeinflussen z. B. das Kundenverhalten. Bei kostengünstigen Produkten stellt der Kunde nicht so hohe Forderungen wie bei einem teureren Produkt, bei dem auch geringe Abweichungen von den Kundenforderungen zu Reklamationen führen können. Zusammenfassend können aus betrieblicher Sicht folgende Ziele definiert werden:

- effiziente und termingerechte Leistungserstellung,
- hohe Wettbewerbsfähigkeit,
- hohe Kundenzufriedenheit/-loyalität.

Globale Sichtweise der Qualität

Aus der globalen Sicht ist Qualität, neben einer Vielzahl von volkwirtschaftlichen Faktoren, auch ein wichtiger Aspekt. Zum Beispiel beeinflusst der Wirkungsgrad eines Kfz-Motors den Kraftstoffverbrauch und damit den Verbrauch der endlichen Ressource Rohöl. Seine Abgase wirken sich auf die Umwelt und nicht zuletzt auf das Klima aus. Andererseits steigert das Kraftfahrzeug unsere Mobilität sowie Verfügbarkeit von Erzeugnissen und beeinflusst damit die Lebensqualität.

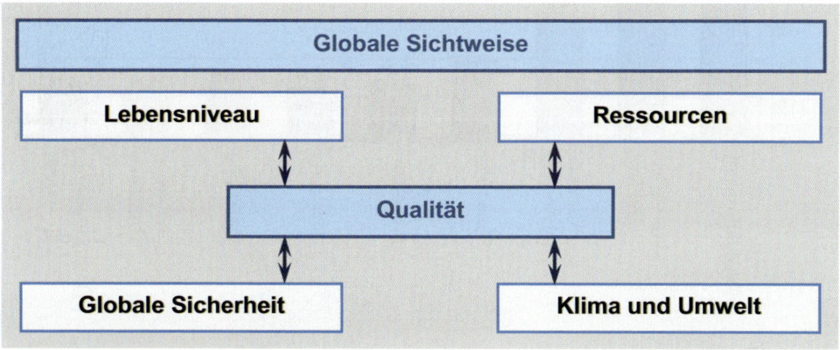

Bild 1.29: Qualität als globaler Einflussfaktor

Bedenkt man, welche Auswirkungen das Versagen der Sicherheitseinrichtungen des Kernkraftwerks Tschernobyl hatte, wird schnell die globale Bedeutung der Qualität ersichtlich.

So können die in Bild 1.29 aufgeführten globalen Sichtweisen als globale Ziele des Qualitäts- und Umweltmanagements betrachtet werden. Sie stehen zwar nicht im Vordergrund der Unternehmensaktivitäten (siehe Kap. 1.6), aber sie werden indirekt aufgrund von Gesetzen und Marktforderungen verfolgt.

1.6 Erfolgsfaktoren der Unternehmensführung

Langfristig können Unternehmen auf dem Markt bestehen, wenn sie die richtigen Ziele und Strategien verfolgen. Aus heutiger Sicht stehen die Qualität und die Kundenorientierung im Vordergrund.

Die Unternehmensstrategie für das Erreichen der Unternehmensziele kann anhand der Erfolgsfaktoren dargestellt werden. Bild 1.30 zeigt die von Unternehmen angegebenen Erfolgsfaktoren. Mit geringen Ausprägungsunterschieden in Abhängigkeit von Branche, Unternehmensgröße und Stellung im Unternehmen stuften die Befragten die Produktqualität, die Mitarbeiterqualität und die Kundenorientierung als die wichtigsten Erfolgsfaktoren ein.

Erfolgsfaktor Qualität und Kundenorientierung stehen im Vordergrund.

Die Bewertung entspricht exakt den Meinungen der Vorstände [ExBa03]. Die daraus abzuleitende Strategie erfährt also im Management und bei den Fachkräften volle Akzeptanz. Der Fokus der Unternehmen bezüglich der externen Faktoren richtet sich ausschließlich auf den Kunden. Es wird angenommen, dass das Kundenverhalten bzw. die Kundenzufriedenheit hauptsächlich über die Produktqualität zu beeinflussen ist. Daher spielen die Unternehmenspolitik und die Entscheidungsträger der meisten Unternehmen als Faktoren nur eine untergeordnete Rolle, obwohl sie es sind, die Ziele, Strategie/Politik und Investitionen primär bestimmen.

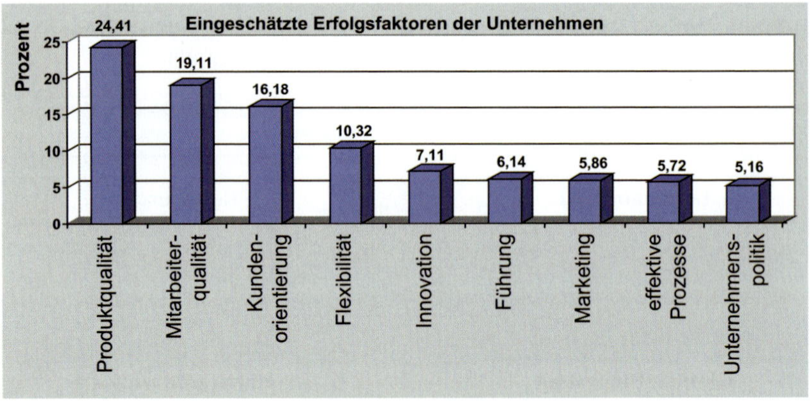

Bild 1.30: Bewertung der Erfolgsfaktoren [BeSu04]

Die Bedeutung des Erfolgsfaktors Mitarbeiterqualität wurde allerdings weitgehend erkannt. Richtet man aber den Fokus nur auf erfolgreiche Unternehmen, rücken die Unternehmenspolitik und die Führungskompetenz auf.

Gesamtheit der Erfolgsfaktoren ist wichtig.

Primär sollten folgende Erfolgsfaktoren den Schwerpunkt der Unternehmensführung bilden:

- Unternehmenspolitik und -strategie,
- Führungskompetenz,
- Mitarbeiterorientierung und Zufriedenheit,
- Qualität der Produkte bzw. Dienstleistungen,
- Kundenorientierung und -zufriedenheit,
- Engagement für Gesellschaft.

Die Erfolgsfaktoren und ihre Gewichtung sind keine Konstanten. Sie werden durch viele Faktoren wie wirtschaftliche und politische Lage, Umweltänderungen, Ressourcenverfügbarkeit usw. beeinflusst.

Lernerfolg

Zur Prüfung des Lernfortschritts beantworten Sie folgende Fragen:

Fragen zum Kap. 1:

1. Welchen Forderungen folgt Qualität aufgrund der Globalisierung?
2. Welche qualitätsbezogene Strategie verfolgen Unternehmen, die langfristig Verbesserungen der Unternehmensergebnisse aufweisen?
3. Welche Unternehmen sind vom globalen Wandel betroffen?
4. Nennen Sie die drei Erfolgsfaktoren, die jede Unternehmensstrategie betreffen.
5. Welche Art der Qualität fordert der Kunde?
6. Welches Hauptziel verfolgt TQM?
7. Nennen Sie die Einflussfaktoren auf den Unternehmenserfolg.
8. Welche Rahmenbedingungen sind für die Erzeugung von Qualität unerlässlich?
9. Nennen Sie einige Beispiele von Nichtqualität und ihre Auswirkungen.
10. Welcher Ansatz wurde bei der Industrialisierung der Gesellschaft verfolgt?
11. Welche Folge hatte der Ansatz von Taylor für die Qualität?
12. Erläutern Sie den gesellschaftlichen Wandel der letzten 50 Jahre in den Industrieländern.
13. Nennen Sie die Merkmale eines gesättigten und eines ungesättigten Marktes und erläutern Sie diese.
14. Wie hängt die Qualität mit den Merkmalen des ungesättigten und mit denen des gesättigten Marktes zusammen?
15. Warum reicht die Kontrolle als Qualitätsstrategie nicht aus?
16. Welche Gruppen haben qualitätsrelevante Interessen? Nennen Sie einige Beispiele.
17. Lohnt sich eine hohe Produktqualität? Wenn ja, aus welchen Gründen?
18. Nennen Sie einige kurz-, mittel- und langfristige Auswirkungen von Qualität auf die wichtigsten Unternehmensziele.
19. Welche globalen Auswirkungen verzeichnet Qualität?
20. Nennen Sie die wichtigsten Erfolgsfaktoren der Unternehmensführung.

Qualität und ihre Eigenschaften

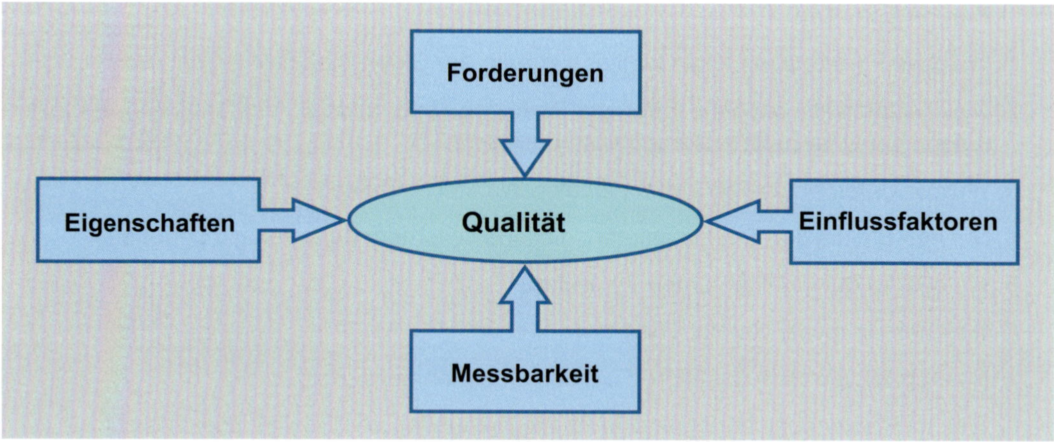

Lernziele:

Was bedeutet Qualität? Kann man sie genau definieren? Wie entsteht Qualität und über welche Eigenschaften verfügt sie? Das sind zentrale Fragen, die erst geklärt werden müssen, bevor man sich Gedanken macht, wie man Qualität verbessern bzw. gezielt erzeugen kann.

Aus eigener Erfahrung wissen wir, dass jeder Verbraucher bzw. Anwender eigene Vorstellungen von Qualität hat. Wie entstehen aber Forderungen an Qualität, damit sie eindeutig und umfassend sind? Wie kann ein Hersteller die nicht immer direkt eindeutigen Aussagen wie z. B. haltbar, sicher, bequem usw. verwerten und in Produkteigenschaften umsetzen?

Nach der Beantwortung dieser Fragen steht man vor der Aufgabe, das Qualitätsniveau entsprechend den gestellten Forderungen zu erreichen. Um geeignete Maßnahmen treffen zu können, müssen erst Einflussfaktoren von Qualität und ihre Rahmenbedingungen erfasst werden. Hierzu gehört die Fähigkeit der Produktionsmittel, des Materials und der Organisation, die an sie gestellten Qualitätsforderungen zu erfüllen. Die besten Produktionsbedingungen reichen aber nicht aus, wenn der Mensch als Fach- und Führungskraft, als Ausführender und Entscheider nicht über die benötigte Kompetenz und Motivation verfügt.

Wegen der großen Vielfalt der Einflussfaktoren muss ein Ordnungssystem gefunden werden, das eine systematische Klassifizierung der Einflussfaktoren erlaubt und eine Visualisierung ihrer Zusammenhänge erleichtert.

Kann man Qualität messen? Das ist eine wichtige Frage, ohne deren Beantwortung ein quantitativer Vergleich der vorgegebenen Ziele mit den erreichten Ergebnissen nicht möglich wäre.

2 Qualität und ihre Eigenschaften

Den Begriff Qualität findet man im Zusammenhang mit einer Fülle von Aussagen wie Qualitätsschokolade, Qualität der Lehre, Qualitätsleistungen usw. Was bedeut aber Qualität? Vereinfacht könnte man sagen „Qualität ist ..., wenn alles stimmt". Diese Aussage ist aber so allgemein und subjektiv, dass sie doch einer genauen Spezifizierung bedarf.

2.1 Umfassendes Verständnis der Qualität

Qualitätsverständnis ist der Spiegel der Gesellschaftsentwicklung.

Das Verständnis und damit auch die Definition der Qualität spiegelt sich in der gesellschaftlichen Entwicklung wider (siehe Kap. 1.4.1). In der Versorgungsphase (ungesättigter Markt) spielt die Qualität eine untergeordnete Rolle. Wichtig ist nur die Beschaffenheit des Produktes. In der Wachstumsphase steht das Image der Produkte im Vordergrund. Erst in der Qualitätsphase entwickelt sich das Qualitätsverständnis stetig. Diese Entwicklung wird anhand der zeitlichen Änderung des genormten Qualitätsbegriffs deutlich.

Entwicklung der Definition von Qualität:

1972 **Qualität** = Beschaffenheit, mit der die Ware dem Verwendungszweck genügt (Deutsche Gesellschaft für Qualität)

1979 **Qualität** = Gesamtheit von Eigenschaften und Merkmalen eines Produktes oder einer Tätigkeit, die sich auf deren Eignung zur Erfüllung gegebener Erfordernisse beziehen (DIN 55350 Teil 11)

1995 **Qualität** = Beschaffenheit einer Einheit bezüglich ihrer Eignung, festgelegte und vorausgesetzte Anforderungen zu erfüllen (DIN EN ISO 8402)

2005 **Qualität** = Grad, in dem ein Satz inhärenter Merkmale alle Anforderungen erfüllt. (DIN EN ISO 9000:2005)

Merkmal	– kennzeichnende Eigenschaft
Anforderungen	– Erfordernis oder Erwartung, das oder die festgelegt, üblicherweise vorausgesetzt oder verpflichtend ist.
inhärent	– „innewohnend", im Gegensatz zu „zugeordnet"

Genügte es in den Siebzigerjahren, nur die Verwendungsfähigkeit der Ware als Qualität zu betrachten (z. B. Funktionsfähigkeit eines Kraftfahrzeuges), hatte man in den Achtzigerjahren die Definition der Qualität wesentlich weiter gezogen (z. B. Sicherheitsaspekte) und die Dienstleistungen (z. B. Servicequalität) mit einbezogen. Mit der zunehmenden Sättigung des Marktes kamen weitere Aspekte hinzu. Um den Kunden an eigene Produkte zu binden, hatte man nicht nur die festgelegten, sondern auch (still) vorausgesetzten Aspekte integriert (z. B. Einhaltung der Liefertermine, kostenloser Kundentransport). Also: man wollte die Kundenzufriedenheit steigern.

Eine Untersuchung [BeVo1.0] aus dem Jahr 1995 verdeutlicht diese Tendenz. Bild 2.1 zeigt, dass Qualität aus der Sicht der Unternehmen mit einer hohen Kundenzufriedenheit gleichgesetzt wird. Diese Definition ist zwar nicht korrekt, sie erfüllt aber das Ziel – zufriedene Kunden.

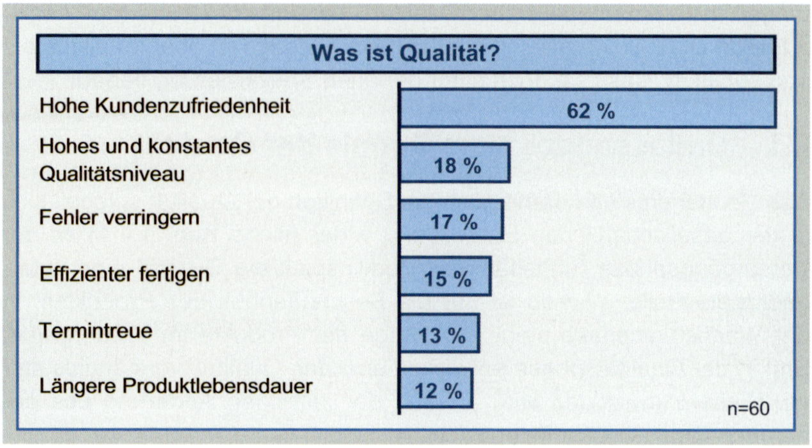

Bild 2.1: Unternehmenssicht der Qualität

Qualität beinhaltet unterschiedliche Sichtweisen.

Die aktuelle Definition der Qualität aus dem Jahr 2005 beseitigt einige Unsicherheiten in ihrer Auslegung. Sie bezieht sich auf den Grad der Erfüllung von inhärenten („innewohnenden") Merkmalen von Forderungen. Ein Teil z. B. kann von seiner Beschaffenheit (Länge, Festigkeit ...) alle Forderungen erfüllen, aber es muss auch rechtzeitig zur Weiterverwendung vorliegen. Die Pünktlichkeit der Anlieferung wird erst dann als Qualitätsmerkmal einbezogen, wenn aus der subjektiven Aussage „Pünktlichkeit" eine messbare Größe wird. Die Pünktlichkeit wird zu einem inhärenten Merkmal, also z. B. mittels einer Festlegung von unterschiedlichen Zeitspannen und einer Punktebewertung. So kann die Qualität eines Produktes aufgrund ihrer harten und weichen Merkmale bewertet werden.

Qualität wird anhand von Merkmalen definiert.

So können bis auf den transzendenten Ansatz, der rein subjektiv ist, die Ansätze der Qualität von Garvin [Gar84] in die aktuelle Definition nach ISO 9000:2005 einbezogen werden (Tabelle 2.1). In verschiedenen Formen findet man sie inhaltlich in den Forderungen an das Produkt, in den wertbezogenen und produktionsbezogenen Forderungen sowie in den Forderungen der internen bzw. externen Kunden.

Praktische Einteilung der Qualität

Für die praktische Anwendung ist folgende Einteilung sinnvoll:

- Produktqualität,
- Prozessqualität,
- Systemqualität.

Tabelle 2.1: Ansätze zur Definition der Qualität nach Garvin

Transzendenter Ansatz	Geht von dem Formvollendeten und Absoluten aus, das von jedem Mensch subjektiv gesehen wird. Es entspricht unserem Empfinden.
Produktbezogener Ansatz	Bezieht sich auf rein messbare, klassifizierbare Eigenschaften wie z. B. den Edelmetallanteil in einem Ring, den Reifegrad eines Käses oder die Anzahl der Lackierschichten.
Kundenbezogener Ansatz	Hier stehen die Forderungen des Kunden im Vordergrund. Es handelt sich um die Merkmale der Qualität, die der Kunde wahrnimmt. Zum Beispiel der Kraftstoffverbrauch eines Kraftfahrzeuges.
Wertbezogener Ansatz	Bezieht sich auf das Verhältnis der Kosten bzw. des Preises zum Nutzen. Beispiel: Das 3-Liter-Auto von VW wurde wegen seines hohen Anschaffungspreises kein Markterfolg.
Produktionsbezogener Ansatz	Definiert Sekundärmerkmale, die für die Erfüllung der produkt-, wert-, und kundenbezogenen Merkmale für die Produktentstehung benötigt werden. Zum Beispiel der Rollwiderstand, der sich auf den Kraftstoffverbrauch auswirkt.

Sie erfasst alle im Gebrauch auftretenden Arten von Qualität. Häufig benutzte Begriffe wie z. B. Servicequalität, Dienstleistungsqualität, Materialqualität usw. sind nur spezielle Bestandteile der drei Qualitätsarten. Interne Forderungen aus der Kosten- und der Produktionssicht und die externen Forderungen aus der Kundensicht führen zum umfassenden Verständnis der Qualität.

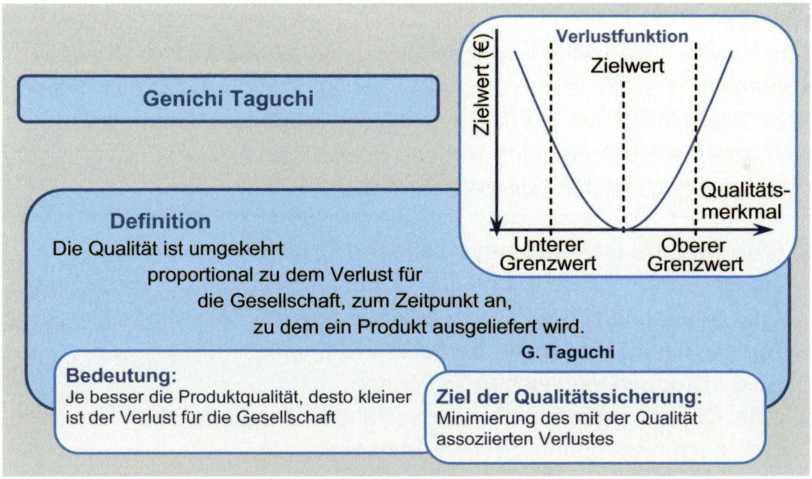

Bild 2.2: Qualitätsdefinition nach Taguchi

Qualität aus Sicht des Genichi Taguchi

Eine andere Sicht der Qualität liefert die Definition der Qualität nach Taguchi (Genichi Taguchi entwickelte eine mathematisch erfassbare Definition der Qualität sowie eine Methode zur statistischen Versuchsplanung). Sie geht davon aus, dass jede Abweichung vom Sollwert als ein Fehler zu bewerten ist, der einen finanziellen Verlust verursacht.

Dieser finanzielle Verlust wird anhand der sogenannten Verlustfunktion (Bild 2.2), dargestellt durch eine Parabel, beschrieben. Das bedeutet, dass sich der Verlust quadratisch mit der Abweichung verändert.

Diese Definition zieht nicht nur die Verluste für den Produzenten bei der Produktion der Produkte mit ein, sondern auch die Verluste für die Gesellschaft. Sie ist wesentlich globaler als die genormte Definition.

Ausgehend von dieser Betrachtung schlägt er eine Änderung [Mon91] der traditionellen Methodik der Produktentwicklung, bei der die Festlegung von Toleranzen im Vordergrund steht, vor.

2.2 Eigenschaften der Qualität

Die Qualität kann von sich aus nicht definiert werden. Sie kann allerdings aufgrund ihrer Eigenschaften wie folgt beschrieben werden:

Qualität ist nichts Absolutes.

- **Die Qualität ist nichts Absolutes.**
  Sie bezieht sich auf gegebene Erfordernisse oder auf vorgegebene Forderungen, die jedoch nicht die Qualität darstellen (z. B. Länge).

  Qualität bei einem Produkt, wie z. B. Bier, setzt sich aus dessen chemischen Elementen und dem daraus resultierenden, subjektiv bewertbaren Geschmack zusammen. Auch ein Dienstleistungsprozess, z. B. die Verkostung und der Verkauf von Wein, beinhaltet verschiedene Forderungen. Erst die Summe der einzelnen Forderungen ergibt die gewünschte Qualität.

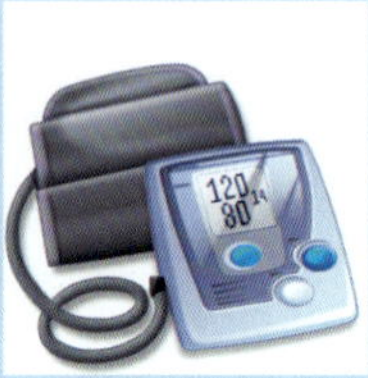

Beispiel:
Das Ergebnis einer Blutdruckmessung lautet 120/80 mm Hg. Diese quantitative Feststellung bezieht sich auf die Qualität „Blutdruck“, der in der Maßeinheit mm Hg (Millimeter Quecksilbersäule) angegeben ist. Diese Feststellung beinhaltet den qualitativen Aspekt: „Blutdruck liegt im Normalbereich“.

Qualität ist keine physikalische Größe.

- **Die Qualität ist keine physikalische Größe,**
  deren Werte messbar sind, da es sich vorwiegend um eine Vielzahl von Merkmalen und Eigenschaften handelt. Allerdings muss es möglich sein, Merkmale, deren Werte qualitativ erfasst wurden, mit den Vorgaben vergleichen zu können.
  Die Objekte selbst, z. B. Gegenstände, Vorgänge oder Zustände, wie auch nicht quantifizierbare Merkmale, wie:

  - Oberflächenrauigkeit einer Welle,
  - Liefertreue (Zulieferer),
  - Geschmack (Bier),
  - Passform (von Schuhen),
  - Erreichbarkeit (eines Griffes),
  - Reparaturfreundlichkeit (eines Gerätes),
  - Aussagefähigkeit (eines Prospektes),

sind keine physikalischen Größen.

Beispiel:
Frage: Wie ist die Oberflächenqualität dieses Gegenstandes?
– Antwort 1: rau.
– Antwort 2: zufriedenstellend.
Die erste Antwort beschränkt sich auf eine reine Beschreibung der Oberflächeneigenschaft, die zweite dagegen bewertet die Eignung des Objektes.
Geht man davon aus, dass keine Definition der zu beobachtenden Merkmale erfolgte, sind beide Antworten zulässig.

- **Die Qualität ist kein binärer Begriff** (ja/nein), sondern weist eine kontinuierliche Struktur auf, z. B.:

Qualität – kein binärer Begriff

  - Sauberkeit eines Raumes,
  - Streuung der Maße eines Produktes.

- **Jede Qualitätseigenschaft** eines Produktes oder einer Tätigkeit kann sich meist kontinuierlich auf die Gesamtheit der Qualität zwischen sehr gut und sehr schlecht auswirken, z. B.:

Jede Qualitätseigenschaft wirkt sich kontinuierlich auf die Gesamtqualität aus.

  - Liefertreue eines Zulieferers auf die Lieferfähigkeit des Endherstellers,
  - Gebäudereinigung auf die Zufriedenheit der Hotelgäste.

Die Konsequenz, die aufgrund dieser Eigenschaften gezogen werden muss, ist weitreichend. Es müssen unterschiedliche und umfassende Aspekte, die von der Zielsetzung, vom Zeitpunkt und der Interessengruppe abhängig sind, berücksichtigt werden. Die Aspekte sind einem ständigen Wandel unterzogen.

- **Qualität besitzt Qualitätsmerkmale**, mit deren Hilfe sie beschrieben und definiert werden kann. Sie sind in zwei Gruppen eingeteilt:
  - harte Q-Merkmale: In die Gruppe der harten Q-Merkmale gehören physikalische Größen, die messbar sind (z. B. Länge, elektrische Spannung usw.).
  - weiche Q-Merkmale: Bei den weichen Q-Merkmalen handelt es sich um alle nichtphysikalischen Größen. Dieses Feld ist sehr umfangreich und kaum einzugrenzen. Sie können die äußere Beschaffenheit eines Produktes wie „schön sein" betreffen, das menschliche Verhalten wie Arbeitsverantwortung oder Aussagen wie Wirtschaftlichkeit beschreiben.

Woher kommen Forderungen an die Qualität?

Die **Allgemeinheit** stellt an den Produzenten **Forderungen**, die sich in der Qualitätspolitik des Unternehmens niederschlagen.

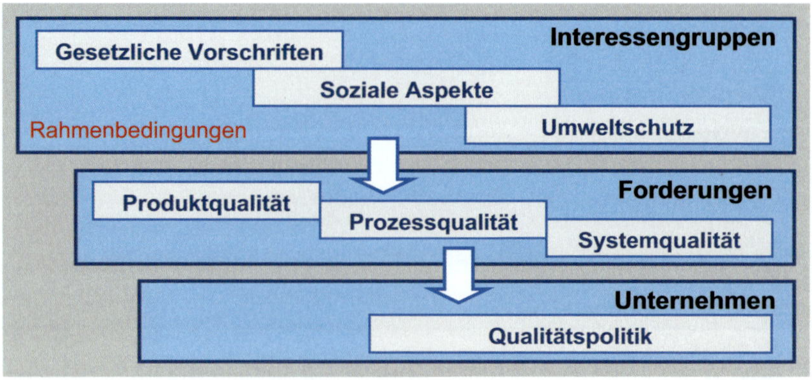

Bild 2.3: Qualität aus der Sicht der Allgemeinheit

Allgemeinheit gibt Rahmenbedingungen vor.

Gesetzliche Vorschriften, soziale Aspekte und Umweltschutz sind Rahmenbedingungen, die die Unternehmen in ihren Leistungen (Produkte, Dienstleistungen) und Prozessen beachten müssen. Arbeitszeiten, Sicherheit, Arbeitsbedingungen, Umweltvorschriften, Lärmvorschriften u. a. stellen nur einige Beispiele dar.

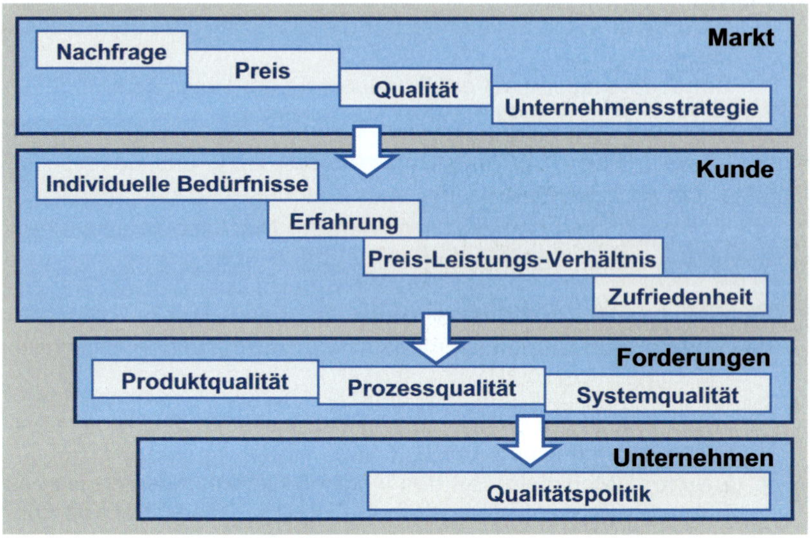

Bild 2.4: Qualität aus Kundensicht

Der Kunde gibt die Qualitätsforderungen vor.

Der Kunde und die Marktgegebenheiten stellen ebenfalls Qualitätsforderungen an die Qualitätspolitik des Unternehmens (Bild 2.4). Das Bestreben der Konkurrenz und die direkten Kundenforderungen stellen einen Zwang dar, dem sich das Unternehmen stellen muss.

Forderungen an den Produzenten

Die von außerhalb gestellten Forderungen an den Produzenten müssen durch interne Maßnahmen so erfüllt werden, dass das Unternehmen wettbewerbsfähig bleibt (Bild 2.5). Hinzu kommen seine Eigeninteressen, nämlich die Produktionsprozesse so zu beherrschen, dass die Qualitätsaufwendungen in der gewünschten Relation zu dem erwarteten Nutzen stehen. Die Qualität der Leistungen und der Prozesse ist von der Kompetenz des Managements und der Mitarbeiter, von der Qualitätspolitik, von den betrieblichen Strukturen sowie der Qualität der Produktionsmittel abhängig.

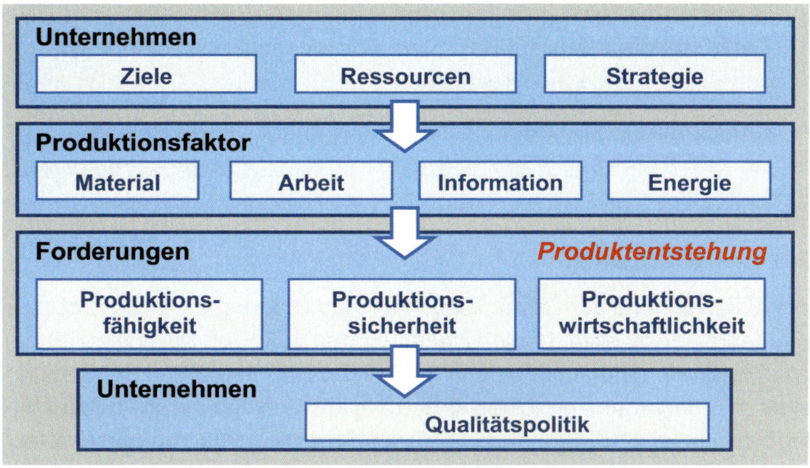

Bild 2.5: Qualität aus Unternehmenssicht

Eine Möglichkeit, die unterschiedlichen Arten der externen und internen Kundenwünsche (Forderungen) bei der Produktentwicklung berücksichtigen zu können, bietet das **Kano-Modell** [Kano84].

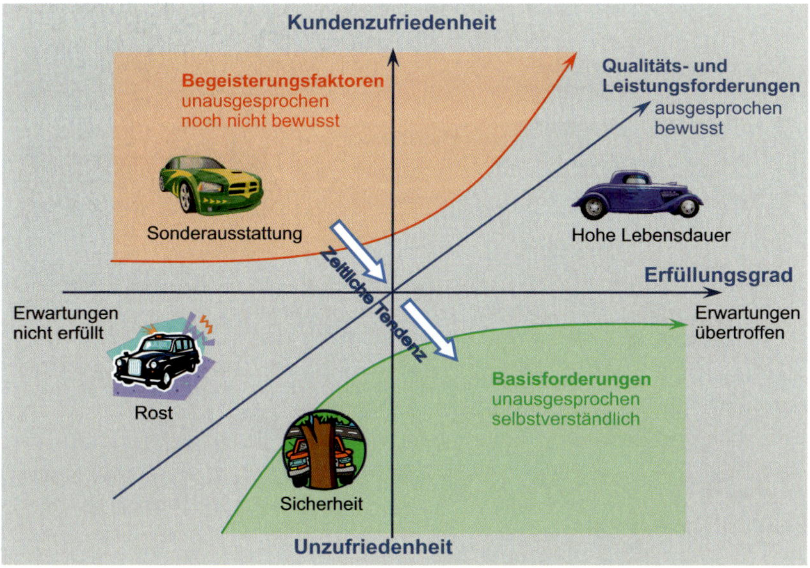

Bild 2.6: Kano-Modell

Es basiert auf der Hypothese: Je höher die Erfüllung der Kundenwünsche, umso größer die Kundenzufriedenheit. Da sich die Erfüllung der einzelnen Merkmale auf die Kundenzufriedenheit unterschiedlich stark auswirkt, wird nach vier Merkmalsklassen unterschieden.

- **Basis-Merkmale:** Sind grundlegend und selbstverständlich, der Kunde nimmt sie nur unbewusst wahr (implizite Erwartungen).
- **Leistungs-Merkmale:** Sind dem Kunden bewusst.
- **Begeisterungs-Merkmale:** Sind Nutzen stiftende Merkmale, mit denen der Kunde nicht rechnet.
- **Unerhebliche Merkmale:** Sind für den Kunden ohne Belang.

Der Einfluss der Merkmalsklassen auf die Kundenzufriedenheit ist im Bild 2.6 dargestellt.

Wo entsteht Qualität?

Die Betriebsstruktur beeinflusst die Qualität.

Die Qualität wird von allen Tätigkeiten im Unternehmen geprägt. Die Elemente, die Qualität beeinflussen, wurden von Prof. Masing zu einem Qualitätskreis zusammengeführt (Bild 2.7). Bei genauerer Betrachtung stellt man fest, dass die Qualität durch alle Elemente der Betriebsstruktur beeinflusst wird. Es handelt sich um eine bewusst erzeugte Qualität (z. B. im Servicebereich: Schulung der Mitarbeiter).

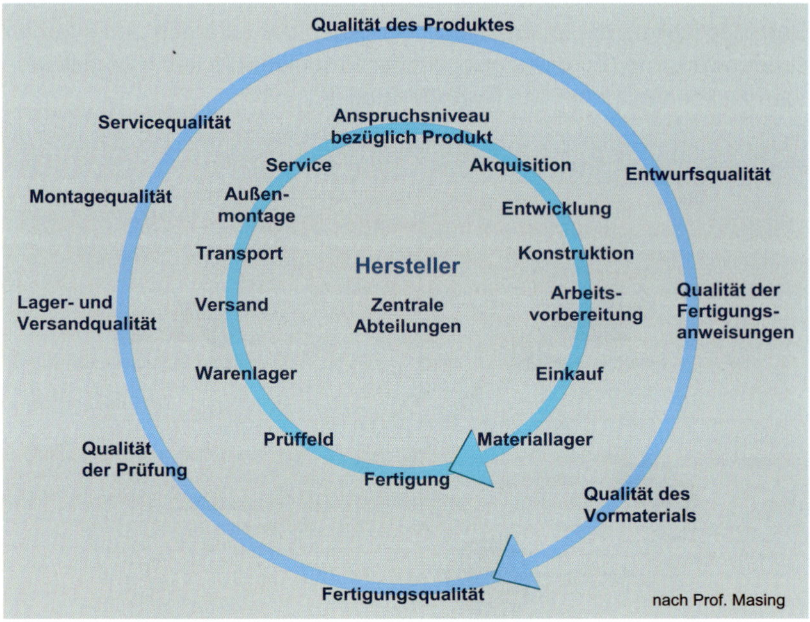

Bild 2.7: Qualitätskreis

Die Einzelmaßnahmen bilden eine geschlossene Folge, weil die in den einzelnen Phasen des Qualitätskreises gewonnenen Ergebnisse voneinander abhängen. Der tatsächliche Qualitätskreis eines Produktes muss für jeden neuen Fall neu entworfen werden. Der Qualitätskreis hängt von dem Kreis der Auftragsabwicklung ab (innerer Kreis).

Zusammengefasst kann Folgendes festgehalten werden. Qualität wird in jedem Bereich eines Unternehmens beeinflusst bzw. erzeugt. Deswegen müssen alle Bereiche in die qualitätsbezogenen Anstrengungen einbezogen werden.

Wie kann Qualität gezielt erzeugt werden?

Die Forderungen an die Qualität, die Beherrschung ihrer Einflussfaktoren und die Erzeugung der Qualität bedürfen einer systematischen Vorgehensweise, des Qualitätsmanagements (QM). Das Qualitätsmanagement führt alle Aktivitäten zur Erreichung der von der Geschäftsleitung vorgegebenen Ziele durch. Um die komplexen Aufgaben des Qualitätsmanagements umsetzen zu können, bedarf es einer Organisationseinheit, eines Qualitätsmanagementsystems (QMS).

2.3 Einflussfaktoren der Qualität

Jeder von uns hat im täglichen Leben Erfahrungen mit verschiedenen Ausprägungen der Qualität gesammelt. Das fängt bei alltäglichen Dingen wie z. B. einer Fahrt mit dem ICE an. Ein angenehmes Ambiente, bequeme Sitze, kaum wahrnehmbares Fahrgeräusch lassen uns zufrieden die Fahrt genießen. Auch der Kaffee, gereicht vom freundlichen Personal, trägt zu unserer Zufriedenheit bei. Leider hat der Zug Verspätung, und der Anschlusszug wartet nicht. Verärgert warten wir auf den nächsten Zug und stufen die Qualität der DB-Leistung als schlecht ein.

Ein Faktor kann eine positive Einschätzung zunichte machen.

Bild 2.8: Aspekte einer Zugverspätung

Bei der Beurteilung hatten wir zuerst die Eigenschaften des Zuges (Maschine) und des Personals (Mensch) wahrgenommen. Anschließend kam ein organisatorischer Aspekt (Methode) in Form der zu kurzen Wartezeit des Anschlusszuges hinzu. Die vorerst positive Beurteilung wurde nur durch einen einzigen Faktor zunichtegemacht. Das Ziel, die Reise zu einem bestimmten Zeitpunkt zu beenden, wurde nicht erfüllt. Dieses einfache Beispiel führt zu folgenden Aussagen:

- Qualität ist von mehreren Einflussfaktoren abhängig. Sie sind allgemein unter dem Stichwort 7 M zusammengefasst.
- Alle Einflussfaktoren müssen gleichzeitig und voneinander unabhängig den Forderungen entsprechen.
- Die Nichterfüllung eines einzigen Faktors kann zu einer nicht ausreichenden Qualität führen.

Sie stellen konkrete Forderungen an die Qualität und ermöglichen, mithilfe der Klassifizierung der Einflussfaktoren, ihren Einfluss zu analysieren.

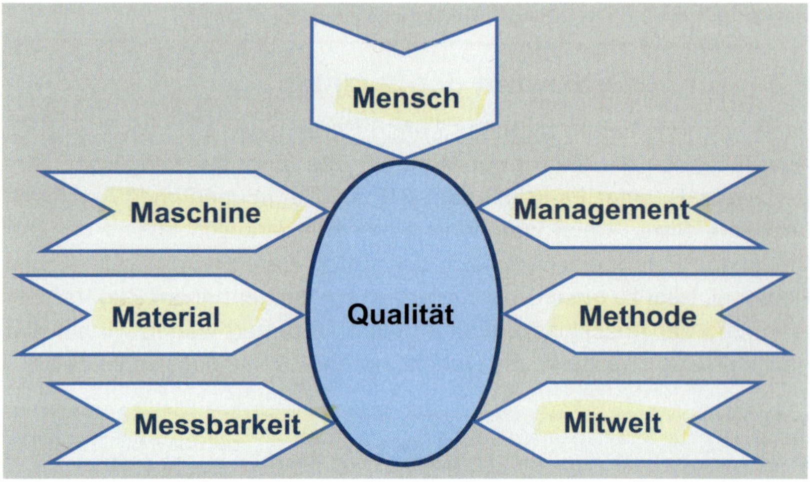

Bild 2.9: Qualität und ihre sieben Einflussfaktoren (7 M)

7 M – sieben Einflussfaktoren der Qualität

Die in Bild 2.9 dargestellten sieben Faktoren beeinflussen nicht nur das tägliche Leben, sondern sie stellen auch die Ausgangsbasis für die Festlegung und gezielte Beeinflussung (Lenkung) der Qualitätsmerkmale im Industrie- und Dienstleistungsbereich dar.

Der Einfluss der sieben Faktoren ist vielschichtig und muss bei jeder Aufgabe speziell untersucht werden. Sie können mithilfe der in den Kapiteln 6 und 7 aufgeführten Qualitätswerkzeuge analysiert werden. Folgende Ausführungen geben einen Überblick über die 7 M.

2.3.1 Mensch

Über die Bedeutung des Menschen für die Qualität und für den Unternehmenserfolg ist man sich weitestgehend einig. Erfahrungen aus dem betrieblichen Alltag sowie zahlreiche Untersuchungen [ILOI97] zeigen, dass ohne das notwendige Engagement der Mitarbeiter, die vom Unternehmen angestrebten Ziele überhaupt nicht bzw. nicht mit der erwarteten Effizienz erreicht werden können. Trotzdem bleibt dieser Aspekt in der Praxis weitgehend unberücksichtigt.

Management- und mitarbeiterbedingte Schwächen verursachen Produktivitätsverluste.

Vonseiten der Wirtschaft wird beispielsweise kontinuierlich aus Gründen der Wettbewerbsfähigkeit versucht, die Stückkosten zu senken. Wie eine Studie [PrCo01] aufzeigt, könnte dies durch eine bessere Nutzung des vorhandenen Arbeitspotenzials der Mitarbeiter erzielt werden.

Die in den führenden Industrieländern durchgeführte Studie bestätigt die zuvor getroffene Aussage. Von 220 Arbeitstagen gehen in Deutschland ca. 40 % als Blindleistung verloren. Mangelnde Planung, unzureichendes Management und unzureichende Kommunikation sowie mangelnde Arbeitsmoral stehen bei den Ursachen für Produktivitätsverluste im Vordergrund (Bild 2.10).

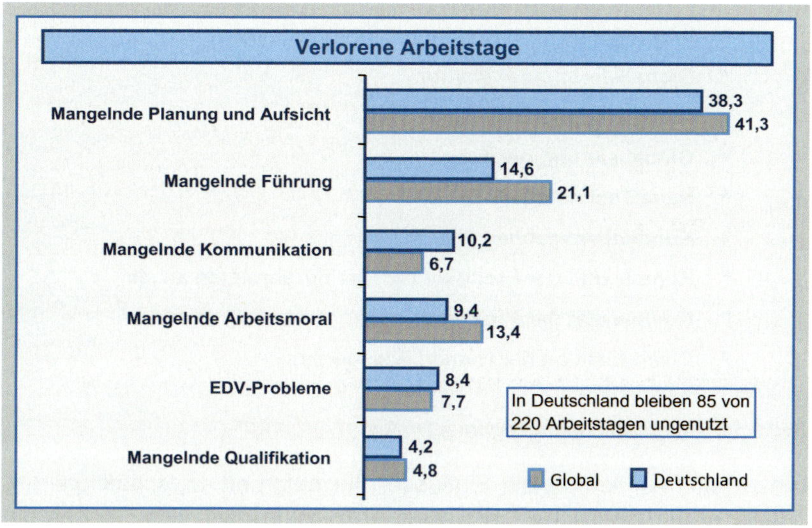

Bild 2.10: Ursachen für Produktivitätsverluste

Ein ähnliches Bild zeigt sich im Bereich des Qualitäts- und Prozessmanagements, wo ein hoher Anteil an Blindleistung zu verzeichnen ist [PhBe09]. Obwohl die Unternehmen in den letzten Jahren massiv in Maschinen und Strukturen investiert haben [BeSu04], bleiben die erzielten Ergebnisse weit hinter den Erwartungen zurück.

Daher ist es unumgänglich, den Einfluss des Verhaltens, der Motivation und der Kompetenz der Mitarbeiter auf die betrieblichen Erfolgsfaktoren und insbesondere auf die Qualität zu kennen.

2.3.1.1 Rahmenbedingungen für Unternehmen und Mitarbeiter

Unsere Zeit ist gekennzeichnet von einem rasanten wirtschaftlichen Wandel. Die Innovationsgeschwindigkeit der Informations- und Kommunikationstechniken verändert weltweit die Technologielandschaft. Forschung und Wissenschaft, Industrien und Infrastrukturen, Technologien und Know-how werden zunehmend transparenter und zugänglicher.

Globalisierung wirkt sich auch auf den Personalbereich aus.

Die Globalisierung der Märkte, das Wachstum und die Entwicklung zu global agierenden Unternehmen sind die äußeren Merkmale dieser Entwicklung (Bild 2.11).

Auch der Personalbereich ist starken Veränderungen ausgesetzt. Manager und Mitarbeiter unterschiedlicher Kulturkreise beeinflussen aufgrund ihrer Verhaltensweisen und Wertvorstellungen die zwischenmenschlichen Beziehungen und damit letztlich auch die Auswirkungen des Humanfaktors auf die Unternehmensergebnisse.

Rahmenbedingungen für Unternehmen

- **Rasanter wirtschaftlicher Wandel**
- **Informations- und Kommunikationstechniken**
- **Globalisierung der Märkte**
- **Globalisierung des Wettbewerbs**
- **Globalisierung der Arbeit**
- **Neue Technologien**
- **Kundenbezogenheit**
- **Komplexität der Produkte und der Forderungen an sie**
- **Komplexität der Prozesse**
- **Diversifikation der Human Ressources**

Bild 2.11: Unternehmensbezogenes Umfeld

Hinzu kommen temporäre Einflüsse, die aufgrund wirtschaftlicher, finanzieller und politischer Lage weitere Aspekte darstellen. Wegen der Globalisierung verändern sich nicht nur einzelne Unternehmen, sondern es wandeln sich ganze Volkswirtschaften. Welche Auswirkungen dieser Wandel tatsächlich hat, kann man am Beispiel von Großbritannien sehen (Bild 2.12). Die Wiege des Industriezeitalters erwirtschaftet heute ca. 29 % ihres inländischen Bruttosozialproduktes in der Industrie und 69 % im Dienstleistungsbereich.

Bild 2.12: Wandel der industriellen Gesellschaft [EuBl08]

Auf die Herausforderungen des rapiden, stetigen Wandels der unternehmerischen Umfeldbedingungen reagieren die Unternehmen mit einer Vielzahl unterschiedlicher Managementkonzepte. Diese weisen aber einen gemeinsamen Nenner auf. Sie verändern die Unternehmensstrukturen und die Arbeitsinhalte der Mitarbeiter.

Der stetige Wandel fordert eine Vielzahl von Managementkonzepten.

Die rasante Entwicklung der **Kommunikations- und Informationstechnologie** greift ebenfalls in alle berufsbezogenen Bereiche ein und stellt sowohl an das Management als auch an die Mitarbeiter stetig steigende Forderungen an ihr Wissen und ihre Kompetenz (Bild 2.13). Die Mitarbeiter und das Management partizipieren in diesem Umfeld.

Forderungen an den Humanfaktor

- **Informationsbeschaffung, -verarbeitung und -analysen**
- **hohe Wissens- und Technologieforderungen**
- **steigende Interdisziplinarität der Aufgaben**
- **hohe Komplexität der Aufgaben**
- **stetig steigende Ergebnisforderungen**
- **Kosten- und Zeitdruck**
- **Globalisierung der Arbeit**
- **schneller Wandel der Arbeitstechniken und -mittel**
- **interkulturelle Arbeitsteilung**
- **Wertewandel**
- **eine hohe Flexibilität und Verfügbarkeit**

Bild 2.13: Betriebliche Forderungen an Mitarbeiter und Management

Aufgrund der Komplexität des heutigen Arbeitsumfeldes können die gesteckten Ziele nur durch aktiven Einsatz der Belegschaft erreicht werden (Bild 2.14).

Bereitschaft und Fähigkeit der Mitarbeiter den Unternehmenszielen zu folgen ist wichtig.

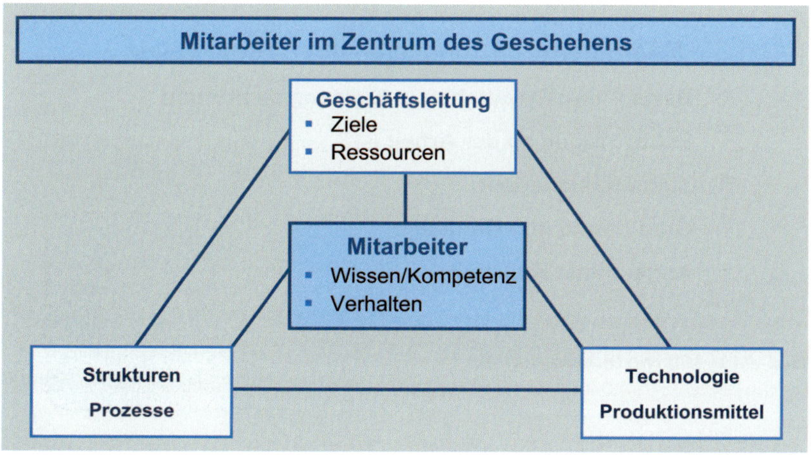

Bild 2.14: Bedeutung der Mitarbeiter

Sind die Mitarbeiter aber dazu bereit und wenn ja, unter welchen Voraussetzungen? Meistens sind sie ihre Arbeit gewohnt, sie beherrschen ihre Aufgaben und fühlen sich sicher. Warum dann Veränderungen? Unter diesen Gegebenheiten sollte sich für das Management die Frage nach Einbeziehung und Motivation der Mitarbeiter für die anstehenden Herausforderungen stellen.

2.3.1.2 Erwartungen der Mitarbeiter an ihren Arbeitsplatz

Die gegenseitige Beziehung des Nehmens und Gebens bestimmt unser Leben. Danach richten sich auch die Leistungsfähigkeit und -bereitschaft der Mitarbeiter. Um diese beiden Kriterien optimal zur Entfaltung zu bringen, ist es zunächst erforderlich, die Mitarbeitererwartungen in Erfahrung zu bringen und sie zu bewerten. Dieses Thema ist Gegenstand zahlreicher wissenschaftlicher Studien, deren Ansätze von der Persönlichkeitsbildung über die Zugehörigkeit zu einem Kulturkreis bis hin zur Mitarbeiterzufriedenheit reichen. Die komplizierten psychologischen und arbeitswissenschaftlichen Zusammenhänge werden durch unterschiedliche Thesen und Modelle belegt. Eine internationale Studie [GeCo98] zeigt allerdings, dass es für die Industrieländer, vertreten durch die USA, EU, Japan und Russland, ein quasi einheitliches Bild über die Forderungen an einen Arbeitsplatz gibt. Für alle Kulturkreise standen die gleichen Kriterien an erster Stelle (Bild 2.15).

Ein besonderer Schwerpunkt lag auf den Entwicklungschancen und der Möglichkeit, Fähigkeiten auszubauen und damit die Stellensicherheit zu erhöhen. Die Gewichtung der einzelnen Erwartungen verändert sich und ist von der jeweiligen Wirtschaftslage und den persönlichen Gegebenheiten abhängig.

Müssen Mitarbeiterwünsche berücksichtigt werden?

Unternehmen müssen sich die Frage stellen, inwieweit die Wünsche der Mitarbeiter erfüllt werden bzw. welche Barrieren es zu überwinden gilt, um die Mitarbeiter für die Unternehmensziele zu gewinnen.

Mitarbeitererwartungen an ihren Arbeitsplatz

- **Berufs- und Privatleben in Einklang zu bringen**
- **Echte Freude an der Arbeit**
- **Zukunftssicherheit**
- **Gute Löhne und Gehälter**
- **Angenehme Kollegen**

Bild 2.15: Mitarbeitererwartungen

2.3.1.3 Erfolgsfaktoren und Barrieren organisatorischer Veränderungsprozesse

Der Schlüssel für die zukünftige Überlebens- und Wettbewerbsfähigkeit von Unternehmen liegt zunehmend darin, eine hohe Lern-, Innovations- und Wandlungsfähigkeit zu schaffen und zu entfalten. Diese Kriterien sind aber eindeutig von der Bereitschaft der Mitarbeiter abhängig.

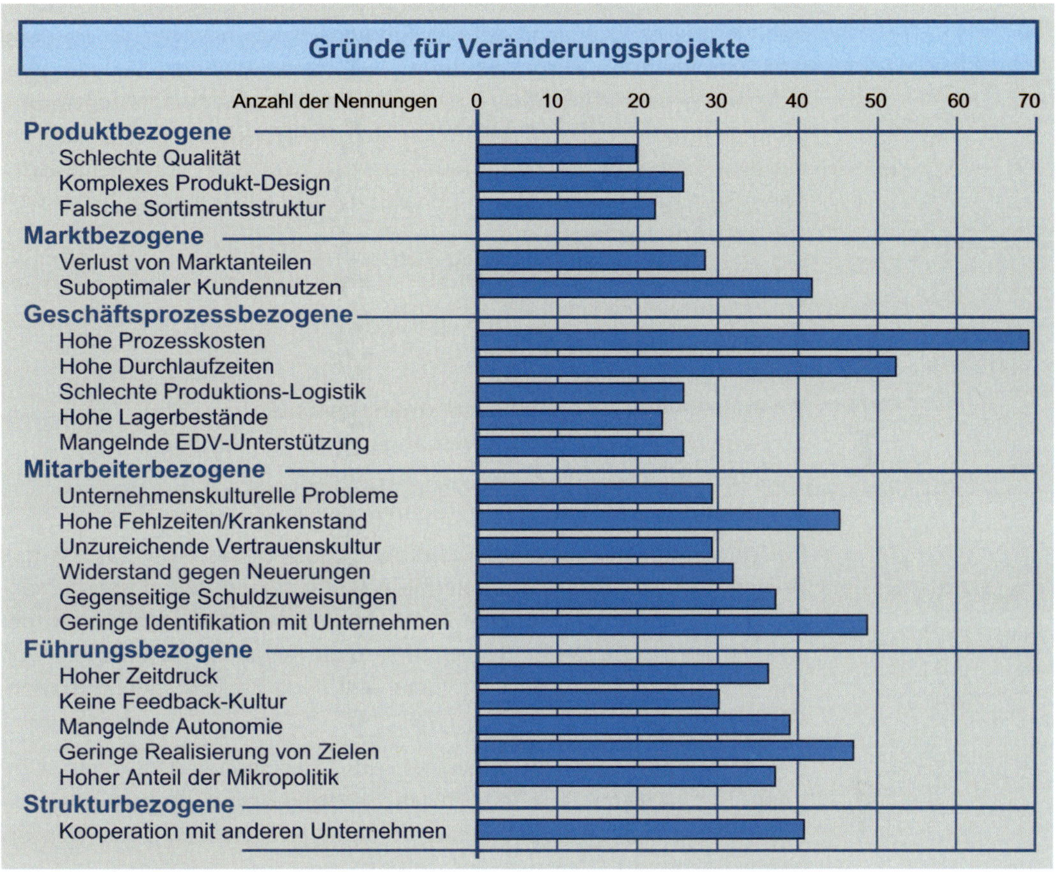

Bild 2.16: Gründe für Veränderungsprojekte

Daher sollen die folgenden Ausführungen den Einfluss der Mitarbeiterbereitschaft bzw. der Widerstände bei der Durchführung von Veränderungsprozessen aufzeigen.

Gründe für Veränderungsprojekte sind auch mitarbeiterbedingt.

Die Gründe [ILOI97] für die Durchführung von Veränderungsprozessen zeigt Bild 2.16. Die Anzahl der Nennungen zeigt, dass die am häufigsten auftretenden Gründe die hohen Prozesskosten, die hohen Durchlaufzeiten, die hohen Fehlzeiten, die geringe Identifikation mit dem Unternehmen und die geringe Realisierung von Zielen sind. Drei davon betreffen die Leistungs- und Bereitschaftsfähigkeit der Mitarbeiter.

Mehr als 50 % der aufgeführten Gründe betreffen direkt die betriebliche Mitarbeitereinstellung. Erstaunlich ist aber, dass offensichtlich weniger die mangelnde Leistung, als viel mehr der allgemeine zwischenmenschliche Umgang miteinander das ursächliche Problem darstellt.

Bei den abgeschlossenen Projekten belief sich der Anteil der „nicht erfolgreichen Projekte" auf 43 %. Sie erreichten weniger als 80 % des Umsetzungserfolgsgrads ihrer Zielsetzung wie Kostensenkung, kürzere Durchlaufzeiten, Qualitätsverbesserungen usw.

Die Gründe für das unerfreuliche Ergebnis liegen einerseits am fehlenden Controlling bzw. sind auf das fehlende Know-how bei der Planung und Durchführung zurückzuführen. Die überwiegenden Gründe aber betreffen erneut den Mitarbeiter bzw. den zwischenmenschlichen Umgang. Mitarbeiterbezogene Kriterien stellen die zentrale Problematik bei der Durchführung von Veränderungsprozessen dar. Mitarbeiterbezogene Barrieren bei der Durchführung von Veränderungsprojekten weisen folgende Merkmale auf:

- mangelndes Engagement,
- fehlende Motivation,
- Angst vor Neuerungen,
- Verlust bekannter Abläufe,
- Verlust von Gewohnheiten und Besitzständen,
- negative Erfahrungen mit vergangenen Veränderungen,
- fehlende Lern- und Änderungsbereitschaft,
- fehlende Identifikation und Kommunikation.

Ein gewichtiges, im gleichen Umfeld angesiedeltes Kriterium ist das Fehlen schneller Realisierungserfolge. 37 % der Befragten geben mangelndes Engagement, fehlende Motivation sowie die Angst vor Neuerungen an. Für 66 % der Befragten sind die Angst vor dem Verlust von bekannten Arbeitsabläufen, Gewohnheiten und Besitzständen die wichtigsten Kriterien.

Die Unternehmenskultur bestimmt den zwischenmenschlichen Umgang. Sie ist gleichermaßen für das Gelingen bzw. Scheitern von Veränderungsprojekten verantwortlich. Folgende Kriterien haben sich als charakteristische Merkmale der Unternehmenskultur herausgestellt:

- allgemeine Veränderungsbereitschaft der Mitarbeiter,
- Grad der gewährten Eigenverantwortung im Unternehmen,
- vorherrschende Vertrauenskultur,
- Einstellung der Mitarbeiter gegenüber Konflikten,
- Leistungsbereitschaft und -förderung,
- allgemeiner Umgang miteinander.

Mangelnde „Eigenverantwortung" behindert Veränderungsprojekte.

Eine besonders wichtige Rolle spielt die „Veränderungsbereitschaft" der Mitarbeiter. Diese ist gerade bei erfolgreichen Projekten ausgeprägt. Auch die mangelnde „Eigenverantwortung" der Mitarbeiter zeigt sich als entscheidendes Hindernis bei der Umsetzung der Veränderungsprojekte. Das Resultat einer relativ stark ausgeprägten „Vertrauenskultur" zeigt, dass die Veränderungsprozesse auf eine breite Unterstützung stoßen und somit von der Mehrheit der Mitarbeiter getragen werden. Gute Lösungen benötigen einen offenen und konstruktiven „Umgang mit Konflikten“. Diese Ausprägung weisen die erfolgreichen Projekte auf.

2.3.1.4 Auswirkungen des Erfüllungsgrades der Mitarbeiterwünsche

Eine Gegenüberstellung der Erfolgsfaktoren, der Barrieren und der Mitarbeitererwartungen ergibt einen Aufschluss über die Motivationsmerkmale (Bild 2.17). Der Grad der Erfüllung der Mitarbeiterwünsche beeinflusst die Durchführung der Veränderungsprozesse und führt zum Erfolg bzw. zur Entstehung von Widerständen und damit zum Verfehlen der gesteckten Zielsetzung. Damit steht fest, dass die Erfolgsfaktoren der betrieblichen Veränderungsprozesse in Übereinstimmung mit den Mitarbeiterwünschen stehen müssen. Das Ergebnis spiegelt ebenfalls den aus der Arbeitspsychologie bekannten **Human-Relations-Ansatz** für die Arbeitsmotivation wider.

Erfüllung von Mitarbeiterwünschen fördert die Zielerreichung.

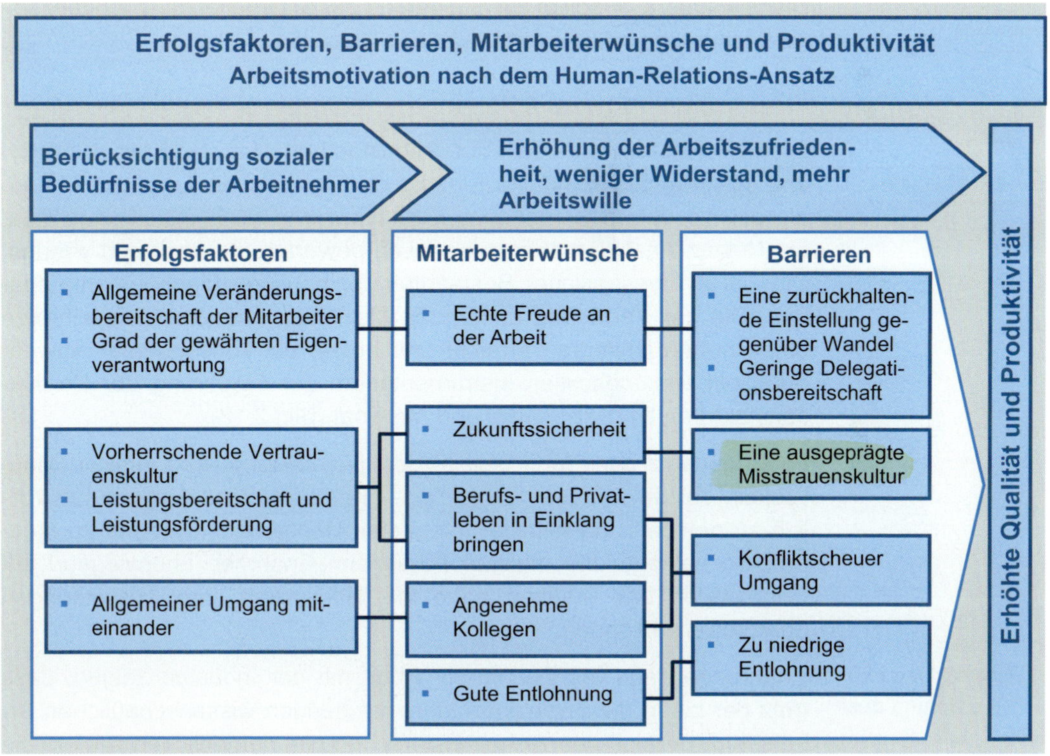

Bild 2.17: Der Zusammenhang zwischen Erfolgsfaktoren, Barrieren und Mitarbeiterwünschen

Außer diesem Ansatz liefert die Verhaltens- und Arbeitspsychologie eine Reihe von Verhaltensmodellen, wie die Bedürfnispyramide nach Maslow, die Faktoren der Zufriedenheit bzw. Unzufriedenheit bei der

Arbeit nach Herzberg sowie Hypothesen neueren Ursprungs, wie mehrdimensionale Motivationsmodelle oder aus der experimentellen Psychologie (z. B. die Theorie der Persönlichkeits-Systeme-Interaktionen, „PSI-Theorie", von Dietrich Dörner oder Julius Kuhl).

Der Mensch steht im Mittelpunkt.

Es wurde gezeigt, dass die Berücksichtigung sozialer Bedürfnisse der Arbeitnehmer eine der wichtigsten Voraussetzungen für den Unternehmenserfolg ist. Der Mensch, als einer der drei Produktionsfaktoren, steht als Initiativfaktor im Mittelpunkt. Von ihm gehen die Impulse aus, er ist an der Wertschöpfung direkt oder indirekt beteiligt und er trägt die Verantwortung. Also müsste, wie die Produktionsfaktoren Betriebsmittel und Material auch der Humanfaktor gesteuert werden. Da dies nicht möglich ist, wird mithilfe einer mehr oder weniger ausgeprägten Personalpolitik versucht, den Produktionsfaktor Mensch im Sinne der Unternehmensziele zu beeinflussen.

Als Werkzeug hierfür dient in der Regel ein leistungs- und verantwortungsbezogenes Entlohnungssystem in verschiedenen Formen. Auch andere Anreize wie Weiterbildungsmaßnahmen, Statussymbole wie Dienstwagen u. ä. sollen zur Steigerung der Mitarbeiterzufriedenheit, seiner Motivation und Einsatzbereitschaft beitragen.

2.3.1.5 Mensch und betriebliche Managementsysteme

Produktion wird von den Produktionsfaktoren **Arbeit, Betriebsmittel** und **Material** bestimmt. Der Einfluss der Betriebsmittel und des Materials auf die unternehmerischen Erfolgsfaktoren kann mithilfe von Kosten-Nutzen-Analysen sehr gut erfasst, bewertet und gesteuert werden. Dies ist ein wesentlicher Bestandteil der heutigen Managementaufgaben. Die zur Verfügung stehenden Methoden und Werkzeuge haben einen hohen Reifegrad erreicht und bieten bei konsequenter Anwendung ein wirkungsvolles Instrumentarium zur Steuerung der Produktionsfaktoren **Betriebsmittel** und **Material** (Bild 2.18).

Im Gegensatz dazu fehlt beim Produktionsfaktor **Arbeit** jegliche Möglichkeit, seinen Einfluss mithilfe einer Kosten-Nutzen-Analyse tatsächlich zu belegen und mithilfe geeigneter Managementsysteme zu steuern. So basieren die meisten Personalmaßnahmen überwiegend auf Erfahrungen und Intuition ohne die Möglichkeit, ihre Auswirkungen überprüfen zu können.

Entwicklung und Förderung des Personals oft nicht ausreichend

Erfahrungen aus der Zusammenarbeit mit der Industrie zeigen, dass trotz der bis in die Zwanziger-Jahre reichenden wissenschaftlichen Arbeiten im Bereich der Verhaltensforschung im betrieblichen Umfeld die in der Praxis angewendeten Verfahren bzw. Systeme ungeeignet sind, die Mitarbeiter gezielt und langfristig für spezifische Ziele zu motivieren. Wenn überhaupt, gelingt dies nur kurzfristig für Sonderaktionen. Auch die Auswirkungen solcher Maßnahmen sind eher zufällig, da die Zusammenhänge nicht bekannt und somit auch wirtschaftlich kaum zu bewerten sind.

Dass die auf diese Art und Weise durchgeführten Maßnahmen in ihrer Wirkung nur mehr oder weniger greifen, ist ersichtlich. Die von Unternehmen betriebenen Förderprogramme sind überwiegend allgemeiner Art und nicht auf Qualitätsaspekte ausgerichtet.

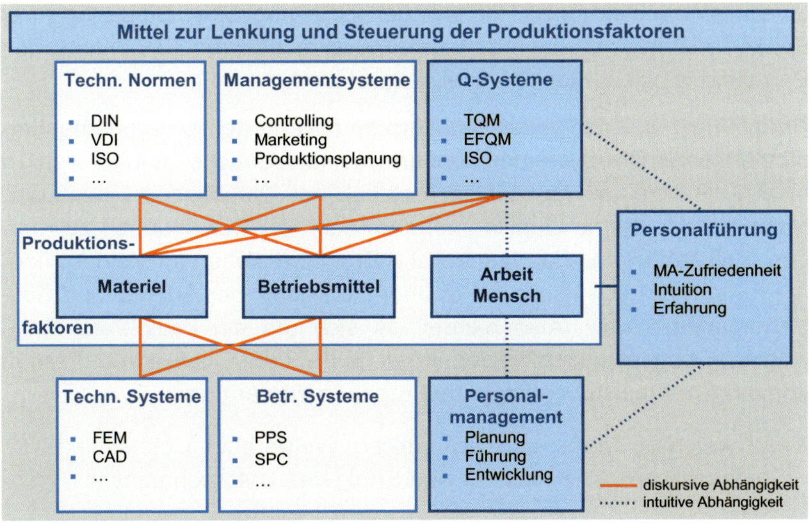

Bild 2.18: Mittel zur Lenkung und Steuerung der Produktionsfaktoren [BeLu02]

Der beschriebene Zustand ist gerade für den Bereich Qualität exemplarisch. Normen wie die ISO 9001 u. a. legen die Rahmenbedingungen für QM-Systeme fest und schreiben teilweise Methoden und Verfahren zum Prüfen, Beurteilen bzw. zum Nachweis der Qualität vor. Verfahrensanweisungen und Lenkungsmaßnahmen schließen den Kreis der Steuerung der Produktionsfaktoren Betriebsmittel und Material.

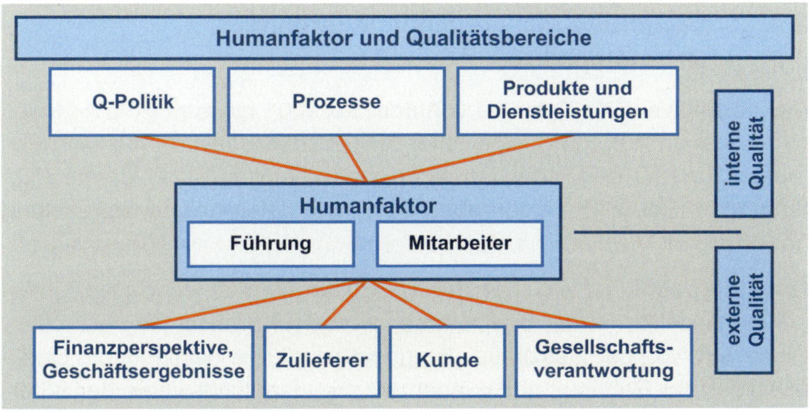

Bild 2.19: Einflussbereiche des Humanfaktors

Der Produktionsfaktor Mensch wird nur am Rande berührt [EFQM99]. Die Auswirkungen sogenannter fördernder Maßnahmen werden meist nur indirekt mittels des Merkmals Mitarbeiterzufriedenheit beurteilt, ohne dass ihr tatsächlicher Einfluss auf die Qualität überhaupt bekannt ist.

Der Produktionsfaktor Mensch wird nur am Rande berührt.

Einzig das EFQM-Modell [EFQM99] bzw. der Ludwig-Erhard-Preis (Deutscher Qualitätspreis) bezieht den Humanfaktor mit ein.

In der Praxis hat sich gezeigt, dass gerade Unternehmen mit einem sehr hohen Qualitätsniveau zu der Erkenntnis gelangen, dass weitere Qualitätsverbesserungen, die mit der Erhaltung bzw. Steigerung der Konkurrenzfähigkeit einhergehen, ohne eine stärkere Einbindung des Produktionsfaktors Mensch nicht möglich sind.

Unabhängig von den jeweiligen Normen bzw. in den Unternehmen implementierten QM-Systemen können Qualitätsbereiche definiert werden (Bild 2.19), die der Mensch im betrieblichen Geschehen beeinflusst. Nicht nur die interne Qualität, sondern auch die Beziehungen zu Kunden, Zulieferern und das betriebliche Ergebnis stehen im Vordergrund. Als Führungskraft entscheidet er über die Anzahl der Arbeits- und Ausbildungsplätze usw. Also handelt es sich um ein komplexes Netzwerk von gegenseitigen Beziehungen, in dem die Qualität zum Tragen kommt. Generell stehen folgende Fragen in Vordergrund:

- In welchem Maße und auf welche Weise sind Unterschiede im menschlichen Verhalten für den Erfolg des Unternehmens maßgeblich?
- Welche Rolle spielt „der Mensch“ tatsächlich – als Fachkraft und Führungskraft, als Ausführender und Entscheider?
- Gibt es eindeutige Zusammenhänge zwischen Merkmalen menschlichen Verhaltens und handfesten Qualitätsmerkmalen wie Fehlerhäufigkeiten, Durchlaufzeiten usw.?

In den folgenden Kapiteln wird auf die Beziehung Mensch, Qualitätspolitik, Prozesse und Finanzperspektive eingegangen.

2.3.1.6 Beziehung Management, Mitarbeiter und Qualitätspolitik

Mitarbeiterzufriedenheit fördert das Erreichen hoher Qualität.

Alle normativen QM-Systeme von der ISO 9001 bis zum EFQM-Modell gehen davon aus, dass eine hohe **Mitarbeiterzufriedenheit** eine Voraussetzung für das Erreichen einer hohen Qualität ist. Folgende Ausführungen [BeLu01] zeigen aber, dass eine differenzierte Betrachtung notwendig ist.

Qualitätspolitik ist ein Teil der von Unternehmen verfolgten Unternehmenspolitik, mit der die Unternehmensziele erreicht werden sollen. Diese wird von der Geschäftsleitung festgelegt. Sie bestimmt die Qualitätsziele und Rahmenbedingungen für die Handlungsweise der Mitarbeiter. Dazu gehören z. B. die internen Strukturen, der Grad der Verantwortung, Entscheidungsfreiheit usw. Die von den Mitarbeitern tatsächlich wahrgenommenen Merkmale der Qualitätspolitik sind von dem Führungsverhaltens des Managements geprägt.

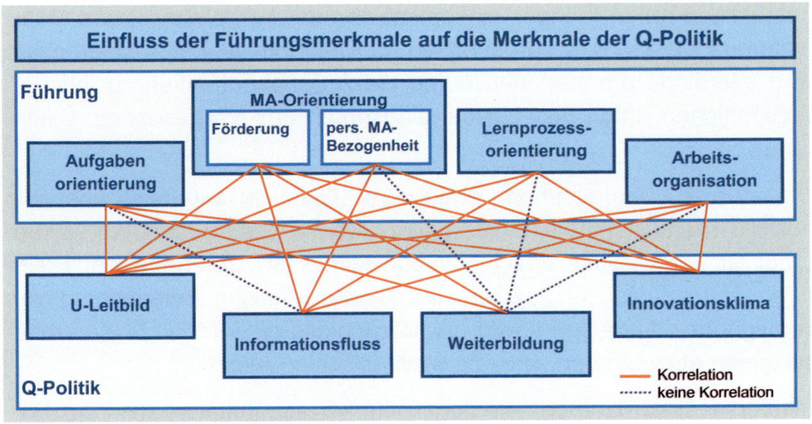

Bild 2.20: Die Korrelation der Führungs- und Q-Politikmerkmale

Sie korrelieren wesentlich mit den Merkmalen der Q-Politik (Bild 2.20). Ihre Wirksamkeit und Akzeptanz durch die Mitarbeiter hängen also wesentlich vom persönlichen Verhalten des Managements ab und prägen damit das Maß seiner Glaubwürdigkeit. Im Vordergrund steht die Mitarbeiterorientierung als Voraussetzung für die Bildung des Innovationsklimas.

Führungsverhalten beeinflusst die Wahrnehmung der Qualitätspolitik.

Die Q-Politik und das eigentliche Führungsverhalten der Vorgesetzten beeinflussen die Einstellung und das Verhalten der Mitarbeiter. Dabei stehen die „Mitarbeiter-" und die „Lernprozessorientierung" im Vordergrund (Bild 2.21).

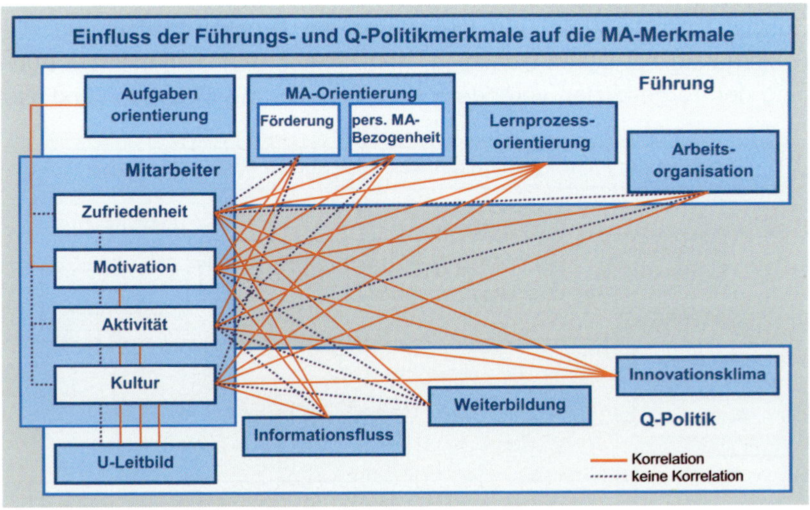

Bild 2.21: Die Korrelationen der Führungs- und Q-Politikmerkmale mit den MA-Merkmalen

Die beratende Unterstützung des Vorgesetzten ist sowohl in fachlichen als auch in zwischenmenschlichen Belangen von großer Bedeutung für den Mitarbeiter. Seine Motivation, Zufriedenheit und sein Wohlgefühl im gegenseitigen Umgang mit Kollegen und Vorgesetzten, also die inner-

Beratende Unterstützung des Vorgesetzten ist von großer Bedeutung.

betriebliche Kultur, hängen wesentlich von der Lernprozess- und Mitarbeiterorientierung des Vorgesetzten ab. Die Motivation des Mitarbeiters wird allerdings am stärksten durch die Aufgabenorientierung, also im Wesentlichen durch den Leistungsanspruch des Vorgesetzten, beeinflusst.

Die von der Führungsebene praktizierte „Q-Politik" wirkt sich ebenfalls auf die mentalkulturellen Mitarbeiterfaktoren aus. Besonders ausgeprägt ist der Einfluss des Innovationsklimas im Unternehmen. Freier Informationsaustausch, systematische und kritische Beleuchtung von vorliegenden Aufgaben sowie die Möglichkeit, aktiv Ideen und Verbesserungen einzubringen, sind die wesentlichsten Aspekte.

Mit der im Unternehmen gelebten Kultur korrespondieren auch die Aktivität bei Projekten, das Maß an Projektzielerreichung und die Arbeitsmotivation. Das Ganze spiegelt sich im Unternehmensleitbild, das als Vision das angestrebte Ziel definiert, wider.

2.3.1.7 Beziehung Management, Mitarbeiter und Prozessqualität

Der Einsatz und die Wirkungsweise von Maschinen, Methoden usw. bilden als Ergebnis die Einstellung und Verhaltensweise des Menschen als Entscheidungsträger bzw. als Auszuführender in den Prozessabläufen ab.

Die Lernprozessorientierung fördert die Prozessparameter.

Als wichtigstes Führungsmerkmal tritt erneut die Lernprozessorientierung in den Vordergrund (Bild 2.22). Sie unterstützt die Aktivität des Qualitätsmanagements und beeinflusst die Durchlaufzeiten und die Fehlerhäufigkeit. Durch Coaching, Partizipation und zielgerichtete Führung der Vorgesetzten verändern sich nicht nur die Motivation und das

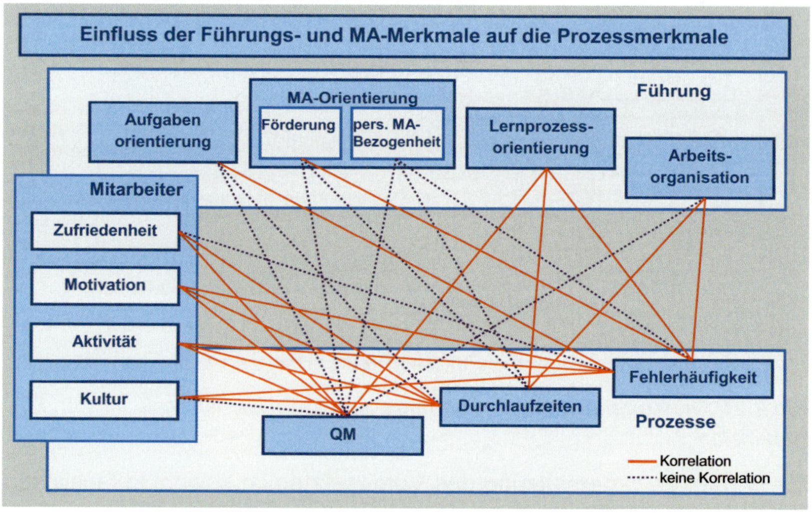

Bild 2.22: Die Korrelationen der Führungs- und Mitarbeitermerkmale mit den Prozessmerkmalen

Befinden der Mitarbeiter, vielmehr werden die Grundlagen für qualitätsbezogene Handlungs- und Denkstrukturen bei den Mitarbeitern gelegt. Arbeitsmethodik und Organisation bilden die Rahmenbedingungen für die Lenkung der Hauptmerkmale der Prozessqualität, die Fehlerhäufigkeit und die Durchlaufzeiten.

Darüber hinaus stärkt die Lernprozessorientierung die lenkenden Maßnahmen des Qualitätsmanagements erheblich.

Dass sowohl die Aufgabenorientierung, die Lernprozessorientierung und Arbeitsorganisation als auch die Förderung als ein Bestandteil der Mitarbeiterorientierung gleichermaßen die Fehlerhäufigkeit beeinflussen, zeigt erneut den strukturbildenden Einfluss des Führungsverhaltens des Managements.

Der Mitarbeitereinfluss stellt sich wie folgt dar. Motivation und Aktivität korrelieren mit allen Prozessmerkmalen und stellen somit die zentralen Faktoren dar. Die Mitarbeiterzufriedenheit hat einzig auf die Fehlerhäufigkeit keinen Einfluss. Auf diesen Aspekt wird im nächsten Kapitel eingegangen. Die innerbetriebliche Kultur korreliert abgesehen vom Qualitätsmanagement mit der Fehlerhäufigkeit und den Durchlaufzeiten.

Die einflussnehmenden Faktoren sind sehr vielfältig.

Die Motivation der Mitarbeiter, ihre Aktivität und zwischenmenschlichen Beziehungen, wie Vertrauen und Verbundenheit zu Kollegen, ihre Bereitschaft zur Konfliktaustragung einerseits sowie fachliches und soziales Selbstvertrauen und Verantwortung andererseits, bilden die Grundlage für die Bildung von Qualität.

2.3.1.8 Mitarbeiterverhalten und Qualität

Der Ansatz, bei der Implementierung und Umsetzung von Qualitätsmanagementsystemen neben technischen und ökonomischen Parametern auch den Mitarbeiter in Form von Mitarbeiterzufriedenheitsmessungen zu berücksichtigen, scheint bei weiterer Betrachtung allerdings etwas halbherzig. Zum einen gibt es keine normativen Vorgaben „wie“, also mit welchen Testverfahren, die Mitarbeiterzufriedenheit erhoben werden soll. Daraus resultiert eine nur eingeschränkte Vergleichbarkeit der erfassten Werte. Die Aussagekraft der Mitarbeiterzufriedenheit wurde darüber hinaus schon in der Vergangenheit innerhalb der Arbeits- und Organisationspsychologie kritisch diskutiert [BeSa81].

Mitarbeiterzufriedenheitsmessungen sind hilfreich, aber kritisch zu hinterfragen.

Zum anderen werden nur geringe Zusammenhänge zwischen der Mitarbeiterzufriedenheit und Qualitätsmerkmalen nachgewiesen [BeLu01], oder aber der Zusammenhang bestand nur für bestimmte Personengruppen [BeSu04] im Unternehmen (Bild 2.23).

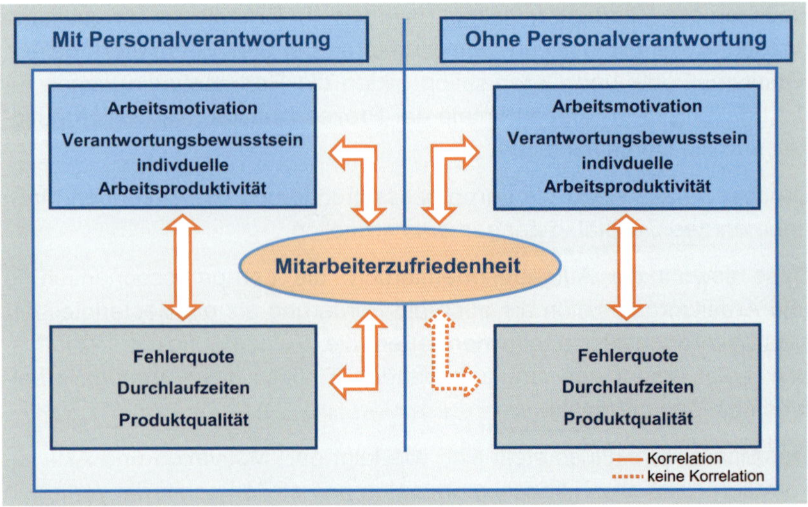

Bild 2.23: Differenzierte Betrachtung der Mitarbeiterzufriedenheit

Ein direkter Zusammenhang zwischen der Mitarbeiterzufriedenheit und den Qualitätsmerkmalen Fehlerquote, Durchlaufzeiten und Produktqualität konnte nur bei den Mitarbeitern mit Personalverantwortung nachgewiesen werden. Bei den Mitarbeitern ohne Personalverantwortung korrelierte die Mitarbeiterzufriedenheit nicht mit den Qualitätsmerkmalen.

Es sind andere Faktoren, die wesentlich die Produktqualität, Fehlerquote und die Durchlaufzeiten beeinflussen (Bild 2.24).

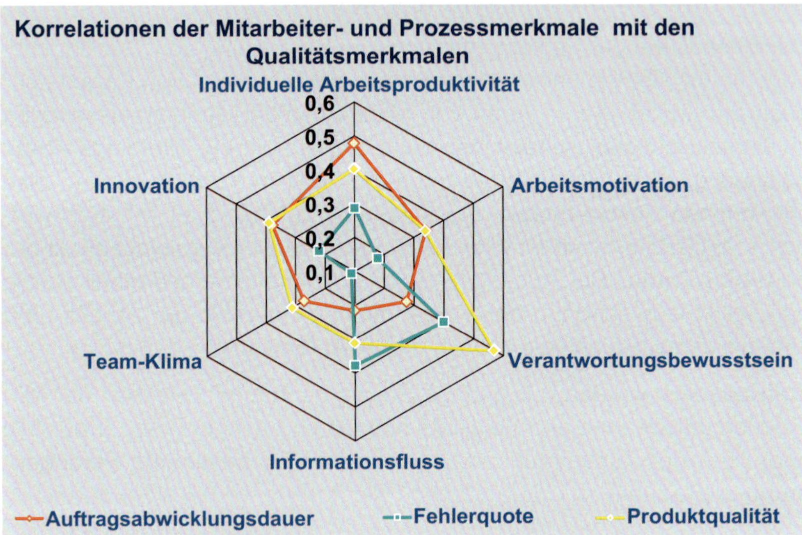

Bild 2.24: Beziehung Mitarbeiterverhalten und Merkmale der Qualität

Hinsichtlich der Fehlerquote sind es die ausgeprägten Zusammenhänge mit Verantwortungsbewusstsein und mit dem Informationsfluss. Die Auftragsabwicklungsdauer hingegen steht am stärksten mit der individuellen Arbeitsproduktivität in Beziehung. Die höchste Korrelation herrscht aber zwischen der Produktqualität und dem Verantwortungsbewusstsein der Mitarbeiter.

Es gibt folglich nicht „das eine" qualitätsrelevante Mitarbeitermerkmal. Vielmehr ist eine differenzierte Betrachtung erforderlich, da die jeweiligen Mitarbeiterfaktoren in ihren Auswirkungen auf die verschiedenen Qualitätsmerkmale variieren.

Der Faktor Fairness ist bei den drei Mitarbeitermerkmalen (Bild 2.25) besonders stark ausgeprägt. Der gerechte Umgang mit den Mitarbeitern stellt demnach eine zentrale Forderung an die Führung dar. Die Belohnung der Arbeit (Wertschätzung und Anerkennung) durch den Vorgesetzten ist dagegen in diesem Bezug scheinbar von geringerer Bedeutung.

Gerechter Umgang mit den Mitarbeitern stellt eine zentrale Forderung an die Führung dar.

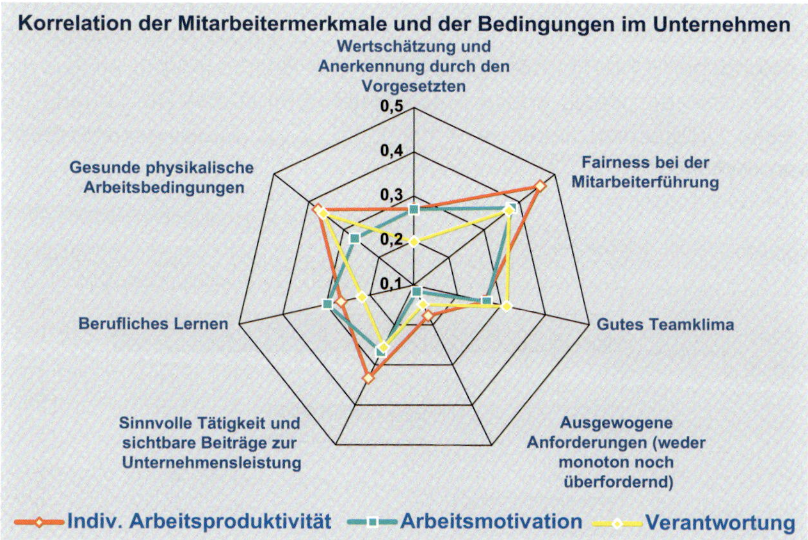

Bild 2.25: Beziehungen der Mitarbeitermerkmale und der Bedingungen im Unternehmen

Die Rahmenbedingungen im Unternehmen sind von nicht zu vernachlässigender Bedeutung, da sich die Menschen an sozialen Strukturen orientieren.

Zu weiteren wichtigen Rahmenbedingungen, die mit den Mitarbeitermerkmalen in enger Beziehung stehen, gehören das Vorhandensein gesunder physikalischer Arbeitsbedingungen sowie eine sinnvolle Tätigkeit und die Transparenz des eigenen Beitrags zur Unternehmensleistung.

In dem Zusammenhang stellt sich die Frage, ob das Ausmaß, mit dem die Mitarbeiter den Anteil ihrer eigenen Arbeit zur Unternehmensleistung wahrnehmen, nicht auch von der Qualität ihrer Führung abhängt. Nur wenn der unmittelbare Vorgesetzte dem jeweiligen Mitarbeiter individuelle und auf den Arbeitsplatz bezogene Informationen zurückmeldet, kann dieser seine Arbeitsleistung und deren Stellenwert für die Unternehmensleistung realisieren. Die Qualität der Führung stellt in diesem Zusammenhang somit die zentrale Rahmenbedingung für die Ausprägung qualitätsrelevanter Mitarbeitereigenschaften dar.

2.3.1.9 Führungsverhalten und Unternehmenserfolg

In den vorausgegangenen Kapiteln wurde die Bedeutung des Führungsverhaltens und der Qualitätspolitik für den Mitarbeiter und für die Qualität aufgezeigt. Aber auch die Finanzperspektive des Unternehmens bleibt nicht unberührt.

Die Ergebnisse einer größeren Anzahl von Dienstleistungsunternehmen, ohne jeglichen Einfluss von Maschinen bzw. Material und einem vergleichbaren Produktportfolio, zeigen einen eindeutigen Trend. Eine positive Differenz im Umsatz mit neuen Produkten, im Umsatzwachstum, in der Umsatzrendite und im Umsatz pro Kopf kennzeichnet die erfolgreichen Unternehmen (Bild 2.26). Die Bezugsgrößen stellen die Ergebnisse der wenig erfolgreichen Unternehmen dar. Die Gründe für diesen Unterschied liegen in erster Linie in der Führungskompetenz, den Investitionen in das Führungsverhalten, in Prozessen und im Mitarbeiterengagement.

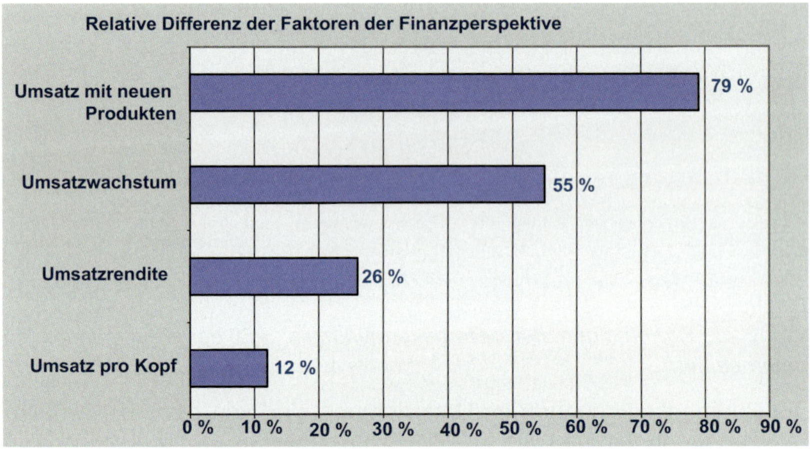

Bild 2.26: Vorsprung der erfolgreichen Unternehmen in der Finanzperspektive

Die Führungseigenschaften des Vorgesetzten stellen einen wesentlichen Faktor des Unternehmenserfolgs dar. Die Unterschiede bezüglich der als erstrebenswert geltenden Führungseigenschaften sind beträchtlich.

Bild 2.27 zeigt die von den Mitarbeitern wahrgenommenen Unterschiede im Führungsstil ihrer Vorgesetzten. Coaching, Partizipation, berufliche Förderung, Leistungsrückmeldung, Vertrauen, Anerkennung usw. sind alles Führungseigenschaften, die als anstrebenswert gelten.

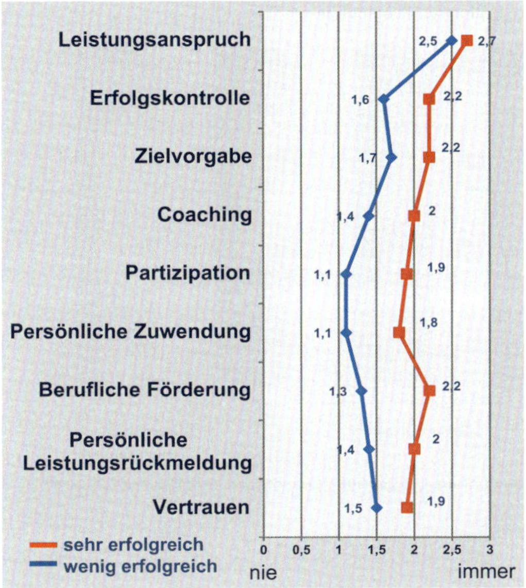

Bild 2.27: Führungsverhalten erfolgreicher und weniger erfolgreicher Unternehmen im Vergleich

Gerade die erfolgreichen Vorgesetzten räumen ihren Mitarbeitern größere Freiräume ein und investieren mehr Zeit auch für die persönlichen Belange der Mitarbeiter. Dass die Entwicklung des **partizipativen Führungsverhaltens** auch gefördert werden kann, zeigt die doppelt so hohe Teilnahme des Managements der erfolgreichen Unternehmen an Workshops zur Förderung des Führungsverhaltens. Trotz Seminarkosten und geopferter Zeit erreichten die Unternehmen beachtliche Erfolge.

Besonders auffällig ist in diesem Zusammenhang, dass der Umsatz mit neuen Produkten in Unternehmen mit partizipativem Führungsstil fast doppelt so hoch ist wie bei den anderen Unternehmen. Aber nicht nur das. Die Bekanntheit des Leistungsspektrums ist bei den erfolgreichen Unternehmen auch wesentlich höher als das der anderen Gruppe. In partizipativ geführten Unternehmen wird Projektarbeit verstärkt eingesetzt, und Projektziele werden hier mehrheitlich auch erreicht.

Partizipativer Führungsstil fördert den Unternehmenserfolg.

Auf die hierfür notwendigen sozialen Kompetenzen wird in deutschen Unternehmen allerdings wenig Wert gelegt. Wie das Excellence Barometer [ExBa03] aufzeigt, nennt jedes zweite Unternehmen bei der Bewerberauswahl für Führungspositionen das Vorhandensein von sozialen Kompetenzen an letzter Stelle, hinter den fachlichen und kaufmännischen Kompetenzen. Welche Bedeutung dem Humanfaktor tatsächlich zugestanden wird, zeigen auch die Angaben über die geleisteten Investitionen (Bild 2.28).

Den höchsten Anteil an mittleren und hohen Investitionen verzeichnet die Förderung der fachlichen Kompetenz, also der Investitionen in die Methoden des unmittelbaren Tätigkeitsbereiches. Ein nahezu identischer Anteil wird in das Prozess- und Qualitätsmanagement, also in Systeme, investiert. An dritter Stelle befinden sich Maschineninvestitionen.

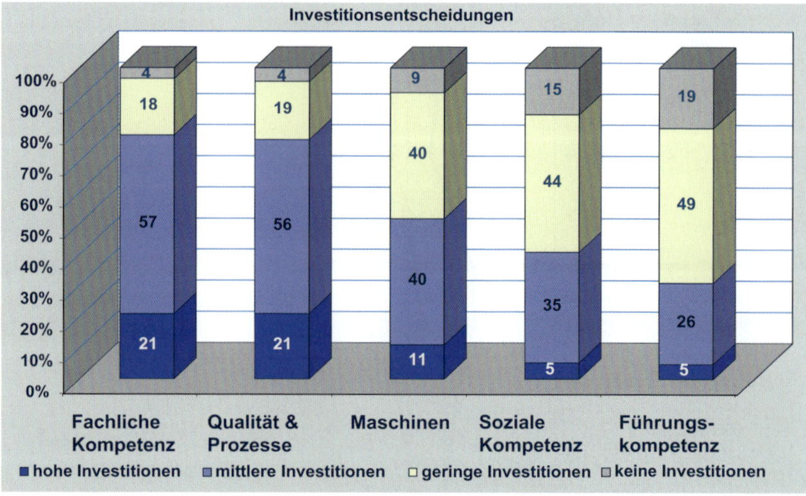

Bild 2.28: Verteilung der Investitionen in Deutschland

Die Investitionen zur Förderung der sozialen Kompetenz, also z. B. lösungsorientierte Teambildungsmaßnahmen, Kommunikationstrainings, etc., sowie in die Führungsfähigkeit der Vorgesetzten stehen hintenan.

Führen muss gelernt sein.

Die allgemein anerkannte Tatsache, dass der menschliche Faktor die betrieblichen Vorgänge sowie Ergebnisse beeinflusst, reicht nicht aus, um ihn gezielt und effizient einzusetzen. Dazu muss sein Einfluss berücksichtigt werden. Um den Humanfaktor in die Unternehmensbelange richtig einzubeziehen, sollten die im Bild 2.29 aufgestellten Leitkriterien für die Mitarbeiterführung befolgt werden.

- **Mit Coaching führen**
  Beratende Unterstützung einer Führungskraft bei der Lösung eines fachlichen oder zwischenmenschlichen Problems eines Mitarbeiters
- **Mit Zielen motivieren**
  Eine Aufgabenorientierung der Führungskraft nach Zielvorgaben, Planung und Ergebniskontrolle sowie Leistungsanspruch
- **Qualitätspolitik aktiv betreiben**
  Die Bereitschaft der Führungskräfte, bestehende Arbeitsprozesse sowohl zu hinterfragen als auch im Hinblick auf das Innovationsklima zu verbessern und einen reibungslosen Informationsfluss zu gewährleisten
- **Unternehmenskultur prägen**
  Das Unternehmensleitbild und die gelebte Unternehmenskultur prägen das soziale Selbstvertrauen und die Unternehmensbindung
- **Humanfaktor lenken**
  Ressourcen entsprechend ihrer Eignung und der Zielsetzung einsetzen

Bild 2.29: Leitkriterien für die Mitarbeiterführung [BeLu02]

2.3.2 Maschine

Maschinen wurden entwickelt, um Menschen ihre Tätigkeit zu erleichtern. Durch Zusammenfügen von einzelnen Gegenständen wie Hebel, Rad, Bolzen usw., genannt Maschinenelemente, wurden sie zu immer komplexeren Gebilden, den Maschinen (Bild 2.30).

Die Richtlinie 2006/42/EG [EuPa06] besagt:

Eine Maschine ist eine Gesamtheit von miteinander verbundenen Teilen oder Vorrichtungen, von denen mindestens eines beweglich ist, sowie gegebenenfalls von Betätigungsgeräten, Steuer- und Energiekreisen usw., die für eine bestimmte Anwendung, wie die Verarbeitung, die Behandlung, die Fortbewegung und die Aufbereitung eines Werkstoffes zusammengefügt sind.

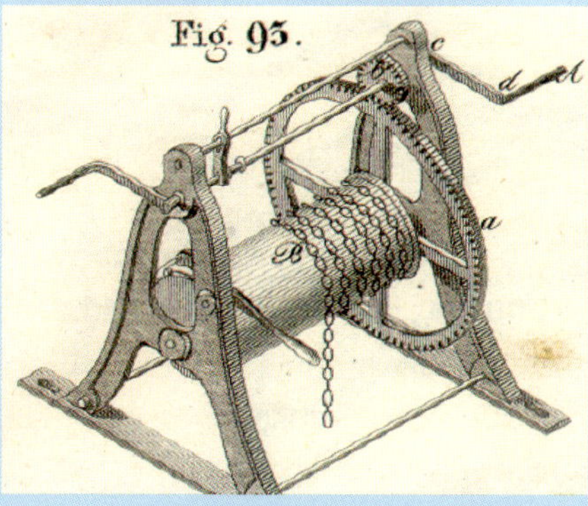

Bild 2.30: Hebemaschine [RiBu1830]

Prinzipiell können Maschinen entsprechend ihrer Wirkung in zwei Gruppen eingeteilt werden:

- Antriebsmaschinen und
- Arbeitsmaschinen.

Antriebsmaschinen wandeln die zugeführte Energie in kinetische Energie um (z. B. eine Dampfturbine).

Arbeitsmaschinen wandeln die zugeführte kinetische Energie in verschiedene Energiearten um (z. B. eine Pumpe). Bei auftretenden Mängeln (Minderleistung) verschlechtert sich in beiden Fällen das Verhältnis der Energieumwandlung (Wirkungsgrad ist das Verhältnis der abgeführten zu der zugeführten Leistung) bzw. die Maschine fällt aus. Maschinen können weiter, entsprechend einer Vielzahl von Aspekten, aufgeteilt werden.

Der Wirkungsgrad bei Maschinen ist ein Qualitätsmerkmal.

Bei der Betrachtung der Qualitätsforderungen stehen nicht nur die Energieumwandlung, sondern auch weitere Kriterien im Vordergrund. Zum Beispiel bei einer Werkzeugmaschine (Bild 2.31) sind das die Forderungen an die Genauigkeit, Maschinenfähigkeit, Wartungsintensität usw.

Bild 2.31: Werkzeugmaschine (© THM, FB WI)

Bei einer Maschinenauswahl sollten folgende Aspekte berücksichtigt werden:

- Eignung für den Verwendungszweck,
- Erfüllung der technischen und betriebswirtschaftlichen Forderungen,
- Betriebssicherheit,
- Sozialverträglichkeit,
- Umweltverträglichkeit.

2.3.3 Material

Material dient zur stofflichen Verwirklichung von Gegenständen des täglichen Gebrauchs, zum Bau von Maschinen, Transportmitteln usw. Material liegt entweder als Grundstoff zur weiteren Verarbeitung (z. B. Eisenerz) oder direkt zur Endverarbeitung (z. B. Beton) vor. In der industriellen Anwendung kann folgende Klassifizierung vorgenommen werden:

Materialeigenschaften sind für das fertige Produkt von entscheidender Bedeutung.

- Rohstoffe (z. B. Rohöl),
- Werkstoffe (z. B. Stahl),
- Halbzeuge (z. B. Blech),
- Hilfsstoffe (z. B. Schweißdraht),
- Betriebsstoffe (z. B. Schmiermittel).

Für die Anwendung des fertigen Produkts bzw. seine Herstellung sind die Materialeigenschaften von ausschlaggebender Bedeutung. Man unterscheidet zwischen:

- physikalischen Eigenschaften (z. B. elektrische Eigenschaften wie Leitfähigkeit),
- chemischen Eigenschaften (z. B. Säurebeständigkeit),
- technologischen Eigenschaften (z. B. Umformbarkeit),
- ökologischen Eigenschaften (z. B. Recyclingfähigkeit).

Beispiel:

Die Qualität und die Merkmale der Endprodukte hängen direkt von der richtigen Wahl des Materials, also von deren Eigenschaften, ab. Dieses zeigt der folgende Fall:

Während des Einsatzes von ICE-3-Zügen der Deutschen Bahn sind Radsatzwellen gebrochen. Die Wellen, als sicherheitsrelevante Bauteile, müssen dauerfest sein. Das bedeutet, dass sie uneingeschränkt lange halten müssen.

Bild 2.32: Ultraschallprüfung einer ICE-Radsatzwelle (Foto: BAM)

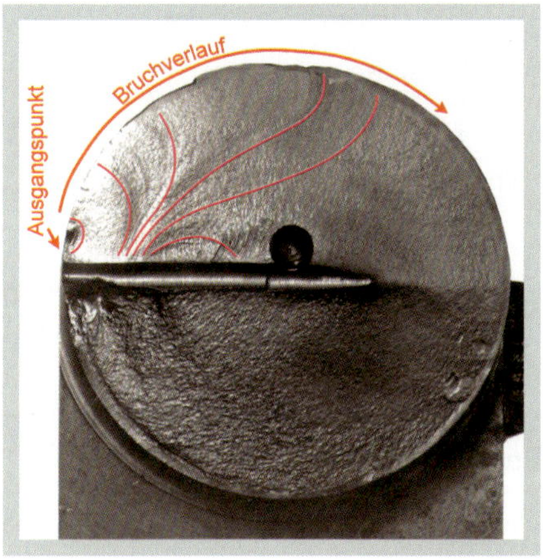

Bild 2.33: Schadensbild einer gebrochenen Welle (Foto: THM, FB WI)

Als sicherheitsrelevante Bauteile müssen sie trotzdem einer regelmäßigen Prüfung unterzogen werden (Bild 2.32).

Trotz der rechnerischen Auslegung auf Betriebsfestigkeit und der Kontrollen kam es zu einem frühzeitigen Versagen des Materials.

Das Schadensbild (Bild 2.33) zeigt einen Ermüdungsbruch, der bei einer korrekten Auslegung nicht auftreten dürfte.

Allerdings ist die Betriebsfestigkeit von vielen Parametern wie Beanspruchungsart und -höhe, von der Bauteilform, der Oberflächenbeschaffenheit und nicht zuletzt von den Materialeigenschaften abhängig. Deswegen müssen bei der Berechnung alle Faktoren und ihr Einfluss bekannt sein. Bild 2.34 zeigt Einflüsse, die bei einem Wellenausfall eine Rolle spielen.

Die primäre Ursache dürfte in der Materialauswahl liegen. Bei der Konstruktion des ICE 3 (Intercity-Express) hatte man einen hochfesten, aber kerbempfindlicheren Werkstoff gewählt.

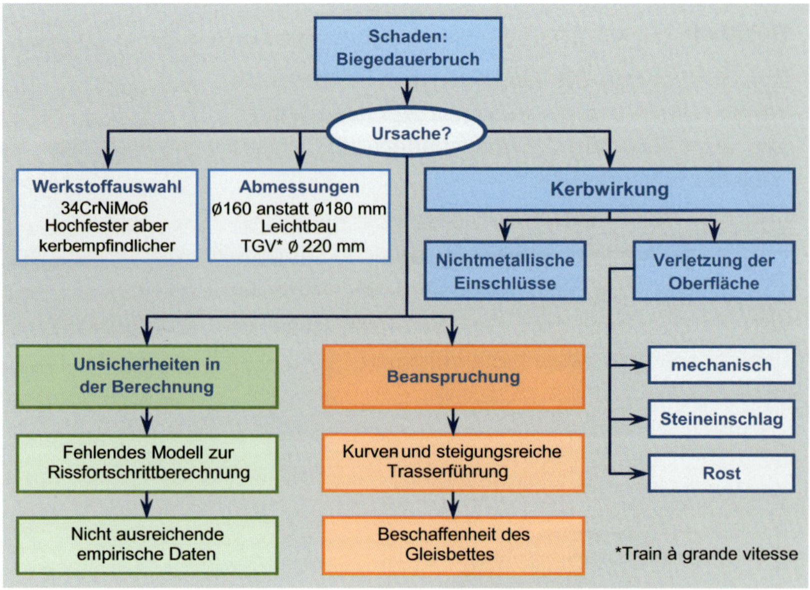

Bild 2.34: Mögliche Ursachen für den Dauerbruch der ICE-Radsatzwellen

So konnte man den Wellendurchmesser von 180 mm auf 160 mm verkleinern. Offensichtlich hatten sich ein oder mehrere Faktoren aufgrund der höheren Kerbempfindlichkeit (spröde Werkstoffe reagieren auf Kerben bzw. Verletzungen der Oberfläche mit einem starken Anstieg der Spannungen) stärker als vorausgesetzt auf die Betriebsfestigkeit der Welle ausgewirkt und sie ging zu Bruch.

Bei einer Materialauswahl sollten folgende Aspekte berücksichtigt werden:

Werkstoffe können sich durchaus unerwartet verhalten.

- Eignung für den Verwendungszweck,
- Betriebsfestigkeit und -sicherheit,
- Produktionsfähigkeit,
- Umweltverträglichkeit.

Wie bei den restlichen sechs der „7 M"s (siehe Kapitel 6) spielen die Kosten eine wichtige Rolle. Im Falle des ICE sind das die Kosten für die Ausfallzeiten infolge der stark herabgesetzten Inspektionsintervalle, für Reparaturen und höchstwahrscheinlich für das Umrüsten auf andere Radsatzwellen, deren Beschaffung mindestens ein Jahr dauert.

2.3.4 Methode

Das bewusste menschliche Handeln kann entweder impulsiv oder entsprechend einer systematischen Vorgehensweise unter Abwägung verschiedener Kriterien erfolgen. Die Handlung verfolgt immer ein bestimmtes Ziel. Zum Beispiel stellt ein Kochrezept eine Methode zur Vorbereitung einer Speise dar.

Unter Methode versteht man eine planmäßige, folgerichtige Vorgehensweise, um ein Ziel zu erreichen.

In der Praxis wurden Methoden für alle Berufszweige entwickelt. Anbei einige Beispiele:

- Heilungsmethoden im Gesundheitswesen,
- Programmiermethoden im IT-Bereich,
- Lernmethoden im Bildungsbereich,
- Lösungsmethoden in der Mathematik,
- Konstruktionsmethoden im Entwicklungsbereich,
- Produktionsmethoden usw.

Methoden wurden für nahezu alle Berufszweige entwickelt.

Der Zweck einer Methode ist, unter geringsten Verlusten bzw. Nachteilen das angestrebte Ziel zu erreichen.

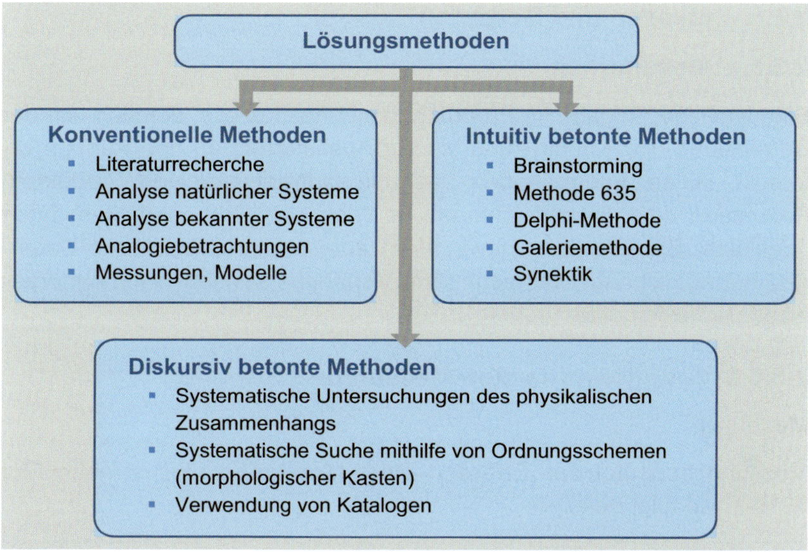

Bild 2.35: Auswahl der Lösungsmethoden aus dem Konstruktionsbereich

Am Beispiel der Lösungsmethoden aus dem Konstruktionsbereich (Bild 2.35), können die unterschiedlichen Vorgehensweisen zur Lösungsfindung einer Konstruktionsaufgabe aufgezeigt werden.

In der Praxis finden sie häufig als Kombination eine Anwendung.

Der Erfolg einer Methode hängt wesentlich von ihrer Eignung für die Lösung der vorliegenden Aufgabe ab. Deshalb muss bei der Wahl der zu verwendenden Methode größte Sorgfalt gewahrt werden.

Eignung der Methode ist ausschlaggebend.

Beispiel:
Eine immer wieder auftretende Undichtheit an Rohrleitungen soll konstruktiv behoben werden. Um eine Maßnahme treffen zu können, wird ein Versuch durchgeführt. Es werden die Betriebsbedingungen wie Temperatur, Druck, Schwingungen usw. gemessen. Aufgrund der ermittelten Daten und einer Analogiebetrachtung von dichten Verbindungen wird nach einer Lösung gesucht – **konventionelle Methoden**.
Einen anderen Ansatz liefert z. B. der morphologische Kasten [Pa-Be03]. Der Bereich der undichten Stelle (Flansch, Dichtung, Oberflächenbeschaffenheit, Schrauben usw.) wird in seine Grundfunktionen zerlegt, und deren Einfluss auf die Funktionsfähigkeit der Dichtung wird bewertet. Das Ergebnis liefert den Ansatz zur Problemlösung – **Methode Ordnungsschema**.

2.3.5 Messen und Bewerten

2.3.5.1 Messbarkeit

Produkte oder Dienstleistungen werden auf die Einhaltung ihrer Eigenschaften hin geprüft.

Eine wichtige Aufgabe im Produktentstehungsprozess, der sich von der Entwicklung und Konstruktion bis zur Auslieferung an den Kunden erstreckt, ist es, Informationen über die Qualitätslage von Produkten, Prozessen oder Dienstleistungen in Form von Prüf- und Messdaten oder einer Bewertung zu gewinnen. Dabei beschränkt sich die Datengewinnung nicht auf rein technische Verfahren, sondern auch auf organisatorische Aspekte.

2.3.5.2 Grundbegriffe zum Messen und Bewerten

Messung

Messung bedeutet das Erfassen einer Messgröße und ist nach DIN 1319-1 wie folgt definiert:

„Ausführen von geplanten Tätigkeiten zum quantitativen Vergleich der Messgröße mit einer Einheit."

Messen ist ein experimenteller Vorgang.

Das **Messen** ist ein experimenteller Vorgang, bei dem mithilfe eines geeigneten Messgerätes eine **Messgröße** des zu messenden Objektes mit einer Bezugsgröße verglichen wird. Diese Bezugsgröße sollte ein genauer, eindeutig definierter, möglichst international anerkannter Standard sein [KaUm08].

Zum Messergebnis gehören allerdings noch Angaben über die Bedingungen, unter denen die Messung getätigt wurde, ebenso aber auch Angaben über die **Messunsicherheit**.

In Selbstverwaltung hat sich die Industrie unter Mitwirkung interessierter behördlicher Stellen ein System von Standards und Einheiten geschaffen. Im Internationalen Einheitensystem, kurz SI (frz.: Système International d'Unités), sind diese definiert und zur Veröffentlichung dargestellt. Das SI beruht auf sieben, per Konvention festgelegten Basiseinheiten zu entsprechenden Basisgrößen. Dieses 1960 eingeführte metrische, dezimale und kohärente Einheitensystem für physikalische Größen ist heute weltweit am weitesten verbreitet.

Die Industrie entwickelte ein System von Standards und Einheiten.

Beispiel:
In der Fertigung werden häufig 3-D-Koordinatenmessgeräte eingesetzt. Durch Antasten mit Tastköpfen und Tastern werden Koordinaten der Antastpunkte gemessen, gespeichert und digital verarbeitet. Aufgrund der gemessenen Koordinaten können Längen, Durchmesser, Flächen und ihre Abweichungen von den Sollvorgaben ermittelt werden (Bild 2.36).

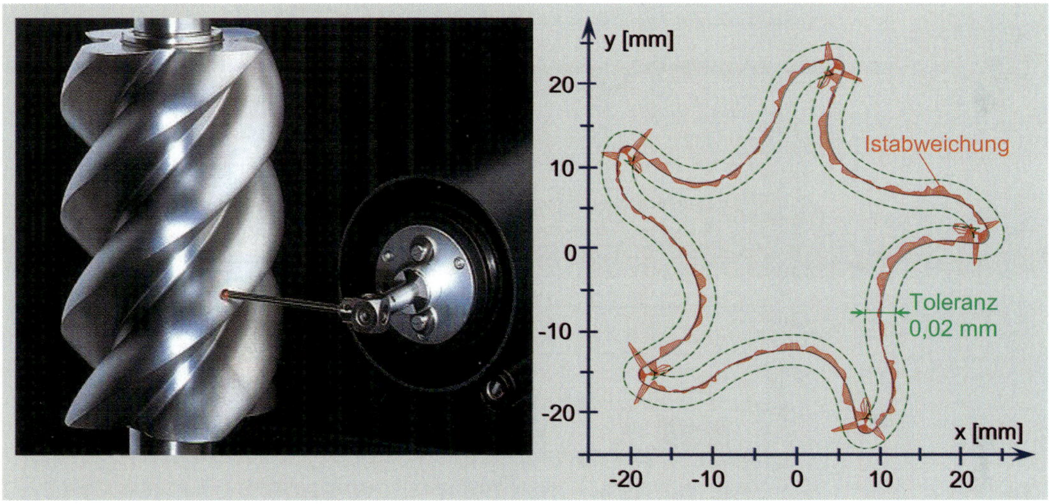

Bild 2.36: Ermittlung der Istabweichung des Profils eines Schraubenverdichterrotors (Foto: Messtechnik Wetzlar)

Bewertung

Die Bewertung erfolgt anhand von Merkmalen, Forderungen bzw. Begriffen. Sie sind z. B. in den Qualitätsmanagementnormen der Normfamilie EN ISO 9000-9004 oder den VDA-Schriften (Verband der Automobilindustrie) festgelegt.

Unter Bewertung versteht man die Einschätzung des Wertes oder der Bedeutung eines Sachverhaltes oder Gegenstandes.

Im Qualitätsmanagement werden in organisierter Form die sogenannten **weichen Merkmale** der Qualität wie z. B. Kundenzufriedenheit,

Liefertreue, Servicequalität usw. bewertet. Die Konsequenz dieser Bewertung ist die Generierung von Verbesserungspotenzialen.

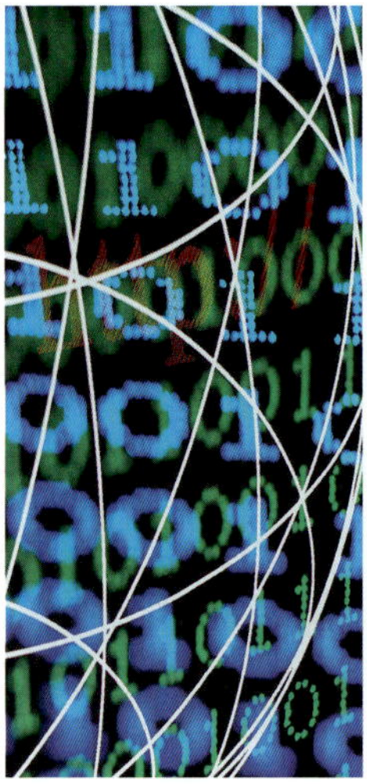

Beispiel:
In einer Studie sollten die Mitarbeiter angeben, wie stark sich nach ihrer Ansicht die Einführung des Qualitätsmanagementsystems auf den Faktor Informationsfluss ausgewirkt hat. Als Antwortenmöglichkeiten waren vorgegeben:

1 = negative Wirkung
2 = keine Wirkung
3 = leicht positive Wirkung
4 = stark positive Wirkung

Das Ergebnis zeigt, dass die Auswirkungen des Qualitätsmanagementsystems auf den Informationsfluss überwiegend nur leicht positiv beurteilt wurden (Bild 2.37). Eine Aussage, welche Auswirkungen die Einführung tatsächlich haben könnte, gewinnt man erst im Vergleich zu „andere Unternehmen" oder im Rückschluss auf Bewertungen des Informationsflusses aus vorherigen Umfragen.

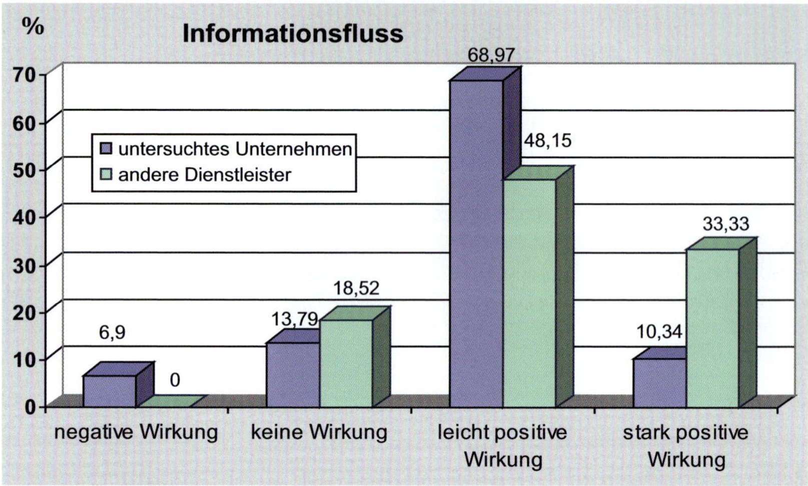

Bild 2.37: Bewertung und Vergleich des Einflusses der Einführung eines QM-Systems auf den Informationsfluss

Kriterien zur Durchführung einer Bewertung

Bei der Durchführung einer Bewertung sollten folgende Kriterien beachtet werden:

- Forderungen der Statistik,
- Erhebungsverfahren,
- Durchführung der Bewertung,
- Rahmenbedingungen im Unternehmen und in der Gesellschaft,
- Kontrollmerkmale bzw. Fragen,
- vergleichende Bewertungen,
- eindeutige Spezifizierung der Bewertungskriterien.

Eine Bewertung ist nur relativ und wird aus der augenblicklichen Sicht der Befragten durchgeführt. Deswegen müssen Bewertungen im Kontext mit den inner- und außerbetrieblichen Bedingungen betrachtet werden.

2.3.5.3 Messgrößen

Die Bedeutung der Messgrößen war seit eh und je wichtig.

> **Man sollte messen, was sich messen lässt, und das was sich nicht messen lässt, messbar machen.**
>
> Galileo Galilei (1742–1799)

Ausgangspunkt für die aktuelle Definition von Messgrößen ist das internationale Maßsystem.

Auf Anregung der Generalkonferenz für Maß und Gewicht (CGMP) wurde 1960 das Einheitensystem SI (Système International d'Unités) geschaffen. Ihm liegen 7 physikalische Basiseinheiten zugrunde:

Tabelle 2.2: Basiseinheiten von Messgrößen

Physikalische Größen		Einheit
Länge	Meter	m
Masse	Kilogramm	kg
Zeit	Sekunde	s
Elektrische Stromstärke	Ampere	A
Temperatur	Kelvin	K
Stoffmenge	Mol	mol
Lichtstärke	Candela	cd

Sieben physikalische Basiseinheiten bilden das Einheitensystem „SI".

Aus diesen Basiseinheiten werden alle weiteren SI-Einheiten abgeleitet (siehe dazu die einschlägige Physikliteratur).

Die Messgröße ist gemäß der DIN 1319 diejenige physikalische Größe, der eine Messung gilt. [DIN131]

Hier wird noch zwischen „Messgrößen im allgemeinen Sinn" und „speziellen Messgrößen" unterschieden.

Messgrößen sind vielfältig.

- Als Messgrößen im allgemeinen Sinn gelten die physikalischen Größen, entsprechend der Tabelle 2.2, die Ziel einer Messung sind.
- Spezielle Größe sind z. B. das Volumen eines Körpers, der elektrische Widerstand eines Kupferdrahtes bei einer vorgegebenen Temperatur oder die mittlere Anzahl von Zerfällen einer radioaktiven Probe über einer vorgegebenen Zeitspanne.

Den von einem Messgerät oder einer Messeinrichtung gelieferten Wert nennt man **Messwert**. Er setzt sich aus einem Zahlenwert und einer Maßeinheit zusammen. Das Ziel einer Messung ist es, den wahren

Wert der Messgröße zu ermitteln, dieses Ergebnis nennt man **Messergebnis**.

Messgrößen können auch Eigenschaften eines Vorgangs sein.

Die Messgröße muss nicht unmittelbarer Gegenstand der Messung sein. Sie kann auch indirekt über bekannte physikalische oder festgelegte mathematische Beziehungen mit denjenigen Größen zusammenhängen, denen unmittelbare Messungen gelten. [DIN 132]

Die Messgröße wird häufig ein Merkmal eines Körpers sein, sie kann aber auch Eigenschaften eines Vorganges (z. B. einer radioaktiven Strahlung) oder eines Zustandes (z. B. eines magnetischen Feldes) repräsentieren. [DIN 133]

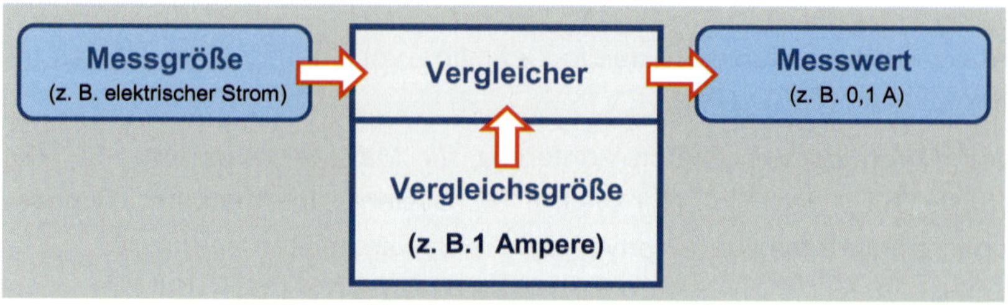

Bild 2.38: Prinzip einer Messeinrichtung

Außerdem wird unterschieden zwischen:

- dimensionslosen Messgrößen (Winkel, Brechzahlen, …), deren Wert eine rationale Zahl ist und
- dimensionsbehafteten Messgrößen (Dichte, Ladung, Geschwindigkeit, ...), deren Wert mit einer Dimension verkettet ist.

Weitere Definitionen:

Messgerät:

Definitionen sind nötig, damit kommunikativ keine Missverständnisse entstehen.

Gerät, das allein oder in Verbindung mit anderen Einrichtungen für die Messung einer Messgröße vorgesehen ist. Ein Messgerät kann Bestandteil einer Messeinrichtung sein, die definiert wird als „Gesamtheit aller Messgeräte und zusätzlicher Einrichtungen zur Erzielung eines Messergebnisses“. (DIN 1319-1)

Messmethode:

Die Messmethode ist eine spezielle, vom Messprinzip unabhängige Art des Vorgehens bei der Messung. (DIN 1319-1)

Messverfahren:

Praktische Anwendung eines Messprinzips und einer Messmethode. (DIN 1319-1)

Messobjekt:

Träger der Messgröße. (DIN 1319-1)

2.3.5.4 Einflussfaktoren auf das Messergebnis

Das Ergebnis einer maßlichen Messung nennt man **Messergebnis**.

Nicht nur an den hergestellten Produkten gibt es Abweichungen, auch die Messtechnik beinhaltet eine Reihe von Einflussfaktoren, da diese ebenfalls in einem Herstellungsprozess entstanden sind. In Bild 2.39 ist zusammengefasst, was bei der Entstehung des Prüfergebnisses und dessen Bewertung zu beachten ist.

Auch die Messtechnik unterliegt Einflussfaktoren.

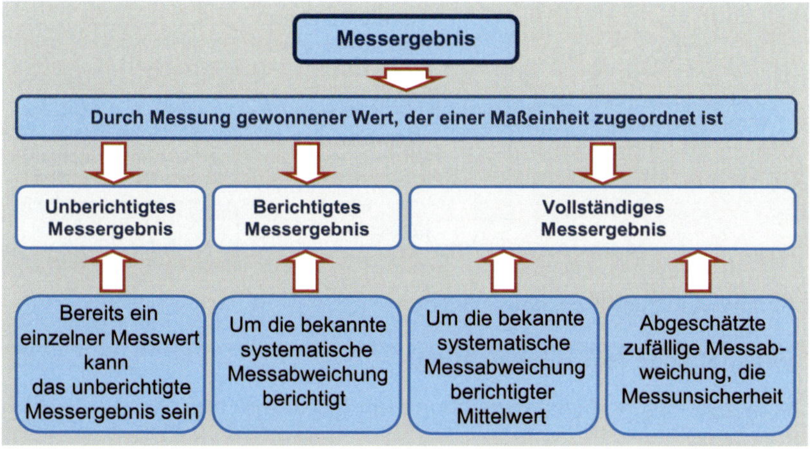

Bild 2.39: Das Messergebnis [KaUm08]

Der so ermittelte Messwert stellt den **Istwert**, das Maß, das an einem fertigen Produktmerkmal tatsächlich vorhanden ist, dar. Dieser soll nun idealerweise innerhalb der vorgegebenen **Toleranz** um den **Nennwert**, den mathematisch genauen Abstand zwischen zwei Mess- bzw. Konstruktionsbezugspunkten, liegen.

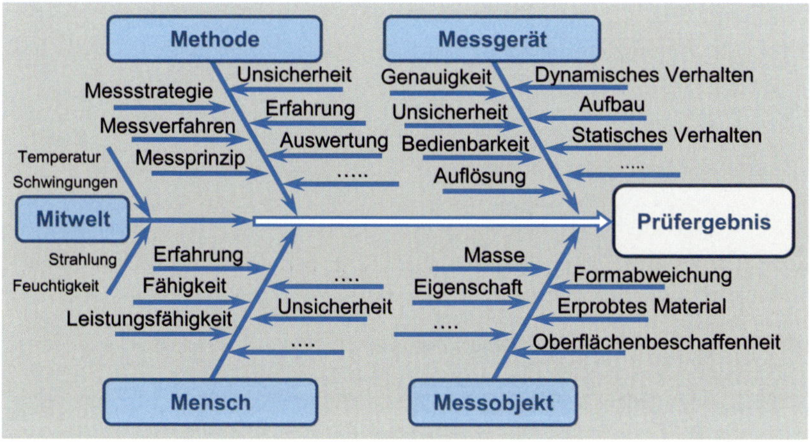

Bild 2.40: Einflussfaktoren auf das Messergebnis

2.3.5.5 Messabweichungen

Fehlerfreies Messen ist nicht möglich.

Grundsächlich ist es nicht möglich, fehlerfrei zu messen. Bedingt durch die Einflussfaktoren (Bild 2.40) ergeben sich Abweichungen in Bezug auf das Messergebnis. Diese Abweichungen können systematischer oder zufälliger Art sein. Also sind die Ursachen für die Entstehung von systematischen oder zufälligen Messabweichungen (Bild 2.41) die **systematischen** bzw. **zufälligen Einflussgrößen.**

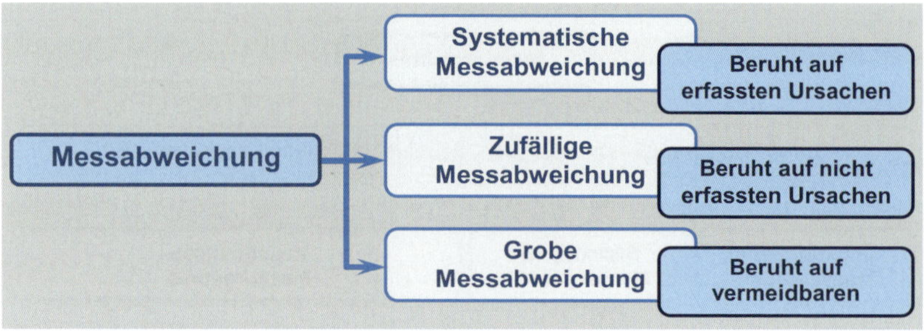

Bild 2.41: Arten von Messabweichungen

Systematische Messabweichung

Die systematische Messabweichung tritt fast immer auf.

Die systematische Messabweichung u_s ist die Differenz zwischen dem aus Messungen gewonnenen arithmetischen Mittelwert $\bar{x}$ und dem wahren Wert x_w. [KaUm08]

$$u_s = \bar{x} - x_w$$

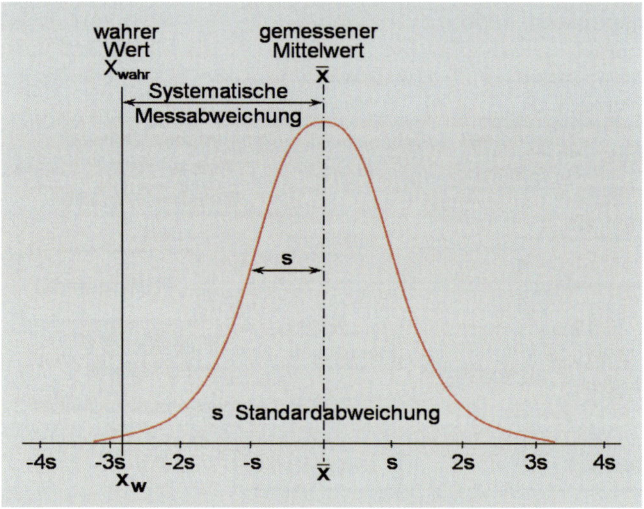

Bild 2.42: Systematische Messabweichung

Der arithmetische Mittelwert ist unter Wiederholbedingungen zu ermitteln. Diese Bedingungen liegen vor, wenn unter gleichen Umweltbedingungen, an gleichem Ort, nach einem festgelegten Messverfahren, vom gleichen Prüfer, mit dem gleichen Prüfmittel dasselbe Merkmal des Prüflings in kurzen Zeitabständen gemessen wird.

Ein Messergebnis kann um die systematische Abweichung korrigiert werden.

Systematische Einflussgrößen, also Ursachen für die Abweichung können sein:

- Temperaturabweichung,
- Messdynamik,
- Teilungsfehler,
- Lage,
- Fremdfelder,
- ...

Messergebnisse können systematisch korrigiert werden.

Diese Größen verursachen allerdings auch dann systematische Abweichungen, wenn sie nicht erfasst/erkannt wurden!

Zufällige Messabweichung

Wiederholungen der Messung unter identischen Messbedingungen führen nicht immer zu gleichen Messwerten. Oft treten Abweichungen auf, die zufallsbedingt nach Betrag und Vorzeichen schwanken.

> **Zufällige Messabweichungen u_z sind Abweichungen des unberichtigten Messergebnisses vom Erwartungswert.** [KaUm08]

Das Ausgleichen der zufälligen Messabweichungen ist daher nicht möglich.

Zufällige Fehler werden hervorgerufen durch nicht erfassbare Änderungen infolge von zufälligen Einflussgrößen:

- der Messgeräte,
- des Messgegenstandes,
- der Umwelt,
- der Beobachter,
- ...

Veränderungen verursachen zufällige Fehler.

Die Messunsicherheit

Zur Bewertung des Messergebnisses stellt sich die Frage, wie genau bzw. ungenau ein Messgerät misst. Die **Messunsicherheit** gibt die entsprechende Aussage.

> **Die Messunsicherheit u wird auf der Grundlage von Messwerten und Kenntnissen über vorliegende systematische Messabweichungen u_s, aber auch von bekannten physikalischen Beziehungen gewonnen.**

Die Messunsicherheit setzt sich aus systematischen und zufälligen Komponenten zusammen.

Die Messunsicherheit u setzt sich also aus einer systematischen Komponente u_s und einer Zufallskomponente u_z zusammen.

$$u = u_s + u_z$$

Ist M das Messergebnis und u die quantitativ ermittelte Messunsicherheit, so ergibt sich für den wahren Wert x_w die Untergrenze $M - u$ und für die Obergrenze $M + u$. Es wird erwartet, dass dieser Wertebereich den wahren Wert enthält. Es kann also angenommen werden, dass für den Betrag des Messergebnisses $|M - x_w| \leq u$ ist.

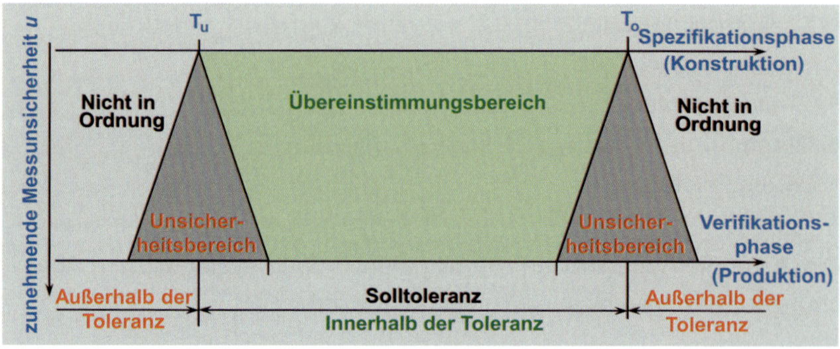

Bild 2.43: Messunsicherheit und Übereinstimmungsbereich [KaUm08]

Grobe Messabweichungen (Fehler)

In der Messtechnik und in den Naturwissenschaften wird als grober Fehler ein Messfehler bezeichnet, der durch Irrtum, Missverständnis, ein Versehen oder einen äußeren Einfluss die übliche Streuung der Messwerte deutlich übersteigt.

Irrtümer und äußere Einflüsse erzeugen grobe Messabweichungen.

Typische Beispiele sind:

- Verfälschungen durch Irrtümer des Beobachters,
- Verfälschungen durch Wahl ungeeigneter Mess- und Auswerteverfahren,
- Verfälschungen durch Nichtbeachtung bekannter Störgrößen,
- Ablesefehler,
- …

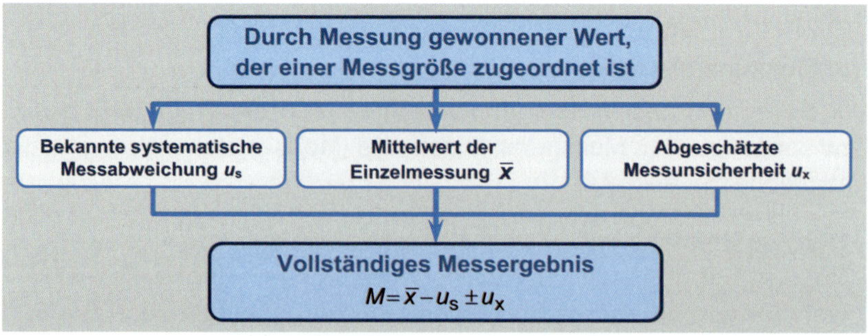

Bild 2.44: Bestandteile des vollständigen Messergebnisses [KaUm08]

Toleranz

Die Toleranz ist eine definierte Abweichung vom Normalzustand, in der keine Gegenregulierung notwendig ist.

Maßtoleranz

Die Maßtoleranzen begrenzen die zulässige Abweichung vom Nennwert der Bauteilabmessungen. Diese „zulässige Abweichung" ist die Differenz zwischen dem **oberen Grenzwert OGW** (obere Toleranzgrenze) und dem **unteren Grenzwert UGW** (untere Toleranzgrenze).

Maßtoleranzen sind „zulässige Abweichungen".

2.3.6 Management

Ein Unternehmen hat das primäre Ziel, mithilfe des eingesetzten Kapitals Gewinn zu erwirtschaften. Die Verantwortung hierfür obliegt der **Unternehmensleitung**. Die Führungsaufgaben auf allen Unternehmensebenen werden durch das Management erfüllt.

Unter Management versteht man alle unternehmerischen und betrieblichen Steuerungs- und Koordinierungsaufgaben.

Manager müssen Management lernen.

Praktisch müssen

- viele Menschen,
- in wechselnden Situationen,
- unter wechselnden Bedingungen
- bei knappen Mitteln (Wirtschaftlichkeit!),
- bei notwendigsten Informationen,
- im Rahmen einer vorgegebenen Organisationsform

so gelenkt werden, dass der Betriebszweck optimal erfüllt wird.

Management ist also etwas, das professionell gehandhabt werden sollte. [PeCo98]

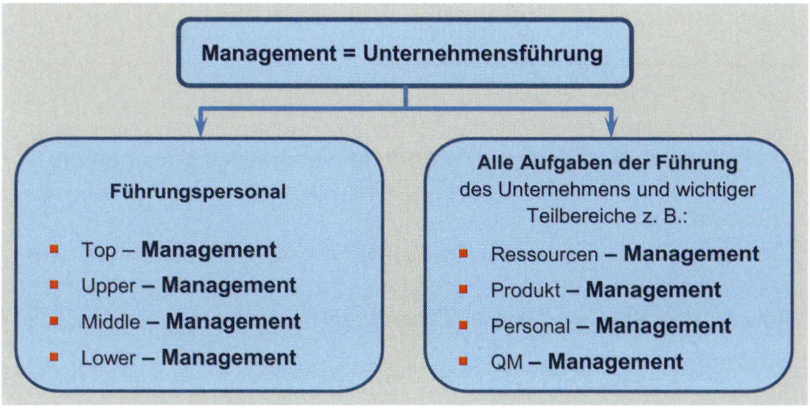

Bild 2.45: Gliederung der Managementaufgaben [NoKö06]

Das Management gliedert man funktional nach Ebenen, und zwar in:

Differenziertes Management

- normative,
- strategische und
- operative.

Unternehmensleitung gehört zum normativen Management.

Zum **normativen Management** (normgebend) gehört die Unternehmensleitung. Sie entwickelt und vertritt argumentativ ihre Unternehmenspolitik und -philosophie, Leitsätze/Leitlinien, Grundsätze und Unternehmensstandards. Vergleiche hierzu auch „Verantwortung der obersten Leitung" in DIN EN ISO 9000/9001.

Damit wird die nötige Akzeptanz bei allen Mitarbeitern geschaffen. Dies ermöglicht ihnen, sich mit dem Unternehmen und dessen Zielen zu identifizieren. Die zentrale Frage lautet:

Tun wir die richtigen Dinge? Was wollen wir erreichen – wie wollen wir das erreichen?

Beispiel:
Die Unternehmensleitung beschließt, um auf dem Markt weiterhin bestehen zu können, die Qualität ihrer Leistungen (Produkte und Dienstleitungen) zu verbessern sowie die interne Struktur und deren Ablauforganisation zu optimieren. Um das Ziel zu erreichen, entscheidet sie sich, ein umfassendes Qualitätsmanagement einzuführen.

Mittleres Management bildet das strategische Management.

Das ***strategische Management*** ist die mittlere der drei Managementebenen. Hier entwickelt eine Organisation Vorgehensweisen, um ihre im normativen Management definierten Leitsätze zu verfolgen und Ziele zu erreichen. Es werden die nötigen Teilkonzepte entwickelt und verfeinert, Strategien projektiert und in Pläne umgewandelt. Ziel ist es, die angestrebten Unternehmensziele so effektiv wie möglich zu erreichen.

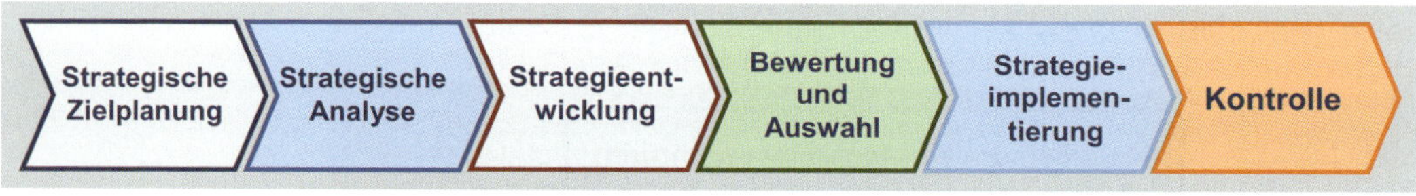

Bild 2.46: Prozessablauf des strategischen Managements

Die Umsetzung der Strategien obliegt dem operativen Management.

Beispiel:
Der Qualitätsmanagementbeauftragte der Unternehmensleitung baut mit Unterstützung eines Unternehmensberaters eine neue Abteilung mit der Bezeichnung „TQM" (Total Quality Management) auf. Diese hat die Aufgabe, die Problemzonen, Defizite und Verbesserungspotenziale im Unternehmen zu identifizieren. Danach soll mit geeigneten Projektplänen der Verbesserungsprozess gestartet werden.

Das **operative Management** ist die unterste der drei Managementebenen. Sie umfasst Prozesse der Mitarbeiterführung, der finanziellen Führung und des Qualitätsmanagements. Hier werden die grob strukturierten Inhalte des strategischen Entwicklungsprozesses in unmittelbare betriebliche Prozesse umgesetzt.

Auf der operativen Managementebene einer Organisation erfolgen die Führung der Mitarbeiter, die Bereitstellung der Mittel (Ressourcen) sowie die Planung, Steuerung und Überwachung der Geschäftsprozesse.

Untere Managementebene bildet das operative Management.

Das operative Management betreut auch den sozialen Aspekt des Mitarbeiterverhaltens, welcher im kooperativen Verhalten sowie in der vertikalen und horizontalen Kommunikation eine Rolle spielt.

Beispiel:
Ein wesentliches Verbesserungspotenzial zeigte sich bei den internen Prozessen.

Von der Abteilungsleiterebene werden Prozessteams initiiert, die eigenverantwortlich die vorhandenen Prozesse analysieren, restrukturieren und dokumentieren. Das Ziel ist, den Wirkungsgrad der Prozesse zu verbessern. Dazu ist jedes Prozessteam paritätisch besetzt.

2.3.7 Mitwelt

Die Mitwelt (auch Milieu) stellt eine charakteristische Konfiguration von Umgebungsfaktoren dar. Ein Objekt, z. B. ein Messmittel oder ein Prozess, wird von der Mitwelt umschlossen, die meist auch für seine Existenz relevant ist.

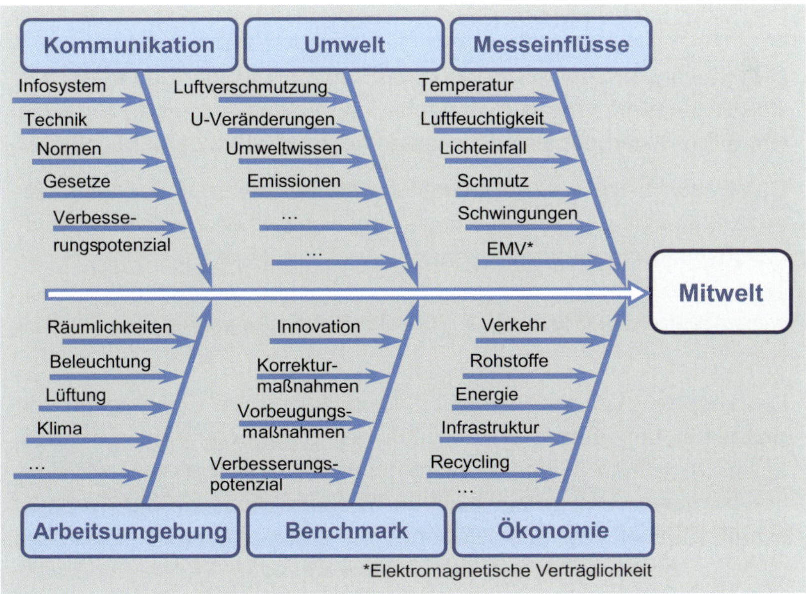

Bild 2.47: Einflussfaktoren der Mitwelt

Umweltfaktoren beeinflussen Objekte.

Die Mitwelt beinhaltet eine unerschöpfliche Anzahl von Faktoren, die auf einen Untersuchungsgegenstand oder ein beschriebenes Objekt einwirken können.

Das abgewandelte Ursache-Wirkungs-Diagramm (Bild 2.47) zeigt mögliche Kausalitätsbeziehungen auf.

Beispiel:
Der Ausbruch des Eyjafjallajökull-Vulkans in Island erzeugte eine Aschewolke, die sich innerhalb einer kurzen Zeit über große Gebiete Europas verbreitete (Bild 2.48). Wegen der Gefährdung des Luftverkehrs wurden große Teile des europäischen Luftraums gesperrt.

Bild 2.48: Vulkanausbruch des Eyjafjallajökull (Fotos: Árni Friöriksson/GNu FDL, ESA)

Das wichtigste Qualitätsmerkmal der Luftfahrt ist die Sicherheit. Sie wurde durch die vulkanische Asche, die aus mineralischen Partikeln wie Silizium und anderen Elementen bestand, stark beeinträchtigt.

Das Beaufschlagen von Partikeln auf die Messwerterfassungen hätte zum Ausfall der zum Führen eines Flugzeuges benötigten Navigationsinstrumente führen können. Auch die Funktionsfähigkeit der Triebwerke hätte beeinträchtigt werden können, bis hin zum Ausfall, wie es bei einer Boeing 747-200 der British Airways 1982 der Fall war.

Die angesaugten harten Partikel beschädigen die Oberflächen der Schaufeln und führen zum Abriss der Strömung und somit zum Leistungsverlust. In der Brennkammer des Triebwerkes kommt es bei Temperaturen von bis zu 2000 °C zum Schmelzen der mineralischen Partikel, die anschließend die Turbinenbauteile verkleben und zur Beeinträchtigung des Brennvorganges führen. Innerhalb einiger Minuten können die Triebwerke ausfallen (Bild 2.49).

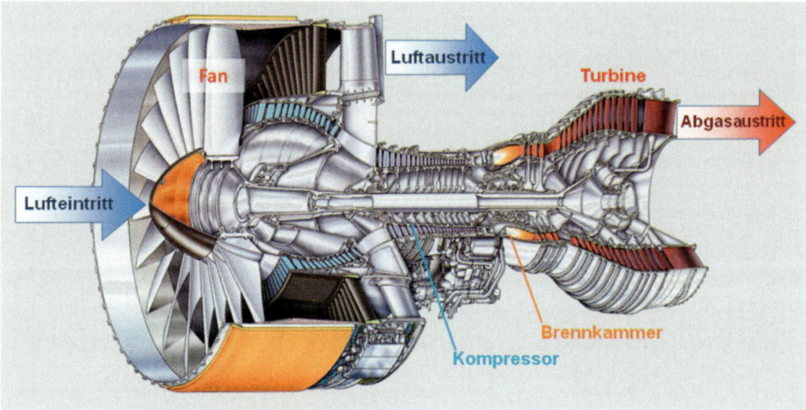

Bild 2.49: Flugzeugtriebwerk (Bild: MTU/Engine Alliance/Pratt & Whitney)

Die Beeinträchtigung des Qualitätsmerkmals „Sicherheit" führte zum Ausfall von ca. 63000 Flügen mit entsprechenden Auswirkungen auf die Flugpassagiere, die Luftfracht, die wirtschaftliche Lage der Fluggesellschaften und nicht zuletzt auch Teile von Industrie und Handel.

2.4 Bewertungsprinzip der Qualität

Die Bewertung im Qualitätsmanagement stellt ein wesentliches Element des Prozesses dar, der zur Verbesserung der Qualität führen soll. Sie kann nach unterschiedlichen Kriterien vorgenommen werden. Allerdings können diese wiederum je nach situativem Zusammenhang, kulturellen Besonderheiten und der Art des zu bewertenden Elements, z. B. eines Produkts, jeweils von unterschiedlicher Bedeutung sein.

Bewertungen sind relativ.

2.4.1 Bewertungssegmente

Ein Unternehmen muss in der Lage sein, seine eigene Position bezüglich des Qualitätsstandards treffsicher einzuschätzen.

Dazu ist es unumgänglich, die qualitätsbezogene Gesamtleistung des Unternehmens und alle ihrer Bestandteile nachvollziehbar zu bewerten. Die qualitätsbezogenen Aktivitäten lassen sich in der Regel in vier Bewertungssegmente aufteilen (Bild 2.50).

Einschätzung der Qualitätsleistung

Sie betreffen nicht nur die Erfüllung der an das Produkt gestellten Forderungen, sondern alle zu seiner Verwirklichung notwendigen Aktivitäten, Wirtschaftlichkeitsaspekte usw.

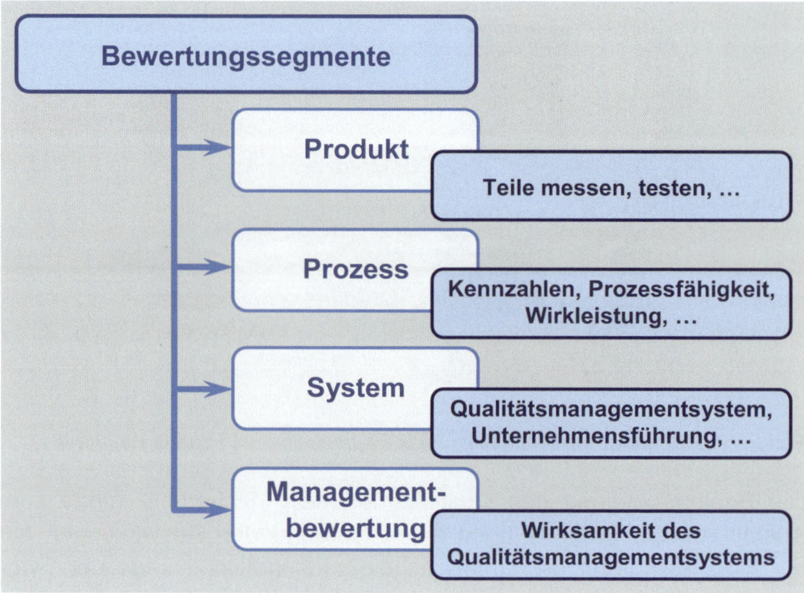

Bild 2.50: Bewertungssegmente

2.4.2 Bewertungsmethode

Bei den zu bewertenden Qualitätselementen kann es sich um einzelne Merkmale (z. B. das Einhalten der Toleranz eines Längenmaßes) oder auch um komplexe Qualitätselemente (z. B. Produktqualität) handeln. Qualität wird anhand von Qualitätsmerkmalen definiert, die unterschiedliche Eigenschaften und Beschaffenheiten aufweisen.

Da ein übergreifendes Ergebnis gefordert wird, eine Aussage zur erreichten Qualität, müssen die Aussagen über den Zustand der einzelnen Qualitätsmerkmale auf einen gemeinsamen Nenner gebracht werden.

Vielfalt der Merkmale auf gemeinsamen Nenner bringen.

Dieses erfolgt für die **harten** und **weichen Merkmale** auf unterschiedliche Weise (Bild 2.51). Harte Merkmale werden gemessen und geprüft, ob sie den Forderungen entsprechen. Dieser Schritt entfällt bei den weichen Merkmalen. Für beide wird anschließend einzeln eine Bewertung und Gewichtung durchgeführt, bevor die Ergebnisse in die Gesamtbewertung einfließen.

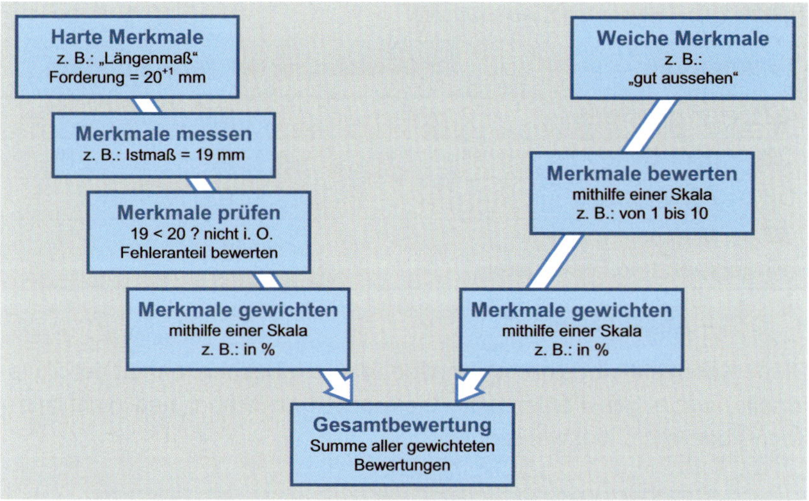

Bild 2.51: Vorgehensweise bei der Bewertung der erreichten Qualität

2.4.3 Beispiel einer Bewertung

Die Systematik einer Bewertung soll am Beispiel der Lieferantenbewertung (LB) erläutert werden. Die Lieferantenbewertung ist eine Methode des Qualitätsmanagements zur systematischen Beurteilung des Qualitätsniveaus von Zulieferteilen. Auf der Grundlage der Bewertung erfolgen eine Einstufung des Lieferanten und eine Aufnahme in den Lieferantenpool.

Lieferanten sind zu bewerten und zu klassifizieren.

Durchführung einer Lieferantenbewertung

Die LB beschränkt sich auf Lieferanten, die mehrere Lieferungen im Jahr durchführen und nach den Forderungen der Qualitätssicherungsvereinbarung (QSV) zugelassen sind. Mindestens einmal halbjährlich findet eine offizielle LB statt. Die Gesamtbeurteilung eines Lieferanten erfolgt auf der Basis einer 12-Monatsauswertung über die Kriterien:

- Qualität,
- Logistik (Liefer- und Mengentreue).

Beurteilungskriterien

Die Bewertung wird anhand eines Gewichtungsschlüssels für die Teilkriterien durchgeführt (Tabelle 2.3 und Tabelle 2.5). Die errechnete Punktezahl ergibt die Gesamteinstufung des Lieferanten (Tabelle 2.6). Die Bewertungskriterien werden von Unternehmen individuell festgelegt.

Die Vorgehensweise der Bewertung ist festzuschreiben.

Qualität:

Die Qualität wird anhand von vier Teilkriterien erfasst.

Die Teilkriterien werden mithilfe von Q-Kennzahlen bewertet und anschließend entsprechend gewichtet (Tabelle 2.3).

Lieferantenbewertungen müssen unternehmensspezifisch angepasst werden.

Tabelle 2.3: Teilkriterien für die Qualität

Teilkriterium	Gewichtung der Teileinstufung
QZ1 – Anzahl Serie	0,5
QZ2 – ppm-Serie	0,3
QZ3 – Zertifizierung	0,1
QZ4 – Muster (Prototypen und Erstmuster)	0,1

- **QZ1 – Anzahl Serie**

Diese Kennzahl gibt eine Information über die Beschaffenheit der Zulieferteile, wobei alle Fehler (vom Lieferanten anerkannt und nicht anerkannt) berücksichtigt werden.

$$\text{QZ1 – Serie} = 100 - S\,\frac{\text{Anzahl Mängelrüge Serie}}{\text{Anzahl Lieferungen gesamt}}\ [\text{Punkte}]$$

S = Serienfaktor (Standardwert = 2000) wird firmenintern festgelegt und dient zur stärkeren Differenzierung.

- **QZ2 – ppm-Serie**

Es ist wichtig, die richtigen Bewertungskriterien festzulegen.

Die ppm-Bewertung wird ausführlich in einer Qualitätsrichtlinie „Behandlung fehlerhafter Produkte“ beschrieben und erfolgt auf der Basis der gelieferten bzw. der reklamierten Mengen. Unterschiedliche Mengeneinheiten einiger Lieferanten werden auf die Basiseinheiten kg, m, m^2, l, Stück zurückgeführt. Der ppm-Wert wird wie folgt ermittelt:

$$\text{ppm-Wert} = \frac{\text{Beanst. Liefermengen im Bewertungszeitraum}}{\text{Gesamtliefermenge im Bewertungszeitraum}} \cdot 1000\,000\ [\text{ppm}]$$

Der englische Ausdruck parts per million (ppm, zu deutsch „Teile von einer Million“) steht für die Zahl 10^{-6} und wird in der Praxis für den millionsten Teil verwendet.

Hierbei werden nur die abgeschlossenen und berechtigten Beanstandungen berücksichtigt. Als Bezug gilt das Abschlussdatum der Beanstandungen. Die Rückmeldungen der Lieferanten bezüglich der tatsächlichen Beanstandungsmengen werden im Allgemeinen innerhalb eines Monats berücksichtigt. Die Qualitätszahl wird anhand der folgenden Beziehung ermittelt:

$$\text{QZ2 – ppm-Serie} = 100 - E \cdot B \cdot \frac{\text{ppm-Wert}}{1000}\ [\text{Punkte}]$$

E = Entwicklungsfaktor (Standardwert 1) legt die Forderungen an die Qualitätsfähigkeit fest und kann bei Bedarf verschärft werden.

B = Branchenfaktor (Standardwert 4) berücksichtigt produktgruppenspezifische Qualitätsabweichungen.

Die Faktoren *E* und *B* werden normalerweise für ein Lieferjahr vom Qualitätsmanagement festgelegt.

- **QZ3 – Zertifizierung**

Der Stand des QM-Systems des Zulieferers dokumentiert die Sicherheit, mit der die Zulieferteile produziert werden.

Tabelle 2.4: QZ3 – Zertifizierung

QM – Systemnachweise der Lieferanten	Punkte
ISO/TS 16949, VDA 6.1, AVSQ94	100
ISO 9000:2008 plus ISO 14001 oder EMAS	90
ISO/TS 16949, VDA 6.1	80
ISO 9001:2008	70
Prozessaudit nach VDA 6.3	60
Kundenaudit	30
Kein QM-System vorhanden oder Zertifikat abgelaufen	1
Nicht bewertet	0

Nicht alle Zertifizierungsnormen sind gleichwertig.

- **QZ4 – Anzahl der Muster**

Mithilfe der Muster wird die Qualität der Serienvorbereitung geprüft.

$$\text{QZ4 – Muster} = 100 - M \cdot \frac{\text{Anzahl Mängelrügen Muster}}{\text{Anzahl Prüflose Muster gesamt}} \text{ [Punkte]}$$

M = Musterfaktor (Standardwert = 1000) dient zur stärkeren Differenzierung

Logistik:

Mit dem Faktor „Logistik“ wird die Erfüllung der Liefertermine bewertet.

$$\text{Logistik} = \frac{\text{Anzahl rechtzeitig gelieferter Lieferpositionen}}{\text{Anzahl Lieferungen gesamt}} \cdot 100 \text{ [Punkte]}$$

Als rechtzeitig werden alle Lieferungen innerhalb einer vertraglich festgelegten Zeitspanne eingestuft.

Der Logistik fällt eine besondere Rolle zu.

Gesamtbewertung:

Die abschließende Gesamtbeurteilung erfolgt anhand eines Gewichtungsschlüssels.

Tabelle 2.5: Gewichtungsschlüssel für die Einzelkriterien

Einzelbewertung	Gewichtung für Gesamteinstufung
Qualität	0,65
Logistik	0,35

Aus der errechneten Punktezahl erfolgt die Gesamteinstufung des Lieferanten. Bei der Auftragsvergabe werden die A-Lieferanten herangezogen.

Tabelle 2.6: Gesamteinstufung

Punkte	Einstufung
100 bis 90	A – Grün
< 90 bis 80	AB – Gelb
< 80 bis 60	B – Rot
< 60	C – Schwarz

Service und Preis:

Außer der beschriebenen Lieferantenbewertung können auch weitere Gesichtspunkte, wie Entwicklungsleistungen, technologisches Know-how, Serviceleistungen usw., zur Auftragsvergabe herangezogen werden. Eines der wichtigsten Kriterien ist natürlich der Preis, der in Verhandlungsgesprächen mit dem Lieferanten ausgehandelt wird. Das Kriterium „Service und Preis“ wird nur zur internen Bewertung herangezogen und nicht dem Lieferanten mitgeteilt.

Beispiel: Lieferantenbewertung
Der Einkauf der Maschinen AG führt in Zusammenarbeit mit dem Qualitätsmanagement nach der Konzernrichtlinie/Verfahrensanweisung eine fortlaufende Lieferantenbewertung (LB) durch. Das Bild 2.52 gibt Aufschluss über die Einstufung des Unternehmens Achslagerwerk GmbH im Jahr 2009. Das Unternehmen ist nach ISO 9001:2008 und ISO 14001 zertifiziert und liefert Achslager.

Maschinen AG MAG

Bewertungsperiode: 2009 / 01 bis 2010 / 12
Lieferant: 456 587.C
Materialgruppe: Komponenten
Lieferant: Achslagerwerk GmbH, 23456 Überall

Bewertungsgrundlage:

Liefermenge (Stück, t, kg, m):	100 867
Beanstandete Menge (Stück, t, kg, m):	349
Anzahl Mängelrüge Serie	123
Anzahl Mängelrüge Muster	6
Anzahl Muster	402
Rechtzeitige Lieferungen	464
Lieferungen gesamt	483
ppm [(beanst. Liefermenge / Gesamtliefermenge)· 10^6]:	3 460

Qualitätszahlen	**Ergebnis**	**Wichtung**	**Punkte**
QZ1 – Serie	97,56	0,5	48,78
QZ2 – ppm-Serie	86,16	0,3	25,85
QZ3 – Zertifizierung (Tabelle 2.4)	90,00	0,1	09,00
QZ4 – Muster	85,07	0,1	08,50
Wertungspunktzahl			**92,13**
Logistik			**96,06**
Gesamtbewertung			
Qualität	**92,13**	0,65	59,88
Logistik	**96,06**	0,35	33,62
QZ - Gesamtpunktzahl			**93,50**

Q-Einstufung	***A* = 100 ≥ *QZ* ≥ 90 (grün)**	**A**
	***AB* = 90 > *QZ* ≥ 80 (gelb)**	
	***B* = 80 > *QZ* ≥60 (rot)**	
	***C* = 60 > *QZ* > 0 (schwarz)**	

Bild 2.52: Zusammenfassung der Lieferantenbewertung

Lernerfolg

Zur Prüfung des Lernfortschritts beantworten Sie folgende Fragen:

Fragen zu den Kap. 2.1 und 2.2:

1. Welche Aspekte und Faktoren der Qualität sind aus Unternehmenssicht wichtig?
2. Welche Aspekte beinhaltet das heutige Verständnis von Qualität?
3. Welche Arten der Qualität kennen Sie?
4. Welchen Ansatz verfolgt die Definition der Qualität nach Taguchi?
5. Welche Eigenschaften hat Qualität?
6. Woher kommen Forderungen an die Qualität?
7. Nennen Sie die wichtigsten Aspekte der Qualitätsforderungen seitens der Allgemeinheit.
8. Welche Markt- und Kundenmerkmale muss ein Unternehmen in seiner Qualitätspolitik berücksichtigen?
9. Wie kann Einfluss durch den Erfüllungsgrad der Qualitätsforderungen auf die Kundenzufriedenheit genommen werden?
10. Wo entsteht Qualität und wie kann ihre Entstehung systematisch dargestellt werden?

Fragen zu den Kap. 2.3 und 2.3.1:

11. Wovon ist Qualität abhängig? Spezifizieren Sie die Abhängigkeit.
12. Was bedeutet 7 M?
13. Welche Rolle spielt der Humanfaktor im Unternehmen?
14. Nennen Sie einige wichtige Rahmenbedingungen für Unternehmen.
15. Nennen Sie einige wichtige Forderungen an die Mitarbeiter.
16. Welche Forderungen stellen Mitarbeiter an ihren Job?
17. Erläutern Sie einige Ursachen für den Widerstand bei Veränderungsprojekten.
18. Erläutern Sie die Arbeitsmotivation nach dem Human-Relations-Ansatz.
19. Nennen Sie Einflussbereiche des Humanfaktors.
20. Wer und auf welche Art gestaltet die Q-Politik?
21. Was beeinflusst wesentlich das Mitarbeiterverhalten bezüglich der Einstellung zur Qualität?
22. Wer hat den größten direkten Einfluss auf die Qualität?
23. Wie kann Einfluss auf die Steigerung der Qualität hinsichlich des Mitarbeiterverhaltens genommen werden?
24. Welcher Führungsstil fördert den Qualitätserfolg und wie ist er gekennzeichnet?
25. Nennen Sie einige Leitkriterien für die MA-Führung.

Fragen zu den Kap. 2.3.2 bis 2.3.4:

26. Welche Arten von Maschinen kennen Sie? Nenne Sie ein Beispiel.
27. Auf welche Art wirken sich auftretende Mängel auf das Qualitätsniveau einer Maschine aus?
28. Wie kann man Material klassifizieren?
29. Nach welchen Aspekten würden Sie Material auswählen?
30. Was versteht man unter einer Methode?

Fragen zu den Kap. 2.3.5 bis 2.3.7:

31. Die Einheiten des SI sind in der Bundesrepublik Deutschland gesetzliche Einheiten. Nennen Sie die sieben Basiseinheiten für Länge, Masse, Zeit, elektrische Stromstärke, Temperatur, Stoffmenge und Lichtstärke.
32. Erklären Sie den Unterschied zwischen Messen und Bewerten.
33. Beschreiben Sie den Unterschied zwischen qualitativer und quantitativer Merkmalprüfung! Nennen Sie Beispiele.
34. Welche Einflussfaktoren auf ein Messergebnis gibt es?
35. Was ist der Unterschied zwischen Nennwert und Istwert?
36. Was versteht man unter „Übereinstimmungsbereich“?
37. Was ist eine Maßtoleranz?
38. Wie setzt sich ein vollständiges Messergebnis zusammen?
39. Erläutern Sie die drei Managementebenen.
40. Was verstehen Sie unter dem Begriff Mitwelt?

Fragen zum Kap. 2.4:

41. Welche Bewertungsseqmente des Qualitätsmanagements kennen Sie?
42. Nennen Sie Beispiele von harten und weichen Merkmalen.
43. Wie würden Sie eine Gesamtbewertung von mehreren harten und weichen Merkmalen durchführen?

Prinzip des Qualitätsmanagements

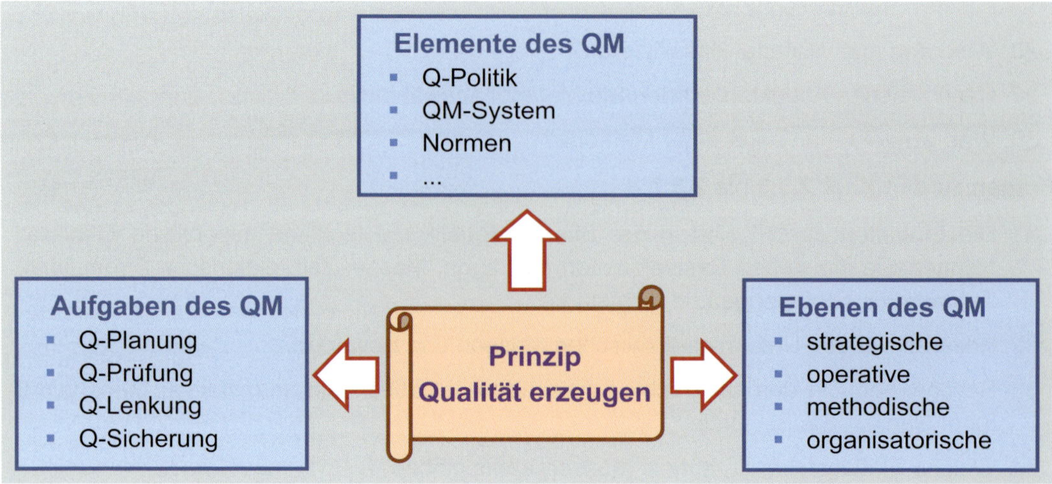

Lernziele:

Die gegenwärtigen Forderungen an Produkte und Dienstleistungen verlangen einen immer höheren Kundennutzen und daraus resultierend eine Kundenzufriedenheit zu möglichst niedrigen Kosten bei geringer Umweltbelastung. Dies kann in Bezug auf Qualität nur dann erreicht werden, wenn sie von Anfang an erzeugt wird. Das bedeutet einerseits, für die Produktentstehung und -anwendung Verluste bzw. Verschwendung zu vermeiden, und andererseits, die Qualität den Kundenwünschen entsprechend auszurichten.

Um diese Vorgaben erfüllen zu können, bedarf es eines Management-Know-hows auf strategischer, operativer, methodischer und organisatorischer Ebene. Die Verfolgung der Qualitätsziele, abgeleitet aus der Q-Politik, geschieht mithilfe einer umfangreichen Anzahl von Elementen wie dem QM-System, Normen, Verfahrensanweisungen u. a.

Um das Ziel, Qualität zu erzeugen, erreichen zu können, bedarf es einer systematischen Vorgehensweise der Planung, der Prüfung, der Lenkung und der Sicherung der Qualität. Diese Aufgaben sind die Grundbestandteile des Qualitätsmanagements.

Dieses Kapitel verfolgt das Ziel, eine Übersicht über die Umsetzung der Strategie „Qualität zu erzeugen“ und die damit verbundenen Aufgaben des Qualitätsmanagements zu geben.

3 Prinzip des Qualitätsmanagements

Der wachsende Wohlstand und der damit verbundene Wandel der gesellschaftlichen Ziele (siehe auch Kap. 1.4) führte zu steigenden Forderungen an die Qualität. Die Globalisierung setzte Unternehmen unter zunehmenden Kostendruck. Die obligatorische Qualitätssicherung, d. h. Prüfen, Aussortieren und Nacharbeiten, konnte die gestiegenen Forderungen nicht mehr bewältigen. So wurde die Qualität zur Managementaufgabe. Sie beruht auf der Strategie:

Qualität nicht erprüfen, sondern Qualität erzeugen.

Um diese Forderung umsetzen zu können, wurde die vergangenheitsorientierte Betrachtung der Qualitätsmaßnahmen in eine zukunftsorientierte Handlungsweise geändert. Die Einführung von vorbeugenden Maßnahmen und der Lenkung (Regelkreise) der Einflussfaktoren führt zu einer gezielt erzeugten Qualität. Die hinzugekommene Forderung nach einer ständigen Verbesserung stärkt die Wettbewerbsfähigkeit der Unternehmen.

Qualität wird erzeugt.

Die DIN EN ISO 9000 definiert:

Qualitätsmanagement:
Gesamtheit der in einem QM-System verwendeten Prozesse.

und

Umfassendes Qualitätsmanagement:
Qualitätsmanagement einer Organisation, das die gesamte Organisation einschließt.

Zusammenfassend bedeutet dies:

Qualitätsmanagement ist umfassend.

Das Qualitätsmanagement (QM) ist die Gesamtheit aller Aktivitäten zur Sicherung, Lenkung und Weiterentwicklung der Qualität des Konzeptes und der Ausführungsqualität unter Berücksichtigung der Wirtschaftlichkeit und der dazu notwendigen organisatorischen Einheit.

Zu den wichtigsten Aufgaben des Qualitätsmanagements gehört das Streben nach ständiger Verbesserung sowie nach Vermeidung von Fehlern bzw. Verlusten infolge von Verschwendung. Der größte Anteil der Fehlerentstehung (ca. 75 %) ist in der planerischen Phase des Produktlebenslaufes (Bild 3.1) zu finden [Pfei7.30].

Ursachen für Fehlerentstehung liegen überwiegend im planerischen Bereich.

Je später ein Fehler erkannt und beseitigt wird, desto höhere Kosten entstehen. Auch die Kundenzufriedenheit wird durch das Auftreten von

Fehlern negativ beeinflusst. Daher ist die Fehlerverhütung in den frühen Stadien der Produktentstehung besonders wichtig und effektiv.

Qualitätsmanagement vermeidet Kosten.

Die Qualität eines Produktes stellt neben dem Preis einen wichtigen Wettbewerbsfaktor dar. Aus dieser Sicht betrachtet, verursacht das Qualitätsmanagement eigentlich keine Kosten, sondern vermeidet sie und hilft somit dem Unternehmen im Wettbewerb.

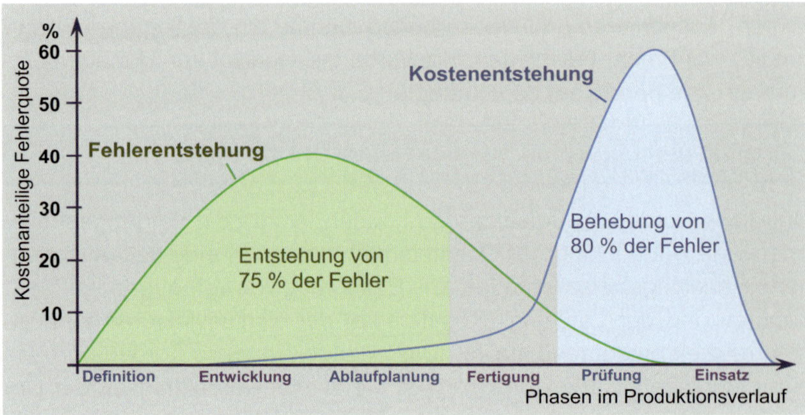

Bild 3.1: Abhängigkeit der Fehlerentstehung und der Folgekosten vom Produktlebenslauf

Qualitätsmanagement erfolgt in fünf Phasen.

Die Aufgabe des Qualitätsmanagements besteht in der Umsetzung der von der Geschäftsleitung festgelegten Qualitätsziele und Qualitätspolitik. Im Einzelnen handelt es sich dabei um:

- Qualitätsplanung,
- Qualitätsprüfung,
- Qualitätslenkung,
- Qualitätssicherung,
- Qualitätsverbesserung.

Um die notwendigen Aktivitäten wirkungsvoll und wirtschaftlich durchführen zu können, haben sich folgende Merkmale des Qualitätsmanagements als unverzichtbar herausgestellt:

Auf die Merkmale des Qualitätsmanagements kommt es an.

- vorbeugend,
- prozessbezogen,
- lenkend,
- kontinuierlich verbessernd,
- umfassend,
- dezentral,
- selbstverantwortlich,
- kundenbezogen,
- mitarbeiterorientiert,
- Lieferanten berücksichtigend,
- führungsverantwortlich.

Die angestrebte Qualität kann nur erreicht werden, wenn alle qualitätsrelevanten Einflussfaktoren dazu beitragen (Bild 3.2).

Einflussfaktoren müssen gelenkt werden.

In Kap. 2.3 wurden sieben Faktoren (7 M) und ihre Wirkung auf die Qualität beschrieben. Die Faktoren Mensch, Material, Methode, Maschine, Messbarkeit und Management (6 M) können lenkend gezielt eingesetzt werden. Umwelteinflüsse können kaum beeinflusst werden. Also muss die Wirkung der 6 M geplant, geprüft und gelenkt werden.

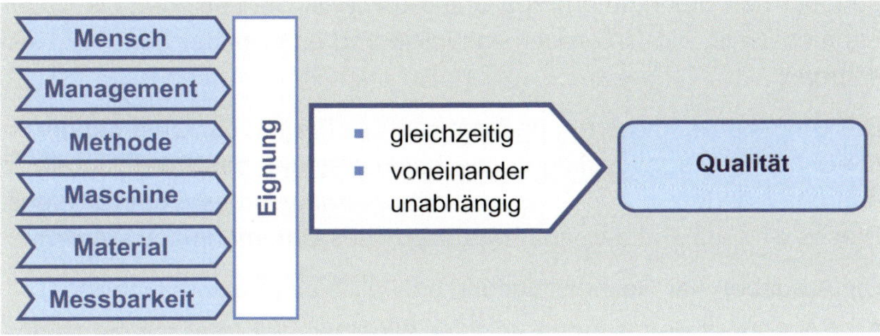

Bild 3.2: Sechs Qualitätsfaktoren (6 M)

3.1 Grundlegende Elemente des Qualitätsmanagements

Das Qualitätsmanagement weist eine Reihe von internen und externen Elementen (Bild 3.3) auf, auf die es zurückgreift. Dazu gehören die notwendige Organisationseinheit, die Qualitätspolitik, Gesetze und Vorschriften, Normung usw.

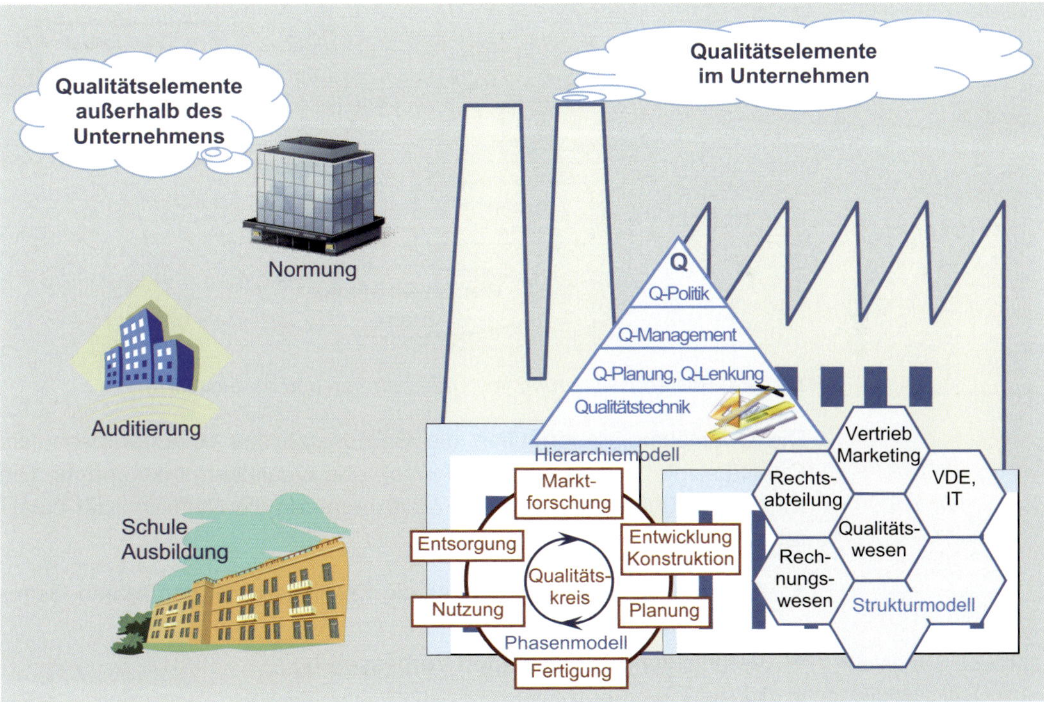

Bild 3.3: Elemente des Qualitätsmanagements

Ohne eine Verknüpfung der internen und externen Elemente wäre ein Qualitätsmanagement kaum durchführbar.

3.1.1 Geschäftsleitung und Qualitätspolitik

Die **Geschäftsleitung** verantwortet die Unternehmensergebnisse gegenüber den Eigentümern des Unternehmens. Sie bestimmt die Unternehmensziele, die Unternehmenspolitik und entscheidet über die Ressourcen.

Geschäftsleitung bestimmt das Geschehen.

Die **Unternehmenspolitik** umfasst zentrale Fragen der Unternehmensführung, wie die Investitionen, die Marktstrategie, das Produktportfolio und unter anderem auch das Qualitätsverständnis des Unternehmens. Dieses wird anhand der **Qualitätspolitik** des Unternehmens deutlich.

Die Aufgaben der Geschäftsleitung bezüglich des Faktors Qualität:

- Gegenüber den Kunden und der Allgemeinheit trägt sie die Hauptverantwortung für die Qualität der Produkte.
- Sie bestimmt die Qualitätspolitik, formuliert die grundlegenden Absichten und Zielsetzungen an die Qualität.
- Sie legt das Qualitätssystem fest.

Der betriebswirtschaftliche Hintergrund für die Formulierung der Qualitätspolitik beruht auf der von Deming definierten Reaktionskette (Bild 3.4) [Dem82]. Sie verdeutlicht die Verbindung zwischen Qualität und ausgewählten betriebswirtschaftlichen Aspekten.

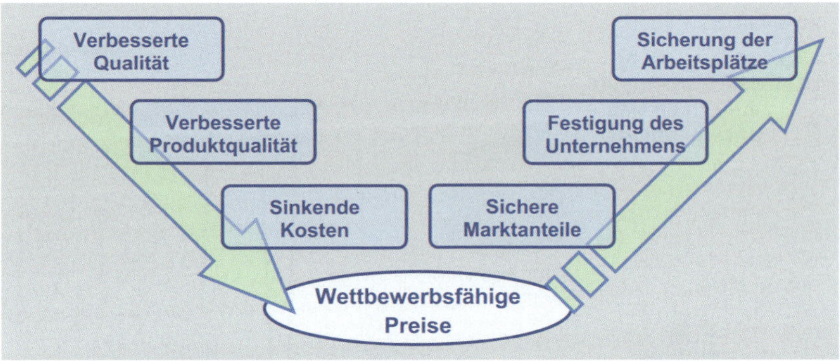

Bild 3.4: Bestandssicherung von Unternehmen und Arbeitsplätzen

Die Qualitätspolitik formuliert die Grundsätze des Unternehmens, die Qualitätsziele und die Beschaffenheit des Qualitätsmanagements. Die ISO 9001:2008 stellt folgende Forderungen an die Definition der Qualitätspolitik:

Forderungen an die Qualitätspolitik

- Angemessenheit – d. h., dass die Qualitätspolitik den realen Gegebenheiten entsprechen soll,
- Verpflichtung zur ständigen Verbesserung,
- Festlegung und Bewertung von Qualitätszielen,
- Verständnis für das Qualitätsmanagementsystem vermitteln,
- die Angemessenheit fortdauernd bewerten.

Je nach Ausprägung folgen die Grundsätze der Qualitätspolitik der „Demingschen Philosophie", wie das Streben nach ständiger Verbesserung, das richtige Führungsverhalten usw. Wie diese Forderungen in der Praxis umgesetzt werden, verdeutlicht folgendes Beispiel.

Beispiel:

In Tabelle 3.1 ist die Erklärung der Geschäftsleitung eines Salzgebäckherstellers zur Qualitätspolitik mit den „Grundüberzeugungen: Verbraucherfokus, Kundenorientierung, Qualität, Gewinnorientierung, Effektivität, operative Eigenständigkeit und finanzielle Unabhängigkeit" aufgeführt.

Tabelle 3.1: Auszug einer Erklärung zur Qualitätspolitik

– Qualitätspolitik – INTERSNACK			
Verbraucherfokus	**Kunden-orientierung**	**...**	**Qualität** (Mitarbeiter, Prozesse, Produkte)
All unsere Anstrengungen sind darauf ausgerichtet, die Bedürfnisse des Marktes und der Verbraucher zu erfüllen. Die Erwartungen der Verbraucher nach hochwertigen, köstlichen, würzigen und sicheren Produkten, die qualitativ einwandfrei sind, stehen im Mittelpunkt. Wir sind uns der Verantwortung in Bezug auf Produktsicherheit, -legalität und -qualität gegenüber dem Verbraucher ... bewusst.	Wir hören unseren Kunden aufmerksam zu, verstehen ihre Bedürfnisse und Erwartungen, setzen diese um, um die Kundenzufriedenheit zu erhöhen, und erfüllen die vereinbarten Leistungen. Damit sichern wir unseren gemeinsamen Erfolg.	...	Ziel unseres Qualitätsmanagementsystems (QMS) ist es, einen zuverlässigen und hohen Qualitätsstandard aller Produkte ... zu erreichen und sicherzustellen ... Ein wesentlicher Faktor für die Sicherung und Verbesserung der Qualität der Produkte und der Prozesse sind alle Mitarbeiter, die sich dem Qualitätsgedanken verpflichtet fühlen und sich in ihrem Handeln ständig danach richten. Die Geschäftsführung stellt sicher, dass Produkte ... den Anforderungen entsprechen ... Eine stetige Verbesserung des Qualitätsmanagementsystems ist Ziel und Verpflichtung für alle Mitarbeiter ...

3.1.2 Qualitätspolitik und Qualitätsmanagement

Die von der Geschäftsleitung festgelegte Qualitätspolitik wird im **Qualitätsmanagementhandbuch** dokumentiert, von der Geschäftsleitung unterschrieben und kommuniziert.

Das Qualitätsmanagementhandbuch ist die Bibel des Qualitätsmanagements.

Das Qualitätsmanagementhandbuch beinhaltet die Erklärung der Geschäftsleitung zur Qualitätspolitik sowie die Beschreibung aller qualitätsbetreffenden Maßnahmen. Die Aufgabe des **Qualitätsmanagements** ist, die Qualitätspolitik in greifbaren Merkmalen zu erfassen und mithilfe geeigneter Maßnahmen umzusetzen.

Im Rahmen des **Qualitätscontrollings** werden Daten und Ergebnisse verdichtet und mit Vorgaben verglichen. Über die Zielerreichung wird der Geschäftsleitung in Form von **Reports** berichtet.

Ergebnisse sind in Reports dokumentiert.

Beispiel:
In Bezug auf den Verbraucherfokus in Tabelle 3.1 müssen die Verbrauchererwartungen „nach hochwertigen, köstlichen, würzigen und sicheren Produkten“ auf ihre Merkmale, wie z. B. die Qualität der Zutaten, den Gewürzanteil, die Farbe, den Geruch, die Teigbeschaffenheit und die Lebensmittelvorschriften, analysiert und festgelegt werden.
Nach erfolgter Planung (1. Phase) und während bzw. nach Abschluss der Produktion erfolgt die Prüfung (2. Phase) und gegebenenfalls die Anpassung an die Vorgaben (3. Phase). Kontinuierlich in allen Phasen erfolgt die Qualitätsverbesserung (4. Phase).

3.1.3 Qualitätsmanagement und Qualitätsmanagementsystem

Um die Aufgabe des Qualitätsmanagements umsetzen zu können, bedarf es einer Organisationseinheit, eines **Qualitätsmanagementsystems**.

Die DIN EN ISO 9000 definiert:

Qualitätsmanagementsystem: System für die Festlegung der Qualitätspolitik und von Qualitätszielen sowie zum Erreichen dieser Ziele.

mit anderen Worten:

Das Qualitätsmanagementsystem (QMS) ist die festgelegte Aufbau- und Ablauforganisation zur Durchführung des Qualitätsmanagements.

QM-System muss den Forderungen Rechnung tragen.

Die Organisationsstruktur muss den Forderungen der Unternehmenspolitik sowie den Gegebenheiten im Unternehmen Rechnung tragen. Sie entspricht in der Regel nicht der Aufgabengliederung, sondern den qualitätsbezogenen Abläufen im Unternehmen.

Das Qualitätsmanagementsystem ist im **Qualitätsmanagementhandbuch** dokumentiert und gibt die grundsätzliche Einstellung des Managements zur Qualitätspolitik wieder. Weiterhin kommen Festlegungen bezüglich der Organisation, der Planung, der Durchführung und der Lenkung von Prozessen, der geforderten Verfahren zur Umsetzung einzelner Qualitätsmaßnahmen, der Regelungen über Verantwortung und Zuständigkeiten, der Einbeziehung von Mitarbeitern usw. hinzu.

Schnittstellen zwischen Risiko- und Qualitätsmanagement

Das **Risikomanagement** befasst sich mit potenziellen Risikogefahren, ihrer Entdeckung, Bewertung und Reduzierung. Das vorbeugende Qualitätsmanagement bietet eine gute Möglichkeit, Risiken zu verringern. Deswegen ist es sinnvoll, den Risikoprozessplan in das Qualitätsmanagementhandbuch einzubeziehen. Die Herausgabe des Qualitätsmanagementhandbuches erfolgt durch die Geschäftsleitung und dient oft als Vertragsgrundlage zwischen Kunden und Lieferanten.

Zur Durchführung von vorbeugenden und lenkenden Maßnahmen werden **Regelkreise** eingesetzt. Durch Einwirkung von Störgrößen weicht der Istwert vom Sollwert eines Merkmals ab. Mithilfe eines Stellgliedes bleibt die Abweichung innerhalb der zulässigen Grenzen.

Regelkreise garantieren ein konstantes Qualitätsniveau

Eines der wichtigsten Lenkungsinstrumente des Qualitätsmanagements ist die Durchführung von **Audits**. Sie haben die Aufgabe, die Wirksamkeit des QM-Systems bzw. der einzelnen Maßnahmen zu überprüfen.

Audits prüfen die Wirksamkeit.

Die Anpassung an die ständig steigenden Forderungen gewährleistet die **Kontinuierliche Prozessverbesserung (KVP)**. Sie betrifft alle Unternehmensprozesse.

KVP steigert die Qualität.

3.1.4 Gesetzgebung und Normung

Die Gesetzgebung und die Normung sind externe Elemente, die von Unternehmen kaum beeinflussbar sind. Sie drücken die Interessen der Allgemeinheit bezüglich Sicherheit, Umwelt, Handlungsregeln, immaterieller und materieller Leistung usw. aus. Das Qualitätsmanagement ist an die Gesetzeskonformität gebunden.

Gesetzgebung und Normen sind die Eckpfeiler des QMs.

Normen haben zwar nur einen Empfehlungscharakter, sind aber fast immer Gegenstand von vertraglichen Vereinbarungen mit dem Kunden, also auch bindend.

3.1.5 Ausbildung und Weiterbildung

Aus- und Weiterbildung sind zwar überwiegend externe Elemente, aber sie werden durch die Unternehmen stark beeinflusst. Aufgrund der benötigten Ausbildungsart können sie das Wissensniveau der Mitarbeiter steuern.

Aus- und Weiterbildung gewährleisten die Wettbewerbsfähigkeit.

Die regelmäßige Weiterbildung der Mitarbeiter ist für die Bewältigung der ständig steigenden Forderungen unumgänglich. Auch für die Bindung der Mitarbeiter an das Unternehmen und für ihre Motivation ist die Weiterbildung ein wesentlicher Faktor.

3.2 Ebenen des Qualitätsmanagements

Verdichtet man eine Unternehmensstruktur entsprechend der Zielsetzung ihres Wirkens, so kann das Qualitätsmanagement einer strategischen, operativen, methodischen und organisatorischen Ebene zugeordnet werden (Bild 3.5).

Diese Ebenen beeinflussen die Struktur des Qualitätsmanagementsystems wesentlich.

3.2.1 Strategische Ebene

Das strategische Management bildet die mittlere Ebene des Unternehmens. Dazu gehören Geschäfts- und Fachbereichsleiter mit ihren Mitarbeitern.

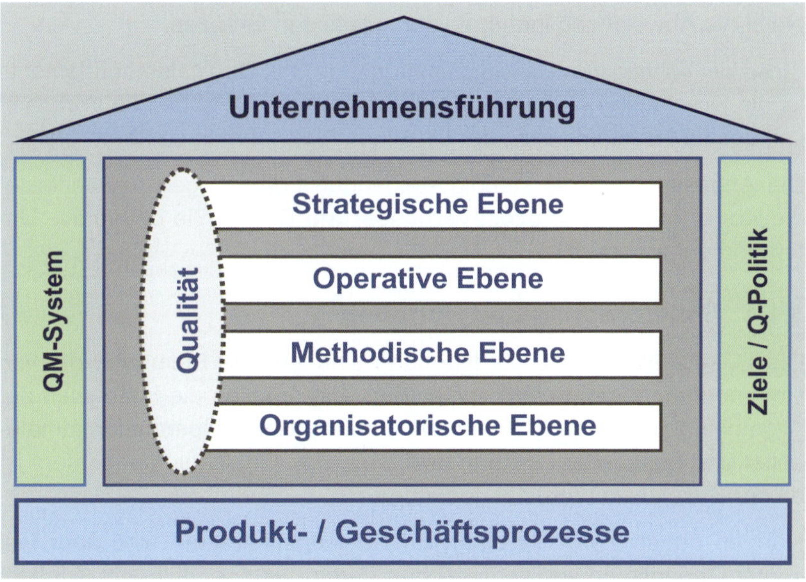

Bild 3.5: Ebenen des Qualitätsmanagements

Q-Strategie macht Q-Politik greifbar.

Entsprechend der von der Geschäftsleitung postulierten Qualitätspolitik werden Strategien entwickelt, projektiert und in Pläne umgewandelt. Dies muss als integrierter Prozess der Geschäftsführung ablaufen, um ein Auseinanderdriften der unterschiedlichen Schwerpunkte der Unternehmenspolitik zu vermeiden.

Die entscheidende Frage lautet:

Welche Voraussetzungen müssen geschaffen werden, damit auf der operativen Ebene die richtigen Dinge getan werden?

Zu den Aufgaben des strategischen Managements gehören:

Aufgaben des strategischen Managements

- Entwicklung und Umsetzung von qualitätsbezogenen Strategien,
- Verfolgung und Analyse der verdichteten operativen Qualitätskennzahlen,
- Entwicklung von neuen Methoden und Qualitätswerkzeugen,
- Beratung und Unterstützung der operativen Einheiten,
- Berichte an die Geschäftsleitung.

Die Methoden bzw. Werkzeuge des Qualitätsmanagements müssen mit den Methoden der Unternehmensführung übereinstimmen. Um das zu erreichen, sollten folgende Grundsätze verfolgt werden:

- Qualitätspolitik und Qualitätsziele müssen in Unternehmensstrategien und -ziele integriert sein.
- Es darf nur eine einzige Datensammlung, die die Unternehmenskennzahlen und -daten enthält, geben.
- Projekte und andere zeitlich begrenzte Aktivitäten müssen Bestandteil des Businessplans sein. Nur dann werden sie automatisch mit umgesetzt.
- Es darf nur ein einziges Berichtswesen (Managementreport) geben. Auditberichte, Managementreview-Berichte, Zielerfüllungsberichte etc. müssen integriert sein.

Methodische Grundsätze des Qualitätsmanagements

Das Qualitätsmanagement darf kein isoliertes System sein. Sonst findet es neben den bestehenden Systemen keine Akzeptanz, erreicht nicht die geplante Wirksamkeit, und die Ziele werden verfehlt.

Beispiel:
Die Qualitätsforderungen in der Babynahrungsproduktion sind enorm hoch und erfordern hohe Kosten. Daher wurde auf Anregung der Geschäftsleitung ein Projekt mit der Zielsetzung, eine Strategie zur Kostensenkung zu entwickeln, durchgeführt [Kras98]. Eine Kostenstellenanalyse ergab eine umfangreiche Anzahl von Positionen mit Konformitätskosten (siehe Kap. 9.6.2) und ihren Abhängigkeiten. Eine Strategie zur Senkung dieser Kosten konnte aber wegen der Komplexität nicht entwickelt werden. Erst eine prozessbezogene Betrachtung und die Entwicklung eines Prozesswirkungsgrades (siehe Kap. 5.4) lieferten eine umsetzbare Strategie. Diese wurde anhand eines Pilotprojektes auf ihre Umsetzbarkeit und Wirkungsfähigkeit geprüft und der Geschäftsleitung sowie den Produktionsbereichen empfohlen.

3.2.2 Operative Ebene

Das **operative Management** ist die Aufgabe der Abteilungsleiter und der anderen Führungskräfte auf dieser Ebene. Sie leiten aus den normativen und strategischen Konzepten Einzelmaßnahmen ab und setzen diese mit ihren Mitarbeitern um.

Hier lautet die Frage:

Tun wir die Dinge richtig?

Im Einzelnen handelt es sich um:

- Umsetzung der Ziele,
- Planen, Prüfen, Analysieren und Lenken der qualitätsbezogenen Aktivitäten,
- Informationsaustausch, Berichterstattung und Datensammlung,
- Durchführung von Audits,
- Einsatz von Methoden zur Qualitätssicherung und -verbesserung,
- Durchführung von Pilotprojekten.

Strategie wird operativ umgesetzt.

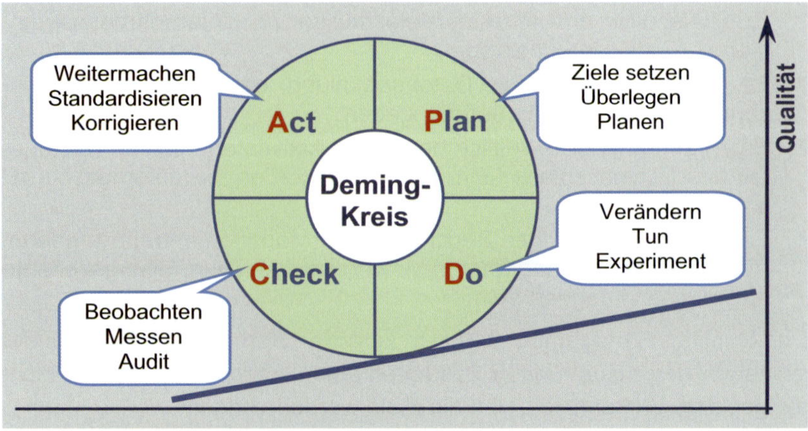

Bild 3.6: PDCA-Zyklus – Deming-Kreis

Die einzelnen Aufgaben sind Bestandteil einer systematischen Vorgehensweise, die durch den PDCA-Zyklus [Dem82] definiert ist (Bild 3.6). Der PDCA-Zyklus basiert auf der Abfolge von vier Tätigkeiten: Plan (planen einer Verbesserung), Do (durchführen), Check (Überprüfung der Wirksamkeit) und Act (Umsetzung). Er stellt die Basis für das Sicherstellen und Verbessern der Qualität dar.

Beispiel:
Aufgrund der Empfehlung des strategischen Qualitätsmanagements haben die Produktionsbereiche eines Babynahrungsmittelherstellers die Qualitätslenkung auf die Steuerung mittels des Prozesswirkungsgrads umgestellt. So waren sie in der Lage, nicht nur auf eine Abweichung der Kostenziele, verursacht durch z. B. das Auftreten von Fehlern, zeitnah zu reagieren, sondern auch gezielt eine ständige Verbesserung in den Prozessen zu initiieren [BeSc05]. Es wurden z. B. die Menge der produzierten Babynahrung, aufgetretene Fehler, Störungen, durchgeführte Reinigungsarbeiten, Laborprüfungen usw. erfasst, entsprechend den angefallenen Kosten analysiert und Maßnahmen z. B. zur Fehlerbeseitigung durchgeführt.

3.2.3 Methodische Ebene

Ohne Beherrschung von Methoden keine Qualität

Die Umsetzung der Qualitätspolitik in reelle Handlungen erfordert ein weitreichendes Know-how. Entsprechend ihrer Stellung im Unternehmen, müssen alle Mitarbeiter die benötigten Methoden beherrschen und anwenden können. Dies erstreckt sich von der Anwendung statistischer Methoden über den Einsatz von Qualitätstechniken, Kostenbetrachtungen, Prozessoptimierung bis hin zur Steigerung der Kundenzufriedenheit. Um die breitgefächerten Aufgaben erfüllen zu können, bedarf es einer methodischen Vorgehensweise. Die Ziele der methodischen Ebene können wie folgt beschrieben werden:

- Beherrschen von Methoden,
- Kenntnis ihrer Anwendungsmöglichkeiten, ihrer Vorteile und ihrer Nachteile,
- Entwicklung von neuen Methoden,
- Fähigkeit, Methoden praktisch umzusetzen,
- Methoden entsprechend den Forderungen optimal einzusetzen.

Beispiel:
Infolge einer Überlastung der einzigen 3-D-Messmaschine in der Produktion sollte die Anschaffung eines zweiten Messsystems geprüft werden. Die Prozessfähigkeitsanalyse (siehe Kap.4.3) (Kennzahlen c_p und c_{pk}) der betroffenen Produktionsbereiche zeigte, dass bei mehr als 30 % der Prozesse eine sehr hohe Sicherheit vorlag. Aufgrund dessen wurde für die entsprechenden Prozesse anstatt der fest vorgegebenen Stichprobenanzahl eine Dynamisierung der Prüfumfänge (siehe Kap. 3.3.2.4, Anpassung der Prüfhäufigkeit an das Qualitätsniveau) eingeführt. Infolge der frei gewordenen Messkapazität konnte auf die Anschaffung einer zweiten Messmaschine verzichtet werden.

3.2.4 Organisatorische Ebene

Ein Qualitätsmanagementsystem erfordert einen hohen Grad an Organisation. Das Planen der Qualität, das Erfassen, Analysieren, Verdichten und Weiterleiten von Daten, das Entwickeln und Umsetzen von Anweisungen, die Festlegung von Zuständigkeiten usw. stellen hohe Ansprüche an die Organisationsfähigkeit des Qualitätsmanagements.

Effektive Organisation ist unerlässlich für gute Qualität.

Die Organisation des Qualitätsmanagements richtet sich jeweils nach den Unternehmensbedingungen. Deswegen findet man in den Unternehmen unterschiedliche Organisationsstrukturen.

Forderungen an das Qualitätsmanagementsystem

Die normativen Forderungen an die Organisation weisen aus, welche organisatorischen Maßnahmen zu treffen sind:

Normative Forderungen

- wie Ressourcen geplant und bereitgestellt werden,
- wie Ziele festgelegt und überwacht werden,
- wie die Kundenzufriedenheit gemessen und optimiert wird,
- wie Forderungen umgesetzt werden,
- wie Fach- und Führungskräfte weitergebildet werden,
- wie Arbeitsabläufe aufgrund von Erkenntnissen aus dem Fehlermanagement geändert werden.

Außerdem ist festzulegen,

- wer für das Erstellen, Erfüllen und Überwachen der Qualitätsvereinbarungen an Schnittstellen verantwortlich ist,
- wie Ergebnisse des Qualitätsmanagements intern und extern kommuniziert werden,

- wie die Qualitätsmanagement-Dokumentation bereitgestellt (Intranet), gepflegt und weiterentwickelt wird.

Reife- und Leistungsgrad des Qualitätsmanagementsystems

Für die Bewertung eines modernen Qualitätsmanagements reichen die Normen häufig nicht aus. Denn es muss nicht nur die Umsetzung der normativen Forderungen, sondern vielmehr seine Leistungsfähigkeit überwacht werden. Dazu sollte man:

QM-System muss wirkungsvoll und effektiv sein.

- den Reifegrad der Geschäftsprozesse überwachen und bewerten,
- die Erfüllung von Prozesskennzahlen, Leistungszielen etc. messen,
- die Umsetzung der normativen Forderungen prüfen,
- die Aktualität und Vollständigkeit der Dokumentation überwachen und
- alle Ergebnisse dokumentieren, visualisieren und berichten.

Management-Reviews sind dabei eine ausgezeichnete Methode, in der die Geschäftsleitung in Verbindung mit dem Qualitäts- und dem Prozessmanagement über die Funktions- und Leistungsfähigkeit des Systems zu befinden hat. Eine systematische Bewertung bietet das EFQM-Modell (siehe Kap. 9).

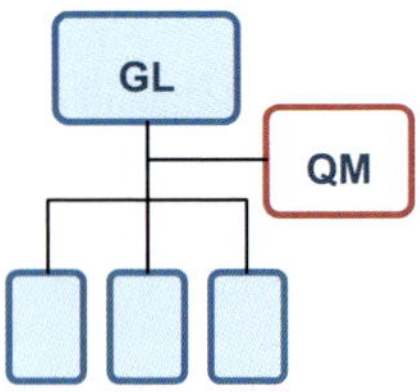

Beispiel:

Aufgrund der gestiegenen Forderungen an die Qualität wurde die streng hierarchische Struktur des Qualitätsmanagements (QM) vom Werker bis zum Geschäftsführer verlassen. Das strategische QM ist meistens als Stabsabteilung der Geschäftsleitung (GL) unterstellt. Die operativen Bereiche sind alleinig von der Planung bis zur Kontrolle für die Qualität verantwortlich.

3.3 Aufgaben des Qualitätsmanagements

Gesamtheitlicher Fokus auf Qualität, Kosten und Zeit

Das Qualitätsmanagement hat vordergründig die Aufgabe, die Forderungen an die Qualität entsprechend den Unternehmenszielen zu verwirklichen. Die Unternehmensziele beinhalten unter anderem indirekt auch Forderungen an Kosten und Termine. Die Verantwortung für sie obliegt anderen Bereichen des Managements. Da Qualität, Kosten und Termine in gegenseitiger Abhängigkeit stehen, müssen alle Aktivitäten während des Produktlebenszyklus aus gesamtheitlicher Sicht, unabhängig von der Zuständigkeit und der Produktlebensphase, betrachtet und beurteilt werden.

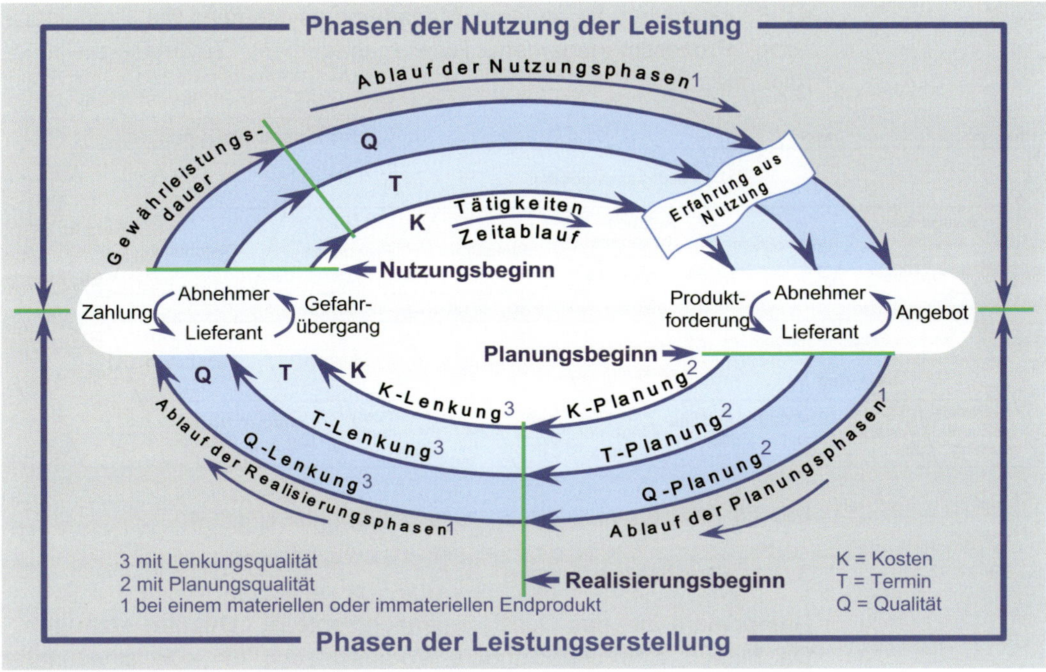

Bild 3.7: Der Qualität-Termin-Kosten-Kreis (QTK-Kreis) im Produktlebenszyklus [GeKo07]

Diesen Zusammenhang stellt der **QTK-Kreis** dar (Bild 3.7). Er hat drei zentrisch laufende Kreise. In Abhängigkeit von den Produktlebensphasen verlaufen der Kreis der qualitätsbezogenen Tätigkeiten, das Terminmanagement und das Kostenmanagement. Aufgrund dieser Zusammenhänge berücksichtigt das Qualitätsmanagement sowohl Qualitäts- als auch Termin- und Kostenaspekte.

QM-Aufgaben sind auf den Produktlebenszyklus bezogen

Zu den vordergründigen Aufgaben des Qualitätsmanagements gehören:

- Qualitätsplanung,
- Qualitätsprüfung,
- Qualitätslenkung,
- Qualitätsverbesserung.

Die Aufgaben sind auf den gesamten Produktlebenszyklus bezogen. Bild 3.8 zeigt einzelne Funktionen in einem Unternehmen, die als Prozesse ablaufen. Also betreffen die Aufgaben des Qualitätsmanagements ein komplexes Netzwerk aller Unternehmensbereiche. Qualitätsverbesserung und Prozessoptimierung weisen eine große Schnittstelle auf. Daher werden Sie gemeinsam in Kap. 5 behandelt.

Produkterstellung als komplexes Netzwerk

In den nachfolgenden Kapiteln werden beispielhaft Aktivitäten aufgezeigt. Je nach organisatorischen Gegebenheiten in Unternehmen gibt es Schnittstellen zu anderen Managementsystemen, wie Produktplanung, Prozessmanagement, Risikomanagement, Zuverlässigkeitsmanagement usw.

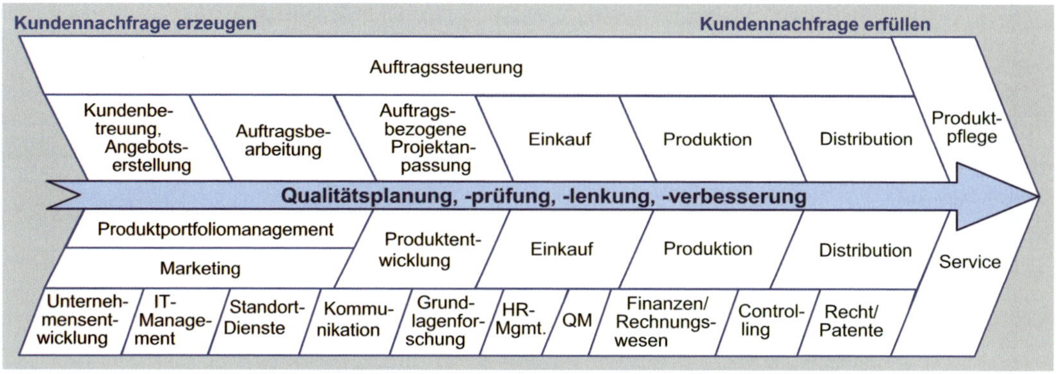

Bild 3.8: Aktivität des Qualitätsmanagements im Unternehmen

3.3.1 Qualitätsplanung

Das primäre Ziel des Qualitätsmanagements ist **„Qualität erzeugen“**. Da Planen eine unabdingbare Voraussetzung für jede strukturierte Tätigkeit ist, muss auch die angestrebte Qualität geplant werden [GeKo07.1].

Qualitätsplanung ist der Teil des Qualitätsmanagements, der auf das Festlegen der Qualitätsziele und der notwendigen Ausführungsprozesse sowie der zugehörigen Ressourcen zum Erreichen der Qualitätsziele gerichtet ist [ISO9000].

Die Basis für die Planung sind die unterschiedlichsten Arten von **Qualitätsforderungen**. Die ISO 9000 verwendet nur den Ausdruck „Anforderungen“, die DGQ unterscheidet zwischen „Forderungen und Anforderungen“ [GeKo07.2].

QM-Aufgaben sind sowohl fachbezogen als auch übergreifend.

Die Marktforderungen und die damit verbundene Unternehmenspolitik beeinflusst im Wesentlichen die Auswahl der **Qualitätsmerkmale**. Der Kunde und der Markt, vertreten durch den Gesetzgeber und verschiedene Institutionen (DIN, DGQ, VDI), liefern die Forderungen, die als Teilaufgaben an die Qualitätsplanung weitergegeben werden. Sie geben allgemeingültige Gesetze und Richtlinien für Produkte bzw. Prozesse vor, damit der Benutzer bzw. die Allgemeinheit durch ihren Gebrauch keinen Schaden erleidet (Produkthaftung, Sicherheit, Umwelt) bzw. nicht übervorteilt wird.

Als Forderung bezeichnet man die Gesamtheit der betrachteten Einzelforderungen an die Beschaffenheit einer Einheit in der betrachteten Konkretisierungsstufe der Einzelforderung [DIN553].

Also dient die Qualitätsplanung sowohl zum Konkretisieren der Kunden-, Markt- und gesetzlichen Forderungen als auch der Realisierbarkeit und der Wirtschaftlichkeit der Produkterzeugung. Die Qualitätsplanung erfolgt jeweils im **Zuständigkeitsbereich der Prozesseigner**.

Die **Aufgabe der Qualitätsplanung** besteht darin, die externen und die internen Forderungen an die Qualität zu operationalisieren. Unabhängig vom Unternehmensbereich beinhaltet die Qualitätsplanung folgenden Tätigkeitskomplex:

Externe und interne Forderungen sind bei der Planung mit einzubeziehen.

- Planung des QM-Systems,
- Planung der Qualitätsforderungen an das Produkt und seine Realisierung.

Folgende Elemente der QM-Planung werden wegen ihrer Bedeutung gesondert behandelt:

- Planung neuer Qualitätsmanagementmethoden und -hilfsmittel,
- Planung der qualitätsbezogenen Dokumentation,
- Zuverlässigkeitsplanung,
- Qualitätsplanung in der Beschaffung,
- Nachweisführung zur Abwehr eventueller Regressforderungen.

Zu den Planungsaufgaben gehört auch die Planung der Prüfung. Sie wird in Kap. 3.3.2 behandelt.

3.3.1.1 Planung des QM-Systems

Das QM-System sollte in enger Anlehnung an den **Qualitäts-Termin-Kosten-Kreis** geplant werden, da die drei Faktoren in starker Abhängigkeit zueinander stehen. Unter einem **Qualitätsmanagementsystem** versteht man:

Die Gestaltung eines QM-Systems ist jedem Unternehmen freigestellt.

> **die zur Verwirklichung des Qualitätsmanagements erforderliche Organisationsstruktur, Verfahren, Prozesse und Mittel [ISO 8402].**

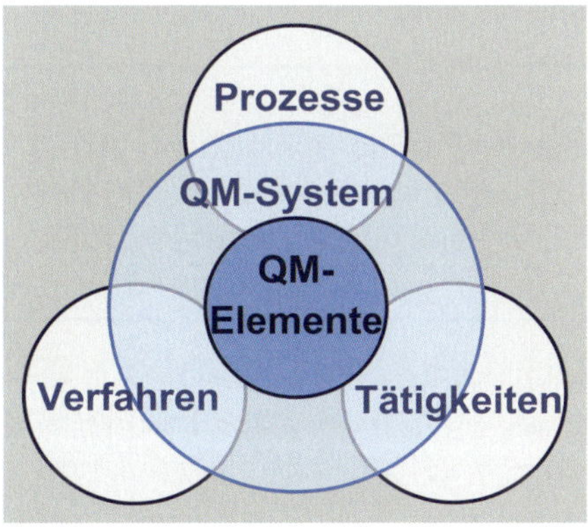

Bild 3.9: Qualitätsbezogene Schnittmengen der qualitätsbezogenen Tätigkeiten, Verfahren, QM-Elemente und QM-Prozesse

Die Organisationen sind bei der Gestaltung ihrer QM-Systeme grundsätzlich frei.

Geplant werden:

- qualitätsbezogene Verfahren,
- qualitätsbezogene Tätigkeiten,
- QM-Elemente,
- QM-Prozesse.

Abgrenzung des QM-Systems ist nicht immer eindeutig.

Wie Bild 3.9 zeigt, gibt es jeweils Schnittmengen zwischen dem QM-System, den Verfahren, der Tätigkeit und den Prozessen im Unternehmen. Diese Schnittmengen sind qualitätsbezogen.

Qualitätsbezogene Verfahren

Verfahrensanweisungen sollten dokumentiert werden.

Es handelt sich dabei um eine festgelegte Art und Weise, eine Abfolge von Tätigkeiten auszuüben. Im Qualitätsmanagement werden sie z. B. in den **Verfahrensanweisungen** festgehalten.

Qualitätsbezogene Tätigkeiten

Dabei handelt es sich um Tätigkeiten, die in Verbindung mit Inhalten des Qualitätsmanagements stehen.

Beispiel:
Eine Fehlerhäufigkeitsanalyse wird mithilfe eines Pareto-Diagramms durchgeführt. Die Fehleranzahl der einzelnen Fehlerarten wird in einem Balkendiagramm z. B. in Excel eingetragen. Anschließend werden die Fehlerarten, angefangen mit der höchsten Häufigkeit, im Verlauf fallend sortiert. Als Ergebnis liegt die Verteilung der Fehlerarten vor. Das erste Drittel der Fehlerarten weist eine Häufigkeit von ca. 75 % aller Fehler auf. Damit ist der Häufigkeitsschwerpunkt des Fehleraufkommens spezifiziert.

QM-Elemente

Ein QM-Element ist ein Teil eines QM-Systems. Es kann sich sowohl um Tätigkeiten als auch um Prozesse handeln.

Beispiel:
In der Tabelle 3.2 sind die wichtigsten Funktionsbereiche in einem Unternehmen zusammengefasst. Ihnen sind Beispiele von QM-Elementen zugeordnet. Sie sind oft bereichs- bzw. prozessübergreifend.

Tabelle 3.2: QM-Elemente in Kernprozessen

<table>
<tr><th>Funktionsbereich</th><th colspan="2">QM-Element</th></tr>
<tr><td>Marketing/Produktportfoliomanagement</td><td>Marktstudien, Konkurrenzvergleich, Kundenmanagement, ...</td><td rowspan="8">Qualitätspolitik
Qualitätsziele
Qualitätshandbuch
Verfahrensanweisungen
Audits
Review</td></tr>
<tr><td>Entwicklung/Konstruktion</td><td>Leistungs- und Zuverlässigkeitsnachweis, Design Review, ...</td></tr>
<tr><td>Auftragsabwicklung</td><td>Lenkung der Produktion und der Dienstleistungserbringung</td></tr>
<tr><td>Beschaffung</td><td>Lieferantenbeurteilung, Vereinbarung von technischen Lieferbedingungen, Prototypenprüfung, Erstmusterprüfung, Wareneingangsprüfung, aktuelle Serienbeurteilung, ...</td></tr>
<tr><td>Produktion</td><td>Prozessfähigkeit, Maschinenfähigkeit, SPC, Zuverlässigkeit</td></tr>
<tr><td>Verkauf/Service</td><td>Produktbeobachtung, Reklamationen, Beschwerdemanagement, Kundenzufriedenheit, ...</td></tr>
<tr><td>Finanz- und Rechnungswesen</td><td>Finanzaudit, Garantieleistungen, Qualitätskosten, ...</td></tr>
<tr><td>Personal und Organisation</td><td>Mitarbeiterzufriedenheit, Mitarbeiterentwicklung und -planung, ...</td></tr>
</table>

QM-Prozesse

Für QM-Prozesse gelten die in Kap. 5 beschriebenen Eigenschaften. Darüber hinaus können sie entsprechend ihrer Zielsetzung aufgeteilt [GeKo07.3] werden in Prozesse

- zum Planen und Realisieren,
- zum Feststellen des Istzustandes,
- zur Fehlerbehandlung und
- zur Vorbeugung von Fehlern.

QM-Prozesse verketten alle Bereiche des Unternehmens.

Diese Prozesse sind unmittelbar bzw. mittelbar qualitätswirksam.

Beispiel:
Zu den **Planungsprozessen** gehört die Erstellung eines Lastenhefts für das geplante Produkt. Hier werden Kundenforderungen als Qualitätsmerkmale festgeschrieben. Dieser Planungsprozess beinhaltet die Vorgehensweise und den Ablauf, auf deren Grundlage die Qualitätsmerkmale ermittelt werden.

Bei der Durchführung einer Qualitätsprüfung mithilfe einer Messlehre wird der **Istzustand** des geprüften Teiles festgestellt. Wenn das geprüfte Teil fehlerhaft ist, wird es im **Fehlerbehandlungsprozess** nachgebessert oder entsorgt. Damit dieser Fehler nicht auftritt, werden **vorbeugende Maßnahmen** getroffen.

3.3.1.2 Planung der Qualitätsforderungen an das Produkt und seine Realisierung

Mit der Identifizierung der Qualitätsmerkmale beginnt der Realisierungsprozess.

Um die Forderungen an die Qualität operationalisieren zu können (z. B. gesetzliche Vorgaben, Marktforderungen, Fertigungsgegebenheiten), werden Qualitätsmerkmale festgelegt. Die dazu benötigten Informationen und Einflussfaktoren kommen aus verschiedenen Bereichen (Bild 3.10):

- **Marketing, Vertrieb und Kundendienst** liefern Daten über den von den Kunden erwarteten bzw. geforderten Qualitätsstandard.
- **Entwicklung und Konstruktion** legen mit den Produktforderungen im Pflichtenheft die wesentlichen Leistungs- und Qualitätsmerkmale fest.
- Die **Produktion** teilt Informationen über die in der Vergangenheit durchgeführten Aufträge, Ergebnisse und Rahmenbedingungen mit, wie z. B. die vorhandenen Fertigungseinrichtungen und die damit erreichte Qualität.
- **Controlling, Rechnungswesen und Finanzen** stellen Daten wie Kosten, Kostensätze usw. zur Verfügung.
- Das **Qualitätsmanagement** stellt mit Daten über eigengefertigte Produkte und zugekaufte Teile weitere wichtige Informationen bereit.

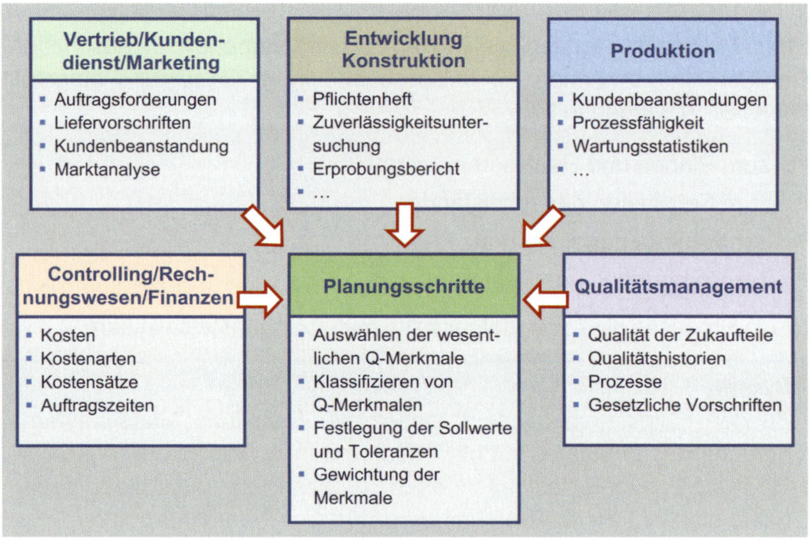

Bild 3.10: Einflussfaktoren auf die Festlegung von Qualitätsmerkmalen

Die richtige Wahl der Qualitätsmerkmale stellt das Fundament dar.

Die Voraussetzung für eine erfolgreiche Umsetzung und das Erreichen der gesteckten Ziele ist eine Zusammenarbeit, die gleich im frühen Stadium der Entwicklung erfolgen muss. Bei fertig ausgearbeiteten Produkten sind nachträgliche Eingriffe nur unter hohem Aufwand und einer Zeitverzögerung möglich. Es könnte sogar ein falsches Konzept vorliegen, das zum Abbruch des Entwicklungsvorhabens führen kann.

Die Qualitätsmerkmale werden im Allgemeinen produktunabhängig und damit langfristig festgelegt. Bei der Auftragsproduktion sind diese Qualitätsmerkmale Bestandteil der vertraglichen Vereinbarungen. Der Begriff Qualitätsmerkmal wird wie folgt spezifiziert.

Merkmal
Ein Merkmal ist eine Eigenschaft, die das Unterscheiden von Elementen einer Grundgesamtheit (z. B. Längenmaß, Gewicht, Geschmack) ermöglicht.

Qualitätsmerkmal
Ein Qualitätsmerkmal ist ein Merkmal, anhand dessen die Qualitätsforderung (z. B. die Lebensdauer eines Gerätes) definiert wird.

Fehler
Ein Fehler ist die Nichterfüllung vorgegebener Forderungen durch einen Merkmalswert (z. B. Nichterreichen der geforderten Lebensdauer).

Qualitätsmerkmale und Fehler sind unzertrennlich.

Die Nichteinhaltung der **Toleranzgrenze** (zulässige Abweichung vom Sollwert) eines Qualitätsmerkmals bezeichnet man als **Fehler**. Da die Auswirkungen eines Fehlers in ihrer Schwere unterschiedlich sein können, werden sie entsprechend ihrer Bedeutung klassifiziert [DIN55].

- **Kritischer Fehler**
  Ein kritischer Fehler ist ein Fehler, der voraussichtlich eine gefährliche Situation oder einen großen wirtschaftlichen Schaden hervorrufen kann (z. B. Triebwerksschaden beim Flugzeug, Ausfall des Kühlsystems eines Kernkraftwerkes).

- **Hauptfehler**
  Ein Hauptfehler ist ein nicht kritischer Fehler, der voraussichtlich zu einem Ausfall führt oder die Brauchbarkeit für den vorgesehenen Verwendungszweck wesentlich herabsetzt (z. B. Ausfall der Wisch-Anlage eines Kfz).

Nicht jeder Fehler bedeutet eine Katastrophe.

- **Nebenfehler**
  Ein Nebenfehler ist ein Fehler, der voraussichtlich die Brauchbarkeit für den vorgesehenen Verwendungszweck nicht wesentlich herabsetzt und den Gebrauch oder Betrieb einer Einheit nur geringfügig beeinflusst (z. B. ein Lackfehler).

Diese relativ grobe Einteilung kann detaillierter spezifiziert werden.

Für eine später durchzuführende Prüfung ist die Beschaffenheit der Qualitätsmerkmale und die daraus resultierende Aufteilung von Bedeutung (Tabelle 3.3).

Tabelle 3.3: Quantitative und qualitative Merkmale

Quantitative Merkmale Merkmalswerte sind einer Skala mit definierter Teilung zugeordnet (metrische Skala oder Kardinalskala)		**Nicht quantitative (qualitative) Merkmale** Merkmalswerte sind einer Skala ohne definierte Teilung zugeordnet (topologische Skala)	
Kontinuierliche Merkmale	Diskrete Merkmale	Ordinalmerkmale	Nominalmerkmale
Physikalische Größen z. B.: ▪ Längenmaße ▪ Temperatur ▪ Druck ▪ Wellenlänge	Durch Zählen feststellbar z. B.: ▪ Anzahl der fehlerhaften Teile ▪ Größe einer Stichprobe	Werte sind einer Ordinalskala zugeordnet, d. h., es besteht keine Ordnungsbeziehung z. B.: ▪ UTG, Toleranzbereich, OTG ▪ Note: 1, 2, ... 5 ▪ Bewertung: sehr gut, gut ...	Werte sind einer Nominalskala zugeordnet, d. h., es besteht keine Ordnungsbeziehung z. B.: ▪ Fehlerart: Kratzer ... ▪ Ein Teil ist i. O. oder n. i. O. ▪ Farbe: blau, rot ...
Bemerkung: Quantitative Merkmale können in qualitative (und umgekehrt) überführt werden: z. B. der Wert eines Längenmaßes in eine Aussage in Ordnung oder nicht in Ordnung			

Vorgehensweise bei der Planung

Bei der Planung der Qualitätsforderungen an das Produkt und seine Realisierung sind folgende Schritte durchzuführen:

Umfangreiche Informationen sind nötig, um Qualitätsmerkmale festzulegen.

- Informationsbeschaffung,
- Forderungen definieren,
- Qualitätsmerkmale ableiten und ihre Zielgrößen und Toleranzen festlegen,
- Qualitätsmerkmale klassifizieren,
- Maßnahmen zur Erreichung der Forderungen festlegen,
- Dokumentation.

Beispiel:
Ein Merkmal für die Zuverlässigkeit einer Wasserpumpe ist die zu erwartende **Lebensdauer** ihrer Lager. Als Forderung wird sie in Form der zu erreichenden Betriebsstundenzahl und der zulässigen Ausfallrate festgelegt.
Als Grundlage für die Festlegung der Lebensdauer dienten die Kundenforderungen, Reklamationskosten, Reklamationsraten, Serviceberichte, Abnahmeberichte usw. Das Nichterreichen der Forderung an die Lebensdauer wird als Hauptfehler bzw. für bestimmte Einsatzfälle als kritischer Fehler (Kühlung eines Kernkraftwerks) eingestuft. Die geforderte Lebensdauer wird im Pflichtenheft festgeschrieben.
Als Realisierungsmaßnahmen werden Berechnungen, Produkt- und Prozess-FMEA, Dauertests usw. eingeplant.

3.3.1.3 Planung neuer Qualitätsmanagementmethoden und -hilfsmittel

Die sich ständig wandelnden Forderungen an die Qualität sowie die infolge von Innovation und KVP entstandenen Änderungen der Produkte und Produktionsmittel fordern den Einsatz von leistungsfähigeren und effizienteren Methoden und Hilfsmitteln. Zum Beispiel wurde **Quality Function Deployment (QFD)** ursprünglich als eine für die Produktentwicklung benötigte Methode eingesetzt. Aktuell findet sie in allen Bereichen der Wirtschaft Anwendung.

3.3.1.4 Planung der qualitätsbezogenen Dokumentation

Für das Qualitätsmanagementsystem ist die Dokumentation sehr wichtig. Es werden alle Ereignisse festgehalten, die in direktem oder indirektem Zusammenhang mit der Qualität stehen. Es handelt sich um:

Ohne Dokumentation kein Qualitätsmanagement

- Spezifikationen (z. B. Messgerätespezifikation),
- Aufzeichnungen (z. B. Fehlerliste),
- Pläne (z. B. Prüfplan),
- Verfahrens- und Tätigkeitsdokumente (z. B. QM-Verfahrensanweisung),
- Protokolle (z. B. Messprotokoll),
- Berichte (z. B. interner Qualitätsbericht) und
- Nachweise (z. B. QM-Nachweisdokument).

Da diese Dokumente jeweils einem bestimmten Zweck dienen, müssen ihr Inhalt, ihre Vollständigkeit, ihre Aktualität, ihr Aufbewahrungszeitraum, ihre Zugänglichkeit, ihre Angemessenheit, ihr Trägermedium und ihre Nachvollziehbarkeit gewährleistet werden. Auch ihre Handhabung wie Erstellung, Genehmigung, Herausgabe, Verteilung, Änderungen und Einzug von Dokumenten muss geplant werden.

3.3.1.5 Zuverlässigkeitsplanung

Ohne Zuverlässigkeit kein Vertrauen und kein Erfolg

Das Qualitätsmanagement ist sowohl in die Entwicklung neuer Produkte als auch in die Einführung in die Produktion involviert. Die Forderungen an Zuverlässigkeit, Sicherheit und Langlebigkeit der Produkte können nur dann erfüllt werden, wenn sie konstruktiv berücksichtigt und gleichzeitig produktionstechnisch umgesetzt werden.

> **Zuverlässigkeit**
>
> **Die Zuverlässigkeit ist Teil der Qualität im Hinblick auf das Verhalten der Einheit während oder nach vorgegebenen Zeitdauern bei vorgegebenen Anwendungsbedingungen [DIN40].**

Die Definition beinhaltet eigentlich ein breites Spektrum von Forderungen, die man als **Langzeitbetriebsverhalten** bezeichnen kann. Diese Forderungen sind in Tabelle 3.4 [PSM07] zusammengefasst.

Die in Tabelle 3.4 aufgelisteten sechs Merkmale sind eng miteinander verbunden und voneinander abhängig. Infolge der Entwicklung in unterschiedlichen Branchen gibt es eine Reihe von Normen, Begriffen und Definitionen.

Tabelle 3.4: Grundbegriffe zur Spezifikation des Langzeitbetriebsverhaltens

Zuverlässigkeit	**Sicherheit**	**Verfügbarkeit**
Ausfallfreiheit im Betrieb, d. h. keine Beeinträchtigung der Funktion	Ausfallfreiheit im Betrieb, d. h., es entstehen keine sicherheitsgefährdeten Zustände	Berücksichtigt zusätzlich zur Zuverlässigkeit die Ausfalldauer sowie die Standzeit für präventive Wartung
Risiko	**Instandhaltbarkeit**	**Instandhaltung**
Zusätzlich zur Sicherheit wird das Ausmaß an sicherheitsgefährdenden Ausfällen berücksichtigt	Es berücksichtigt die Eignung für die Instandhaltung	Umfasst alle Maßnahmen zur Erhaltung (Wartung) und Wiederherstellung (Instandsetzung) des Normalzustandes

Das Langzeitbetriebsverhalten wird durch die **Ausfallrate $\lambda(t)$** beschrieben. Sie gibt als Funktion der Zeit die in einem Zeitintervall ausgefallenen Einheiten, bezogen auf den zu Beginn dieses Intervalls noch funktionsfähigen Bestand an Einheiten, an [KaBr07].

$$\lambda(t) = \frac{f(t)}{1 - F(t)}$$

$f(t)$ – Dichte der Verteilung

$F(t)$ – Verteilungsfunktion

Statistisch als **Badewannenkurve** dargestellt (Bild 3.11).

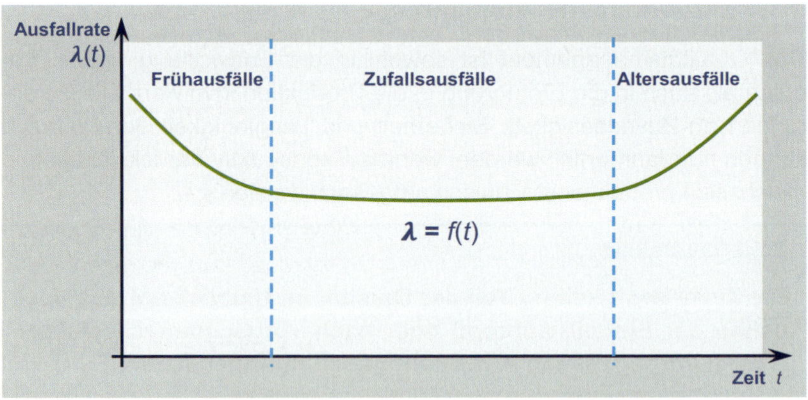

Bild 3.11: Badewannenkurve – Ausfallrate in Abhängigkeit der Zeit

- In der **Frühausfallphase** liegen die Ursachen für eine erhöhte Ausfallrate in der Anpassung der Einzelelemente an das Gesamtsystem. So müssen sich z. B. Gleitlager einlaufen. Geringe Verunreinigungen, maßliche Abweichungen usw. führen zu Ausfällen.
- In der **Nutzungsphase** liegt eine konstante Ausfallrate vor. Die Zuverlässigkeitsfunktion folgt bei konstanter Ausfallrate etwa einer Exponentialverteilung.
- In der **Verschleißphase** kommt es zu Abnutzungsausfällen. Sie sind bedingt durch erhöhten Verschleiß und fortschreitende Alterung.

Höhere Früh- und Spätausfälle sind naturbedingt.

Zur mathematischen Beschreibung der Ausfallrate eignet sich aufgrund ihrer Parameter die **Weibull-Verteilung**.

Unter dem Begriff der **Zuverlässigkeit** werden diejenigen Eigenschaften zusammengefasst, die das Produktverhalten über den gesamten Nutzungszeitraum beschreiben. Das Produktverhalten unterliegt dem Einfluss einer Vielzahl von zufälligen und teilweise unbekannten Größen. Zur Ermittlung der Verhaltensparameter werden deshalb meist statistische Methoden eingesetzt.

Zuverlässigkeit ist das positive Produktverhalten über den Nutzungszeitraum.

In vielen Fällen sind die zu erprobenden Systeme allerdings so komplex (z. B. Pkw, Software), dass trotz intensiver Erprobung keine vollkommene Fehlerfreiheit gewährleistet werden kann. Während der Entwicklungsphase eines Produkts werden folgende Maßnahmen durchgeführt:

- Dauererprobung im Feld (z. B. Fahrversuche von Fahrzeugen über mehrere Hunderttausend Kilometer),
- Dauererprobung an Prüfständen (z. B. Volllasttests von Motoren),
- Extrembelastungstests (z. B. Versuche unter extremen klimatischen Bedingungen),
- Computergestützte Simulationen (Crashverhalten von Kraftfahrzeugen)
- usw.

Praktische Erprobung ist unverzichtbar.

Wichtig sind auch eine intensive Feldbeobachtung und ein möglichst rasches Eingreifen. Die Auswirkungen einer späten Fehlerbehebung sind sehr gravierend. Um eine zuverlässige Produktion zu gewährleisten, werden im Vorfeld

- Leistungstests,
- Belastungstests,
- Zuverlässigkeitstests,
- Produktionstests,
- usw.

durchgeführt. Die Vorbereitungsphase für die Einführung eines neuen Produkts in die Produktion ist enorm aufwendig und erfordert die Zusammenarbeit vieler Fachleute.

3.3.1.6 Qualitätsplanung in der Beschaffung

Der **Beschaffungsprozess** ist Teil des Supply Chain Managements. Das **Supply Chain Management** hat die Aufgabe, die Prozesskosten sowie Durchlaufzeiten zu senken und Flexibilität zu steigern, indem Distributions-, Materialbeschaffungs- und Produktionsflüsse optimiert werden (Bild 3.12).

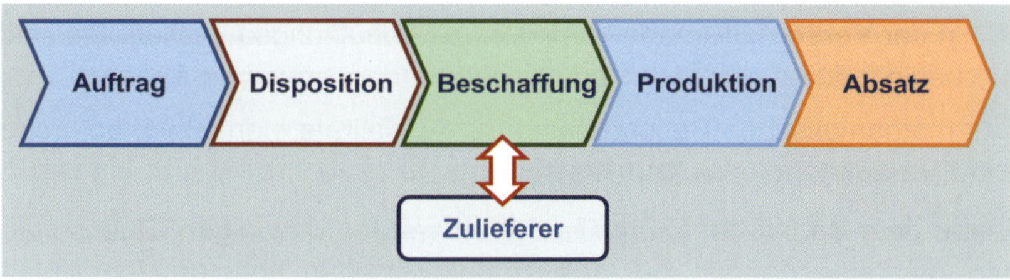

Bild 3.12: Beschaffung als Teil der Supply Chain

Von der Zulieferteilequalität hängt viel ab.

Aufgrund der Arbeitsteilung und Spezialisierung beträgt der Anteil der Zulieferererzeugnisse häufig mehr als 50 %. Aus diesem Grund kommt dem Qualitätsmanagement von Zulieferungen eine große Bedeutung zu.

- Der Kunde kann nicht zwischen den Fehlern des Zulieferers und den des Endproduktherstellers unterscheiden. Der Ausfall eines Zulieferteils führt zum Imageverlust des Endproduktherstellers.
- Die eigene Fertigung ist vor Störungen durch mangelhafte Lieferungen zu schützen.
- Die Gewährleistungsansprüche sind nach dem Handelsrecht dem Lieferanten gegenüber durch eine Mängelrüge darzulegen.
- Im Rahmen der Produkthaftung haftet der Hersteller auch für Zulieferteile.

Die Qualitätsplanung kann folgende QM-Elemente beinhalten:

Lieferantenbewertung vor Auftragsvergabe

Eine solide Lieferantenbewertung sichert zuverlässige Zulieferteile.

- Beurteilung von Preisen und Konditionen,
- Beurteilung von Serviceleistungen,
- Beurteilung von Lieferfähigkeit (Wissen, Kapazität, Know-how),
- Beurteilung des Fortbestands der Unternehmung,
- Beurteilung des QM-Systems des Lieferanten, Zertifizierung,
- Beziehungsintensität – Art der Zusammenarbeit.

Vereinbarung von technischen Lieferbedingungen

Vertragliche Inhalte bezüglich technischer Bedingungen und die Funktionen fixieren die Lieferung der Produkte gemäß technischer Angaben z. B. in technischen Zeichnungen.

Prototypenprüfung

Prüfung, ob die Einheit den Daten der Vereinbarung von technischen Lieferbedingungen entspricht. Prototypen werden oft in Handarbeit in der Werkstatt hergestellt. Sie liefern keine Aussage über die Qualität unter serienmäßigen Produktionsbedingungen. Oft sind in der Prototypenphase noch Konstruktionsänderungen nötig.

Erstmusterprüfung

Prüfung durch den Lieferanten oder den Abnehmer, ob die Einheit den Forderungsdaten der Vereinbarung von technischen Lieferbedingungen z. B. der technischen Zeichnung entspricht. Erstmuster sind diejenigen Produkte, die erstmals unter Serienbedingung entstehen.

Qualität kann nur in Zusammenarbeit mit dem Zulieferer erreicht werden.

Wareneingangsprüfung

Das Handelsrecht fordert vom Abnehmer, die angelieferte Ware zu prüfen, um sich die Gewährleistungsansprüche gegenüber dem Lieferanten zu sichern. Sie ist keine gesetzlich verankerte Pflicht, jedoch Voraussetzung für die Gewährleistungsansprüche. Hierbei ist eine Stichprobenprüfung meist ausreichend und anerkannt. Der Lieferant haftet grundsätzlich nur für die Mängel der Ware, nicht aber für etwaige Folgeschäden. Die Wareneingangsprüfung ist vielfach rechnergestützt. Es wird rechnergestützt erfasst, dokumentiert und ausgewertet.

Lieferantenbewertung während der Serienproduktion

Beurteilung von z. B. Liefertreue, Fertigungssicherheit usw.

Lieferantenaudits

Prüfung des QM-Systems und seiner Ergebnisse im Zulieferunternehmen durch eigene Auditoren.

Die Maßnahmen zur Qualitätssicherung der Zulieferteile und der Leistungen sind sehr umfangreich. Ein Beispiel einer Lieferantenbewertung ist in Kap. 2.4.3 aufgeführt.

3.3.1.7 Nachweisführung zur Abwehr eventueller Regressforderungen

Die **Nachweisführung** dient der Dokumentation der verwendeten Bauteile und Verfahren. Sie ist für Großprojekte (z. B. Schiffe, Kraftwerke, Flugzeuge) von enormer Wichtigkeit.

Beispiel:
Es ist gesetzlich vorgeschrieben, dass ein Hersteller von Flugzeugtriebwerken Musterprüfunterlagen für eine Baureihe noch mehrere Jahre über die Außerdienststellung des letzten Triebwerkes aufbewahren muss. Sie beinhalten alle qualitätssichernden Maßnahmen von sicherheitsrelevanten Bauteilen. Der zu betrachtende Zeitraum kann bis zu 80 Jahre betragen. Bei einem Schaden muss der Lebenslauf des betroffenen Bauteiles mit allen seinen qualitätssichernden Maßnahmen (Daten) verfolgt werden können.

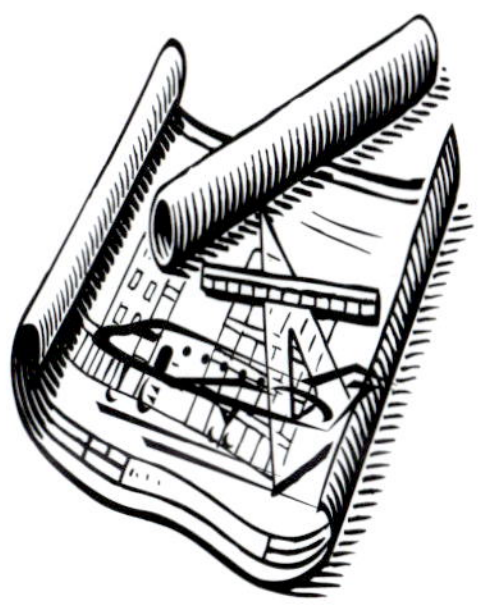

Insbesondere bei der Herstellung kritischer Produkte, bei denen hohe Sicherheitsrisiken (Leben von Menschen) und hohe materielle Schäden (wirtschaftliche Risiken) auftreten können, ist die Nachweisführung Pflicht.

Regressforderungen sind nicht zu unterschätzen.

Ähnliche Verpflichtungen, allerdings über einen kürzeren Zeitraum, fordern auch die Automobilhersteller und andere Industriebereiche in den Verträgen mit ihren Zulieferern.

Die Nachweisführung wird meist an einem **Baumuster** in Form einer **Musterprüfung** erbracht. Darüber hinaus müssen die bereits in der Entwicklung durchgeführten Qualitätssicherungsmaßnahmen belegt werden (Abnahmeprüfungen, rechnerische Nachweise, Zertifikate usw.).

3.3.2 Qualitätsprüfung

Die Qualitätsprüfung ist von besonderer Bedeutung. Der Gesetzgeber schreibt allgemeingültig für alle Produkte vor, dass ein Benutzer durch ihren Gebrauch keinen Schaden erleiden darf. Auch die Marktstellung des Unternehmens kann bei fehlerhaften Produkten sehr in Mitleidenschaft gezogen werden.

3.3.2.1 Grundbegriffe

Der Begriff Prüfung wird in mehreren Normen unterschiedlich definiert. Die DIN 1319-1 besagt:

> **„Feststellen, inwieweit ein Prüfobjekt eine Forderung erfüllt."**

Die DIN EN ISO 9000 führt zu „Prüfung" aus:

> **„Konformitätsbewertung durch Beobachten und Beurteilen, begleitet – soweit zutreffend – durch Messen, Prüfen oder Vergleichen."**

Es werden also Teile, Baugruppen, Produkte, Lieferungen oder Dienstleistungen hinsichtlich ihrer Einhaltung mit bestimmten vorgegebenen Eigenschaften verglichen. Die Qualitätsprüfung bezieht sich auf die von der Qualitätsplanung erarbeiteten Qualitätsmerkmale sowie auf Normen, Vorschriften, Lieferantenverträge usw. Sie sind die Grundlage für die Festlegung der Prüfmerkmale.

> **„Ein Prüfmerkmal ist ein Merkmal, anhand dessen eine Prüfung durchgeführt wird."**

Prüfung quantitativer oder nicht quantitativer Merkmale

Eine Prüfung kann anhand **quantitativer** oder **nicht quantitativer Merkmalswerte** (= qualitative Merkmale) durchgeführt werden. Ein quantitativer Wert wird durch eine Zahl ausgedrückt. Ein nicht quantitativer Wert wird anhand einer Aussage dokumentiert (Tabelle 3.5).

Tabelle 3.5: Prüfung anhand quantitativer oder nicht quantitativer Merkmalswerte

Prüfungsart	Prüfung	Prüfaussage	Prüfergebnis
Quantitative Prüfung	Oberer Grenzwert (o. G.) = 105 Unterer Grenzwert (u. G.) = 100 	100 < 102 < 105	In Ordnung
	Kann umgewandelt werden in		
Nicht quantitative Prüfung	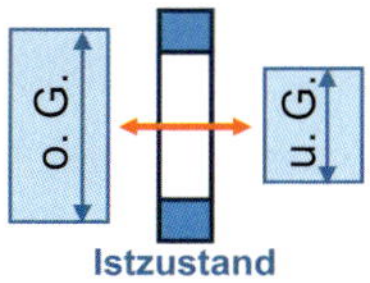	Istzustand < o. G. → ja Istzustand > u. G. → ja	In Ordnung

Bei der Prüfung findet ein Vergleich des ermittelten Messwertes bzw. Merkmalswertes mit den relevanten Forderungen, z. B. einer Zeichnungsangabe, statt. Mit dem Prüfen ist immer eine Entscheidung bezüglich der Erfüllung der Forderungen verbunden.

Prüfungen können entsprechend ihren Merkmalen klassifiziert werden (Bild 3.13).

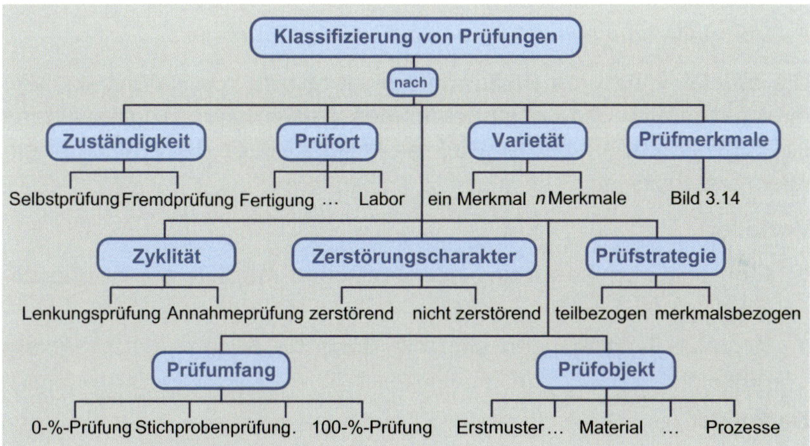

Bild 3.13: Klassifizierung von Prüfungen

Klassifizierung der Merkmale bestimmt die Prüfungsart.

Die Klassifizierung wird zur Bestimmung der Prüfungsart und der Prüfstrategie benötigt. Wesentliche Faktoren bei der Auswahl der Prüfungsart sind die Art des Prüfmerkmals und die gestellten Forderungen. Sie sind dafür entscheidend, ob subjektiv oder objektiv geprüft wird (Bild 3.14).

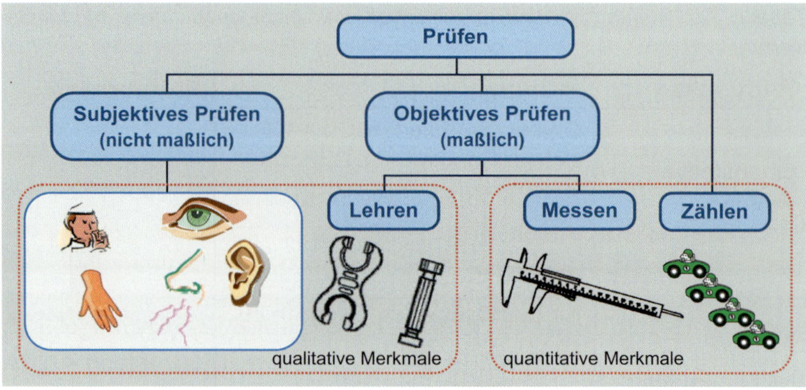

Bild 3.14: Klassifizierung nach Art der Erfassung der Prüfmerkmale

Einige Merkmale können nur subjektiv geprüft werden.

Die **subjektive Art von Prüfungen** erfolgt durch Sinneswahrnehmungen des Prüfers ohne Hilfsmittel. Zum Beispiel erkennt er durch Sicht- und Tastprüfung, ob die Gratbildung und Rautiefe am Werkstück zulässig sind. Auch weiche Faktoren wie Mitarbeiterzufriedenheit u. ä. können nur durch Bewerten subjektiv erfasst und ihre Übereinstimmung mit den Zielwerten geprüft werden.

Nachteile:

- Eine objektive Bewertung der Qualität ist nicht möglich.
- Vorurteile oder Unerfahrenheit prägen das Ergebnis.

Objektive Prüfung ist quantifizierbar.

Die **objektive Art von Prüfungen** findet mithilfe von Prüfmitteln, also mit Messgeräten und Lehren, statt. Messgeräte liefern zur Auswertung einen Messwert, mit Lehren wird nur festgestellt, ob der Prüfkörper gut oder Ausschuss ist.

Vorteile:

- Eine objektive Bewertung der Qualität ist möglich, sie ist quantifiziert.
- Konkrete Festlegungen sind die Basis für Annahme oder Ablehnung.

Nachteile:

- Die maßlichen Prüfvorgänge sind mit höheren Kosten verbunden.

Die Prüfarten richten sich ebenfalls nach den **Produktionsstufen**. Sie orientieren sich am Materialfluss im Unternehmen. Die Prüfung erfolgt vom Wareneingang (Rohmaterial, Halbzeuge, Einzelteile, Baugruppen) über verschiedene Stellen im Produktionsprozess (Teileprüfung) bis zur Montage (Baugruppen). Am Ende des Produktionsprozesses erfolgt die Endprüfung, in der das Produkt insgesamt geprüft und abgenommen wird.

3.3.2.2 Prüfung des QM-Systems

Die Prüfung eines QM-Systems wird entsprechend der vorgenommenen Planung mit folgenden Inhalten durchgeführt:

- qualitätsbezogene Verfahren,
- qualitätsbezogene Tätigkeiten,
- QM-Elemente,
- QM-Prozesse.

QM-Systeme werden bewertet

Für die Durchführung einer Prüfung steht eine Reihe von Bewertungsmethoden zur Verfügung. Sie werden je nach Art der zu prüfenden Merkmale und Elemente eingesetzt.

- **Qualitätsprüfungen**

  dienen zum Feststellen, inwieweit eine Produktionseinheit die Qualitätsforderung erfüllt. Die Prüfung findet je nach Einsatzgebiet anhand harter Fakten oder subjektiver Empfindungen mit abschließender Bewertung statt.

- **Beurteilung anhand definierter Merkmale**

  z. B. Lieferantenbewertung

- **Audit**

  (von lat. „Anhörung“), Untersuchungsverfahren, das dazu dient, z. B. Prozesse hinsichtlich der Erfüllung von Forderungen und Richtlinien zu bewerten.

- **Benchmarking**

  ist ein systematischer und kontinuierlicher Prozess des Bewertens und Vergleichens von Produkten, Dienstleistungen und Prozessen im eigenen Unternehmen oder mit einem Partnerunternehmen.

- **Managementreview, auch Managementbewertung**

  wird von der Unternehmensleitung vorgenommen, um die Wirksamkeit und Effizienz des QM-Systems zu prüfen.

- **Selbstbewertung, auch Assessment**

  (deutsch: Einschätzung, Beurteilung, Abwägung), darunter versteht man die Bewertung eines Unternehmens bezüglich des Qualitätsmanagements nach dem EFQM-Modell.

- **Qualitätspreise**

  Verfahren nach dem EFQM-Modell o. ä.

Für das QM-System spielen Audits eine besondere Rolle. Sie werden bei der Einführung, Zertifizierung und Aufrechterhaltung des QM-Systems als eine zentrale Bewertungsmethode eingesetzt.

> **Ein Audit ist eine systematische, unabhängige Untersuchung, um festzustellen, ob die qualitätsbezogenen Tätigkeiten und die damit zusammenhängenden Ergebnisse**
> - den geplanten Forderungen entsprechen,
> - ob diese Forderungen tatsächlich verwirklicht sind,
> - und ob sie geeignet sind, die Ziele zu erreichen.

Audits liefern Informationen über Leistungsfähigkeit, Wirksamkeit und Effizienz des QM-Systems, über die Zielerreichung und über die zu ergreifenden Korrekturmaßnahmen. Unabhängig von Art und Typ der Audits werden sie von entsprechend qualifizierten Personen, den Auditoren, durchgeführt.

Je nach Schwerpunkt (d. h. Betrachtungselement) eines Audits werden folgende Auditarten unterschieden:

- **Produkt-Audit**

Es wird eine regelmäßige Überprüfung von Produkten (z. B. Teile, Baugruppen, Dienstleistungen) hinsichtlich der Einhaltung von Produktforderungen (z. B. Maße, Werkstoff, Lieferbedingungen) durchgeführt.

Audits sind das zentrale Element des Qualitätsmanagements.

- **Prozess-Audit**

Es wird eine regelmäßige Überprüfung von Prozessen (Fertigungs-, Montage- oder Dienstleistungsvorgänge) hinsichtlich der Einhaltung der Vorgaben von Prozesseigenschaften (Parameter, Abläufe oder Organisation) und Prozessbeschreibungen (z. B. Fertigungs-, Prüf- und Wartungspläne) durchgeführt.

- **System-Audit**

Es wird eine regelmäßige Überprüfung eines QM-Systems in Bezug auf seine Bestandteile hinsichtlich Bekanntheit und Erfüllung der an das QM-System gestellten Forderungen durchgeführt.

Entsprechend der Zielsetzung und dem Gegenstand des Audits gibt es:

- interne und externe Audits,
- Lieferantenaudits,
- Zertifizierungsaudits
- usw.

Planen und Durchführen eines Audits

Bei der Planung eines Audits werden vom Qualitätsmanagement folgende Merkmale festgelegt:

- das zu auditierende Element (z. B. ein Prozess),
- der verantwortliche Ansprechpartner,
- der Gegenstand des Audits (z. B. hohe Reklamationsrate),

- das Auditoren-Team,
- relevante Dokumente wie das Q-Handbuch, Prozess- und Verfahrensanweisungen usw.,
- der Auditablauf,
- der Audittermin und
- die Bekanntgabe an die Mitarbeiter.

Die Durchführung von Audits folgt einer festgelegten Vorgehensweise.

Beispiel:
Im Prozess Auftragsbearbeitung wurde turnusgemäß bei einem internen Audit eine „Abweichung" festgestellt.
Sie wird im Auditprotokoll festgehalten und vom Bereichsverantwortlichen gegengezeichnet. Das Auditprotokoll wird zur Anlage des Auditberichts.

Maus-Service	Auditprotokoll Auditnummer: AM9902	Qualität ist unser Ziel Seite 1 von 1

Darlegungsmodell DIN ISO 9001:2008

☒ Internes Audit ☐ Nachaudit Datum: 03.12.2009

QM-Elemente: Ressort, Prozess, …, Verfahrensanweisung	Prozess im Auftragsmanagement	Prozess: Standort:	Auftragsbearbeitung Industriestraße 2
Kontaktperson:	I. Müller	Funktion:	Teamleiterin
Telefon:	04321 /9001-315	Fax:	-316
AuditorIn:	K. Heinz	AuditorIn:	F. Becker

Normforderung und Auditfrage:	Feststellung zur Stichprobe vor Ort:
4.2 Dokumentationsforderungen Wie werden die für die Kundenakte betreffenden Qualitätsaufzeichnungen erfasst?	Einige Qualitätsaufzeichnungen sind nicht erfasst (z. B.: Betriebsaufträge, Eskalationsfälle, Eskalationsfaxe, …). Der Zugriff ist daher nicht gewährleistet, die Vertragsabwicklung ist ggf. gefährdet.

Unterschriften:

Auditoren: K. Heinz; F. Becker Datum: 03.12.2009 Ressortleiter: C. Chef

Bild 3.15: Auszug aus einer Prozess-Audit-Dokumentation [Ben9.1]

Ein Audit wird wie folgt durchgeführt:

- Einführungsgespräch mit den Mitarbeitern,
- Abarbeitung der Fragen in Mitarbeitergesprächen,

- Sichten der Arbeitsunterlagen und -ergebnisse wie Abweichungsberichte, Nachweise der Kommunikation usw.,
- Beobachtung von Tätigkeiten und Zuständen,
- Abschlussgespräch über die Ergebnisse und das weitere Vorgehen,
- Erstellung eines Auditberichtes.

Der Verantwortliche für den auditierten Bereich trägt auch die Verantwortung für die Durchführung der im Auditbericht festgelegten Korrekturmaßnahmen.

3.3.2.3 Prüfung der Qualitätsforderungen an das Produkt und seine Realisierung

Soweit es sich um immaterielle Objekte bzw. um eine subjektive Art der Prüfung handelt, werden die in Kap. 3.3.2.2 beschriebenen Bewertungsmethoden angewandt. Materielle Objekte wie Bauteile, Maschinen usw. werden auf der Grundlage ihrer physikalischen, chemischen u. a. Eigenschaften geprüft.

Die Qualitätsprüfung ist Teil der internen und externen Lenkungskreise. Sie besteht aus drei Bereichen:

- **Prüfplanung,**
- **Prüfausführung,**
- **Prüfdatenauswertung und Dokumentation.**

Die Qualitätsprüfung ist in den Qualitätslenkungskreis eingebunden (Bild 3.16).

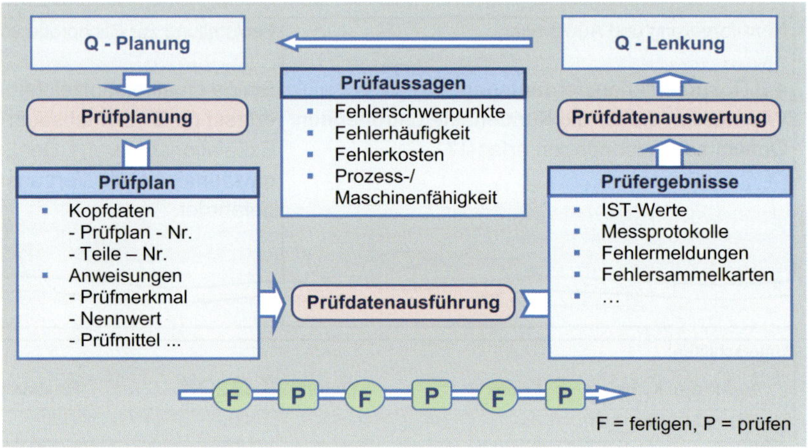

Bild 3.16: Abläufe in der Qualitätsprüfung

3.3.2.4 Prüfplanung und -ausführung

Der Ablauf der Prüfung muss eingehalten werden.

Zu den Aufgaben der Prüfplanung gehört die Schaffung der technischen und organisatorischen Voraussetzungen, um Qualitätsprüfungen wirkungsvoll ausführen zu können. Dazu zählen folgende Bereiche der Prüfplanung:

- Prüfplanerstellung und -anpassung,
- Lenkung von Überwachungs- und Messmitteln,
- Programmierung von Messeinrichtungen,
- Prüfdatenauswertung und -dokumentation,
- Prüfmittelplanung und Prüfmittelbeschaffung,
- Prüfmethodenplanung.

Für alle Aufgaben der Prüfplanung existieren CAQ-Programme, die über entsprechende Funktionen verfügen. Sie erlauben eine systematische Datenerfassung, -auswertung und Dokumentation. Sie ermöglichen eine schnelle und umfassende Übermittlung aller Informationen an betroffene Stellen im Unternehmen wie den Wareneingang, die Produktion usw.

Prüfplanerstellung und -anpassung

Zu den zentralen Aufgaben gehört die Prüfplanerstellung bzw. ihre Anpassung an neue Gegebenheiten. Eine enge Zusammenarbeit mit der Entwicklung ist von enormer Bedeutung. Ohne konstruktiv bedingte Möglichkeiten einer Prüfung können Qualitätsvorgaben nicht eingehalten werden. Auch die Versuchsdurchführung erfolgt in Kooperation mit der Prüfplanung.

Zur Festlegung der Prüfmerkmale sind Informationen aus folgenden Bereichen heranzuziehen:

- Entwicklung, Konstruktion,
- Vertrieb,
- Kundendienst,
- Marketing,
- Arbeitsvorbereitung,
- Produktion,
- Qualitätsmanagement.

Die Prüfplanerstellung benötigt umfassende Informationen.

Die Prüfplanerstellung erfolgt in derselben Phase wie der Arbeitsplan, also nach Abschluss der konstruktiven Auslegung. Eingangsinformationen sind z. B. Werkstückzeichnungen, Stücklisten, Arbeitspläne, Richtlinien und Kataloge.

Ein Prüfplan beinhaltet alle relevanten Daten.

Die Prüfplanerstellung erfolgt nach den in Bild 3.17 festgehaltenen Funktionen. Entsprechend der Klassifizierung von Prüfungen (Bild 3.13) wird anhand des festgelegten Prüfmerkmals der Inhalt des Prüfplans, wie Zuständigkeit, Prüfort, Prüfmittel usw., festgelegt.

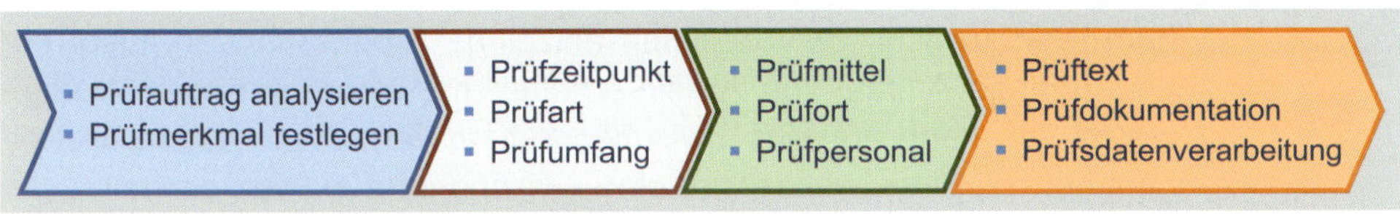

Bild 3.17: Vorgehensweise bei der Prüfplanfestlegung

Prüfmerkmalauswahl

Die Auswahl des Prüfmerkmals beruht auf der **4-W-Vorgehensweise**.

Beispiel
Ein Stift soll in einer Bohrung leicht verschiebbar sein. Das ist die Qualitätsforderung an die Funktionsfähigkeit. Mithilfe der W-Fragen kommt man zu dem Ergebnis, dass die Durchmesser der beiden Teile ein definiertes Spiel aufweisen müssen, also wird bei beiden Teilen eine Spielpassung vorgeschrieben (Tabelle 3.6).
Diese Festlegung wird in der Regel durch den Konstrukteur in der technischen Zeichnung umgesetzt und von der Prüfplanung als Prüfmerkmal übernommen.

Tabelle 3.6: 4-W-Fragen

W-Fragen	Beispiel
Was soll erreicht werden?	leichte Verschiebung zueinander
Wie wird es erreicht	durch ein Spiel zwischen den Teilen
Womit wird es erreicht?	Stiftdurchmesser immer kleiner als Bohrungsdurchmesser
Wie viel ist notwendig?	Es werden das Nennmaß, die Lage und die Toleranz der beiden Teile festgelegt.

Bei der Festlegung der Merkmale müssen noch weitere Aspekte berücksichtigt werden:

- geforderte Toleranzen und deren Strenge relativ zum betrieblichen Qualitätsstandard (meist werden die Toleranzen vom Konstrukteur zu eng gewählt),
- spätere Messbarkeit,
- Möglichkeit systematischer Fehler,
- nachfolgende Produktionsschritte (z. B. bei Herstellung einer Passung auf einer Welle wird beim Drehen ein Aufmaß gelassen. Dieses Aufmaß zu prüfen, ist meist nicht nötig.),
- Erfahrung mit ähnlichen Produkten bzw. Merkmalen,
- Ergebnisse aus durchgeführten Prüfungen (z. B. aus Erstmustern).

Prüfzeitpunkt, Prüfort und Prüfpersonal

Prüfzeitpunkt und -ort greifen in den Prozessablauf ein.

Die Höhe der Herstellungskosten wird durch die Prüfkosten und Ausschusskosten beeinflusst. Daher ist die Wahl des Prüfzeitpunkts von großer Bedeutung. Entscheidend sind die Fragen nach der Beherrschbarkeit des Prozesses, nach der Anzahl der Arbeitsschritte oder nach dem Wertzuwachs zwischen den einzelnen Arbeitsschritten. Liegt nur eine geringe Anzahl von Arbeitsschritten mit einem geringen Wertzuwachs vor, kann auf eine Zwischenprüfung verzichtet werden. Bei einem hohen Wertzuwachs wird eine Zwischenprüfung vorgeschaltet, um nicht noch ein Schrottteil zu veredeln. Ist der Zeitpunkt festgelegt, wird über den Prüfort und das Prüfpersonal entschieden.

Prüfart und Prüfumfang

Hier wird die notwendige Anzahl der zu prüfenden Teile ermittelt. Es gibt zwei Arten der Prüfung (Bild 3.18).

Prüfart und Prüfumfang beeinflussen die Kosten.

- **100-%-Prüfung**

  Hierbei handelt es sich um die sicherste und teuerste Prüfmethode. Sie wird bei kritischen Serienteilen (z. B. Bremsen) oder bei Teilen, deren Versagen einen hohen wirtschaftlichen Schaden nach sich ziehen würde, verwendet. Auch in der Einzelteil- bzw. Kleinserienfertigung findet sie Verwendung.

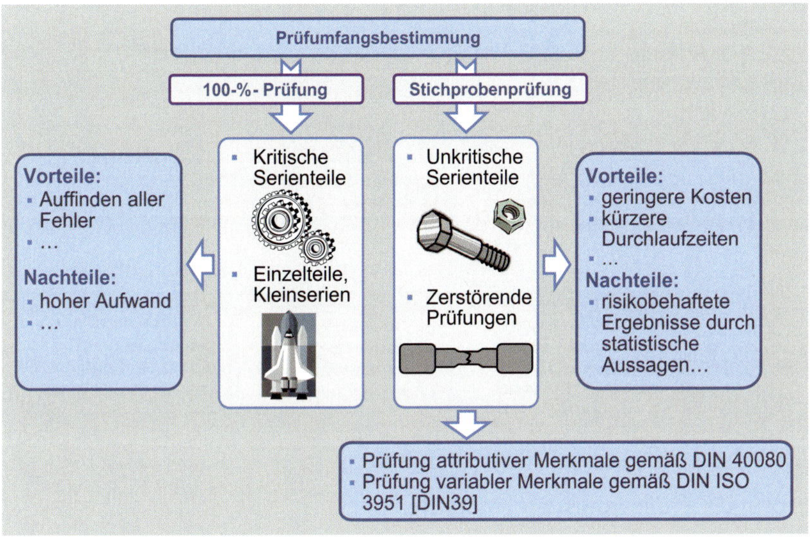

Bild 3.18: Prüfumfangsbestimmung

- **Stichprobenprüfung**

  Mithilfe statistischer Methoden werden unkritische Serienteile geprüft. Aus Wirtschaftlichkeitsgründen wird in Kauf genommen, dass ein geringer Anteil eines Loses nicht den gestellten Forderungen entspricht. Die Stichprobenprüfung wird ebenfalls im Bereich der zerstörenden Prüfungen genutzt.

Die Größe der Stichprobe ist unter anderem abhängig von:

- dem Wert des Teils,
- den Kosten der Prüfung,
- dem zu erwartenden Schadensumfang bei Ausfall,
- der zulässigen Toleranz,
- der Funktion des Merkmals,
- der Fertigungssicherheit,
- der Losgröße und dem Wertzuwachs je Fertigungsfortschritt.

Die im Vergleich zur Vollprüfung weniger kostenbehaftete Stichprobenprüfung kann durch eine Dynamisierungsstrategie noch wirtschaftlicher gestaltet werden. Ihr Motto lautet: **Prüfungshäufigkeit am Qualitätsniveau auszurichten**. Das bedeutet, gute Qualität selten oder nie zu prüfen und so den Prüfaufwand und damit die Prüfkosten zu senken.

Dynamisierung des Prüfumfangs korreliert mit dem Qualitätsniveau.

Bei der **Dynamisierung des Prüfumfangs** wird für jedes Prüflos ein neuer Prüfumfang bestimmt, der sich nach dem Niveau der letzten Prüfungen richtet. Nahe an der Toleranzgrenze bedeutet hierbei, mehr zu prüfen, und weit von der Toleranzgrenze entfernt bedeutet, weniger zu prüfen (Bild 3.19).

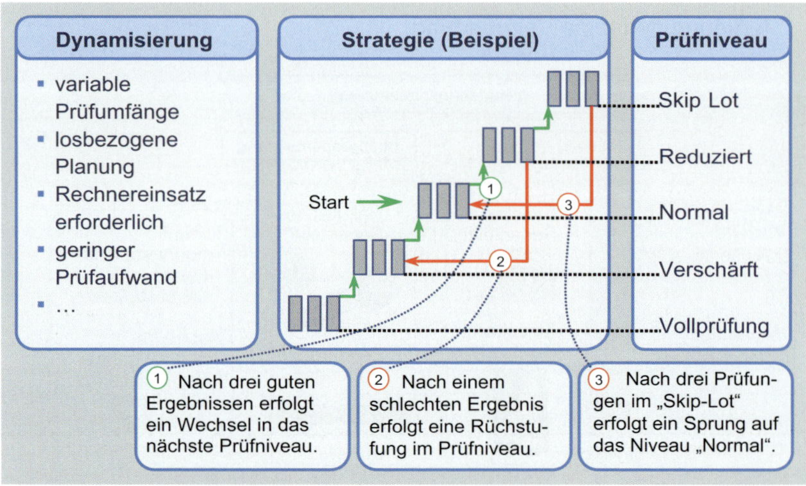

Bild 3.19: Prüfniveaus

Folgende Prüfniveaus sind möglich:

- Skip Lot — Überspringen eines Loses,
- Reduziert — Prüfungsumfang verringert,
- Normal — Prüfungsumfang beibehalten,
- Verschärft — Prüfungsumfang erhöht und
- Vollprüfung — 100-%-Prüfung.

Ablauf der Dynamisierungsstrategie:

Nach drei guten Ergebnissen folgt der Sprung in das nächste Prüfniveau. Nach einem schlechten Ergebnis folgt die Rückstufung in ein normales bzw. verschärftes Prüfniveau.

Das Ergebnis der umfangreichen Erstellung eines Prüfplans sieht relativ einfach aus.

Beispiel:
Bei dem vorliegenden Prüfplan (Bild 3.20) handelt es sich um ein PVC-Spritzguss-Gehäuse für ein Relais. Am Ende der Fertigungsschritte sind die vorgegebenen Maße zu prüfen und in einer Fehlersammelkarte zu dokumentieren.

Maus-Service	Prüfplan	Datei: PP-103 Revision: 02/09 Datum: 12.12.2009 Seite: 1 von 1
Kunde: e-Company	Kunden-Nr.: 08-15	Charge: 124
Zeichnungs-Nr.: 2.312.456.98	Vorgang: Spritzguss	Maschine: 3F.4

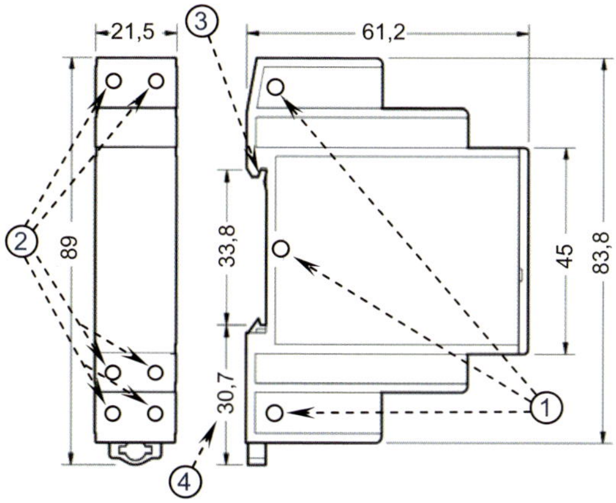

Merkmale:

Nr.	Prüfmerkmal	Soll	Prüffrequenz	Messmittel
1	Durchmesser	∅ 5,0+0,1 3x	2 Teile je Stunde	Lehrdorn
2	Durchmesser	∅ 3,2 H11	2 Teile je Stunde	Lehrdorn
3	Raste	∅ 33,8+0,1	2 Teile je Stunde	Konturlehre
4	Sichtprüfung	Gradfrei	100%	Sicht
5	Alle übrigen Maße	i. O.	3 x pro Schicht	Schieblehre
6				

Bemerkung:

Dokumentation auf Fehlersammelkarte FSK-024 jede Stunde

Erstellt: P. Doku	Geprüft: M. Messer	Freigegeben: M. Revisor

Bild 3.20: Prüfplan eines Relaisgehäuses

Prüfmittelüberwachung

Ohne geeignete Messmittel keine Qualität

Alle Bemühungen um Qualität würden scheitern, wenn man anhand von Messwerten, die mit ungeeigneten oder fehlerhaften Prüf- bzw. Messmitteln ermittelt wurden, Entscheidungen träfe. Daher müssen Prüfmittel so behandelt werden, dass sie verlässliche Ergebnisse liefern und ihre Genauigkeit und Einsatzfähigkeit sichergestellt ist.

Überwacht werden die Instandhaltung, Kalibrierung, Justierung und Eichung aller in Entwicklung, Kundendienst und Montage sowie Produktion eingesetzten Prüf- und Messeinrichtungen. Die wichtigsten Forderungen sind:

- genaue Spezifikation und Herkunftsbeschreibung einschließlich technischer Daten wie Messbereich, Genauigkeit, Robustheit, Dauerfestigkeit,
- Anfangskalibrierung vor dem ersten Gebrauch, um die Erfüllung der Forderungen bezüglich Richtigkeit und Präzision zu bestätigen,
- periodischer Rückruf zur Justierung, Reparatur und erneuten Kalibrierung unter Beachtung der Spezifikation des Herstellers,
- dokumentierter Nachweis über die Identifizierung der Geräte, die Häufigkeit der Kalibrierung, den Kalibrierzustand, die Verfahren für das Rückrufsystem, Handhabung, Lagerung, Einstellung, Reparatur, Kalibrierung, Montage und Benutzung,
- Rückführbarkeit auf Bezugsnormale, bekannte Genauigkeit und Stabilität.

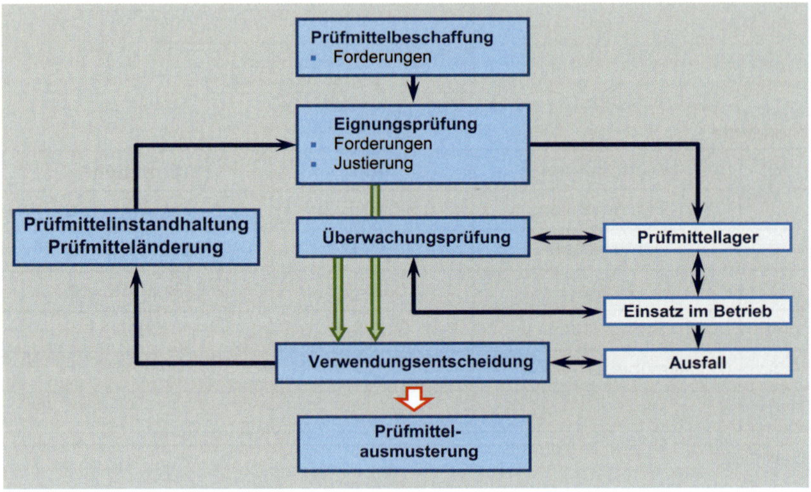

Bild 3.21: Prüfmittelüberwachungsprozess

Um diese Forderungen erfüllen zu können, bedarf es eines Prüfmittelmanagementsystems, das die Erfüllung der Forderungen plant, durchführt, überwacht und dokumentiert. Der Prüfmittelüberwachungsprozess ist in Bild 3.21 dargestellt.

Ohne Prüfmittelmanagement keine geeigneten Messmittel

Das Prüfmittelmanagement liefert eine lückenlose Dokumentation über den Lebenslauf der Prüfmittel.

Programmierung von Messeinrichtungen

Die Programmierung von Messeinrichtungen erfolgt **direkt** (Programmiersprache) oder **indirekt** mit manueller Vorgabe der Qualitätsmerkmale sowie des Ansteuerungsweges. Die hochentwickelte Software der Messeinrichtungen bietet eine große Vielfalt von Messmöglichkeiten bei unterschiedlichen Bedienungs- und Messniveaus (Bild 3.22). Sie erfordert allerdings eine intensive Schulung der Prüfer.

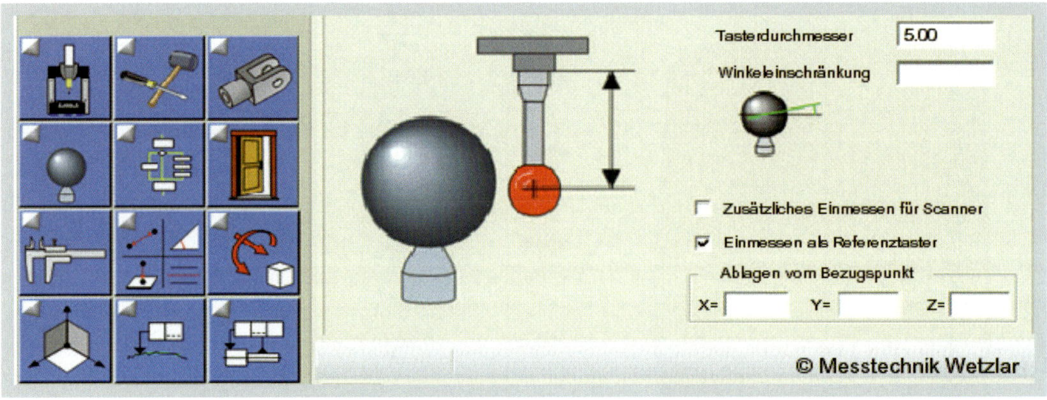

Bild 3.22: Indirekte Programmierung mithilfe von Sinnbildern

Prüfdatenauswertung und -dokumentation

Die Planung der Prüfdatenauswertung und Dokumentation ist unerlässlich. Sie strebt folgende Ziele bzw. Aussagen an:

- zum Qualitätsniveau,
- zu Fehlerarten und -häufigkeiten,
- zu Fehlerursachen,
- zur Prozess- und Maschinenfähigkeit,
- zu konstruktiv bedingten Abweichungen,
- zu Lenkungsmaßnahmen,
- zur Lieferantenbewertung,
- zur Analyse von Qualitätskosten,
- zur Analyse der Effizienz von QM-Systemen,
- zur QM-Darlegung.

Die Prüfdatenauswertung kann an mangelhafter Planung scheitern.

Schon die Anzahl von Aspekten zeigt, wie komplex die Anforderungen an die Auswertung und Dokumentation sind.

Prüfmittelplanung und -beschaffung

Die Einsatzfähigkeit der Messmittel ist wie bei allen technischen Einrichtungen begrenzt. Verschleiß, umwelt- und betriebsbedingte Einflüsse beeinträchtigen ihre Verwendungsfähigkeit. Daher muss eine rechtzeitige Planung und Beschaffung erfolgen, um die Produktion nicht zu gefährden.

Produktion hängt von der Voraussicht ab.

Prüfmethodenplanung

Diese ist eine langfristige Planung. Es müssen Fragen nach der Technologie der Prüfmethode, ihrer Einsatzfähigkeit für zukünftige Messaufgaben, der Wirtschaftlichkeit ihres Einsatzes, den Investitionen sowie den Forderungen an die Qualifikation der Mitarbeiter berücksichtigt werden.

Beispiel
Das Ergebnis der Zylindermessung eines Motorgehäuses ist grafisch in Bild 3.23 dargestellt. Die Messung liefert die benötigten Abmessungen sowie die Abweichung von der idealen Zylinderform.

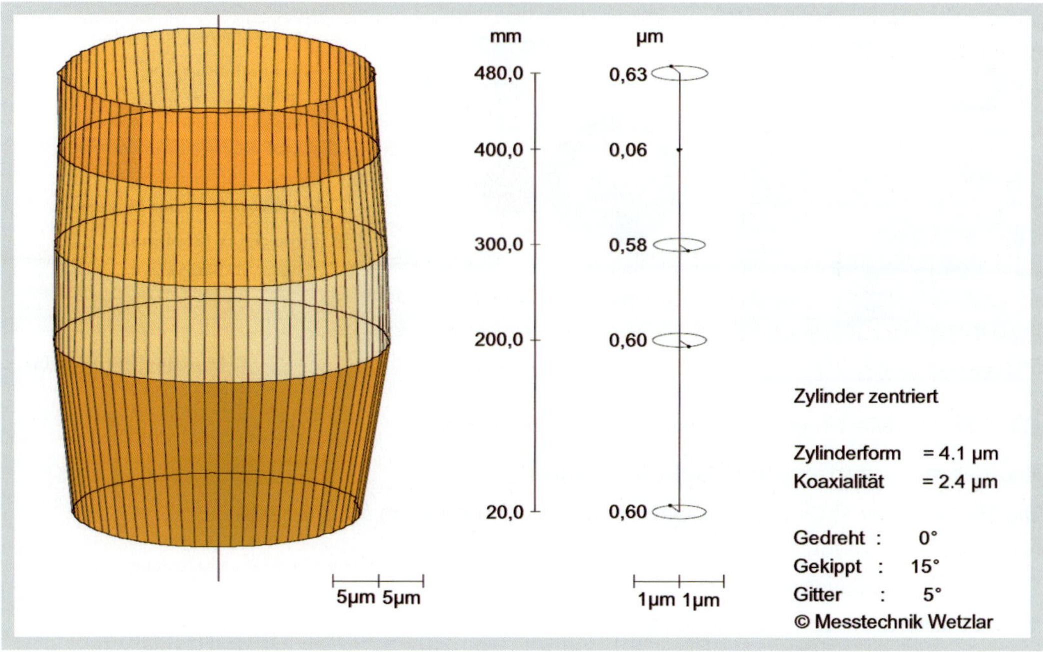

Bild 3.23: Plotbild einer Zylinderform

3.3.2.5 Normalverteilung als Prognosemodell

Ohne Statistik kommt QM nicht aus.

Beim Bewerten und Prüfen fällt eine große Menge an Daten an, die verarbeitet und zu Aussagen verdichtet werden müssen. Um diese Aufgabe bewältigen zu können, stehen uns **statistische Methoden** zur Verfügung. Sie erlauben es, aus den gewonnenen Messwerten Prognosen und Modelle abzuleiten, die dann wegweisend für die zukünftigen Strategien sind.

Die Anwendung statistischer Methoden ist vom Prüfmerkmal oder vom Produktionsverfahren abhängig. Über ihren Einsatz sollte eine Untersuchung der Arbeitsvorgänge befinden. Die Voraussetzung für den Einsatz statistischer Methoden ist das Einwirken vieler Störgrößen wie Temperatur, Luftfeuchtigkeit, Verschleiß, ... und eine ausreichende Anzahl von Messdaten. Nur unter diesen Randbedingungen ist eine Anwendung möglich.

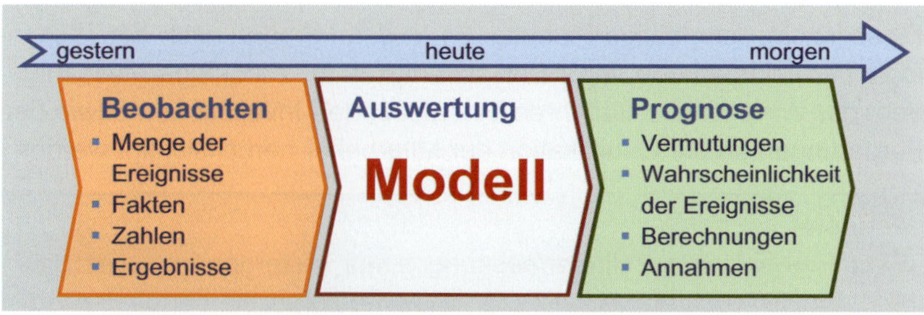

Bild. 3.24: Modelle und Prognosen

Falls die nachfolgenden Bedingungen zutreffen, sollte auf statistische Methoden verzichten werden:

- Einzelaussagen (z. B. bei der Fertigung von Einzelteilen),
- hohe Genauigkeit ist nicht erforderlich,
- eine Sichtprüfung ist ausreichend (Prüfung leicht und ohne Zeitverlust),
- das Auftreten von Fehlern ist nicht zu erwarten (z. B. Lochstanzen).

In der industriellen Produktion sind Messwerte häufig durch eine Normalverteilung beschreibbar, diese wird somit zu einem wichtigen Prognosemodell.

Die Normalverteilung ist die Grundlage.

Normalverteilung

Die Normalverteilung gehört zu den häufigsten auftretenden Verteilungsarten. Sie ist naturbedingt und tritt überall auf. Sie basiert auf der Definition der Wahrscheinlichkeit und der Randbedingung, dass mehrere bzw. viele Einflussgrößen auftreten, die zufallsbedingte Abweichungen verursachen.

Wahrscheinlichkeit *P*(*x*)

$$P(x) = \frac{\text{Zahl günstiger Fälle}}{\text{Zahl aller möglichen Fälle}}$$

Die Wahrscheinlichkeitsdefinition ist auch dann anwendbar, wenn die Wahrscheinlichkeitsverteilung durch eine diskrete Verteilung mit endlichem Losumfang bzw. Stichproben simuliert wird. Falls die Zusammensetzung der Grundgesamtheit unbekannt ist (der Regelfall), muss die Wahrscheinlichkeit durch die mittels Stichproben ermittelte Häufigkeit geschätzt werden. Dies wird (empirische) Wahrscheinlichkeit genannt. Dabei ist die Schätzung umso genauer, je größer der Stichprobenumfang ist.

Für eine mathematische Beschreibung von vielen statistischen Verteilungsproblemen wie die Zuverlässigkeitsverteilung oder auch die Normalverteilung eignet sich ein universelles Verteilungsmodell, die **Weibull-Verteilung**.

Die Weibull-Verteilung ist ein universelles Modell.

Weibull-Verteilung

$$F(x) = 1 - e^{\left(\frac{x - a_0}{\Phi}\right)^b}$$

Mithilfe der speziellen Parameter a_0, Φ und b können unterschiedliche Verteilungsformen erfasst werden.

Die Kennwerte einer Normalverteilung bestimmen ihren Verlauf.

Auf Basis der Weibull-Verteilung wird die Normalverteilung mithilfe folgender Kenngrößen beschrieben (Bild 3.25). Die **Wahrscheinlichkeitsdichtefunktion *f*(*x*)** gibt die Verteilungsform des **Merkmals *x*** (z. B. des Einzelgewichts von 1 000 Schrauben) an. Der **Mittelwert μ** legt die Lage der **Grundgesamtheit *n*** (Losgröße 1 000 Schrauben, die Grundgesamtheit ist die Menge aller in Betracht gezogenen Einheiten) fest. Die **Standardabweichung σ** (σ^2 = Varianz) ist ein Maß für die Streuung und damit die Breite der Verteilung (die Differenz zwischen dem max. und min. Gewicht ~ 8σ). Mithilfe der **Verteilungsfunktion *F*(*x*)** kann der wahrscheinliche Anteil in beliebigen Grenzen von *x* berechnet werden (z. B. die Anzahl der Schrauben mit einem Gewicht von x_1 bis x_2).

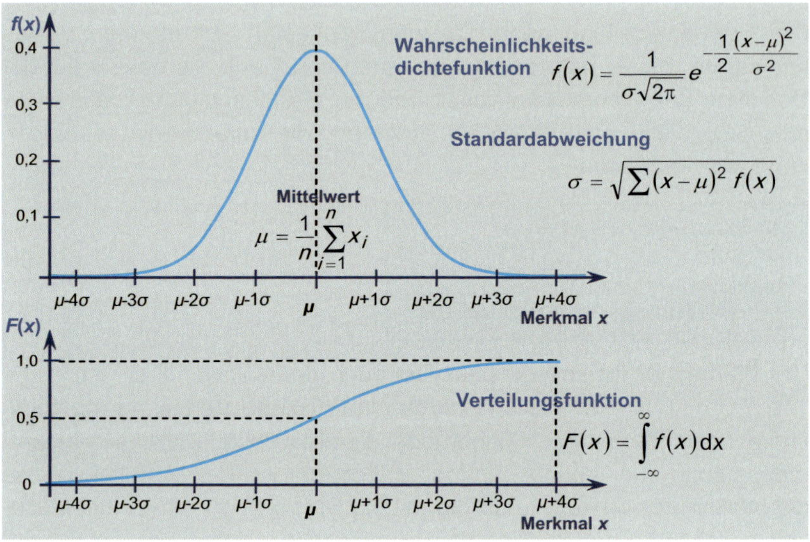

Bild 3.25: Normalverteilung und ihre Kenngrößen

Die standardisierte Normalverteilung erleichtert die Analyse.

Damit die Wahrscheinlichkeitsdichtefunktion *f*(*x*) nicht berechnet werden muss, gibt es sie in standardisierter Form $\varphi(u)$. Mithilfe der Transformationsgleichung werden *x*-Werte in *u*-Werte umgerechnet. Dann entsteht die **standardisierte Form der Normalverteilung** mit dem Mittelwert $M = 0$ und der Standardabweichung $\sigma = 1$ (Bild 3.26).

Die für diese Standardwerte berechnete **Wahrscheinlichkeitsdichtefunktion $\varphi(u)$** und die **Verteilungsfunktion $\Phi(u)$** liegen in Tabellenform vor und sind ohne Probleme anwendbar. Durch Rücktransformation von *u* in *x* erhält man erneut die tatsächlichen Werte [FaLi01].

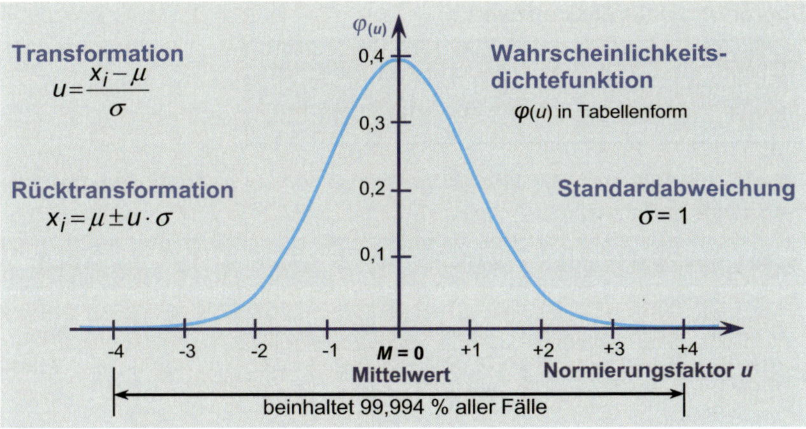

Bild 3.26: Standardisierte Form der Normalverteilung und ihre Kenngrößen

Das Prinzip wird an folgendem Beispiel verdeutlicht.

Beispiel
Das Merkmal einer Welle wird mit dem Sollmaß (20,000 ± 0,200) mm (obere Toleranzgrenze *OTG* = 20,200 mm; untere Toleranzgrenze *UTG* = 19,800 mm) hergestellt. Eine Stichprobe ergibt einen Mittelwert μ = 20,000 mm und eine Streuung σ = 0,0689 mm.
Wie viel Prozent des hergestellten Loses können innerhalb der Toleranz liegen? Wie müssten die Toleranzgrenzen für einen zulässigen Fehleranteil von 10 ppm liegen?
Hinweis:
Werte der standardisierten Normalverteilung siehe Tabelle 3.7.

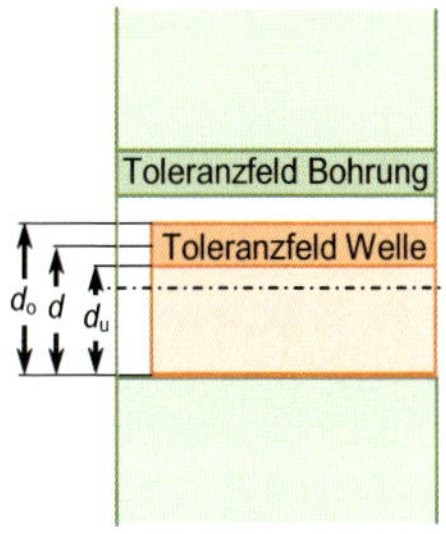

Anteil der Teile innerhalb der Toleranz:

$$u = \frac{OTG - \mu}{\sigma} = \frac{(20{,}200 - 20{,}000)\,\text{mm}}{0{,}0689\,\text{mm}} = 2{,}9$$
$$\rightarrow u = \pm 2{,}9$$

Aus der Tabelle 3.7 ergibt sich für u = 2,9 ein $\Delta\Phi$ (u = 2,9) = 99,63 %. Das heißt, es sind wahrscheinlich 99,63 % der gefertigten Wellen innerhalb der Toleranzgrenzen zu erwarten.

Toleranzgrenzen für einen Fehleranteil von 10 ppm:

$$\text{Fehleranteil von 10 ppm} = \frac{10\,\text{Einheiten}}{1\,000\,000\,\text{Einheiten}} \cdot 100\,\% = 0{,}001\,\%$$

Anteil der Teile innerhalb der Toleranz:

$$\Delta\Phi = 100{,}000 - 0{,}001 = 99{,}999\,\% \rightarrow u(\Delta\Phi = 99{,}999\,\%) = 4{,}417$$

Oberer und unterer Grenzwert:

$$OGW = 20{,}000 + 4{,}417 \cdot 0{,}0689 = 20{,}304\ \text{mm}$$
$$UGW = 20{,}000 - 4{,}417 \cdot 0{,}0689 = 19{,}696\ \text{mm}$$

Tabelle 3.7: Differenz der Verteilungsfunktion $\Delta\Phi$ (u) = Anteil innerhalb der u-Abstände in Prozent

±*u*	ΔΦ(*u*)	±*u*	ΔΦ(*u*)	±*u*	ΔΦ(*u*)	±*u*	ΔΦ(*u*)
0,00	00,00						
0,10	07,96	1,10	72,86	2,10	96,43	3,10	99,81
0,20	15,86	1,20	76,98	2,20	97,22	3,20	99,84
0,25	19,74	1,25	78,38	2,25	97,56	3,25	99,89
0,30	23,58	1,30	80,64	2,30	97,86	3,30	99,90
0,40	31,08	1,40	83,84	2,40	98,36	3,40	99,93
0,50	38,30	1,50	86,84	2,50	98,76	3,50	99,95
0,60	45,14	1,60	89,04	2,60	99,07	3,60	99,97
0,70	51,60	1,70	91,08	2,70	99,31	3,70	99,98
0,75	54,58	1,75	91,98	2,75	99,40	3,75	99,982
0,80	57,62	1,80	92,82	2,80	99,49	3,80	99,986
0,90	63,18	1,90	94,26	2,90	99,63	3,90	99,990
1,00	68,26	2,00	95,45	3,00	99,73	4,00	99,994
						4,417	99,999
						5,1993	99,99998

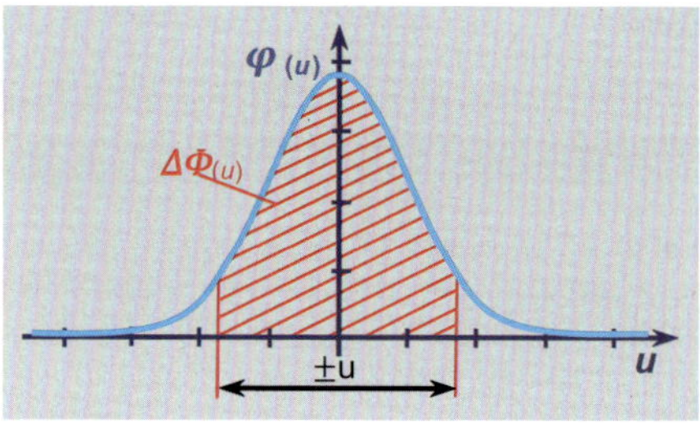

Bild 3.27: Normalverteilung

Einige Tabellenwerte sind interessant, weil sie als Standardbegriffe bekannt sind. Zum Beispiel sechs Sigma (*u* = ± 3) beinhaltet 99,73 % aller Fälle.

Stichprobe

Die **Stichprobe**, d. h. einige wenige Teile(n) aus einer Gesamtheit *N*, wird entnommen, um über die Wahrscheinlichkeit auf den Fehleranteil (*x*) sowie auf die Kennwerte der Gesamtheit *N* schließen zu können.

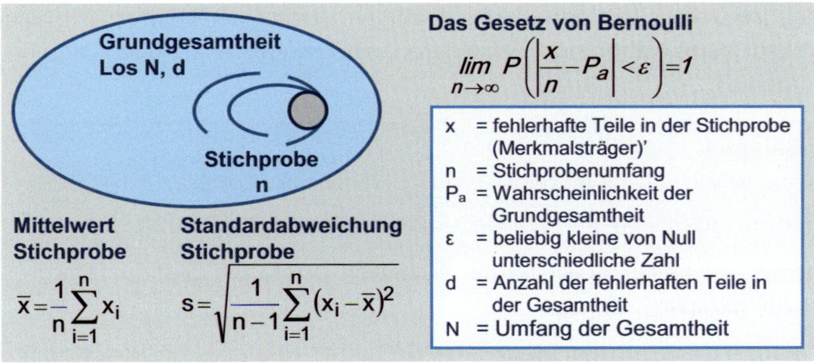

Bild 3.28: Gesamtheit und ihre Stichprobe

Das Gesetz von Bernoulli (Bild 3.28) besagt, dass die Wahrscheinlichkeit dafür, dass die Differenz zwischen der beobachteten relativen Häufigkeit (x/n) und der Wahrscheinlichkeit ($P_a = d/N$) dem Betrag nach kleiner als ε wird, mit wachsendem n gegen 1 (100 %) strebt. Also mit anderen Worten, je größer die Stichprobe, desto größer die Wahrscheinlichkeit der Übereinstimmung mit der Grundgesamtheit.

Die Größe der Stichprobe bestimmt die Wahrscheinlichkeit.

Wie Stichproben entnommen und ausgewertet werden, wird in Stichprobenplänen festgelegt. Die statistischen Stichprobenverfahren sind durch internationale Normen festgelegt [ISO 2859-0 bis 3].

Klassieren

Das **Klassieren** ist ein Zusammenfassen von zwei oder mehreren möglichen nebeneinanderliegenden Werten in eine Klasse. Es werden etwa 10–20 Klassen (Bereiche) gebildet.

- kleine Stichproben ($n < 50$) werden ohne Klassieren ausgewertet,
- große Stichproben ($n \geq 50$) werden nach Klassieren ausgewertet.

Für das Klassieren sind besondere Vorgehensweisen zu beachten.

Wahrscheinlichkeitsnetz

Das **Wahrscheinlichkeitsnetz** ist eine einfach logarithmische Darstellung einer gegebenen Verteilung. Sie weist eine besondere Eigenschaft auf, die Normalverteilung erscheint als eine Gerade.

Das Wahrscheinlichkeitsnetz wird vorwiegend aus folgenden Gründen verwendet:

- um die Abweichungen von nicht normal verteilten Wahrscheinlichkeitsverteilungen gegenüber der Normalverteilung mit gleichen Parametern abschätzen zu können,
- um Stichprobenergebnisse, die in das Wahrscheinlichkeitsnetz eingegeben werden können, nach deren Kennwerten $\bar{x}$ (Mittelwert) bzw. s (Standardabweichung) abschätzen zu können.

Wirkliche Grundgesamtheiten (endliche) mit einer bestimmten Wahrscheinlichkeitsverteilung lassen sich durch gedachte Grundgesamtheiten simulieren. Um den glockenförmigen Verlauf der Normalverteilung in sehr guter Näherung zu simulieren, sind mindestens 1 000 Werte erforderlich.

Beispiel:

Aus einem Los mit Antriebswellen wurde eine Stichprobe n = 100 Stück entnommen und der Wellendurchmesser 37j6 $\Rightarrow$ $37{,}000^{+0{,}011}_{-0{,}005}$ geprüft. Zu bestimmen sind der Mittelwert μ und die Standardabweichung σ der Stichprobe.

Die Normalverteilung im Wahrscheinlichkeitsnetz ist eine Gerade.

Nach Auftragen der Messwerte und ihrer Häufigkeiten konnte mit ausreichender Genauigkeit eine Gerade eingezeichnet werden. Also handelt es sich um eine Normalverteilung. Für u = 0 wurde der Mittelwert abgelesen. Die Differenz für u = 0 und u = 1 ergab die Standardabweichung der Stichprobe.

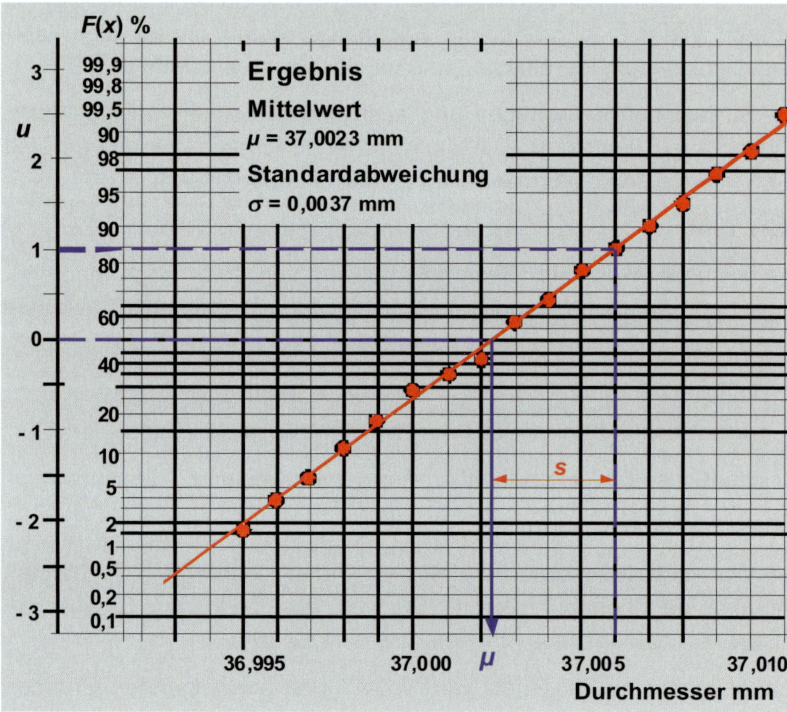

Bild. 3.29: Wahrscheinlichkeitsnetz einer Stichprobe

Annehmbare Qualitätsgrenzlage

Im Rahmen von Lieferverpflichtungen sind die Anwendung von Stichprobenanweisungen und die Festlegung der annehmbaren **Qualitätsgrenzlage AQL** von besonderer Bedeutung.

> **Annehmbare Qualitätsgrenzlage AQL**
> ist die schlechtest hinnehmbare Qualitätslage eines Prozesses für eine fortlaufende Serie von Prüflosen, die für eine Annahmestichprobenprüfung vorgestellt werden [DIN ISO 2859-1].

Die AQL ist die Mindestforderung.

Das Ziel der Stichprobenanweisungen ist, eine für das Los repräsentative Stichprobeneinheit zu ziehen. Für die Stichprobenanweisungen sowie für die Festlegung der AQL gibt es entsprechende Literaturhinweise [DIN 55350-14].

Vertrauensbereich der Prognose

Der Vertrauensbereich ist der Streubereich der Aussage.

Die Ergebnisse einer Messreihe sind immer mit der Messunsicherheit der Messtechnik behaftet. Daher ist jede **Aussage** (Prognose) für die Zukunft durch zusätzliche Unsicherheiten behaftet. Diese Unsicherheit wird in der Statistik als **Vertrauensbereich der Prognose** bezeichnet. Weitere Unsicherheit ist mit der Stichprobengröße verbunden, je kleiner die gemessene Stichprobe, desto größer ist der Vertrauensbereich, also die Unsicherheit der Prognose. Die Abweichungen des Prüfgerätes oder der Prüfmethode treten immer in Verbindung mit den nachzuweisenden Maßabweichungen des Werkstücks auf und überlagern diese.

Alle Aussagen von Prüfungen sind mit Unsicherheiten behaftet. Die Unsicherheiten entstehen durch die verwendete Methode und deren Anwendung. Grundsätzlich gilt, je größer die Unsicherheit, desto billiger ist eine Prüfung. Die Kenntnis der Unsicherheit ist eine wichtige Voraussetzung für die Optimierung der Prüfkosten.

Das letztlich wirklich **wahre Maß W** eines Merkmals ist trotz sorgfältiger Messung nicht genau zu ermitteln, da jedes Messgerät Messabweichungen zeigt. Unter Berücksichtigung dieser Messabweichungen können Bereiche angegeben werden, in denen das wahre Maß W mit einer gewissen Wahrscheinlichkeit zu erwarten ist.

Je kleiner diese Bereiche aus technischen und funktionalen Gründen sein müssen, umso aufwendiger wird die Prüftechnik. Aus wirtschaftlichen Gründen akzeptiert man deshalb bei jeder Prüfung eine gewisse Unsicherheit in der Aussage, die von der Bedeutung der gemessenen Eigenschaften abhängig ist.

3.3.3 Qualitätslenkung

Die höchsten Anstrengungen, ein Ziel zu erreichen, scheitern oft an mangelnder Verfolgung und Kontrolle der Auswirkungen der eingeleiteten Maßnahmen. Infolgedessen ist eine zwischenzeitliche Korrektur nicht möglich. Daher gehört die **Qualitätslenkung** zu den wesentlichen Aufgaben des Qualitätsmanagements.

Durch Qualitätslenkung keine diffuse Qualität

Das Ziel des Qualitätsmanagements ist es, Qualität zu erzeugen und nicht zu erprüfen. Daher reicht es nicht aus, Prüfdaten nur vergangenheitsorientiert (Freigabe, Ausschuss, Nacharbeit) zu verfolgen. Es müssen vielmehr zukunftsorientierte Maßnahmen eingeleitet und durchgeführt werden.

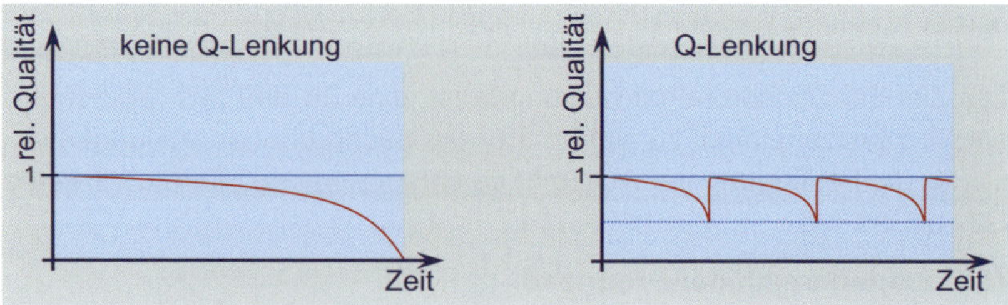

Bild 3.30: Qualitätslenkung

Betrachtet man die Qualität zunächst als eine Einheit, stellt man fest, dass sie sich sichtbar ohne jegliches Zutun mit der Zeit verändert. Die Ursache hierfür liegt im Einfluss der 6 M. Maschinen, Werkzeuge und Messgeräte verschleißen mit der Zeit, Material ermüdet, der Mensch verliert seine Motivation, Methoden veralten.

Die Qualitätslenkung ist zielorientiert.

Ohne Qualitätslenkung sinkt mit der Zeit die Qualität. Also bedarf es lenkender Maßnahmen, um die Qualität auf dem geforderten Qualitätsniveau zu halten. Der Qualitätsverlauf verzeichnet infolge der lenkenden Maßnahmen und der notwendigen Eingriffstoleranz eine Sägezahnform (Bild 3.30). Diese Art der Qualitätslenkung entspricht den aus der Regelungstechnik bekannten Regelkreisen. Als wesentliche Bedingung für die Funktion der Regelkreise gilt die aktuelle Erfassung, Verdichtung und Auswertung der Daten, ihre Rückführung sowie Umwandlung in Steuergrößen.

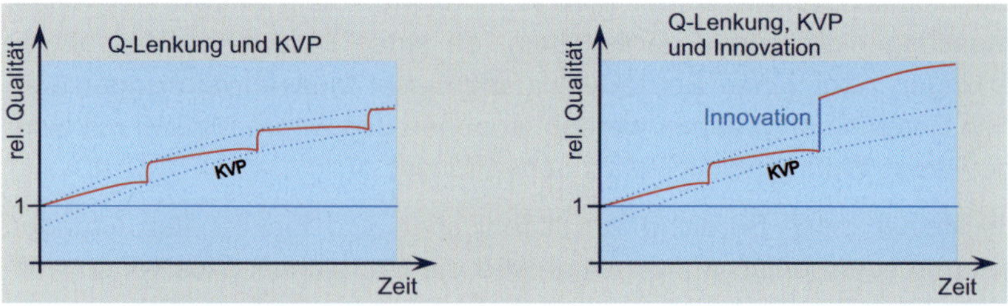

Bild 3.31: Qualitätslenkung, KVP und Innovation

Die Aufgabe der Qualitätslenkung geht über das reine Regeln hinaus. In Verbindung mit der kontinuierlichen Prozessverbesserung bzw. der Einführung einer Innovation verändern sich die Forderungen an die Beschaffenheit der Q-Merkmale. Infolgedessen muss reagiert, also gelenkt werden (Bild 3.31).

Die Qualitätslenkung (quality control) ist ein Teil des Qualitätsmanagements, gerichtet auf die Erfüllung von Forderungen an die Beschaffenheit [ISO 9000].

Diese zu allgemein gefasste Definition wird im DGQ-Band 2005 näher spezifiziert. Es heißt:

Die Qualitätslenkung sind die vorbeugenden, überwachenden und korrigierenden Tätigkeiten bei der Realisierung der Einheit zur Erfüllung der Forderung an ihre Beschaffenheit.

Aufgrund ihrer inhaltlichen Komponenten kann die Qualitätslenkung in zwei Gruppen, die **unmittelbare** und die **mittelbare Qualitätslenkung** eingeteilt werden (Bild 3.32). Die unmittelbare Lenkung greift während der Leistungserbringung, d. h. bei laufenden Tätigkeiten in der Entwicklung, Produktion, Montage usw., ein. Sie bezieht sich ebenfalls auf die erreichten Ergebnisse, wie z. B. den Prozessoutput, das Produkt usw. Das Führen einer Qualitätsregelkarte ist ein Beispiel für eine unmittelbare Qualitätslenkung.

Die Qualitätslenkung wirkt doppelgleisig.

Die mittelbare Qualitätslenkung agiert vorausschauend, vorbeugend und fördernd. Also gehört z. B. die Weiterbildung der Mitarbeiter zur Qualitätsförderung und somit zur mittelbaren Qualitätslenkung.

Die Qualitätslenkung erfolgt mithilfe von **Qualitätsregelkreisen**. An dieser Stelle sei bemerkt, dass es im Qualitätsmanagement sehr oft, und das gilt auch für den Begriff **Qualitätslenkung**, unterschiedliche Definitionen und Bedeutungen zu den spezifischen Begriffen gibt. Sie sind historisch aber auch seitens unterschiedlicher Normen und der Übersetzung aus dem Englischen bedingt. Ohne auf die einzelnen Normen einzugehen, bedeutet **Lenken**, einen Weg zum Erreichen eines Ziels zu nehmen. **Regeln** im Gegenteil dazu bedeutet, eine Größe innerhalb von vorgegebenen Grenzen zu halten. Obwohl die Qualitätslenkung beide Aufgaben innehat, wird der Begriff Qualitätsregelkreise verwendet.

Die Qualitätslenkung baut auf Regelkreisen auf.

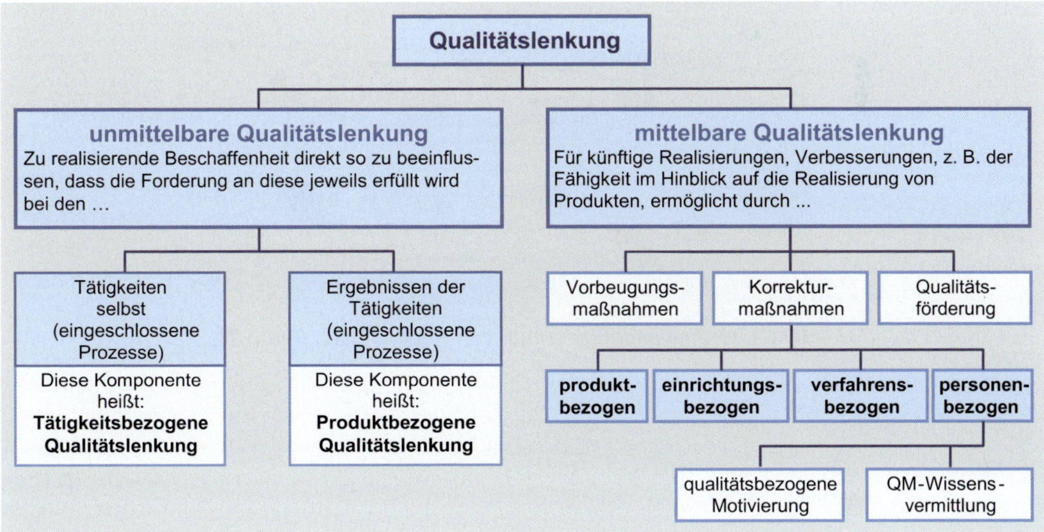

Bild 3.32: Komponenten der unmittelbaren und mittelbaren Qualitätslenkung [GeKo07.4]

Im Qualitätsmanagement gibt es **horizontale** und **vertikale Regelkreise** (Bild 3.33). Bei den horizontalen handelt sich um prozessbegleitende Regelkreise wie z. B. die Selbstprüfung, SPC usw. Die Beteiligten arbeiten autonom als Einzelne oder in Teams, initiieren Änderungen und sind für ihr Ergebnis selbst verantwortlich. In diese Kategorie gehören auch maschinennahe bzw. -interne Regelkreise.

Beispiel:
Ein Werker bearbeitet ein Werkstück. Er prüft die entsprechenden Maße. Falls sie außerhalb der Toleranz liegen, arbeitet er nach. Nach erneuter Prüfung sind die Maße in Ordnung, er dokumentiert sie und gibt sie frei.

Die horizontalen Regelkreise können auch mehrere Abteilungen bzw. Prozesse betreffen wie z. B. den Einkauf, die Produktionsplanung und -steuerung.

Regelkreise sind unternehmensabhängig.

Die vertikalen Regelkreise greifen auf mehrere Unternehmensebenen über. Sie orientieren sich an der Unternehmensorganisation und differieren von Unternehmen zu Unternehmen. Ihre Struktur beeinflusst maßgeblich die Wirkung der lenkenden Maßnahmen. Der Anstoß zum Lenken kann auf unterschiedlichen Ebenen und aus unterschiedlichen Gründen erfolgen.

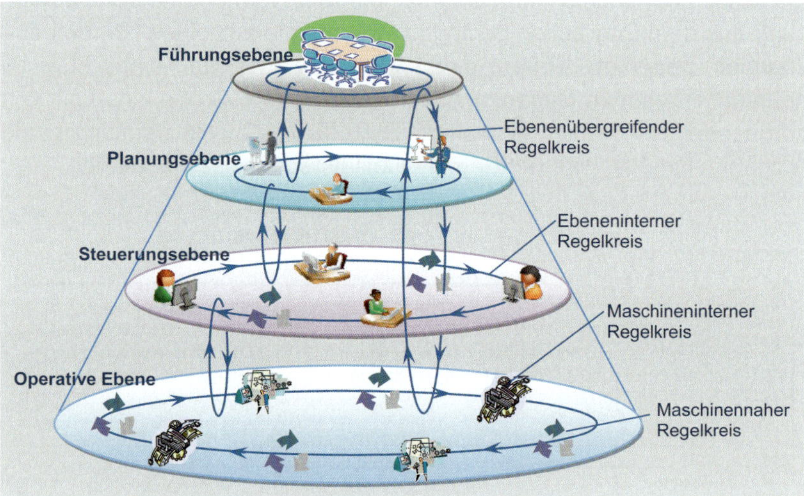

Bild 3.33: Anwendungsformen von Regelkreisen [Pfei7.31]

Beispiel:

Marktforderungen, wie sie im Fall der A-Klasse im Kap. 1.3.4 erläutert wurden, wurden von der Geschäftsleitung aufgegriffen (Klärung und Beseitigung des fehlerhaften Fahrverhaltens) und von der Planungsebene aufgenommen. Im vorliegenden Fall wurden anschließend Berechnungen, Fahrversuche und konstruktive Änderungen durchgeführt. Sie bewirkten Folgeänderungen ausgehend vom Einkauf, über die Produktionsplanung bis hin zur Montage bzw. zu den Vertragswerkstätten. Vor, während und nach Durchführung der lenkenden Maßnahmen wurde die Geschäftsleitung über den Änderungszustand, die Kosten usw. informiert. Sie genehmigte oder lehnte die jeweiligen Maßnahmen ab. Der Regelkreis wurde damit geschlossen.

Die Aufgaben der Qualitätslenkung sind sowohl kurz- als auch langzeitorientiert. Die Gründe für die lenkenden Maßnahmen können bedingt sein durch:

Veränderungen generieren Lenkungsmaßnahmen.

- Einfluss der 7 M,
- Änderung der externen bzw. internen Kundenforderungen,
- KVP,
- Innovation,
- Änderung der Unternehmenspolitik oder -strategie.

Die Qualitätslenkung beruht auf der Auswertung und Analyse von Daten im Hinblick auf Kundenverhalten, Produkt- und Prozessbeschaffung, Kosten, Verbesserungsvorschläge, Maßnahmen zur Qualitätsförderung usw. Deshalb ist der Aufbau einer **Qualitätsdatenbasis** unumgänglich. Sie soll eine durchgängige Bereitstellung und Nutzung von zentral und dezentral abgelegten Daten gewährleisten. Darüber hinaus müssen für eine wirkungsvolle Qualitätslenkung Informationsstrukturen und -mittel vorliegen, da die Bereitstellung von Informationen für alle Unternehmensbereiche auf eine geeignete Weise erfolgen muss.

Die Ausgangsbasis der Qualitätslenkung sind Qualitätsdaten.

Die Bereitstellung der Information muss aktuell sein. Auch die Informationsart, z. B. Kennzahlen, muss für den Adressaten zum schnellen Zugriff geeignet sein. Diese Möglichkeit bietet das **Computer Aided Quality (CAQ)**. Hier werden alle qualitätsrelevanten Daten gespeichert und entsprechend aufbereitet. CAQ ist ein IT-System, das ebenfalls die Daten der Q-Planung und Q-Prüfung bereitstellt. Die Datenbasis dient auch dem **Qualitätscontrolling** für operative und strategische Betrachtungen.

Die Datenbeschaffung beruht auf den Ergebnissen der Qualitätsprüfung, die mithilfe von Audits, Qualitätsprüfungen usw. ermittelt wurden.

3.3.4 Qualitätssicherung

Der Begriff der **Qualitätssicherung** erlebte im Laufe der Zeit einen inhaltlichen Wandel. Qualitätssicherung stand als Vorläufersystem für

Die Qualität des QMS steht im Vordergrund.

das heutige Qualitätsmanagement. Sie beruhte hauptsächlich auf der Prüfung von Qualitätsmerkmalen und der Beseitigung von Fehlern. Der innere Wandel der Aufgaben und der Ziele sowie die Internationalisierung führten zur Umbenennung in Qualitätsmanagement. Auch der Begriff der Qualitätssicherung erfuhr inhaltlich eine Wandlung und ist wie folgt definiert [ISO 9000]:

Die Qualitätssicherung (quality assurance) ist ein Teil des Qualitätsmanagements, gerichtet auf das Erzeugen von Vertrauen in die Fähigkeit des QM-Systems.

Also handelt es sich um vertrauensbildende Vorgänge in Bezug auf die Darstellung und die Wirksamkeit des eigenen Qualitätsmanagementsystems. Dieses soll durch **QM-Darlegung**, also eine Demonstration der Fähigkeiten des QM-Systems, erreicht werden.

QM-Darlegung [ISO 8402] bedeutet, dass alle geplanten und systematischen Tätigkeiten, die innerhalb des QM-Systems verwirklicht sind, erfolgreich dargelegt werden. Ziel ist es, Vertrauen zu schaffen, dass eine Einheit die Qualitätsforderung erfüllen wird.

Sie betrifft die Demonstration der Qualitätsfähigkeit eines QM-Systems, die aufgrund einer Vereinbarung mit einem externen Kunden zu einem externen Qualitätsaudit führt [GeKo07.0]. Die Inhalte des externen Qualitätsaudits und die Vorgehensweise bei seiner Durchführung werden bei Vertragsabschluss festgelegt.

☑ Lernerfolg

Zur Prüfung des Lernfortschritts beantworten Sie folgende Fragen:

Fragen zu den Kap. 3, 3.1 und 3.2:

1. Welche Strategie verfolgt das heutige QM?
2. Nennen Sie die Hauptaufgaben des QM.
3. Nennen Sie die wesentlichen Merkmale des heutigen QM.
4. Nennen Sie einige Elemente des QM.
5. Wer definiert die Q-Politik und trägt die Hauptverantwortung für die Qualität?
6. Welchen Ebenen kann QM zugeordnet werden?
7. Was ist ein PDCA-Zyklus (Deming-Kreis)?

Fragen zu den Kap. 3.3 und 3.3.1:

8. Was ist Gegenstand der Q-Planung? Nennen Sie einige Beispiele.
9. Welche Aspekte beinhaltet das Langzeitbetriebsverhalten eines Produktes?
10. Wie wird das Langzeitbetriebsverhalten beschrieben?
11. Erläutern Sie die Gründe für Q-Planung in der Beschaffung.
12. Nennen Sie QM-Sicherungsmaßnahmen für Zulieferteile.
13. Was ist ein Prototyp und ein Erstmuster?
14. Wann wird eine Nachweisführung verlangt?

Fragen zu den Kap. 3.3.2 bis 3.3.4:

15. Auf welche Art kann eine Prüfung prinzipiell durchgeführt werden?
16. Welche Mittel verwendet man zur Prüfung eines QMS?
17. Nennen Sie die Auditarten.
18. Was beinhaltet ein Prüfplan?
19. Nennen Sie die Vor- und Nachteile der Stichproben- und 100-%-Prüfung.
20. Welches Ziel verfolgt die Dynamisierung des Prüfumfangs?
21. Nennen Sie die Gründe für eine Prüfmittelüberwachung.
22. Unter welchen Voraussetzungen entsteht eine Normalverteilung?
23. Was drückt die Wahrscheinlichkeitsfunktion aus?
24. Welche Größen treffen eine Aussage über die Lage und Streuung einer Grundgesamtheit?
25. Über welche Merkmale verfügt die standardisierte Form der Normalverteilung?
26. Wozu wird Klassieren verwendet?
27. Über welche Eigenschaft verfügt das Wahrscheinlichkeitsnetz?
28. Welche Aufgabe hat die Q-Lenkung?

Prozessmanagement

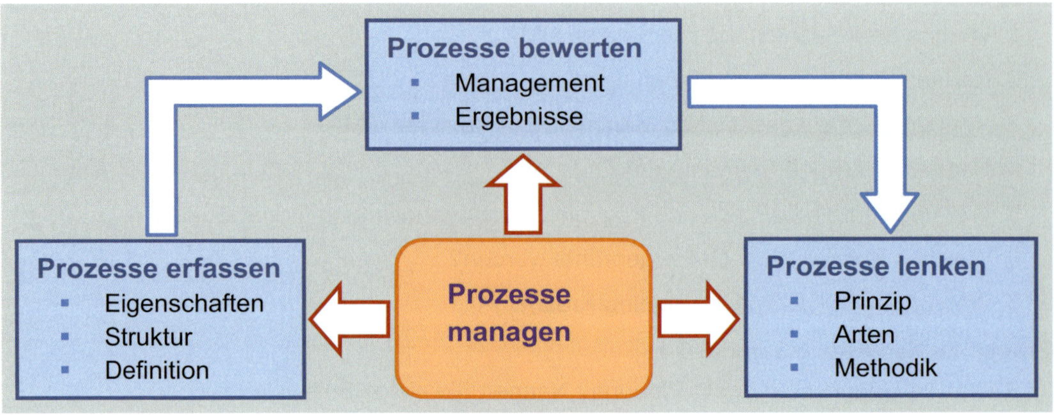

Lernziele:

Prozesse stellen den Ablauf von nacheinander bzw. gleichzeitig laufenden Vorgängen dar, die eine bestimmte Zielsetzung verfolgen. Die Vielfalt der Prozessarten ist groß. In den Geschäftsprozessen werden Informationen, Daten, Entscheidungen und Anweisungen erarbeitet und kommuniziert. Realgüter, Dienstleistungen oder Finanzmittel entstehen oder werden beschafft mithilfe von Leistungsprozessen. Also handelt es sich bei den Prozessen um eine organisierte Form der Zusammenarbeit.

Die Leistungsentstehung in den Prozessen beruht auf technologischen und organisatorischen Aspekten, die Qualität und Kosten wesentlich beeinflussen. Prozesse sind Bestandteil der Managementaufgaben. Qualität von Produkten entsteht in Prozessen, und deswegen gibt es eine große Überschneidung des Qualitäts- und des Prozessmanagements.

Forderungen nach leistungsgerechten Abläufen, niedrigen Kosten und hoher Qualität stehen im Mittelpunkt der Prozessgestaltung. In dem folgenden Kapitel werden die Grundzüge der Prozesserfassung, -bewertung und -lenkung vorgestellt.

4 Prozessmanagement

Steigende Kundenforderungen, hohe Komplexität der Produkte und Kostendruck stellten die klassischen Organisationsformen der Unternehmen vor enorme Probleme. Auch die Forderungen nach ständiger Qualitätsverbesserung bei gleichzeitiger Kostensenkung konnten die linienorientierten Qualitätsmanagementsysteme (siehe auch Kapitel 9) nicht mehr leisten. Aufgrund der vielen Schnittstellen, der unterschiedlichen Verantwortlichkeiten und Kompetenzen sowie der Komplexität der Abläufe sind sie an ihre Grenzen gestoßen. Die Lösung brachte die **Prozessorientierung**.

Prozessorientierung ist unverzichtbar.

Prozesse laufen weder nach starren noch dauerhaft gleichen Schrittfolgen ab, sondern unterliegen je nach Kunden- und Wettbewerbsforderungen lebhaften Änderungen. Sie erfordern ein eigenständiges Management.

Prozesse sind dynamisch.

Prozessmanagement ist die Gesamtheit von Führungsaufgaben, -organisation, -techniken und -mitteln, die notwendig sind, Prozesse systematisch und messbar zu optimieren und zu stabilisieren.

Eine prozessmäßige Organisation schafft klare Zuständigkeiten und die Möglichkeit für die Mitarbeiter, den Prozess aktiv mitzugestalten, was nicht zuletzt zur Mitarbeitermotivation und -zufriedenheit beiträgt. Durch zufriedene Kunden und Mitarbeiter werden die Grundlagen für einen dauerhaften Geschäftserfolg gelegt.

Jeder Prozess hat einen Prozessverantwortlichen, den **Prozesseigner**. Der Prozesseigner und sein Team haben folgende Aufgaben:

Prozesseigner trägt die Verantwortung für die Prozessergebnisse.

- Setzen von Prozesszielen,
- Beschreibung des Prozesses,
- Definition von Prozesskennzahlen,
- kontinuierliche Messung,
- Überwachen der Zielerfüllung,
- Festlegen der Leistungsvereinbarungen an den Schnittstellen des Prozesses,
- Planen und Durchführen des Prozessaudits,
- Analysieren der Ursachen von Fehlern und Abweichungen gegenüber den Zielvorgaben,
- Planen und Überwachen der Informationsflüsse,
- Visualisieren der Ziele und Ergebnisse,
- Mitsprache bei Geschäftsentscheidungen über den Prozess,
- Vergabe von Aufträgen im Rahmen des Prozesses.

Da Qualität sowohl ein Teil der Prozessziele ist, als auch weitere Zielgrößen wie Kosten, Durchlaufzeit usw. beeinflusst, gibt es eine große Schnittmenge zwischen Prozess- und Qualitätsmanagement.

4.1 Prozesse erfassen

4.1.1 Prozesseigenschaften

Ausgehend von der Abfolge der Produkt- bzw. Leistungserstellung werden alle Vorgänge, z. B. Bearbeitung von Aufträgen, Arbeitsvorbereitung usw., als Prozesse definiert (Bild 4.1). Da die Qualitätserzeugung direkt in den Prozessen stattfindet, werden alle qualitätsbezogenen Aktivitäten dementsprechend ausgerichtet.

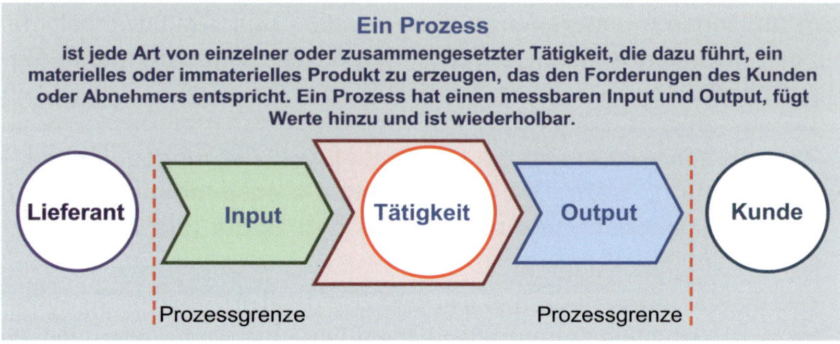

Bild 4.1: Prozessdefinition

Die Prozessgrenzen sind Schnittstellen, an denen ein Kunden-Lieferanten-Verhältniss entsteht. Als Kunde oder Lieferant treten entweder Marktteilnehmer (externe Kunden bzw. Zulieferer) oder an der Produkterstellung beteiligte vorgelagerte bzw. nachgelagerte Prozesse (Abteilungen) auf. Input und Output können physische Objekte (z. B. Bauteile), Informationen von unterschiedlicher Form und Inhalt (z. B. Stücklisten) und Entscheidungen (z. B. Freigabe eines Bauteils) sein. Die Merkmale eines Prozesses können wie folgt beschrieben werden:

Prozessmerkmale müssen vollständig berücksichtigt werden.

- wiederkehrender Vorgang bzw. Abfolge von Vorgängen,
- besitzt einen In- und Output,
- In- und Output können physische Objekte, Leistungen, Informationen und Entscheidungen sein,
- jeder Prozess hat externe bzw. interne Kunden und Lieferanten,
- jeder Prozess ist ein Teil eines Prozessnetzwerkes,
- Prozesse sind untereinander über Schnittstellen leistungsverknüpft,
- Prozesse beeinflussen die Wirtschaftlichkeit und die Qualität der Leistungserstellung,
- Hauptziel der Prozesse ist ein rationeller oder ideeller Wertzuwachs.

Vor der Definition eines Prozesses muss eine Abgrenzung zu vorherigen bzw. nachfolgenden Prozessen durchgeführt werden.

Beispiel:
In Bild 4.2 ist der Ablauf einer Kundenanfrage bezüglich Service- und Wartungsarbeiten dargestellt. Die Schnittstelle zwischen dem Kunden und dem Unternehmen bildet die Serviceabteilung, die entsprechend dem Ablauf der einzelnen Vorgänge die Kundenanfrage bearbeitet. Der Prozess beginnt mit der Annahme der Kundenanfrage und endet mit der Personal- und Terminplanung für die Durchführung eines vergebenen Auftrags.

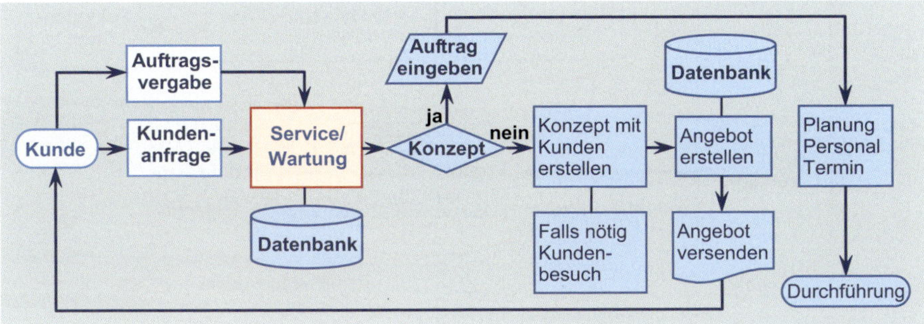

Bild 4.2: Kundenanfrage im Service- und Wartungsprozess

4.1.2 Klassifizierung von Prozessen

Unternehmensprozesse bilden über ihre Schnittstellen ein umfangreiches Netzwerk. Sie sind ein geradliniger, sequenzieller Fluss von Tätigkeiten, weil ihre Aktivitäten durch einen komplexen Informations- und Materialfluss verknüpft sind. Da sie unterschiedliche Aufgaben bzw. Ziele verfolgen und ihre Bedeutung für ein Unternehmen unterschiedlich ist, ist eine Differenzierung notwendig.

Klassifizierung von Prozessen bringt Klarheit.

1. Klassifizierung nach Aufgaben und Zielen der Prozesse

Die ISO 9000 führt vier Arten von Prozessen auf (Bild 4.3). In der obersten Ebene handelt es sich um die **Verantwortung der Leitung** in Form von Planungs-, Entscheidungs- und Controllingprozessen der Geschäftsleitung (z. B. Festlegung der Produktpalette, Entscheidung über Investitionsvorhaben usw.). Das **Ressourcenmanagement** lenkt entsprechend den Vorgaben der Geschäftsleitung die Ressourcen (z. B. Personalplanung, -beschaffung und -entwicklung). Prozesse der **Produktrealisierung** sind für die Wertschöpfung verantwortlich (z. B. Produktion). Eine geplante Wertschöpfung kann aber nicht ohne unterstützende Prozesse, wie **Messung, Analyse und Verbesserung**, erfolgreich ihre Ziele erreichen (z. B. Wareneingangskontrolle).

Die ISO 9000 definiert vier wesentliche Arten von Prozessen.

2. Klassifizierung nach Bedeutung der Prozesse

Weiteres Klassifizierungsmerkmal ist die Bedeutung der Prozesse für das Unternehmen. Hier wird zwischen Kernprozessen und Supportprozessen unterschieden.

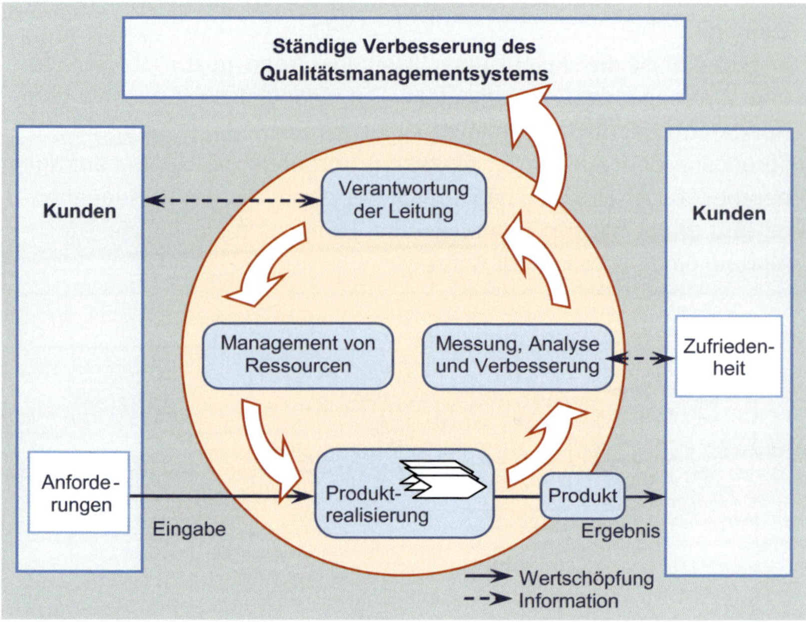

Bild 4.3: Prozessarten nach ISO 9000:2005

Kernprozesse werden unmittelbar aus der Strategie abgeleitet und machen den nachhaltigen Wettbewerbsvorteil eines Unternehmens aus. Sie umfassen den gesamten Wertschöpfungsprozess eines Produktes oder einer Dienstleistung in einem Unternehmen und weisen einen unmittelbaren Marktkontakt auf (z. B. Produktion eines Flugzeugs). Diese Kernprozesse spiegeln die Kernkompetenzen des Unternehmens wider. Sie sollten aus diesem Grund nicht infolge von Rationalisierungsmaßnahmen „outgesourct“ werden. Ihre Merkmale können wie folgt beschrieben werden:

Kernprozesse (Primärprozesse)

- sind einzigartige Ressourcen (oder Fähigkeiten),
- bringen Vorteile gegenüber der Konkurrenz,
- bringen dem Kunden einen wahrnehmbaren Zusatznutzen,
- sind wissensbasiert,
- sind beschränkt handelbar,
- sind schwer imitierbar,
- sind schwer substituierbar,
- sind Wertschöpfungsketten und
- leiten sich aus Kernkompetenzen ab.

Supportprozesse unterstützen die Kernprozesse.

Supportprozesse sind Prozesse, die im Unternehmen ablaufen, die jedoch nicht zu den Kernprozessen gehören. Deshalb tragen Supportprozesse auch nicht direkt zum Kundennutzen bei. Supportprozesse erfüllen lediglich unterstützende Aufgaben und können aus Rationalisierungsgründen „outgesourct“ werden.

3. Klassifizierung nach Funktion der Prozesse

Die Prozesse können außerdem nach ihrer Funktion untergliedert werden in:

- Hauptprozesse und Teilprozesse,
- Kernprozesse, Schlüsselprozesse, qualitätsrelevante Prozesse,
- Geschäftsprozesse, operative Prozesse, Prozesse der Produktrealisierung, Prozesse der Leistungserbringung,
- Leitungsprozesse, Managementprozesse,
- unterstützende Prozesse, Supportprozesse.

4. Klassifizierung nach Kundenorientierung der Prozesse

Starke Kundenbindung bedingt zugeschnittene Prozesse.

Durch die starke Kundenorientierung von Prozessen wird weiter nach der Art der Kunden unterschieden:

- interne Prozesse: der Empfänger des Prozessergebnisses ist ein „interner Kunde".
- externe Prozesse: der Empfänger des Prozessergebnisses ist ein „externer Kunde".

Die Vielfalt der Unterscheidungsmerkmale ist recht groß. Deswegen sollte in der Praxis auf eine einheitliche Sprachregelung geachtet werden.

4.1.3 Prozessstruktur

Prozesse bilden nicht nur aufeinanderfolgende Aktivitäten ab, sondern sie bestehen auch aus verschiedenen Elementen, wie Tätigkeiten, Teilprozessen, Arbeitsplätzen oder auch aus kompletten Arbeitssystemen. DIN 66 262 bietet ein Verfahren an, um sie zu strukturieren und zu visualisieren. Die Prozessabläufe lassen sich auf sechs unterscheidbare Grundformen von Folgebeziehungen (Bild 4.4) zurückführen.

Arten von Grundformen

- **Seriell (Kette)** – Bei der seriell angeordneten Prozesskette handelt es sich um eine unverzweigte Aufeinanderfolge von Ablaufelementen; die Flussrichtung des Ablaufes wird durch Pfeile dargestellt.
- **UND-Verzweigung** – Eine UND-Verzweigung steht am Beginn von zwei oder mehreren Prozessketten, die parallel angeordnet sind. Die Aktivitäten in den verschiedenen parallelen Ablaufzweigen erfolgen unabhängig voneinander.
- **UND-Zusammenführung** – In einer UND-Zusammenführung können die nach einer UND-Verzweigung parallel verlaufenden Teilabläufe wieder zusammengeführt und gemeinsam fortgeführt werden. Der einer Zusammenführung direkt folgende Ablaufschritt kann erst

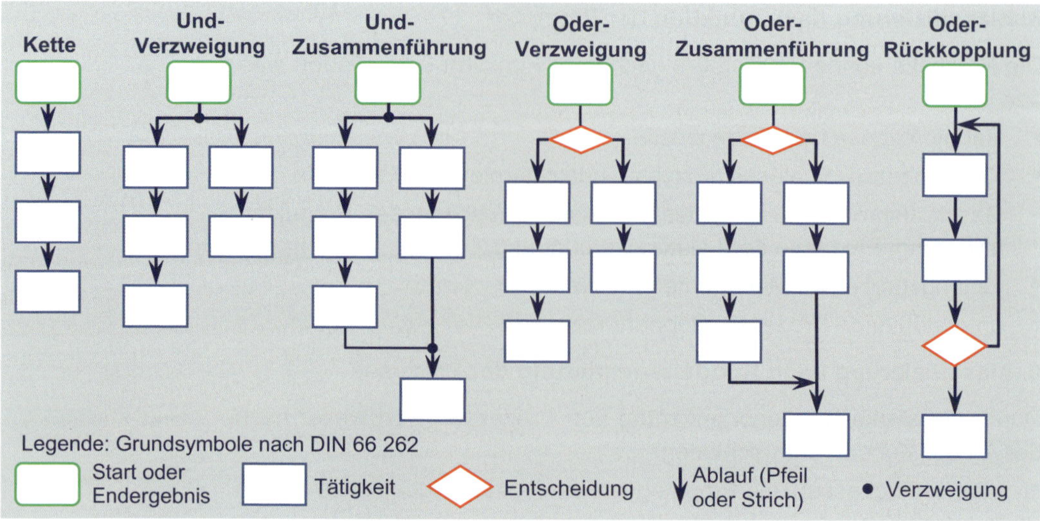

Bild 4.4: Ablauflaufdarstellung nach DIN 66 262

ausgeführt werden, wenn beide Vorgänger durchlaufen sind. Die Zusammenführung wird durch einen Punkt gekennzeichnet.

Prozessstrukturierung erfolgt nach Regeln.

- **ODER-Verzweigung** – Bei der ODER-Verzweigung erfolgt aufgrund von Bedingungskonstellationen mit zwei oder mehr Ausprägungen eine Weichenstellung. Es wird eine Parallelbearbeitung ausgelöst, wobei die parallelen Ablaufelemente alternativ abgewickelt werden. Verzweigungen werden durch eine Raute gekennzeichnet; die Raute enthält die Bedingung, von deren Erfüllung die Wahl der Alternative abhängt.
- **ODER-Zusammenführung** – In einer ODER-Zusammenführung werden, wie bei der UND-Zusammenführung, alternative Teilabläufe zusammengeführt, um gemeinsam fortgesetzt zu werden. Die Zusammenführung wird durch einen Pfeil gekennzeichnet.
- **ODER-Rückkopplung** – Bei der ODER-Rückkopplung handelt es sich grundsätzlich um eine ODER-Zusammenführung nach einer ODER-Verzweigung. Die Besonderheit liegt jedoch darin, dass bei der ODER-Verzweigung nicht nur auf ein oder mehrere im Ablauf nachgelagerte Elemente verzweigt wird, sondern auch auf ein im Ablauf vorgelagertes Element. Es handelt sich hierbei um die Wiederholung eines Ablaufschrittes, der in Abhängigkeit von bestimmten Bedingungskonstellationen durchzuführen ist.

Außer den im Bild 4.4 dargestellten Grundsymbolen bietet die Norm weitere Elemente zur Prozessvorgangsbeschreibung.

4.1.4 Prozesse definieren

Mit der Definition eines Prozesses können unterschiedliche Ziele verfolgt werden. Sie reichen von der Optimierung eines Teilprozesses bzw. einzelner Vorgänge bis zur Implementierung eines QM-Systems. Unabhängig von der Zielsetzung müssen die Phasenfolge und der Detaillierungsgrad der Prozessdefinition berücksichtigt werden.

Phasenfolge der Prozessdefinition

Die Vorgehensweise bei der Definition eines Prozesses erfolgt nach der 4-Phasen-Methode (Bild 4.5).

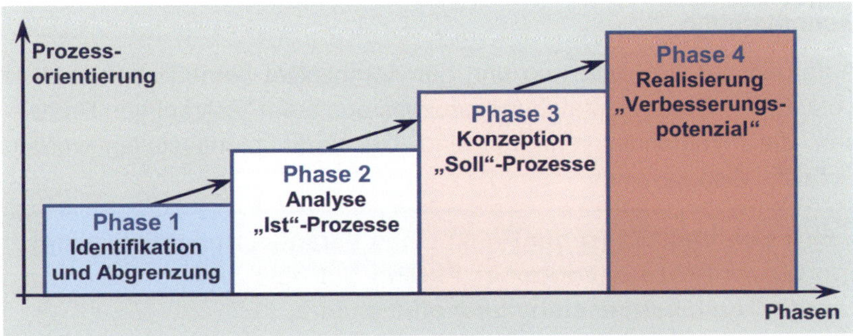

Bild 4.5: Die 4-Phasen-Methode der Prozessdefinition [Wag01]

Systematische Vorgehensweise ist wichtig.

Entsprechend den einzelnen Phasen werden der Anfang und das Ende des Prozesses festgelegt und eine Ist-Analyse durchgeführt. Aufgrund der Analyse und der geänderten Forderungen wird ein Soll-Prozess konzipiert und das Verbesserungspotenzial realisiert. Mit der Durchführung der jeweiligen Phase steigt die Prozessorientierung.

Detaillierungsgrad der Prozessdefinition

Ein Gesamtsystem, z. B. das Qualitätsmanagementsystem, könnte als Blackbox mit Out- und Input oder mit allen Abläufen als Gesamtnetzwerk dargestellt werden.

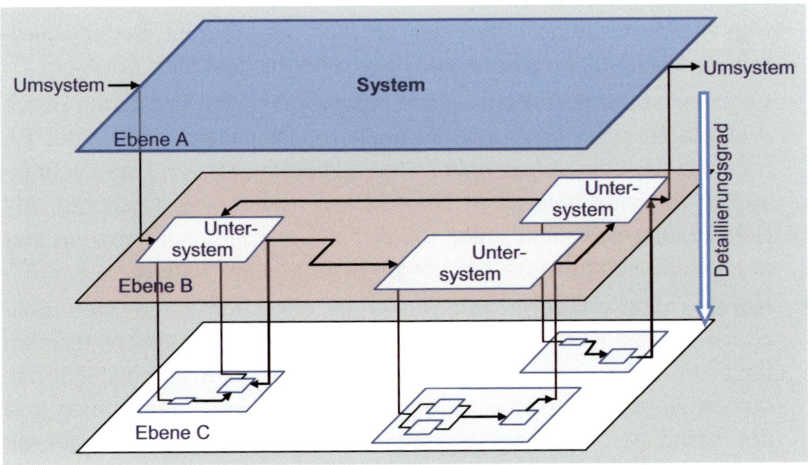

Bild 4.6: Vorgehensprinzip nach dem Detaillierungsgrad [Schö00]

Die erste Variante verhindert jegliche Möglichkeit zur Prozessverbesserung. Die zweite Variante stellt aufgrund ihrer Komplexität ein fast unüberwindbares Hindernis dar. Deswegen muss die Prozessdefinition

Detaillierungsgrad der Prozesse richtet sich nach der Zielsetzung.

entsprechend der Zielsetzung und daraus resultierendem Detaillierungsgrad auf verschiedenen Ebenen ablaufen (Bild 4.6). Im ersten Schritt werden die Systemebenen und damit der Detaillierungsgrad festgelegt. Die Prozessdefinition beginnt in der obersten Ebene. In einem weiteren Schritt werden alle Untersysteme festgelegt und jeweils als eigenständige Systeme, Prozesse bzw. Teilprozesse betrachtet. Die Festlegung richtet sich nach betrieblichen Gegebenheiten.

Schnittstellen

Aufgrund der Arbeitsteilung und der Komplexität betrieblicher Abläufe besteht der Produktentstehungsprozess aus einer Vielzahl von Prozessen, die miteinander verknüpft sind. Die Verknüpfungsstellen werden Schnittstellen genannt.

> **Eine Schnittstelle ist der Punkt eines Verantwortungsübergangs in einem Prozess von einer Person auf eine andere oder von einer Organisationseinheit auf eine andere.**

Schnittstellen verknüpfen Prozesse.

Bei der Daten-, Leistungs- und Informationsübermittlung zwischen Organisationseinheiten ergeben sich in erster Näherung **Datenschnittstellen, Leistungsschnittstellen und Kommunikationsschnittstellen**. Sie dienen dem Austausch von Daten, physischen Objekten, Informationen und Entscheidungen.

- **Datenschnittstellen** – Eine automatische Datenübertragung ist nach DIN 44 600 der „Übergang an der Grenze zwischen zwei gleichartigen Einheiten mit vereinbarten Regeln für die Übergabe von Daten oder Signalen". Signale sind für organisatorische Zwecke nicht relevant. Es ist wichtig, dass man auch eine manuelle Datenübermittlung in Form von Formularen, Berichten, Dokumenten Schnittstelleneigenschaften hat, die auf vereinbarten Regeln beruhen. Die Übermittlung kann zeit- oder ereignisgesteuert erfolgen.
- **Leistungsschnittstellen** – Leistungsschnittstellen entstehen durch Austauschbeziehungen von Realgütern, Dienstleistungen oder Finanzmitteln. Leistungsschnittstellen sollten immer von Datenschnittstellen begleitet sein (z. B. Lieferschein, Lohnbeleg, Quittung). Als Schnittstelle soll nicht jeder mögliche Transport, sondern nur der organisatorisch gewünschte Vorgang angesehen werden.
- **Kommunikationsschnittstellen** – In der Literatur werden üblicherweise die Kommunikationsschnittstellen als Datenschnittstellen bezeichnet. Nicht jede Interaktion kann auf Datenschnittstellen reduziert werden. Wesentliche Entscheidungen im Unternehmen und der damit verbundenen Informationsbeschaffung beruhen gerade auf nicht formalisierten Kanälen. Man kann sogar sagen, dass tendenziell die nicht formalisierten Informationen für unternehmerisches Handeln wesentlich sind, da Unternehmertum auf Informationsvorsprüngen beruht. Demgegenüber dienen die oben besprochenen Datenschnittstellen stärker der operativen Abwicklung.

Informelle Schnittstellen müssen berücksichtigt werden.

Die Kommunikation findet auf zweierlei Arten statt, direkt zwischenmenschlich, etwa in Form einer Besprechung, oder technikgestützt, wenn infolge räumlicher Entfernung ein Medium benutzt werden muss.

Schnittstellen können sich unterschiedlich auf den Gesamtprozess auswirken:

Schnittstellen beeinflussen die Effizienz des Gesamtprozesses.

- positiv > leistungserhöhend,
- negativ > leistungserniedrigend,
- neutral > kein Effekt.

In den häufigsten Fällen verursachen sie Verluste, die auf mangelnde Kommunikation bzw. fehlende Verantwortungszuständigkeit zurückzuführen sind.

Prozesslandschaft

Die Prozesslandschaft gibt die zu einem Netzwerk zusammengefügten einzelnen Prozesse in Form eines Gesamtsystems wieder.

Beispiel:
Ein Prozess in der obersten Ebene eines Projektes ist die Angebotsphase. In Bild 4.7 ist der Ablauf einer Angebotsphase für die Entwicklung und Fertigung eines Zulieferteiles für die Maschinenbauindustrie dargestellt. In der zweiten Ebene sind einzelne Prozesse wie Qualitätsforderungen ermitteln, QM-Plan erstellen usw. miteinander verknüpft. Sie bilden eine logische Abfolge der Prozesse und ihrer Schnittstellen.

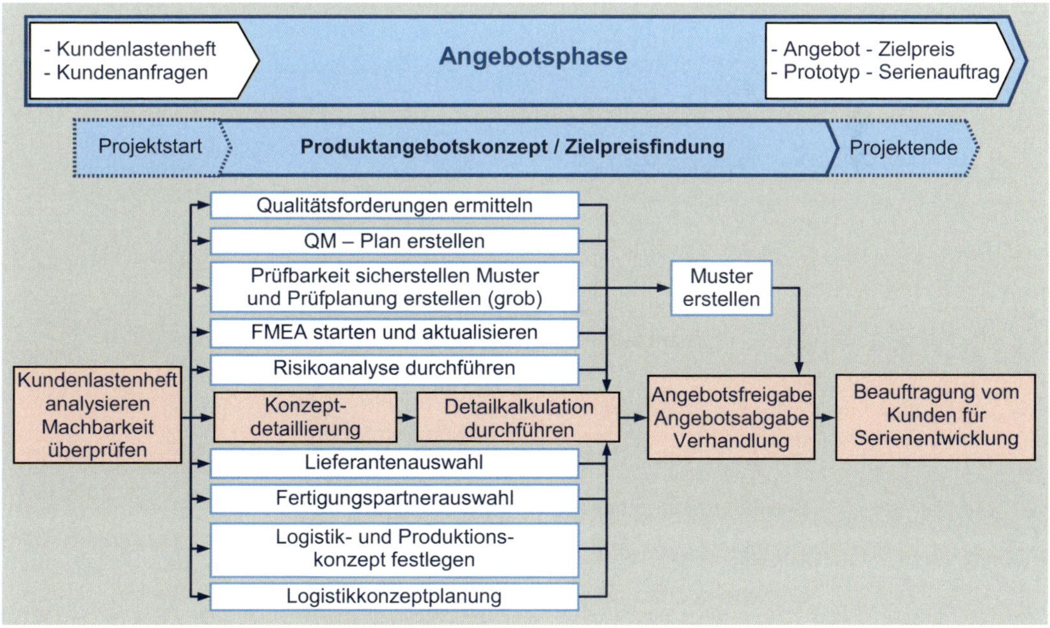

Bild 4.7: Angebotsphase als Teil der Prozesslandschaft

Mittel zur Prozessdefinition

Alle Vorgänge im Prozess erfassen

Das Ziel der Prozessdefinition ist unter anderem, alle Vorgänge im Prozess zu erfassen, zu beschreiben und ihre Abhängigkeit zu visualisieren. Die benötigten Informationen und Daten werden mithilfe folgender Quellen bzw. Mittel gewonnen:

- Dokumenten,
- Datenbanken,
- Fragebogen,
- Interviews.

Eine systematische Erfassung und Analyse wird durch die Anwendung von Problemlösungstechniken (siehe Kap. 7) unterstützt.

4.2 Prozesse bewerten

Ein Prozess ist ein Teil eines Gesamtsystems, das Wertschöpfung zum Ziel hat. Aus ökonomischer Sicht soll die Wertschöpfung das geringste Kosten-Nutzen-Verhältnis erzielen. Auch der Markt stellt Forderungen, wie Qualität, Flexibilität, kurze Lieferzeiten (Durchlaufzeit) usw., an die Prozesse. Also stellt er eine Reihe von Forderungen, die ein Prozess erfüllen muss und die entsprechend zur Prozessbewertung herangezogen werden müssen.

Prozessbewertung ist eine Voraussetzung für die Erfüllung von Forderungen und Zielen.

Auf der Grundlage der Prozessforderungen, -eigenschaften und -ziele werden Prozesskriterien erfasst und bewertet. Die Bewertungsmethoden müssen darlegen, dass die Prozesse in der Lage sind, die geplanten Ergebnisse zu erzielen.

Es handelt sich um Bewertungskriterien für das **Management der Prozesse** und der **Ergebnisse der Prozesse** (Bild 4.8).

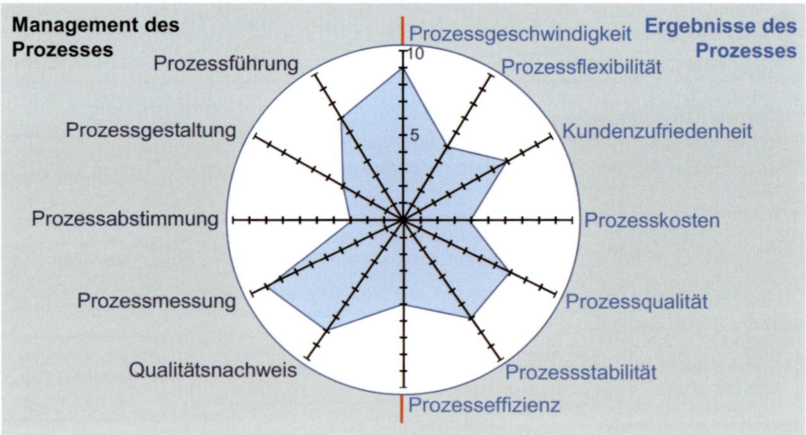

Bild 4.8: Kriterien der Prozessbewertung [Ben9.1]

Mithilfe eines festgelegten Bewertungsrasters wird das Profil nach Schwachstellen untersucht.

4.2.1 Management des Prozesses

Das Management der Prozesse erfüllt folgende Funktionen:

- Dokumentationsfunktion: Aufzeigen des Ist-Zustandes,
- Planungsfunktion: Vorgabe von Planwerten,
- Kontrollfunktion: Vergleich der Plan- mit den Ist-Werten.

Management der Prozesse sorgt für die Erfüllung der Forderungen.

Sie beschreiben den Leistungsstand der Prozesse in den Dimensionen Zeit, Kosten und Qualität und orientieren sich an Erfolgsfaktoren, die durch Kundenwünsche, Wettbewerbssituationen und strategische Ziele beeinflusst werden. Sie müssen klar definiert und einem bestimmten Kontrollpunkt im Prozess zugeordnet sein.

Die Bewertung erfolgt anhand von Kriterien und Kennzahlen.

- **Prozessführung**
  regelt die Verantwortungsbereiche der Prozessbeteiligten, definiert die Prozessziele, lenkt KVP, bei Einführung von Innovationen veranlasst Mitarbeiterschulung,
- **Prozessgestaltung**
  plant, gestaltet und dokumentiert den Prozess, legt Leistungsparameter fest, lenkt den Informationsfluss,
- **Prozessabstimmung**
  stimmt den In- und Output mit den Kunden und Lieferanten ab, sorgt für interne Abstimmung, koordiniert die Schnittstellen mit anderen Prozessen, stimmt Leistungsforderungen und -vereinbarungen ab,
- **Prozessmessung**
  Leistungsparameter werden regelmäßig gemessen, Plan-Ist-Vergleich durchgeführt,
- **Qualitätsnachweis**
  Qualitätskennzahlen werden ermittelt, dokumentiert und analysiert, potenzielle Risiken ermittelt und bewertet, Audits durchgeführt.

Die DIN ISO 9004:2009 zeigt ein Bewertungsmodell auf.

4.2.2 Ergebnisse des Prozesses

Als Ergebnisse werden sowohl messbare als auch bewertbare Kennzahlen und Eigenschaften des Prozesses erfasst.

Ergebnisse des Prozesses informieren über die Erfüllung der Forderungen.

- **Prozessgeschwindigkeit**
  Es wird die Durchlaufzeit bzw. Dauer des Prozesses oder eine bezogen Kennzahl ermittelt.
- **Prozessflexibilität**
  wird anhand der Reaktionsgeschwindigkeit auf Veränderungen, z. B. der Kundenwünsche bzw. anhand der Zeitdauer zur Implementierung von Prozessänderungen bestimmt.
- **Prozessstabilität**
  beschreibt die Leistungsschwankungen.

- **Prozessqualität**
  Prozentsatz der Prozessergebnisse (Outputs), die den vereinbarten Kundenerwartungen entsprechen bzw. die innerhalb der festgelegten Toleranzgrenzen liegen (z. B. Termintreue, Fehlerrate, Verfügbarkeit usw.).
- **Kundenzufriedenheit**
  Die Kundenzufriedenheit, Anzahl der Beschwerden usw. wird ermittelt.
- **Prozesskosten**
  Die Art, die Höhe, der Zeitpunkt und die Ursache für die Kostenentstehung wird erfasst.
- **Prozesseffizienz**
  Die Prozesseffizienz wird anhand von Kennzahlen ermittelt.

Für die operative Prozessbewertung ist der Prozessverantwortliche in enger Zusammenarbeit mit den beteiligten Mitarbeitern bzw. den Kunden und Lieferanten des Prozesses zuständig.

Beispiel:
Bei der Entwicklung eines neuen Produktes wird häufig eine neue Produktionstechnologie eingesetzt. Das setzt voraus, dass der Prozessverantwortliche rechtzeitig über die geänderten Prozessforderungen informiert wird und außer den Investitions-/Installationsmaßnahmen auch eine Weiterbildungsmaßnahme für die betroffenen Mitarbeiter veranlasst. Die Art und Weise dieser Maßnahme fällt unter das Kriterium Prozessführung.

4.3 Prozesse lenken und überwachen

4.3.1 Prinzip der Prozesslenkung

Prozesslenkung erfordert eine Rückkopplung des Istzustandes an den Sollzustand.

Das Ziel der Prozesslenkung ist es, Prozesse zu beherrschen. Sie unterliegen einer Menge von Einflüssen, die die Prozessvorgänge und somit die Leistung und das Ergebnis der Prozesse verändern. Eine erfolgreiche Führung der Prozesse setzt Planung und Kontrolle der relevanten Größen voraus, um bei Abweichungen möglichst zeitnah steuernd eingreifen zu können.

Die Qualitätslenkung eines Prozesses (Bild 4.9) bedient sich maschinengesteuerter Regelkreise bzw. besteht aus Steuerungsmaßnahmen, nach einem bestimmten Plan, mit Rückkopplung.

Die Betrachtung liegt im Wesentlichen auf der Steuerung der Prozessführung. Basierend auf der Prozessplanung definieren Soll-Daten die Zielgrößen, die den Ist-Daten gegenübergestellt werden. Eventuell auftretende Abweichungen führen zum Ergreifen von Maßnahmen der Prozesssteuerung zur Gewährleistung zeitnaher Korrekturen.

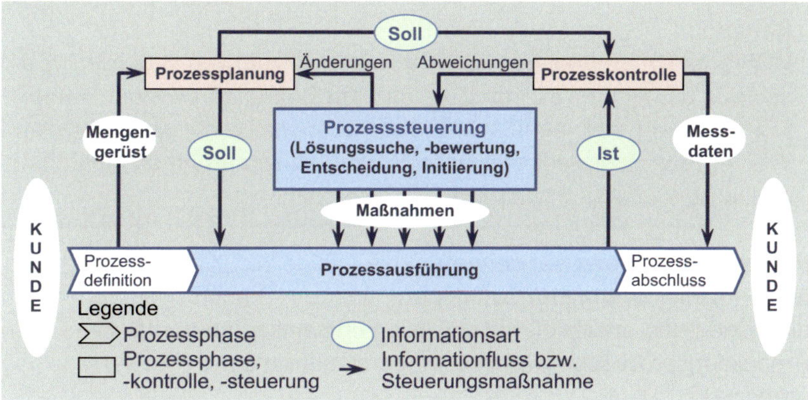

Bild 4.9: Planung, Steuerung und Kontrolle eines Prozesses [Bur07]

Auf der Grundlage der Prozessbewertung stellt der Verantwortliche für die Lenkung der Prozesse einen Soll-Ist-Vergleich der Prozessparameter auf und ermöglicht beim Auftreten von Abweichungen eine Durchführung von geeigneten Maßnahmen.

Bild 4.10 verdeutlicht die Notwendigkeit eines zeitnahen Eingreifens bei Abweichungen zwischen Ist- und Sollverlauf.

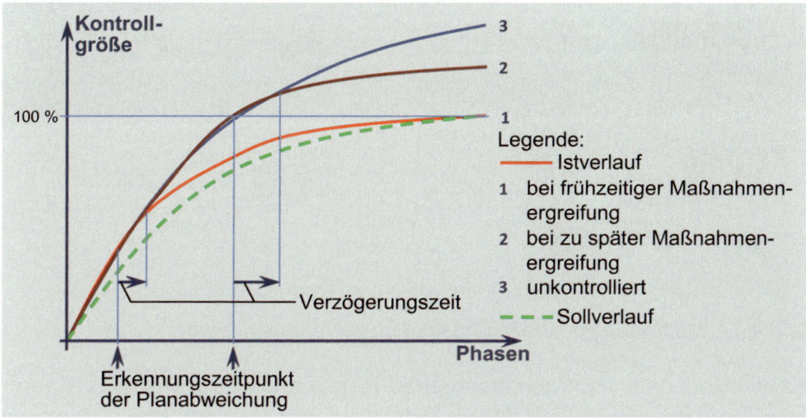

Bild 4.10: Konsequenzen unterschiedlicher Zeitpunkte der Maßnahmenergreifung bei Planabweichungen [Bur07]

Frühzeitige Ergreifung von Maßnahmen ist wichtig.

Man erkennt die Reversibilität von Planabweichungen bei einem zeitnahen Eingreifen wie in Kurve 1 dargestellt. Demgegenüber weisen die Kurven 2 und 3 Verläufe auf, die nicht mehr an die Sollgröße anzupassen sind, da zum Handlungszeitpunkt bereits zu große Abweichungen bestehen. In der Praxis bedeutet dies, dass die Ziele nicht mehr erreicht werden können. Ausschuss, Nacharbeitskosten, längere Durchlaufzeiten usw. sind die unerwünschten Folgen. Es besteht also die Notwendigkeit, Abweichungen vom Sollzustand möglichst frühzeitig zu erkennen und durch Korrekturmaßnahmen zeitnah zu beheben.

Beispiel:
Während der Bearbeitung einer größeren Anzahl von Bauteilen verschleißt der Bohrer mit der Zeit, und die Bohrungen werden immer kleiner. Bevor das Istmaß die Toleranz überschreitet, wechselt der Werker (das Stellglied) den Bohrer, und das Istmaß erhält eine ausreichende Sicherheit bezüglich der Toleranzgrenze.

Bei geplanten Prozessänderungen, die infolge von KVP bzw. geänderten Prozessforderungen entstehen, werden Steuerungsmaßnahmen eingeleitet und anschließend auf ihre Wirksamkeit überprüft. Qualität in Produktionsprozessen wird überwiegend mithilfe einer Prozessregelung erreicht.

4.3.2 Arten der Prozessregelung und -überwachung

In vielen Lieferbedingungen wird gefordert, dass ein Mindestprozentsatz aller Messwerte (z. B. 99,994 %) innerhalb einer vorgegebenen Toleranzgrenze liegen muss. Also müssen die entsprechenden fertigungsnahen Prozesse geregelt bzw. überwacht werden.

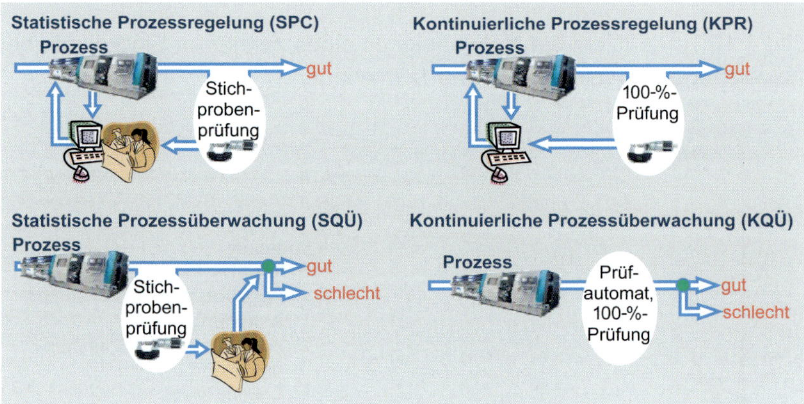

Bild 4.11: Methoden zur Prozessregelung und -überwachung

Prozesslenkung erfordert eine Rückkopplung des Istzustandes an den

Es werden dem Produktionsprozess regelmäßig Stichproben entnommen und die ermittelten Messwerte ausgewertet. Auf der Grundlage eines Soll-Ist-Vergleichs werden die Stellgrößen des Prozesses verändert oder Teile aussortiert. Prinzipiell bieten sich vier Methoden zur Prozessregelung und -überwachung an (Bild 4.11).

Sie weisen folgende Charakteristik auf:

- Statistische Prozessregelung (SPC – statistic process control); greift frühzeitig in den Prozess ein und wirkt aufgrund von Korrekturmaßnahmen Fehlentwicklungen entgegen; dem Prozess werden regelmäßig Stichproben entnommen.
- Kontinuierliche Prozessregelung (KPR); aufgrund der 100-%-Prüfung kann kontinuierlich durch direkte Rückkopplung auf die Maschinensteuerung Einfluss genommen werden.

- Statistische Prozessüberwachung (SPÜ); sie beurteilt die Qualität anhand von Stichproben und sortiert aus.
- Kontinuierliche Prozessüberwachung (KPÜ); bei 100-%-Prüfung wird aussortiert.

Auf die Fehlerhäufigkeit kommt es an.

Das Ziel des Qualitätsmanagements ist eine Null-Fehler-Produktion. Die Gründe für diese Forderung liegen einerseits in den Kosten und anderseits in den Kundenforderungen.

Deswegen wird in den Liefervereinbarungen ein bestimmter Anteil von möglichen fehlerhaften Einheiten im Los in Form von **AQL-Werten** festgelegt. Das bedeutet, dass die „**Annehmbare Qualitätsgrenzlage** (AQL – Acceptable Quality Level)" als Grenzwert für den zulässigen Fehleranteil im ppm-Bereich vorgegeben wird. Auch in der Lieferantenbewertung findet man unter anderen die Angaben zur Erfüllung des AQLs.

4.3.3 SPC – statistische Prozessregelung

Die statistische Prozessregelung SPC gehört zu den bevorzugtesten Regelungsarten in der Produktion. Dieser **prozessnahe Regelkreis** aus Tätigkeit, Prüfung, Analyse und Rückkopplung der Steuerungsgrößen sichert eine nahezu fehlerfreie Produktion. Ein Beispiel der Regelung eines Produktionsprozesses ist in Bild 4.12 aufgeführt.

Ziel der SPC ist es, Qualitätsdefizite bereits während der Produktion zu entdecken und ihnen bei Auftreten unbefriedigender Stichprobenergebnisse durch steuernde Eingriffe entgegenzuwirken.

Durch den Einfluss von **systematischen und zufälligen Einflussgrößen** streut die Regelgröße. Aufgrund einer regelmäßigen Stichproben-

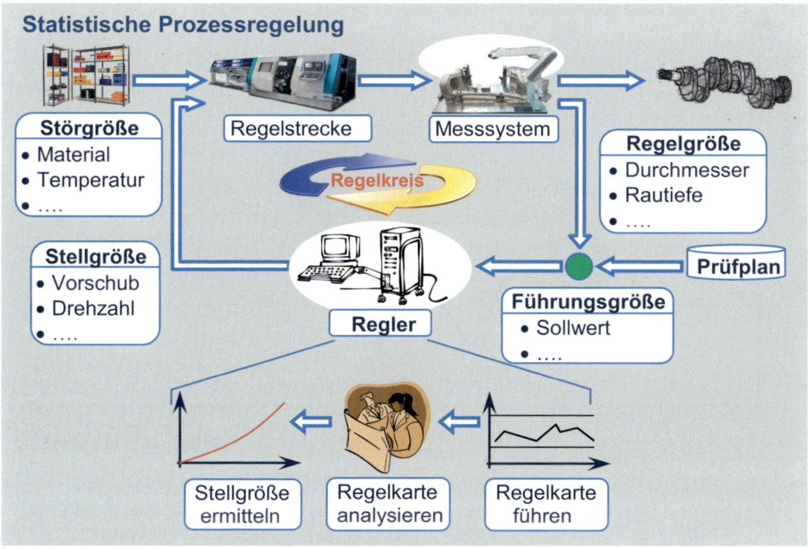

Bild 4.12: Prinzip der statistischen Prozessregelung

Prozess muss in statistischer Kontrolle sein.

entnahme wird bei der Überschreitung einer Grenze, die kleiner ist als die zulässige Toleranz, mithilfe einer Stellgröße geregelt. So wird ein Ausschuss vermieden. Die Analyse der Messwerte und die Entscheidung zum Eingreifen erfolgen mithilfe der Qualitätsregelkarte.

Beispiel:
In Bezug auf das in Kap. 4.3.1 aufgeführte Beispiel über den Einfluss des Werkzeugverschleißes kann die Datenerfassung anhand von momentanen Stichproben erfolgen. Das Führen einer Qualitätsregelkarte (SPC) ermöglicht ein rechtzeitiges Eingreifen in Form eines Werkzeugwechsels. So wird verhindert, dass Ausschuss produziert wird.

Qualitätsregelkarte

Qualitätsregelkarte ist ein Regler.

Die QRK ist ein kartesisches Koordinatensystem, in dem über die Zeit *t* das Merkmal *x* (oder abgeleitete Kennwerte wie Mittelwert, Standardabweichung usw.) aufgetragen werden. In definierten Zeitabständen werden dem Produktionsprozess Stichproben entnommen, deren Ergebnis direkt oder statistisch ausgewertet in die QRK eingetragen wird (Bild 4.13). Das Ziel ist, die momentane, meist normal verteilte Wertehäufigkeit in der Produktion eines Prozesses nach Lage und, so weit möglich, nach Streuung zu steuern.

Die QRK beschreibt den zeitlichen Prozessverlauf. Das Überschreiten der festgelegten **oberen Eingriffsgrenze OEG** oder der **unteren Eingriffsgrenze UEG** ist ein Indiz für das Auftreten eines Störeinflusses. Die Eingriffsgrenzen befinden sich innerhalb der Toleranzgrenzen, sodass noch kein Ausschuss gefertigt wurde. Beim Überschreiten der Eingriffsgrenzen muss mithilfe der Steuergrößen Einfluss auf den Produktionsprozess genommen werden.

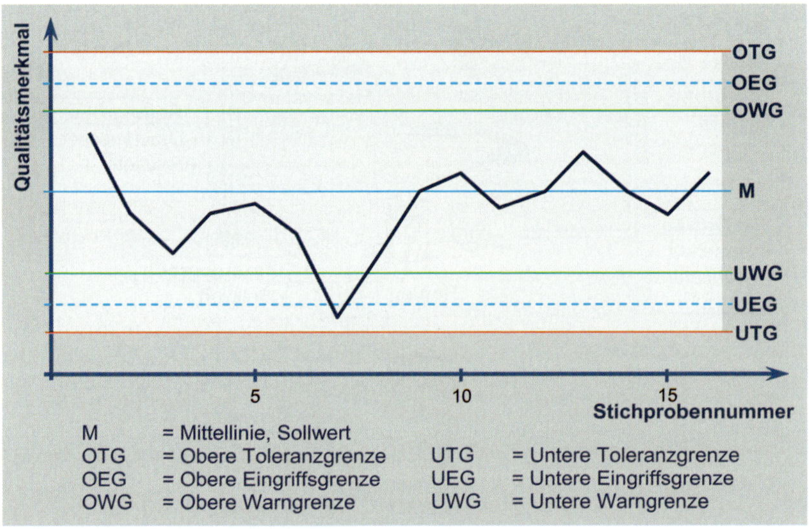

Bild 4.13: Schematisierte Qualitätsregelkarte

Der Einsatz der **Warngrenzen** in der Regelkarte dient zur Senkung des Prüfaufwandes. Befinden sich die Kenndaten innerhalb der Warngrenzen, kann der Prozess mit einem **reduzierten Prüfniveau** beobachtet werden. Beim Überschreiten der Warngrenzen muss das Prüfniveau verschärft werden.

Auf jeden Fertigungsprozess wirken **Störgrößen**, die für die **Streuung der Merkmale** verantwortlich sind. Es handelt sich um **zufällige** und **systematische Einflüsse**.

Zufällige Einflüsse

Zufällige Einflüsse, wie z. B. das Schwanken der Umgebungstemperatur, Inhomogenität des Werkstoffes, Zustand der Werkzeugmaschine usw., verursachen Streuungen. Sie werden toleriert, solange sie den Prozess nicht zu stark beeinflussen. Die Minderung ihres Einflusses ist meist mit unverhältnismäßig hohen Kosten verbunden (Chipfertigung – klimatisierte Räume). Da sie den statistischen Gesetzmäßigkeiten gehorchen, können sie mithilfe der Verteilungsform und ihrer Kenngrößen erfasst werden.

Zufällige und systematische Einflüsse verursachen eine Prozessstreuung.

Systematische Einflüsse

Werkzeugverschleiß z. B. verursacht bei gleichbleibenden Bedingungen (Zustellung, Kühlung, ...) Änderungen der Werkstückmerkmale. Hier handelt es sich um einen stetigen Prozess mit einer Tendenz. Auch weitere systematische Einflüsse (Maschinenverschleiß) unterliegen nicht den statistischen Gesetzmäßigkeiten. Sie sind allerdings zeitabhängig und können anhand von Qualitätsregelkarten erfasst werden.

Aufgrund der Wirkung von zufälligen und systematischen Einflüssen unterscheidet man zwei Arten von Prozessen:

- **Prozess in statistischer Kontrolle** ist ein Prozess mit natürlicher Variabilität, er ist stabil und vorhersagbar.
- **Prozess in nicht statistischer Kontrolle** weist eine unnatürliche Variabilität auf, ist instabil und nicht vorhersagbar.

Ein **Prozess in statistischer Kontrolle** mit **natürlicher Variabilität** ist die Voraussetzung für die Einführung von SPC sowie das Erreichen von höchster Qualität zu niedrigen Kosten.

Ein **Prozess in nicht statistischer Kontrolle** mit **unnatürlicher Variabilität** tritt ohne Vorwarnung ein. Man weiß nicht, wie lange die Variabilität andauert und wann sie endet, aber sie kommt irgendwann mit Sicherheit wieder.

SPC kann auch Informationen zur Beurteilung der Prozesssituation liefern. Voraussetzung ist allerdings, dass nicht nur die Messwerte, sondern auch Angaben z. B. über die Materialcharge der eingesetzten Spritzgussmaschine und der Prozessparameter mit registriert werden. Dies wird heute durch den Einsatz von Netzwerken mit BDE- und MDE-Terminals vielerorts realisiert. Man spricht dann aber meist nicht mehr von SPC, sondern von CPC (Continuous Process Control), der **„Kontinuierlichen Prozessüberwachung“** (Bild 4.11).

Festlegen der Stichprobenhäufigkeit und -größe

Nach dem Festlegen der Prüfmerkmale, wird der Umfang einer Stichprobe festgelegt. Um die systematischen Prozesseinflüsse sicher erkennen zu können, ist eine korrekte Festlegung des Stichprobenumfangs sowie der Stichprobenfrequenz wichtig.

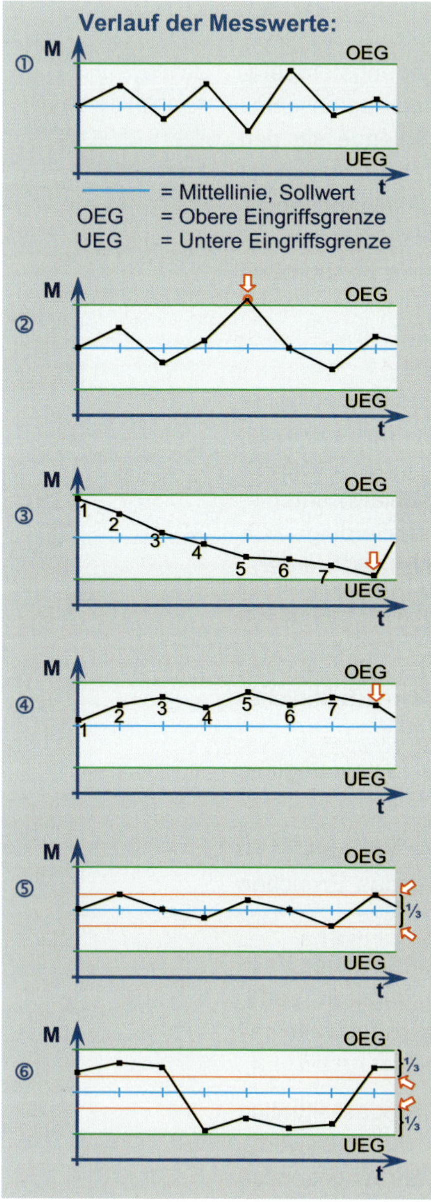

①
- **Was ist passiert?**
  Unter Kontrolle!
  Prozess unter statistischer Kontrolle.
- **Wie muss reagiert werden?**
  Keine Reaktion!
  Keine weitere Maßnahme nötig.

②
- **Was ist passiert?**
  Verlassen der EG!
  Prozess nicht unter statistischer Kontrolle.
- **Wie muss reagiert werden?**
  Prozess untersuchen! Info an den Meister, Problem verdeutlichen, Ursachen ermitteln, Maßnahmen einleiten, Fehlerbeseitigung dokumentieren.

③
- **Was ist passiert?**
  7 Intervalle nach oben/unten (Trend)! Prozess nicht unter statistischer Kontrolle, systematischer Fehler.
- **Wie muss reagiert werden?**
  Prozess untersuchen! Info an den Meister, Problem verdeutlichen, Ursachen ermitteln, Maßnahmen einleiten, Fehlerbeseitigung dokumentieren.

④
- **Was ist passiert?**
  Run oberhalb/unterhalb $\overline{x}$!
- **Wie muss reagiert werden?**
  Prozess untersuchen!
  Info an den Meister, Problem verdeutlichen, Ursachen ermitteln, Maßnahmen einleiten, Fehlerbeseitigung dokumentieren.

⑤
- **Was ist passiert?**
  Werte zu nah am Mittelwert!
  Eingriffsgrenzen falsch berechnet/gezeichnet?
- **Wie muss reagiert werden?**
  Prozess untersuchen!
  Info an den Verfahrenseinrichter.

⑥
- **Was ist passiert?**
  Werte zu nah an der EG!
  Eingriffsgrenzen falsch berechnet/gezeichnet?
  Daten von Fertigungslinien gemischt?
- **Wie muss reagiert werden?**
  Prozess untersuchen!
  Info an den Verfahrenseinrichter.

Bild 4.14: Analyse der Stichprobenverläufe

Der **Stichprobenumfang** von 5–7 Messwerten wird im gleichmäßigen **Zeitintervall** von 10 min bis zu einer Stunde entnommen. Mit der Stichprobenfrequenz und dem Stichprobenumfang ist direkt der Prüfaufwand verbunden, der selbstverständlich so gering wie möglich ausfallen soll. Zu geringe Stichprobenumfänge und zu niedrige Frequenzen ermöglichen keine gesicherte Aussage über das Prozessverhalten. Die entnommenen Stichproben werden als **momentane Stichproben** bezeichnet.

Momentane Stichprobe muss regelmäßig entnommen werden.

Interpretation von Stichprobenverläufen

Anhand der vorliegenden Verläufe können bestimmte Aussagen gemacht und gegebenenfalls ein Regelvorgang eingeleitet werden. Verschiedene Arten der Stichprobenverläufe sind in Bild 4.14 dargestellt.

Analyse der Stichprobenverläufe ist entscheidend.

4.3.4 Prozessfähigkeit und ihre Kenngrößen

Statistische Verfahren werden nicht nur zur Beurteilung der Produktqualität, sondern auch zur Beurteilung der Qualität von Produktionseinrichtungen (Maschinen, Prozesse, Messmittel) eingesetzt. Die Definition von Prozessfähigkeit liefert ein messbares Kriterium, das beim Kauf, bei der Inbetriebnahme, vor der Serienfertigung und während der laufenden Produktion die benötigten Informationen liefert. Auch in Lieferbedingungen werden standardmäßig Kundenforderungen an die Prozessfähigkeit in Form von Kennwerten gestellt.

Jede Maschine hat ein konstruktionsbedingtes Verhalten. Ihre Fähigkeit, **Maschinenfähigkeit c_m** (capability = fähig), ist abhängig von den Forderungen des Benutzers. Die Forderungen werden durch die zulässige Toleranz T eines Merkmals definiert.

Ohne Prozessfähigkeit keine Lenkung

Die Eignung der zur Datenermittlung benötigten Mess- und Prüfmittel wird anhand der **Mess- und Prüfmittelfähigkeit c_g** nachgewiesen.

Da ein Produktionsprozess aus Maschinen, Mess- und Prüfmitteln besteht, sind die Maschinen-, Messmittel- und Prüfmittelfähigkeit ein integraler Bestandteil der **Prozessfähigkeit c_p**.

Fähigkeitsuntersuchung

Zur Einhaltung von vorgegebenen Qualitätsmerkmalen muss sich der **Prozess in statistischer Kontrolle** und seine Streuung innerhalb der zulässigen Toleranz befinden.

Die Fähigkeit (capability) ist das Maß der Streuung in einem stabilen Prozess. Ein Prozess/eine Maschine ist dann fähig, wenn die Streuung kleiner ist als die vorgegebene Toleranz.

Der wesentliche Grund für die Durchführung der Prozessfähigkeitsuntersuchung liegt in der geänderten Betrachtungsweise. Das Ziel ist, aufgrund einer hohen Prozessqualität eine hohe Produktqualität zu

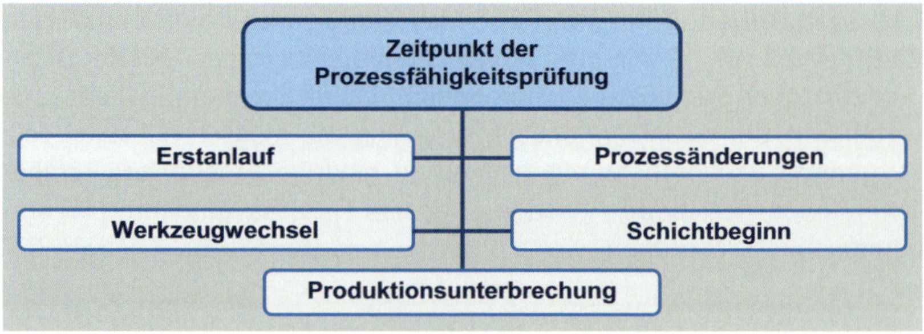

Bild 4.15: Gründe für die Durchführung einer Prozessfähigkeitsuntersuchung

erreichen. Der Zeitpunkt der Fähigkeitsuntersuchung ist von Prozesseingriffen abhängig (Bild 4.15).

Zur Ermittlung der Prozessfähigkeit wird zunächst der Prozess auf seine Streuung und Tendenz analysiert, zufällige und systematische Einflüsse werden erfasst. Ist die Streuung des Prozesses größer als die zulässige Toleranz des Qualitätsmerkmals, müssen Maßnahmen zur Verminderung der Streuung getroffen werden. Danach wird ein Vorlauf durchgeführt, bei dem mindestens 10 Einzelstichproben à 5 Teile entnommen werden. Nach dem Überprüfen auf Normalverteilung werden die Fähigkeitskennwerte c_p und c_{pk} bestimmt (Bild 4.16).

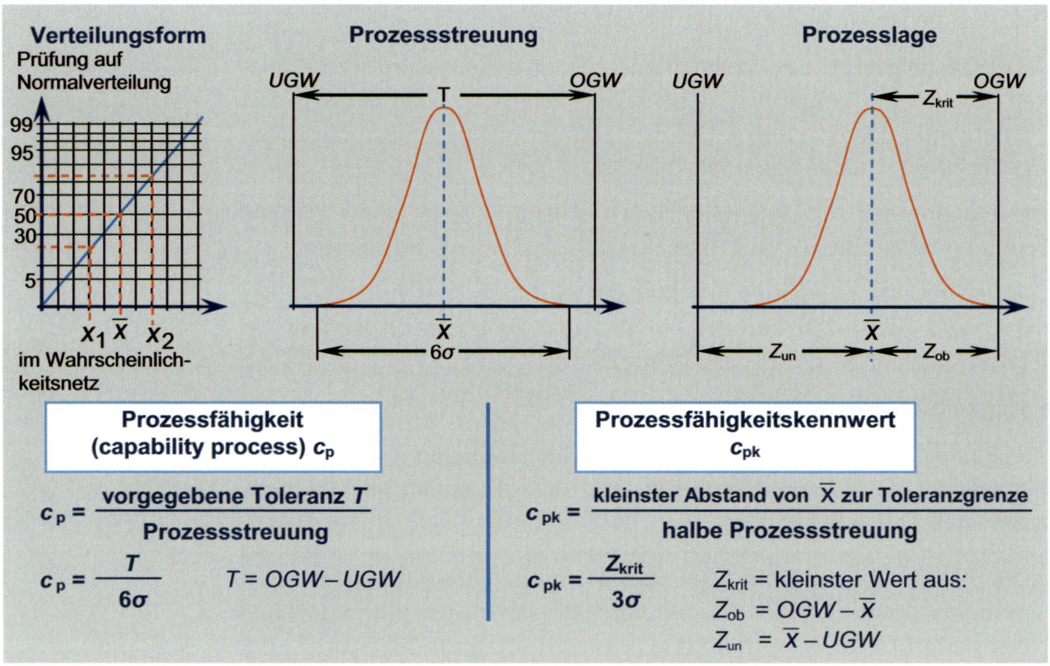

Bild 4.16: Definition der Prozessfähigkeitskennwerte

Prozessfähigkeitskennwerte

Statistisch ist eine Grundgesamtheit, wie sie ein Produktionslos darstellt, durch ihre Form, Streuung (Breite) und Lage (Mittelwert) erfasst. Diese drei Kriterien sind die Grundlagen für die Bestimmung der **Prozessfähigkeitskennwerte**.

Der Kennwert c_p ist ein Maß für die Breite der Prozessstreuung im Verhältnis zur Toleranzbreite. Der Kennwert c_{pk} berücksichtigt die Lage der Verteilung. Der Prozess wird als fähig bezeichnet, wenn beide Indizes größer als 1 sind (Bild 4.16). Ist c_p größer als 1 und c_{pk} kleiner als 1, so kann der Prozess durch eine Zentrierung fähig gemacht werden.

Prozesskennzahlen geben den Zustand des Prozesses an.

In Bild 4.17 sind einige Beispiele der Verteilungsformen und ihrer Kennzahlen aufgeführt.

In der Praxis ist die Übereinstimmung der geforderten Toleranz und der ermittelten Streuung mit 0,27 % Fehleranteil nicht ausreichend. Statistisch wird von einer guten Prozessfähigkeit mit einem c_p = 1,33 (Fehlerquote 64 ppm = 0,0064 %) ausgegangen. Häufig liegen die Kundenforderungen unter der Fehlerquote von 10 ppm.

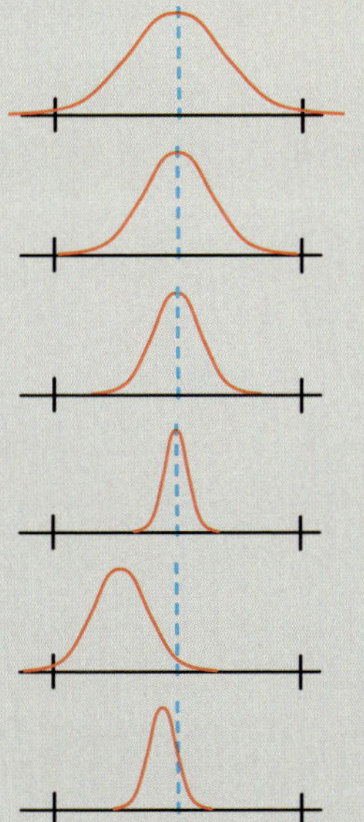

Beispiel	Prozessfähigkeitskennzahl	Beurteilung
1.	$c_p < 1$	Keine Prozessfähigkeit, hoher Ausschussanteil
2.	$c_p = 1$	Keine Prozessfähigkeit, bei genauerZentrierung kaum Ausschuss (0,27 % = 2 700 ppm
3.	$c_p = 1{,}33$	Gute Prozessfähigkeit, minimaler Ausschussanteil 0,0064 % = 64 ppm
4.	$c_p \gg 1$	Sehr gute Prozessfähigkeit, statistisch kein Ausschuss mehr
5.	$c_{pk} < 1$	Keine Prozessfähigkeit, Prozess ungenügend zentriert, hoher Ausschussanteil
6.	$c_p \geq 1$ $c_{pk} \geq 1$	Gute Prozessfähigkeit, Prozess genügend zentriert, geringer Ausschussanteil
7. siehe 1. – 4.	$c_p = c_{pk}$	Prozess genau auf der Mitte der Toleranzbreite eingestellt

Bild 4.17: Darstellung und Beurteilung verschiedener c_p-Kennwerte

Lernerfolg

Zur Prüfung des Lernfortschritts beantworten Sie folgende Fragen:

Fragen zum Kap. 4:

1. Nennen Sie die Merkmale eines Prozesses.
2. Klassifizieren Sie Prozesse, nennen Sie Beispiele.
3. Was bedeutet eine Und-Verzweigung in einer Prozessstruktur?
4. Nennen Sie die Phasenfolgen der Prozessdefinition.
5. Nennen Sie die Schnittstellenarten.
6. Was bedeutet Prozesslandschaft?
7. Nennen Sie die zwei Hauptaspekte der Prozessbewertung mit Beispielen.
8. Auf welcher Strategie beruht das Prinzip der Prozesslenkung?
9. Erläutern Sie das Prinzip der Prozesslenkung.
10. Welche Methoden der Prozessregelung kennen Sie?
11. Was bedeutet AQL?
12. Welche Voraussetzung gilt für die Anwendung von SPC?
13. Wie funktioniert SPC?
14. Welche Arten von Störeinflüssen kennen Sie? Nennen Sie Beispiele.
15. Welche Merkmale weist eine momentane Stichprobe auf?
16. Wann spricht man von einem Trend?
17. Wann wird ein Prozess/Maschine als fähig bezeichnet?
18. Welche Aussage macht c_p und c_{pk}?
19. Nennen Sie Werte für eine gute Prozessfähigkeit.

Strategien zur Qualitäts- und Prozessoptimierung

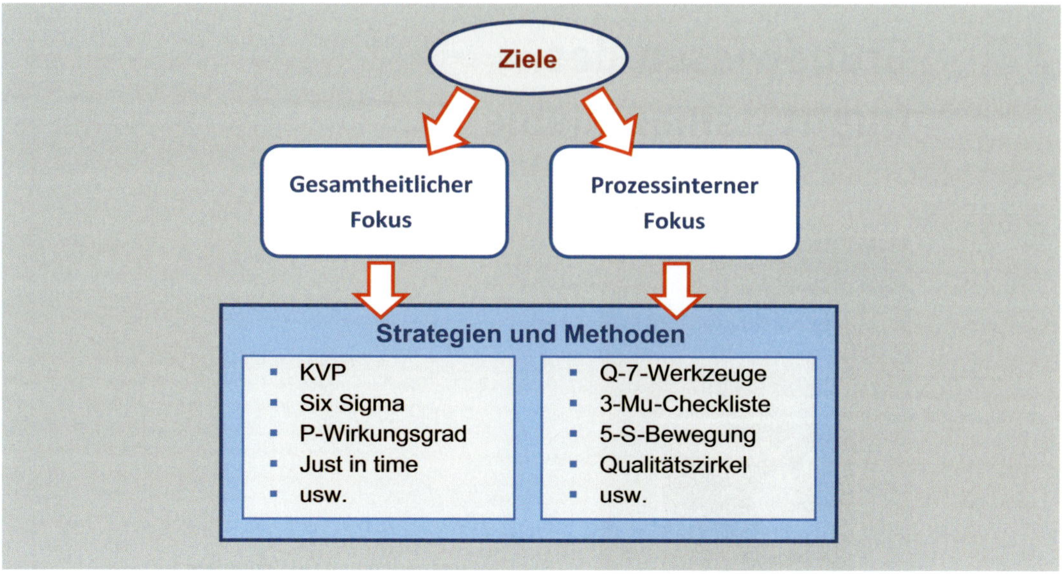

Lernziele:

Qualitäts- und Prozessoptimierung bzw. Verbesserung sind eng miteinander verknüpft. Qualität und Prozesse stehen in gegenseitiger Beziehung. Die vorgesehenen Verbesserungsmaßnahmen beeinflussen unabhängig von ihrer Zielsetzung sowohl die Qualität als auch die Prozessmerkmale und die Prozessergebnisse.

Zum Erreichen der Ziele kann eine gesamtheitliche Strategie verfolgt werden, um z. B. durch eine Einführung von flachen Hierarchien die Komplexität der Prozesslandschaft und die Anzahl der Schnittstellen zu senken, die Flexibilität der Prozesse zu steigern und damit die Durchlaufzeiten, Kosten, Qualität und Kundenzufriedenheit positiv zu beeinflussen.

Eine Optimierungsstrategie bzw. Verbesserung kann in einzelnen Prozessen intern verfolgt werden, wie es z. B. bei der Einführung eines kontinuierlichen Verbesserungsprozesses KVP der Fall ist. Im folgenden Kapitel wird eine Übersicht der wichtigsten Strategien und Methoden gegeben.

5 Strategien zur Qualitäts- und Prozessoptimierung

5.1 Ziele und ihre Abhängigkeit

Komplexität der Einflüsse berücksichtigen

Das gesamtheitliche Ziel der qualitäts- und prozessbezogenen Aktivitäten ist eine wirtschaftliche und kundenorientierte Produktentstehung. Forderungen an die Produkt- und Prozessqualität und die 6 M bestimmen diese. Wie Bild 5.1 zeigt, gibt es allseitige Abhängigkeiten und Einflüsse.

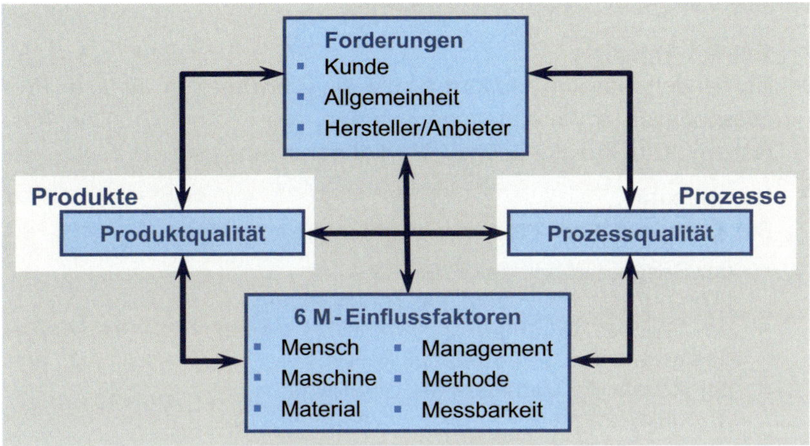

Bild 5.1: Qualitäts- und prozessrelevante Beziehungen

Zum Erreichen der gesteckten Ziele muss die Komplexität der gegenseitigen Abhängigkeiten berücksichtigt werden. Zwar haben das Qualitätsmanagement und das Prozessmanagement spezifische Aufgaben, aber die gegenseitigen Abhängigkeiten sind so groß, dass Maßnahmen zur Qualitäts- bzw. Prozessverbesserung kaum voneinander zu trennen sind.

Das einfach formulierte Ziel, wirtschaftlich und kundenorientiert zu produzieren, beinhaltet aber eine Reihe von Forderungen und Bedingungen, die sich teilweise gegensätzlich auf die Prozesse bzw. Qualität auswirken.

Beispiel:
Eine Marketingstrategie fordert die Erfüllung von individuellen Kundenwünschen. Für das Unternehmen bedeutet dies die Einführung einer großen Anzahl von Produktvarianten. Diese können nur mit einem großen Logistikaufwand, also mit einer hohen Komplexität der Prozesse, gemanagt werden. Mit steigender Komplexität der Prozesse steigt jedoch die Gefahr der Fehlerentstehung und somit auch des Aufwands für das Qualitätsmanagement und die Logistik.
Diese Erkenntnis erlangte auch Henry Ford. Er sagte bei der Einführung seiner Bandproduktion: Der Kunde kann jede Farbe für sein Automobil haben, Hauptsache sie ist schwarz.

So kann sich eine eindimensional ausgerichtete Optimierung sogar negativ auf das Gesamtergebnis auswirken. Deswegen ist sowohl eine prozessinterne als auch eine gesamtheitliche Betrachtung nötig. Da die Produktbeschaffenheit die Forderungen an die Produktentstehung festlegt, müssen auch die Produktaspekte in eine Prozessoptimierung mit einbezogen werden.

5.1.1 Gesamtheitlicher Fokus – Prozessgestaltung

Aus gesamtheitlicher Sicht der Prozesse handelt es sich um eine Systemoptimierung mit folgenden Ansätzen:

- **Gestaltungsziele**
  Es handelt sich um Merkmale, die als Zielvorgaben für eine Prozessoptimierung herangezogen werden, wie Kosten, Qualität, Auslastung, Kundenzufriedenheit, Risikobegrenzung usw.
- **Komplexität**
  Die Komplexität der Prozesse ist abhängig von
  - der Beschaffenheit des Produktes (Komplexität des Produktes, Technologie, ...),
  - den Wechselwirkungen (Lieferbeziehungen, Abhängigkeiten, ...),
  - der Anzahl der Varianten der Elemente (Produktvarianten, Produktionsvarianten, ...).

Eigenschaften der Gesamtstruktur sind entscheidend.

- **Prozessstruktur**
  Die Prozessstruktur ist gegeben durch Strukturmerkmale wie Art, Anzahl und Reihenfolge der Prozessschritte, Verzweigungen, Schnittstellen usw.

Beispiel:
In Bild 5.2 ist das Lagerschild eines E-Motors in zwei Ausführungen dargestellt. Die Ausführung „a“ in Differenzialbauweise besteht aus 5 Teilen, die nach der Bearbeitung zusammengeschweißt wurden. Die Ausführung „b“ in Integralbauweise ist aus einem Gussteil, das bearbeitet wurde. Für die 5 Einzelteile werden 5 Lagerstellen benötigt, sie müssen einzeln transportiert, bearbeitet und zum Schluss verschweißt werden. Für das Bauteil in Integralbauweise werden nur eine Lagerstelle und ein Transport benötigt. Die Fertigung erfolgt nur auf einer Maschine.

Das dargestellte Beispiel zeigt, wie sich die konstruktive Ausführung auf die Prozesskomplexität und Prozessstruktur auswirkt. Die zeitliche Abstimmung, die Prozessdynamik und die wesentlich höhere Anzahl der Vorgänge für die Differenzialbauweise erhöhen die Möglichkeit einer Fehlerentstehung.

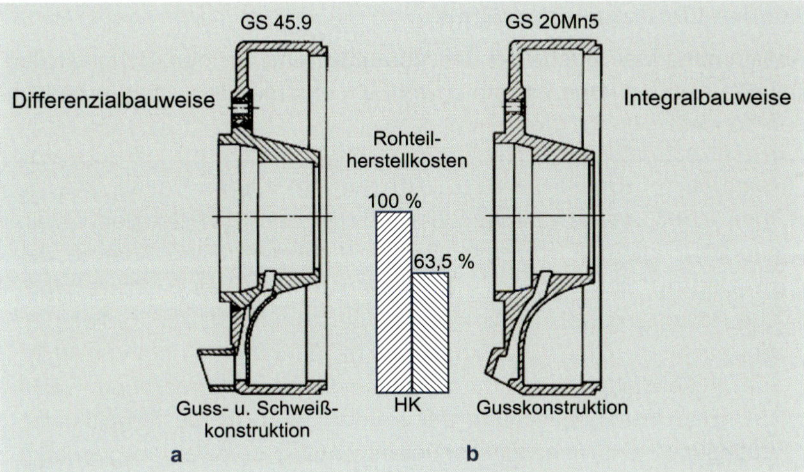

Bild 5.2: Lagerschild eines E-Motors in Differenzial- und Integralbauweise

5.1.2 Prozessinterner Fokus

Die Abgrenzung eines Prozesses erfolgt durch seine Grenzen bzw. Schnittstellen. Innerhalb seiner Grenzen entsteht eine Wertschöpfung. Das Input-Output-Verhältnis und der dazu nötige Aufwand kennzeichnen die Wirtschaftlichkeit. Bei der internen Prozessverbesserung werden folgende Ansätze verfolgt:

Qualität

Dabei handelt es sich um die Einführung von vorbeugenden Maßnahmen zur Vermeidung von Fehlern, um Messen, um Auswerten und um Lenken der qualitätsbezogenen Größen.

Kosten

Hier steht im Vordergrund eine Senkung der nichtwertschöpfenden Zeitanteile an der Wertschöpfung als Kostenfaktor, Senkung der Material- und Energiekosten, Senkung der qualitätsbezogenen Kosten, usw.

Kleinarbeit ist nicht zu unterschätzen.

Durchlaufzeit

Durchlaufzeit ist die Zeitspanne, in der die Prozessleistung erfolgt.

Soziale Aspekte

Hierzu gehören die Arbeitsbedingungen wie Sicherheit, gesundheitliche Aspekte, Unternehmenskultur usw.

Informationsfluss

Bereitstellen der richtigen Informationen, am richtigen Ort, zum richtigen Zeitpunkt und in richtiger Form.

Kunden-Lieferanten-Verhältnis

Abstimmung der Übergabe der Verantwortung an den Schnittstellen. Bei den Kunden kann es sich sowohl um externe als auch interne Kunden handeln.

Beispiel:
Ohne einen exakten Informationsfluss an den Schnittstellen ist ein geregelter interner Prozessablauf nicht möglich. Eine Analyse der Schnittstelle Beschaffung – Feinplanung ergab eine unterschiedliche Bewertung der Forderungen an die benötigten bzw. gelieferten Informationen. Eine Erfassung des tatsächlichen Zustands ergab eine wesentliche Abweichung der beidseitigen Forderungen (Bild 5.3). Eine Vereinheitlichung der Forderungen an die Schnittstelle, Festlegung der Schnittstellenverantwortung und ein regelmäßig durchgeführtes Audit führten zu einem einwandfreien Informationsaustausch.

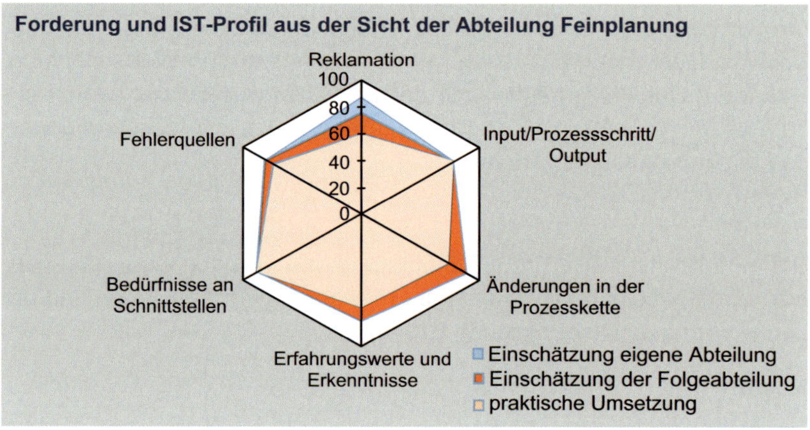

Bild 5.3: Bewertung der Forderungen und des Istzustandes an der Schnittstelle Beschaffung – Feinplanung

5.2 Kontinuierlicher Verbesserungsprozess

Kaizen – eine Management- und Qualitätsphilosophie

Das in Japan entstandene **Kaizen** ist eine Management- und Qualitätsphilosophie, die das ständige Streben nach Verbesserungen zum Ziel hat. Im Jahr 1986 stellte der Japaner Masaaki Imai sein Buch mit dem Titel „Kaizen“ vor. In der freien Übersetzung aus dem Japanischen bedeutet Kai = Veränderung, Wandel; Zen = zum Besseren. Kaizen bzw. **Kontinuierlicher Verbesserungsprozess (KVP)** beruht auf einer stetigen Generierung kleiner Verbesserungsvorschläge seitens der Mitarbeiter eines Unternehmens. KVP bezieht sich auf die Produkt-, die Prozess- und die Servicequalität. Echte Qualitätsverbesserung ist oft „unscheinbar“ und nicht präzise zu messen. Dadurch hat sie keinen Marketing-Wert und wird vielfach gar nicht wahrgenommen.

5.2.1 Verbesserung und Eigenverantwortung

KVP spiegelt Kaizen

Kontinuierliche Prozessverbesserung ist das deutsche Pendant zu **Kaizen**. Kaizen bedeutet im Wortsinn so viel wie Veränderung zum Besseren. Es lebt von Eigenverantwortung jedes einzelnen Mitarbeiters. Als Ziel von Kaizen bzw. KVP stehen nicht nur Qualität, sondern auch soziale, kommunikative, kostenbezogene und andere Aspekte zur Disposition.

Voraussetzung für einen gelebten KVP ist ein ständiger Informationsfluss zwischen sämtlichen Beteiligten, d. h., jeder Arbeitsplatz und alle Führungs- bzw. Hierarchieebenen werden mit einbezogen:

Informationspolitik wird zum wichtigsten Faktor.

- Unternehmensleitung,
- Obere Führungsebene,
- Bereichsleiter/Meister,
- Mitarbeiter/Werker.

Die Unternehmensleitung muss vor allem ein Klima schaffen, bei dem jeder in der Unternehmung befähigt wird (oder sich traut), Verbesserungsvorschläge zu tätigen. Dazu muss bei allen ein Problembewusstsein geschaffen werden, um Verbesserungen zu initiieren.

5.2.2 Grundlagen des KVP

KVP ist eine prozessorientierte Denkweise und weniger eine Methode zur Problemlösung. Er stellt eher eine Geisteshaltung dar, die eine grundlegende Verhaltensweise im Unternehmen bedeutet.

Bei der Umsetzung von KVP werden Werkzeuge benötigt, mit deren Hilfe die gesetzten Qualitätsziele erreicht werden können. Es handelt sich um:

KVP ist eine prozessorientierte Denkweise.

- sieben Qualitätswerkzeuge Q 7 (siehe Kapitel 7.1),
- sieben Managementwerkzeuge M 7 (siehe Kapitel 7.2),
- 3 Mus: Muda, Muri, Mura,
- 5 S – Programm,
- 4 M bzw. 7 M – Checkliste,
- 6 W bzw. 7 W – Hinterfragetechnik,
- Qualitätszirkel QC.

Ablauf eines KVP-Prozesses

In Teamarbeit und Moderation geschulte Mitarbeiter bilden KVP-Gruppen. Sie analysieren ihren Arbeitsbereich und erarbeiten konkrete Verbesserungsvorschläge in folgenden Arbeitsschritten:

- Arbeitsbereich festlegen und abgrenzen (Was soll verbessert werden?),
- Ist-Zustand und Soll-Zustand beschreiben,
- Probleme beschreiben und bewerten (Zeit, Geld, Energie, Stress),
- Problemanalyse (Ursachen, Zusammenhänge, Schnittstellen),
- Lösungsideen entwickeln (z. B. mit Brainstorming),
- Lösungsideen bewerten und Lösung auswählen,
- Maßnahmen ableiten, Aufwand und Ertrag bewerten,
- Ergebnispräsentation vor dem Entscheidungsgremium,
- Maßnahmen vereinbaren (Wer tut was bis wann?) und Ressourcen klären,
- Maßnahmen umsetzen,
- Erfolg prüfen.

5.2.3 Prozessorientierung und Standardisierung

Standardisierung von Prozessabläufen und Arbeitsmethoden

Ein wesentlicher Bestandteil des KVP ist die Standardisierung von Prozessabläufen und Arbeitsmethoden. Es ergibt sich ein ständiger Zyklus von Planung, Tätigkeit, Kontrolle und Verbesserung: der PDCA-Zyklus (Plan Do Check Act). Es werden also sämtliche Vorgänge im Unternehmen ständig analysiert und verbessert. Wenn eine Verbesserung umgesetzt wurde, wird diese als Standard festgelegt und in das Prozessmodell des Unternehmens dauerhaft integriert.

Dazu wird der PDCA-Zyklus zu SDCA (Standardize Do Check Act) verändert.

> **Standardisierung ist die zeitlich befristete Festschreibung einer Arbeitsmethode, eines Arbeitsablaufes.** [Lei96]

Dabei geht es darum, die derzeit beste und einfachste Methode als Standard festzuschreiben und damit für alle Mitarbeiter verbindlich zu machen. Eine Standardisierung läuft nach folgendem Schema ab:

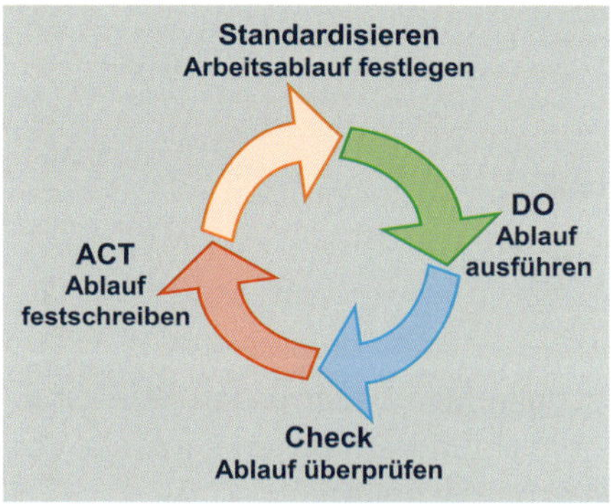

Bild 5.4: Ablaufschema der Standardisierung (SDCA-Zyklus)

Erst wenn die Standardisierung vollständig abgeschlossen ist, wird eine weitere Verbesserung angestrebt.

Dabei sollten nichtwertschöpfende Anteile der Produkt- bzw. Dienstleistungserstellung minimiert oder ganz eliminiert werden. Als nicht wertschöpfend gelten die Tätigkeiten, die den Wert eines Produktes oder einer Dienstleistung aus der Sicht des Kunden nicht erhöhen.

Nicht wertschöpfende Anteile werden minimiert.

5.2.4 3-Mu-Checkliste

Die 3-Mu-Checkliste ist eine Anleitung, um Ursachen von Verschwendung zu entdecken. Es handelt sich um:

- **Muda**
  – bedeutet Verschwendung, siehe die 7 Verschwendungsarten
- **Muri**
  – bedeutet Überlastung der Mitarbeiter und Maschinen
- **Mura**
  – bedeutet Unregelmäßigkeit der Prozesse

Verschwendung ist vermeidbar.

Diese drei Punkte beziehen sich auf die Mitarbeiter, die Technik, die Methode und die Zeit und gelten als negativ, das heißt, sie sind zu vermeiden.

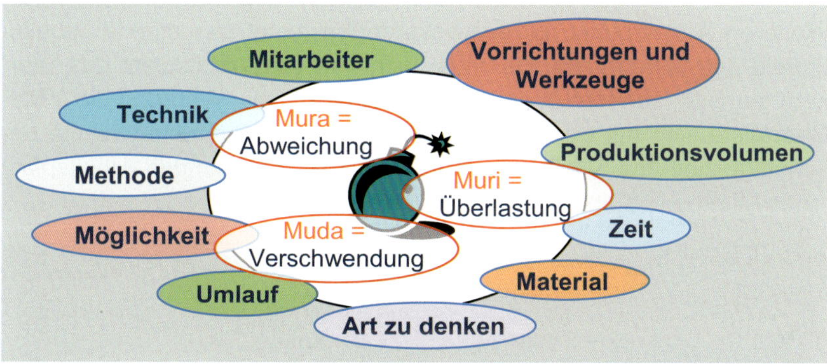

Bild 5.5: Ansatzpunkte zur Vermeidung von Verschwendung, 3-Mu-Checkliste

Die sieben Verschwendungsarten

Nicht wertschöpfende Tätigkeiten können durch unterschiedliche Situationen entstehen. Taiichi Ohno stellte die **sieben Verlustquellen** zusammen, die nicht wertschöpfende Tätigkeiten verursachen.

- **Überproduktion**
  Hohe Lagerbestände überdecken Produktionsunregelmäßigkeiten und binden Kapital.
- **Wartezeiten/Stillstand**
  Unterbrechung des Produktionsflusses aufgrund fehlender Ressourcen (Material, Werker u. ä.).
- **Transport**
  Unterbrechung des Produktionsflusses aufgrund ungenügender Fabrikplanung.

Verschwendungsarten erkennen und vermeiden

- **Herstellung**
  Verluste aufgrund ungenügender Produktionsfreundlichkeit der Produkte. Sie werden verursacht durch ungenügende Abstimmung in der Entwicklungs- und Konstruktionsphase.
- **Lagerung**
  Die ständige Gefahr, dass Produkte auf dem Markt nicht abgesetzt werden, ist mit Verlusten durch Lagerhaltung verbunden.
- **Bewegung**
  Verluste werden verursacht durch unnötige Bewegungen im Arbeitsablauf.
- **Fehler/Fehlerbehebung**
  Fehlerentstehung und -behebung verursachen Verluste, die durch eine gezielte Qualitätsplanung vermindert werden können.

Inzwischen werden oft zwei weitere Arten der Verschwendung diskutiert:

- Verschwendung durch schlechte Ergonomie,
- nicht oder falsch genutztes Talent.

5.2.5 5-S-Bewegungen

Ordnung am Arbeitsplatz vermeidet Verschwendung.

Weiteren Ansatzpunkt für Verbesserungen bietet das direkte Arbeitsumfeld des Mitarbeiters. Damit ist nicht nur der Arbeitsplatz des Werkers gemeint, sondern auch Büroarbeitsplätze usw. Während die 3 Mu-Checkliste sich mit der Verschwendung bei der Produkterstellung beschäftigt, zielt „die 5-S-Bewegung“ [MeGr94] direkt auf den Arbeitsplatz eines Mitarbeiters ab.

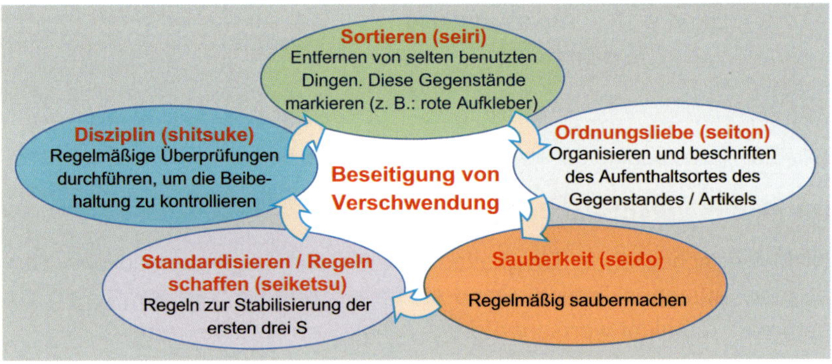

Bild 5.6: Die 5 S [BrFr08]

Dabei handelt es sich um eine fünfstufige Vorgehensweise zur Neuplanung und Verbesserung von sauberen, sicheren und standardisierten Arbeitsplätzen:

- **Seiri** (Sortieren: Ordnung schaffen, Trenne das Notwendige von dem nicht Notwendigen und entferne alles nicht Notwendige),
- **Seiton** (Systematisieren: Bewahre die Ordnung, jeden Gegenstand an dem richtigen Platz aufbewahren),

- **Seiso** (Säubern: Den Arbeitsplatz sauber halten),
- **Seiketsu** (Standardisieren: z. B. Reinigungspläne, Standard-Arbeitsplatz-Layout, mache dir Sauberkeit zur Gewohnheit),
- **Shitsuke** (Selbstdisziplin: Erhaltung der Ordnung, Einhaltung der Standards).

Alte Weisheiten

Diese Punkte hören sich vielleicht für die meisten selbstverständlich an. Schaut man sich jedoch auf so manchem Arbeitsplatz um, wird man erkennen, dass es nicht für jeden gilt.

Beispiel:
Am Beispiel eines Rüstvorgangs wird der Anteil der nicht wertschöpfenden Tätigkeiten von 76 % deutlich (Tabelle 5.1). Der Anteil der nicht wertschöpfenden Tätigkeiten kann durch eine bessere räumliche Bereitstellung der Werkzeuge und der Informationen wesentlich gesenkt werden. Mithilfe einer Vorrichtung zum Selbstjustieren können auch das Nachjustieren und der zweite Prüfvorgang entfallen. So können bei gleichbleibender Qualität die Rüstkosten gesenkt und die Auslastung der Maschine gesteigert werden.

Tabelle 5.1: Prozessanalyse eines Rüstvorgangs [Baz03]

Arbeitsschritte	WS	NWS	Zeitanteil	Probleme	Lösungsvorschläge
1. Auftrag lesen		X	5 %	auftragsbezogen	
2. Weg zur Bereitstellung des Rüstvorgangs		X	5 %		Vorgang könnte durch räumliche Änderung reduziert werden
3. Bereiten der Werkzeuge		X	11 %		Vorgang könnte durch Kanban reduziert werden
4. Weg zur Maschine		X	5 %		Vorgang könnte durch räumliche Änderung reduziert werden
5. Rüsten	X		15 %		
6. Werkzeugwechsel	X		9 %		
7. Weg zum Prüfmittel und zurück		X	9 %		Vorgang könnte durch räumliche Änderung reduziert werden
8. Prüfplan besorgen		X	8 %		Vorgang könnte durch ortsnahe Bereitstellung entfallen
9. Prüfen		X	10 %	100 % Kontrolle	Verwendung einer Vorrichtung zur Selbstjustierung
10. Nachjustieren		X	5 %	Geometrische Abweichungen	Vorgang entfällt
11. Prüfen		X	8 %	100 % Kontrolle	Vorgang entfällt
12. Werkzeug wegräumen		X	10 %		Vorgang könnte durch räumliche Änderung reduziert werden
Summe Zeitanteile	**24 %**	**76 %**	**100 %**	WS-wertschöpfend	NWS-nicht wertschöpfend

Im vorgestellten Fall kamen drei Verlustarten, Herstellung, Bewegung und Fehler, zum Tragen. Auch einige Merkmale der 5-S-Bewegung, schaffe Ordnung, bewahre Ordnung, standardisiere deinen Arbeitsplatz, halfen, den nicht wertschöpfenden Anteil mit Erfolg zu reduzieren.

5.2.6 7-M-Checkliste

Um Fehler oder Verbesserungen herauszuarbeiten, ist eine Analyse der vier Produktionsfaktoren Mensch, Maschine, Material und (Arbeits-) Methode (4 M) nötig. Die 4 M können um die drei Faktoren: **Milieu/ Mitwelt, Management und Messbarkeit** erweitert werden, wenn sie von Bedeutung sind.

Tabelle 5.2: Produktionsfaktoren und Aspekte der Qualitätsverbesserung

Auf die richtigen Aspekte kommt es an.

Produktionsfaktor	Aspekte hinsichtlich Qualitätsverbesserung
Mensch	• Erfüllt er die Standards? • Arbeitseffizienz • Problembewusstsein, Verantwortungsbewusstsein • Qualifikation, Erfahrung • Eignung des Arbeitsplatzes • Verbesserungspotenzial • soziales Umfeld, Gesundheit
Maschine	• Erfüllt sie die Forderungen der Produktion? • Erfüllt sie die Forderungen des Prozesses? • Schmierung, Inspektion/Wartung • Anzahl ausreichend, Reihenfolge im Prozess? • Warum Maschinenstillstand? • Standort, Genauigkeit, Geräusche
Material	• Materialverschwendung? • Abweichungen bei Qualität, Qualitätsstandard? • Höhe der Umlaufmenge • Materialart, Lagerung, Transport
Methode	• Standards, Änderung der Standards • Methodensicherheit, Effizienz • Reihenfolge/Anzahl der Arbeitsschritte • Umgebungseinflüsse (Temperatur, Druck usw.) • Beleuchtung, Belüftung • Schnittstellen zu anderen Prozessen/Methoden

Anschließende Analyse der gewonnenen Erkenntnisse wird mithilfe des Ursache-Wirkungs-Diagramms durchgeführt.

5.2.7 7-W-Checkliste

Die 6-W-Hinterfragetechnik

Systematisch fragen

Die 6-W-Hinterfragetechnik besteht eigentlich aus 6 × 6 Ws, also 36 Fragestellungen und hinterfragt damit gründlich das aufgetretene Problem.

Tabelle 5.3: Die 6-W-Hinterfragetechnik [BrFr08]

I. Wer	II. Was	III. Wo
1. Wer macht es?	1. Was ist zu tun?	1. Wo soll es getan werden?
2. Wer macht es gerade?	2. Was wird gerade getan?	2. Wo wird es getan?
3. Wer soll es machen?	3. Was sollte getan werden?	3. Wo sollte es getan werden?
4. Wer kann es noch machen?	4. Was kann noch gemacht werden?	4. Wo kann es noch gemacht werden?
5. Wer soll es noch machen?	5. Was soll noch gemacht werden?	5. Wo soll es noch gemacht werden?
6. Wer macht die 3 Mus?	6. Welche 3 Mus werden gemacht?	6. Wo werden die 3 Mus gemacht?
IV. Wann	**V. Warum**	**VI. Wie**
1. Wann wird es gemacht?	1. Warum macht er es?	1. Wie wird es gemacht?
2. Wann wird es wirklich gemacht?	2. Warum soll es gemacht werden?	2. Wie wird es wirklich gemacht?
3. Wann soll es gemacht werden?	3. Warum soll es hier gemacht werden?	3. Wie soll es gemacht werden?
4. Wann kann es sonst gemacht werden?	4. Warum wird es dann gemacht?	4. Kann diese Methode auch in anderen Bereichen angewendet werden?
5. Wann soll es noch gemacht werden?	5. Warum wird es so gemacht?	5. Wie kann es noch gemacht werden?
6. Gibt es die 3 Mus?	6. Gibt es 3 Mus in der Art zu denken?	6. Gibt es 3 Mus in der Methode?

Wieso wird es nicht anders gemacht? lautet die siebte Frage.

Hieraus leitet sich die **WARUM-Hinterfragetechnik 5 W** ab.

Diese besagt, bei unerwünschten Ergebnissen oder Fehlern 5-mal nach dem „Warum?“ zu fragen, um eine Lösung zu erzielen. Das ständige Anwenden erhöht die Problemlösekompetenz der Mitarbeiter. Es besagt aber auch, dass sich Führungskräfte vor Ort ein Bild über die Situation, z. B. einen Produktionsprozess, machen sollen und nicht aus der Ferne entscheiden.

Der Hintergrund ist wichtig.

Die W-Fragen werden in verschiedensten Bereichen angewendet, so z. B. beim Analysieren von Texten, als Hilfe bei der Definition von Projekten sowie bei der Arbeitsanalyse und daraus resultierend auch bei der Definition von Arbeitsinhalten.

5.2.8 Qualitätszirkel

Unter einem Qualitätszirkel versteht man eine spezielle, zielorientierte, selbsttätige, betriebliche Arbeitsgruppe, deren Mitglieder sich regelmäßig zu moderierten Sitzungen treffen. Sinn dieses Zusammentreffens

Gemeinsam Probleme lösen

ist es, arbeitsbezogene Probleme aus dem eigenen oder einem übergreifenden Unternehmensbereich zu diskutieren und Lösungen zu ermitteln.

- Die Gruppen sollten von ausgebildeten Zirkelleitern geleitet bzw. moderiert werden, damit einige Grundregeln der Zusammenarbeit beachtet werden.
- Moderator sollte eine Person sein, die ein breites Akzeptanzspektrum bei den Mitarbeitern hat.
- Die Zirkelorganisation sollte Mitarbeiter aus mehreren Bereichen nach fachlichen Gesichtspunkten enthalten und muss parallel zu der Unternehmensorganisation verlaufen.
- Durch das Einführen von Qualitätszirkeln wird ein Umbruch der Unternehmenskultur angestoßen, in der der Unternehmensführung eine hohe Verantwortung [MST5.2] zukommt.

Zirkelorganisation läuft parallel zur Unternehmensorganisation.

Zirkel können stufenweise in allen Bereichen und auf allen Hierarchieebenen eingeführt werden. Dazu ist die volle Unterstützung der Unternehmensleitung erforderlich sowie eine aktive Beteiligung der Arbeitnehmervertretung. Somit haben die Qualitätszirkel auch ein Potenzial als Führungs- oder Managementmethode, da verschiedene Aspekte gefördert werden:

Vorteile der Qualitätszirkelarbeit

- Verbesserung der Zusammenarbeit zwischen den Abteilungen (Abbau von Reibungsverlusten),
- Erhöhung des internen Informations-, Meinungs- und Gedankenaustausches,
- Steigerung der Arbeitszufriedenheit bei den Mitarbeitern,
- Die Mitarbeiter haben die Möglichkeit der Selbstverwirklichung, was wiederum zu einer stärkeren Identifikation mit der Arbeit, dem Produkt und dem Unternehmen führt,
  (Stimmung in Unternehmen bislang: *Wir Arbeiter werden doch nicht gefragt ... der Chef hat doch das letzte Wort ...*),
- Summierung der einzelnen Erfahrungen mehrerer Gruppenmitglieder,
- Steigerung der Mitarbeitermotivation (daraus resultiert zuverlässiges und qualitätsbezogenes Handeln).

Ein lernender Prozess

Ein Qualitätszirkelprogramm sollte auf jeden Fall als lernender Prozess verstanden werden. Die gewonnenen Erfahrungen müssen in zukünftige Qualitätszirkelprogramme positiv eingebracht werden, sodass die Effektivität, der Nutzen und die Akzeptanz der nachfolgenden Qualitätszirkel erhöht werden.

Nach Ablauf einer angemessenen Zeit (unterschiedlich durch die verschiedenen Aufgabenstellungen) muss eine Erfolgskontrolle die Beseitigung des Problems nachweisen.

Zusammenfassung und Bewertung

KVP unterstützt das Unternehmen, den Unternehmensgewinn zu maximieren und eine hohe Kundenzufriedenheit zu erreichen.

Um die kostengünstigere Kundenbindung, im Vergleich zur Kundengewinnung, zu erreichen, stehen die Faktoren:

Kundenbindung den Vorzug geben

- Kostensenkung,
- Qualitätssicherung,
- Schnelligkeit (Zeiteffizienz)

im Vordergrund.

Der Grundgedanke der KVP/Kaizen-Methode ist es, dass der gegenwärtige erreichte Zustand weiter verbesserungsfähig ist und man wiederholt an ihm arbeiten muss.

So sind auch im Mitarbeiterbereich positive Veränderungen erwünscht. Durch die Mitarbeit in den Qualitätszirkeln, d. h. Mitspracherecht bei Verbesserungen, und die damit verbundenen Weiterbildungsmaßnahmen wird die Zufriedenheit nachhaltig gesteigert.

Strebt ein Unternehmen ein Qualitätszertifikat nach ISO 9001 an, muss es nachweisen, welche organisatorischen Maßnahmen getroffen wurden, um eine gezielte und regelmäßig stattfindende kontinuierliche Verbesserung zu gewährleisten. Die Organisation muss ferner nachweisen, wie sie Verbesserungsmaßnahmen und deren Ergebnisse überwacht und dokumentiert.

Für KVP/Kaizen müssen Zeit und Mittel zur Verfügung stehen.

Für KVP/Kaizen muss gezielt Zeit und Geld bereitgestellt und Tatkraft der Mitarbeiter investiert werden, denn es fördert die Flexibilität des Unternehmens. Erkennt die Organisation Veränderungen im Umfeld und im Markt nicht, kann sie ihren Aufgaben nicht mehr entsprechend nachkommen und erlischt am Ende.

Zusammenfassend lässt sich feststellen:

KVP

- entdeckt Ressourcen und Synergien,
- optimiert Arbeitsabläufe und Prozesse,
- verbessert Produkte und Kundenzufriedenheit,
- reduziert Verschwendung und spart Kosten,
- weckt Fähigkeiten, Kreativität und Engagement der Mitarbeiter,
- verbessert Teamarbeit, Unternehmenskultur,
- erhöht aber auch Leistungsdruck.

5.3 Six Sigma

Potenzial von Six Sigma ist beachtlich.

Six Sigma ist eine Strategie zur Verbesserung der Qualität und zur Steigerung der Produktivität durch Verminderung der Einflüsse von Störfaktoren und Fehlern in Prozessen. Sie wurde von Motorola und General Electric in den USA weitgehend entwickelt und umgesetzt. Seit einiger Zeit gewinnt sie wegen ihrer Erfolge immer mehr an Bedeutung. Wegen ihres Verbesserungspotenzials [GeKo07.0] von bis zu 25 %, bezogen auf den Umsatz, findet sie in Unternehmen mehr Beachtung.

Unter Six Sigma versteht man eine Arbeitsphilosophie und geschäftliche Strategie auf der Basis eines kundenorientierten Ansatzes, eines effizienten Datenmanagements sowie robuster Methoden und Zielsetzungen. Sie ermöglichen, die Veränderlichkeit von Prozessen zu beseitigen und ein Fehlerniveau von weniger als 3 ppm zu erreichen. [UNE66]

Wesentliche Voraussetzung für einen erfolgreichen Einsatz von Six Sigma ist die Konzentration auf Vermeidung von Fehlern, Störungen, Verschwendung und Nacharbeit, auf die Motivation der Mitarbeiter und die Steigerung der Produktivität.

5.3.1 Methodik von Six Sigma

Six Sigma stützt sich auf abgewandelte PDCA-Prozesse, statistische Verfahren und bewährte Elemente des Qualitätsmanagements. Ihren Namen verdankt sie der Standardabweichung σ, die als statistische Kenngröße dient. Darüber hinaus kommen ein konsequentes Projektmanagement und die Ausrichtung auf den Kunden zum Tragen. Nach Ronald Snee zeichnet sich Six Sigma durch folgende Ergebnisse und Vorgehensweisen aus [Sne99]:

Die Methodik von Six Sigma ist komplex.

- die erwarteten und erreichten Endresultate,
- Infrastrukturrollen für Six-Sigma-Beteiligte und Führungskräfte,
- Führungsstil der Geschäftsleitung,
- klar definierte Messgrößen für Erfolg,
- eine disziplinierte Vorgehensweise (DMAIC),
- Fokus auf Kunden und Prozesse,
- schnelle (3–6 Monate) Projektdurchführung,
- eine stichhaltige statistische Vorgehensweise in Bezug auf Verbesserungen.

Das Prinzip von Six Sigma ist in Bild 5.7 dargestellt. Bei der Wertschöpfung beeinflusst die Streuung der Lenkungs- und Störgrößen die Abweichungen der Ergebnisse von den Zielgrößen. Also muss die Streuung der Lenkungs- und Störgrößen so begrenzt werden, dass die Abweichungen der Ergebnisse im akzeptablen Rahmen bleiben, so wie sie vom Kunden gefordert werden.

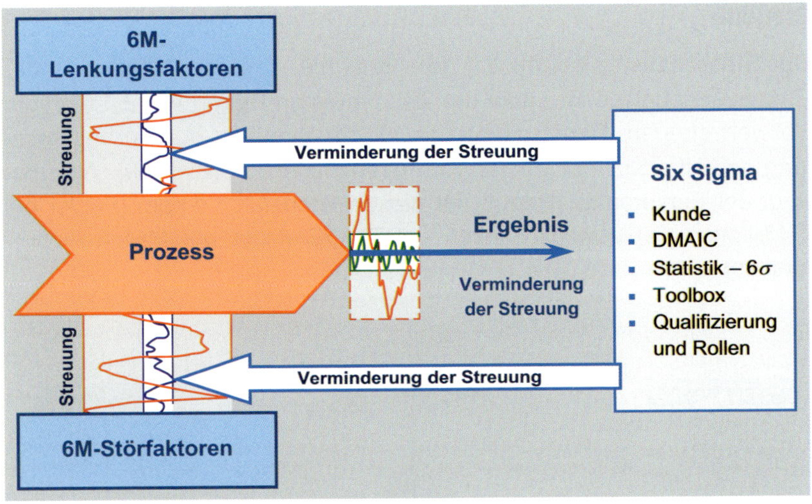

Bild 5.7: Methodik von Six Sigma

Anhand der statistisch ausgewerteten Lenkungs- und Störgrößen werden Ursachen zur Minderung ihre Streuung analysiert und Maßnahmen eingeleitet. Das erfolgt nach dem DMAIC-Prinzip und mithilfe der Six-Sigma-Toolbox. Allerdings müssen die Kundenforderungen berücksichtigt werden. Unerlässlich für Six Sigma ist eine Qualifizierung und Rollenverteilung der beteiligten Mitarbeiter und Führungskräfte.

Six Sigma hat das Ziel der Verminderung von Streuung.

Vorgehensweise

Six Sigma liefert mit dem DMAIC-Zyklus eine Systematik zur Prozessverbesserung. Im Gegensatz zu den bisher bekannten Vorgehensweisen zur Prozessverbesserung, wie etwa dem PDCA-Zyklus, zeichnet sich die Six-Sigma-Methodik durch ihren stärker gegliederten Projektmanagementansatz aus [Pfei04].

DMAIC-Zyklus integriert die Messphase.

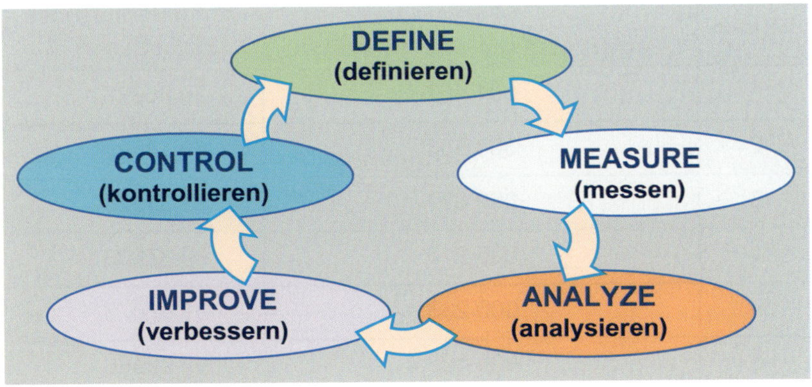

Bild 5.8: DMAIC-Zyklus

Statistik

Langfristige Streuung der Mittelwerte

Der Statistikansatz beruht auf der Annahme, dass die Mittelwerte der Prozessergebnisse im Laufe der Zeit um einen Betrag von $\pm 1{,}5\,\sigma$ vom Sollwert streuen. Damit ergibt sich für die Streuung der Normalverteilung anstatt $\pm 6\,\sigma$ nur $\pm 4{,}5\,\sigma$ vom Grenzmittelwert (Bild 5.9). Also beträgt der Fehleranteil [Ren03] für diesen Grenzfall 3,4 ppm (Fehler bei 1 Millionen Fehlermöglichkeiten – DPMO-Defecte per Million Opportunities).

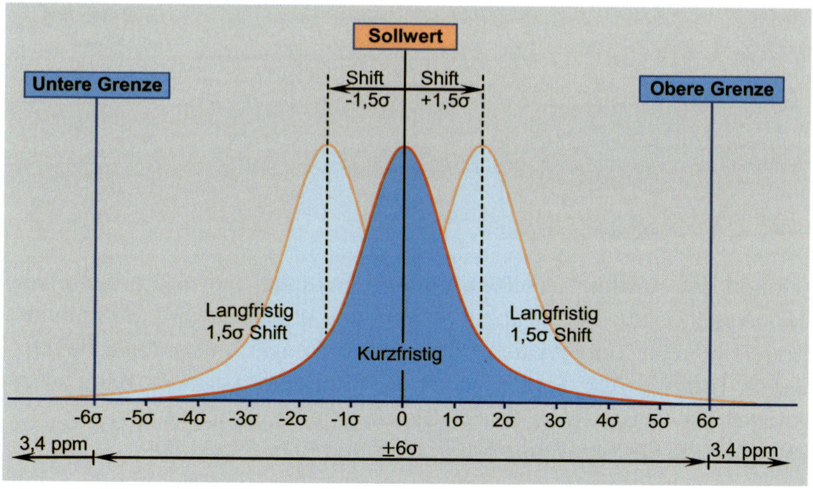

Bild 5.9: Statistischer Ansatz des Six-Sigma-Konzeptes [Ren03]

Sigma-Level bewertet die Prozessqualität.

Um die Güte des Prozesses beurteilen zu können, wurde der Fehleranteil (DPMO) für die in der Tabelle 5.4 angegebenen Sigma-Niveaus berechnet.

Tabelle 5.4: Fehleranteile

Sigma	DPMO Fehleranteil pro Mio. Einheiten	Anteil fehlerfreier Einheiten in %
1	691 462	30,85375
2	308 538	69,14625
3	066 807	93,31928
4	006 210	99,37903
5	000 233	99,97673
6	000 003,4	99,99966
7	000 000,019	99,9999981

Für kritische Bereiche wie z. B. bei Fluggesellschaften oder Elektrizitätsunternehmen sind selbst $6\,\sigma$ noch zu fehleranfällig.

Beispiel:
Was ein bestimmtes Sigma-Niveau aus der Gesamtsicht in Deutschland bedeutet, zeigen folgende Fälle (Tabelle 5.5). Aufgeführt ist die Fehleranzahl mit dem Anteil von 1 % und 0,00034 % [Töp04].

Tabelle 5.5: Fehlerquoten [Töp04]

Niveau 3,8 σ entspricht dem Fehleranteil von **1 %**	**Niveau 6 σ** entspricht dem Fehleranteil von **0,00034 %**
20 000 verlorene Postsendungen pro Stunde	**7** verlorene Postsendungen pro Stunde
15 min unsauberes Trinkwasser pro Tag	**1,8 min** unsauberes Trinkwasser pro Jahr
200 000 falsche Rezepte pro Jahr	**68** falsche Rezepte pro Jahr
5 000 inkorrekte Operationen pro Woche	**1,7** inkorrekte Operationen pro Woche

Ziel von Six Sigma ist es also, die Fehlerquote und damit auch die Qualitätskosten zu senken. Denn „besser sein ist billiger“. Ein durchschnittliches Unternehmen erreicht ein Qualitätsniveau von 3,5 bis 4 Sigma. Die Qualitätskosten, d. h. die Gesamtkosten für die angestrebte Qualität einschließlich Nachbesserungen, liegen dabei bei ungefähr 20 bis 30 Prozent des Umsatzes.

Six-Sigma-Toolbox

Bei den im Rahmen der Six-Sigma-Roadmap vorgeschlagenen Tools handelt es sich nicht um eigens für Six Sigma entwickelte Tools, sondern um das konsequente Zusammenspiel altbewährter QM-Tools. Ihr Zusammenwirken stellt das eigentlich Neue dar. Sie beinhaltet Folgendes:

Systematische Anwendung der Q-Wergzeuge bedeutet Effektivität.

- Einführung in Six-Sigma (Das 12-Schritte-Umsetzungsmodell, das 9-Schritte-Prozessentwicklungsmodell)
- Die sieben Management-Werkzeuge (Entscheidungsbaum, Affinitätsdiagramm, Beziehungsdiagramm, Matrix-Daten-Analyse, ...)
- Die sieben Qualitäts-Werkzeuge (Histogramm, Pareto-Diagramm, Ursache-Wirkungs-Diagramm, ...)
- Die sieben Kunden-Werkzeuge (Kano-Modell, Taguchi-Verlustfunktion, Kundeninterviews, ...)
- Die sieben Schlankheits-Werkzeuge (Standardisierung, Rüstzeitanalyse, Materialflussanalyse, ...)
- Die sieben Projekt-Werkzeuge (Netzplan-, Projekt-, Teambeschreibung, ...)
- Die sieben Statistik-Werkzeuge (Regressionsanalyse, Multivariate Untersuchung, ...)

- Die sieben Design-Werkzeuge (Robust Design, QFD, Fehlerbaumanalyse, ...)
- Change-Management-Werkzeuge zur Unterstützung von Veränderungen – als Zusatzausbildung von (Master) Black Belts.

Erläuterung:

Die **Regressionsanalyse** ist ein strukturprüfendes statistisches Analyseverfahren. Ziel ist es, Beziehungen zwischen einer abhängigen und einer oder mehrerer unabhängigen Variablen festzustellen.

Mit **multivariaten Verfahren** (multivariate Analysemethoden, Abk.: MVA) werden multivariat verteilte statistische Variablen untersucht. Man betrachtet hier nicht eine Variable isoliert (univariat verteilt), sondern das Zusammenwirken mehrerer Variablen zugleich, ihre Abhängigkeitsstruktur.

Die Six-Sigma-Werkzeuge werden entsprechend den DMAIC-Phasen und weiteren Kriterien angewendet [MaKr03].

Qualifizierung und Rollen

Um Six-Sigma-Projekte durchzuführen zu können, müssen Aufgaben und Verantwortlichkeiten genau definiert werden. Die Teilnehmer müssen entsprechend der ihnen zugeteilten Rolle qualifiziert werden. Die Rollenbezeichnungen orientieren sich dabei an japanischen Kampfsportarten. Dadurch soll der hohe Anspruch an Präzision und Professionalität dieser Ausbildung deutlich werden:

Ohne den Faktor Mensch geht es nicht.

- Der **Green Belt** leitet kleinere Six-Sigma-Projekte mit Einsparungen pro Projekt um die 50 TEUR; Green Belts arbeiten parallel zu ihrem „Tagesgeschäft" zu 20–50 % in Six-Sigma-Projekten.
- Der **Black Belt** leitet größere Six-Sigma-Projekte mit hohem statistischem Anspruch. Die Einsparungen dieser Projekte liegen bei 100 TEUR oder mehr. Ein Black Belt steht häufig als Projektmanager zu 100 % Six-Sigma-Projekten zur Verfügung.
- Der **Master Black Belt** begleitet Projekte oder Projektportfolios als Coach und führt Trainings durch.
- Der **Deployment Champion** (kurz Champion), als Repräsentator von Six Sigma sowie Coach und Mentor der Belts, ist oftmals selbst ein Black Belt oder Master Black Belt.

Weitere bedeutende Rollen in Six-Sigma-Projekten spielen:

- der **Sponsor** als Auftraggeber von Projekten, der die finanziellen Ressourcen und Humankapital (Teammitglieder) für die Durchführung seines/seiner Six-Sigma-Projekte(s) bereitstellt,
- der **Controller**, der für die finanzielle Beurteilung innerhalb der Projekte verantwortlich zeichnet.

5.3.2 Define – Definitionsphase

Der zu verbessernde Prozess wird definiert und beschrieben. In einem Lastenheft in Form einer Projektcharta wird das angestrebte Ziel bzw. das auftretende Problem festgehalten. Diese beinhaltet außerdem:

- den angestrebten Zielzustand,
- die vermuteten Ursachen für die unerwünschte Mittelwertlage und Streuung,
- eine Projektbeschreibung (Mitglieder, Ressourceneinsatz, Zeitplanung).

Systematik bei der Zielsetzung

Neben der Projektcharta werden meist folgende Werkzeuge verwendet.

- SIPOC (Supplier, Input, Process, Output, Customer) – hier werden u. a. die Kundenforderungen messbar formuliert (Treiber),
- CTQ-Baum (Critical-to-Quality-Treiberbaum) – Beschreibung, welche messbaren kritischen Parameter qualitätsbestimmend sind,
- VoC (Voice of the Customer) – Methode, um sicher an die Kundenforderungen zu gelangen.

Die Forderungen (Treiber) werden anschließend durch messbare Qualitätsmerkmale in einem Treiberbaum ergänzt und daraus Messgrößen abgeleitet (Bild 5.10). Das zu erreichende Ziel als Messgröße wird dokumentiert.

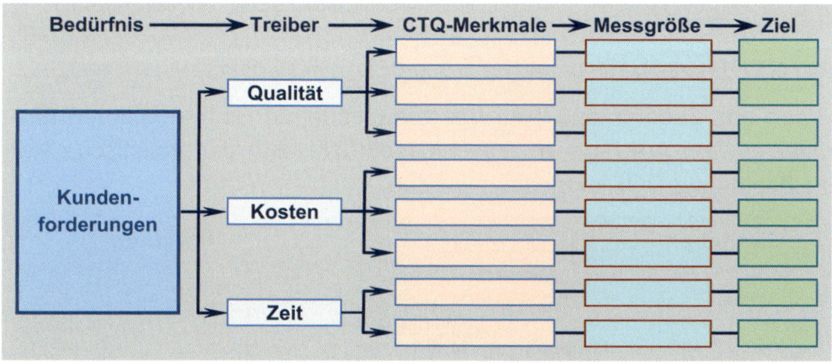

Bild 5.10: Critical-to-Quality-Treiberbaum

5.3.3 Measure – Messphase

Ohne Daten keine Analyse

In dieser Phase werden Daten erhoben und eine Prozessfähigkeitsanalyse durchgeführt. Das Ziel ist festzustellen, wie gut der Prozess wirklich seine Ziele bzw. Kundenforderungen erfüllt. Die Messphase liefert als Ergebnis den Ist-Sigma-Level.

Beispiel:
Anhand der definierten Prozesslandkarte werden einzelne Prozessschritte nach Lenkungsfaktoren und Störgrößen untersucht (Bild 5.11). Weiterhin werden die Anzahl der Fehlermöglichkeiten, der geprüften Einheiten und der nachgewiesenen Fehler festgehalten. Mithilfe des Ursache-Wirkungs-Diagramms (Bild 5.12) werden mögliche Ursachen identifiziert und ihre Streuung wird anhand von Messdaten oder Bewertungen erfasst.

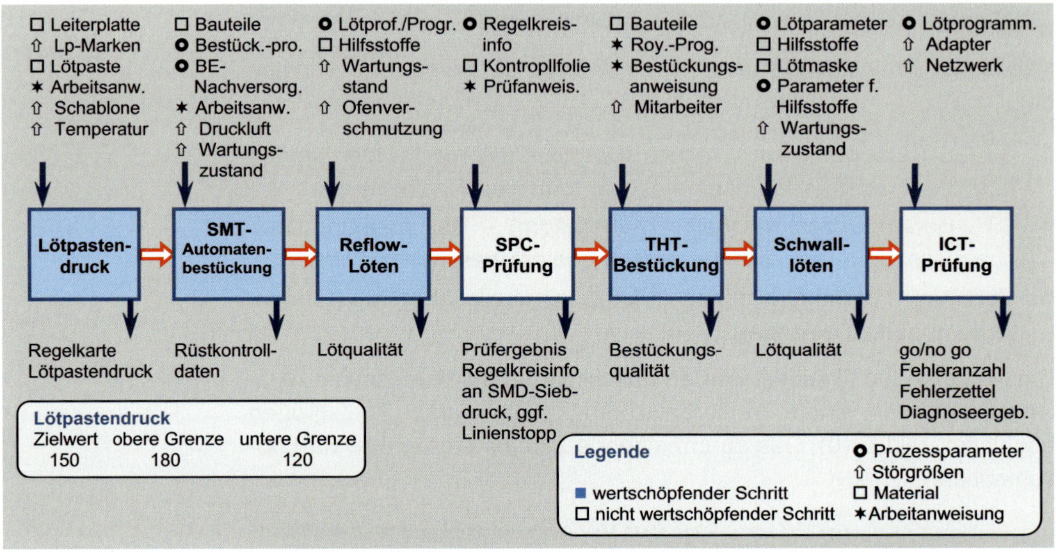

Bild 5.11: Prozessstruktur und Einflussgrößen eines Lötprozesses [Pea02]

Wenn das Zusammenwirken der verschiedenen Einflussfaktoren nicht ohne großen Aufwand zu entschlüsseln ist, kann die statistische Versuchsplanung DOE eingesetzt werden.

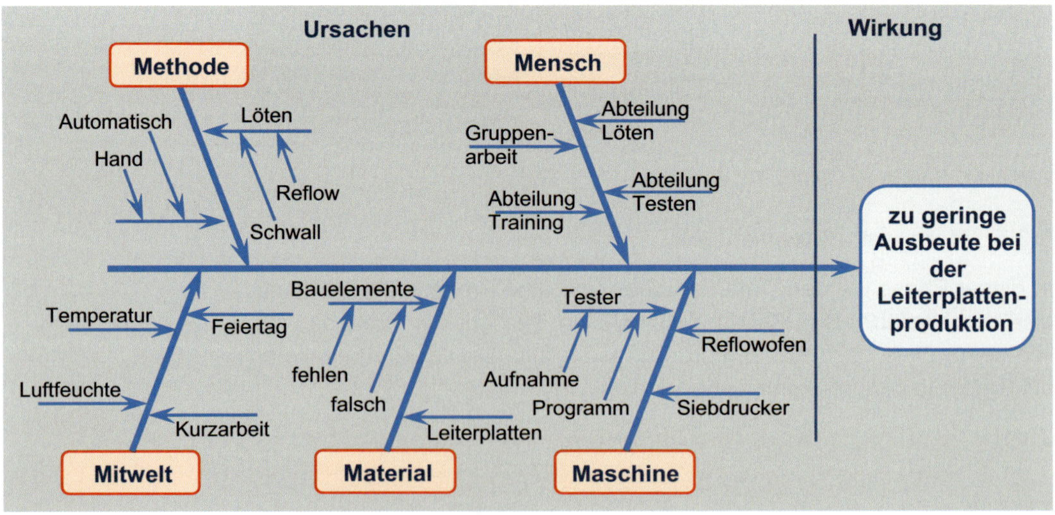

Bild 5.12: Ursache-Wirkungs-Diagramm eines Lötvorgangs

5.3.4 Analyze – Analysephase

Hierbei werden die in der Messphase erhobenen Daten analysiert und nach Ursachen für Fehler, Streuung usw. durchsucht. Anhand der aufgestellten Hypothesen wird mithilfe von statistischen Hypothesentests die Richtigkeit geprüft. Außerdem wird an dieser Stelle die Funktion bestimmt, die den Prozess mathematisch beschreibt. Hier werden sowohl passive Methoden mit historischen Daten als auch durch Experimente ermittelte Erkenntnisse verwendet. Zur Analyse von Messsystemen verwendet man in Six Sigma die sogenannte Messsystemanalyse (Measurement System Analysis), kurz MSA.

Hypothesen führen zum Verständnis der Fehlerentstehung.

5.3.5 Improve – Verbesserungsphase

Nachdem die Prozesszusammenhänge erfasst wurden, werden Verbesserungsmaßnahmen geplant, getestet und schließlich eingeführt. Die Lösungen ergeben sich nicht automatisch, sondern müssen nach Risiken, Umsetzbarkeit und Kostengesichtspunkten bewertet werden.

5.3.6 Control – Kontrollphase

Nach der Einführung der Verbesserungen werden die Auswirkungen evaluiert. Die Evaluation erfolgt mithilfe von statistischen Methoden. Dies geschieht überwiegend mit SPC-Regelkarten.

Zusammenfassung und Bewertung

Six Sigma unterstützt Unternehmen, ihren Gewinn zu maximieren und eine hohe Kundenzufriedenheit zu erreichen. Um eine kostengünstigere Kundenbindung, im Vergleich zur Kundengewinnung, zu erreichen, stehen folgende Faktoren im Vordergrund:

- Kostensenkung,
- Qualitätssteigerung,
- Schnelligkeit (Zeiteffizienz).

Six Sigma ist wirkungsvoll, aber auch anspruchsvoll.

Bei einer durchschnittlichen Standardabweichung der nicht optimierten Prozesse von 3,5 bis 4σ ist eine wesentliche Effizienzsteigerung zu erwarten. Allerdings ist der Aufwand bei der Durchführung eines Six-Sigma-Projektes so groß, dass sich die Durchführung erst bei zu erwartenden Wertschöpfungszuwächsen von mehreren Zehntausend EUR lohnt. Man strebt eine Projektlaufzeit von z. B. 90 Tagen an, diese wird allerdings eher selten erreicht. Die Regel dürften 180 Tage sein.

5.4 Prozesswirkungsgrad

Aus gesamtheitlicher Sicht stehen für ein Unternehmen eigentlich der Nutzen (Gewinn) und der Aufwand (Kosten) im Vordergrund. Da die Qualität und die Prozesse beide stark beeinflussen [Ben9.1], ist es sinnvoll, diese Betrachtungsweise auch für ihre Bewertung und Optimierung einzusetzen. Eine Aussage darüber, wie hoch die Effizienz der Leistungsentstehung ist, gibt das Nutzen-Aufwand-Verhältnis wieder.

5.4.1 Methodik des Prozesswirkungsgrades

Prozessleistungen werden klassifiziert.

Der zugrunde liegende Lösungsansatz des Prozesswirkungsgrades [Kam7.20] ist aus der Technik seit langem bekannt. Ein Wirkungsgrad ist das Verhältnis der Nutzleistung zu der insgesamt aufgewendeten Leistung. In einem Prozess können entsprechend ihren Kriterien vier Leistungsarten auftreten (Bild 5.13). Da in einem Wirtschaftsunternehmen die ökonomischen Aspekte des Prozessmanagements im Vordergrund stehen, gilt die monetäre Leistungsbewertung als die aussagefähigste Form einer Analyse. Die Kostenzuordnung folgt nicht den klassischen Kostenarten, sondern wird in geplante, nicht geplante, werterhöhende und nicht werterhöhende Leistungen aufgeteilt.

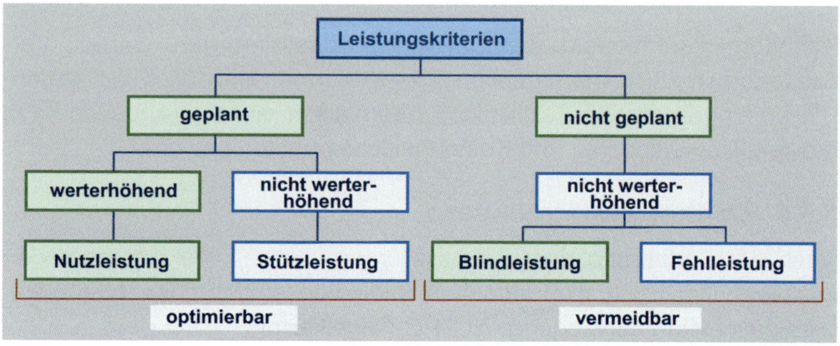

Bild 5.13: Kriterien der Prozessleistungen

Sie bestehen aus Tätigkeiten und Vorgängen wie Werkstück bearbeiten, Rüsten, Fehlern, Ausschuss, Warten, Kundenbeschwerden, Reisen, Telefongesprächen, Rechnerausfällen usw. Die Leistungsarten sind wie folgt definiert:

- **Nutzleistung L_{Nutz} [Euro]**
  Der wertschöpfende Prozess z. B.: Fräsen, Montieren, Bestellung aufnehmen.
  $L_{Nutz} = t_{Nutz} \times K_{Nutz}$ t[h] = Zeit; K[€/h] = Kostensatz
- **Stützleistung $L_{Stütz}$ [Euro]**
  Notwendige unterstützende Prozesse z. B.: Entspänen, Ausrichten, Ablage.
  $L_{Stütz} = t_{Stütz} \times K_{Stütz}$
- **Blindleistung L_{Blind} [Euro]**
  Nicht geplant und nicht werterhöhend z. B.: stehende Maschine, verkehrte Tätigkeit.
  $L_{Blind} = t_{Blind} \times K_{Blind}$
- **Fehlleistung L_{Fehl} [Euro]**
  Nicht geplant und nicht werterhöhend z. B.: Kosten für Nacharbeit, Ausschuss, Rückrufaktionen, Reklamation.

Der Prozesswirkungsgrad wird dann aus dem Verhältnis der Summe der wertschöpfenden Leistungen zu der Gesamtleistung berechnet [Tom95].

$$\eta_{Prozess} = \frac{\text{Nutzleistung}}{\text{Stützleistung} + \text{Fehlleistung} + \text{Blindleistung} + \text{Nutzleistung}}$$

Im Falle, dass die Wertschöpfung mithilfe einer Maschine erfolgt, wird erst der Maschinenwirkungsgrad $\eta_{Maschine}$ bestimmt.

$$\eta_{Maschine} = \frac{\sum \text{produzierter Einheiten}}{\text{Produktionszeit} \cdot \text{Taktzahl}}$$

Anschließend erfolgt die Bestimmung des Prozesswirkungsgrades η_P bzw. η_{Pi}, falls es sich um einen Teilprozess handelt.

$$\eta_{Pi} = \eta_i \cdot \eta_{Maschine}$$

Betrachtet man zum Beispiel einen Kernprozess, der aus einzelnen Teilprozessen besteht, wird der Gesamtprozesswirkungsgrad η_{Pges} wie folgt berechnet.

$$\eta_{Pges} = \eta_{P1} \cdot \eta_{P2} \cdot \eta_{P3} \cdot \ldots$$

Der Wirkungsgrad einer Prozesskette hängt von den Teilprozessen ab.

Der Prozesswirkungsgrad stellt eine Erweiterung der Sichtweise der Qualitätskostenerfassung in mehreren Dimensionen dar, ohne zugleich ein komplettes Kostenerfassungssystem zu benötigen. Ziel des Verfahrens ist, eine objektive wirtschaftliche Bewertung und Lenkung von Prozessen zu ermöglichen. Zugleich kann die Effizienz auch unterschiedlicher Prozesse objektiv miteinander verglichen werden.

5.4.2 Prozesswirkungsgradanalyse

Die Durchführung einer Prozesswirkungsgradanalyse verläuft entsprechend den folgenden Schritten:

- Definition – Beschreibung des Prozesses,
- Identifizierung der Datenquellen
  - Controlling-Maschinensätze, Stundensätze, Mitarbeiter, ...
  - Instandsetzung/-haltung – Wartungssätze, Wartungszeiten, Reparaturen, ...
  - Personalabteilung – Arbeitszeiten, Pausenregelung, ...
  - Qualitätsmanagement – Qualitätskosten, Fehleranzahl und -art, ...
  - Produktionsplanung und -steuerung – Produktionsabläufe, Losgrößen, ...
- Festlegung der Leistungsmerkmale (Nutzleistung, Stützleistung, Blindleistung, Fehlleistung),
- Standardisieren der Leistungsmerkmale (gleiche Begriffe für identische Merkmale, z. B. elektrische Störung, mechanische Störung, ...),
- Vorbereitung einer Software für die Erfassung und Analyse (z. B. Excel, Aufbau der Struktur, ...),

- Erfassung der Daten (manuell, automatisch, ...),
- Analyse – Vergleich der Teilprozesswirkungsgrade, Vergleich der Einzelleistungen,
- Pareto-Analyse der Leistungsmerkmale – Entscheidung über weitere Vorgehensweise,
- Ursache-Wirkungs-Analyse,
- Maßnahmenausarbeitung,
- Kosten-Nutzen-Analyse,
- Simulation der Auswirkung der geplanten Maßnahmen am Prozesswirkungsgrad.

Das Ergebnis hängt von der Vorgehensweise ab.

Der Prozesswirkungsgrad und seine Leistungsarten liefern die Basis für eine anschließende Kosten-Nutzen-Analyse. Dabei erfolgt zunächst ein Vergleich der Prozesswirkungsgrade für identische oder ähnliche Prozesse, auch über Bereichsgrenzen hinweg. Anschließend erfolgt ein Benchmarking der Leistungsarten und ihrer Bestandteile. So können Schwachstellen (hohe Kosten) sehr schnell identifiziert werden. Auf der Grundlage der vorliegenden Prozesse können erfolgreiche Lösungen (niedrige Kosten) übernommen bzw. neu erarbeitet werden. Die Wirksamkeit der vorgeschlagenen Maßnahmen bzw. notwendigen Investitionen kann durch eine rechnerische Simulation geprüft werden. Im Anschluss an die eingeleiteten Maßnahmen erfolgt die Validierung des geänderten Zustands.

Die praktische Umsetzung [BeSc05] wird anhand von folgendem Beispiel verdeutlicht.

Beispiel:
Die hohen Forderungen an die Qualität von Babynahrung verursachen sehr hohe Qualitätskosten. Also war das Projektziel, die Qualitätskosten ohne Einbußen der Qualität zu senken. Die durchgeführte Kostenanalyse aller im Produktionsbereich aufgetretenen Qualitätskosten und der Komplexität wechselseitiger Abhängigkeiten führte zu keinem befriedigenden Ergebnis. Deswegen wurde die Prozesswirkungsgradanalyse eingesetzt. Anhand der definierten Prozesslandkarte wurden einzelne Prozessschritte analysiert, Daten erfasst und ausgewertet.

Der Prozess „Abfüllung“ z. B. (Tabelle 5.6) bestand aus einer Befüllungsmaschine (Rovema), einem Kartonierer, einer Verpackungsanlage (Transnova) und einem Beschriftungsautomaten (Pagomat). Die Datenerfassung in diesem Teilprozess hat die im Bild 5.14 monetär bewertete Leistungsverteilung ergeben.

Tabelle 5.6: Daten zur Bestimmung der Leistungsverteilung

Nutzleistung	**Zeit (min)**		**Ges. (%)**	**Kosten (€)**
Abfüllung	**23 104**		**66,97**	**38 988,00**
Stützleistung	Zeit (min)	Leistung (%)	Ges. (%)	Kosten (€)
Rüsten	350	7,75	1,02	590,63
Reinigung	1 160	25,69	3,36	1 957,50
Formatwechsel	670	14,84	1,94	1 130,63
Produktwechsel	720	15,94	2,09	1 215,00
Rollenwechsel	866	19,18	2,51	1 461,38
Qualitätsprüfung	750	16,60	2,17	1 125,00
Summe	**4 516**	**100,00**	**12,88**	**7 480,14**
Blindleistung	Zeit (min)	Leistung (%)	Ges. (%)	Kosten (€)
Kein Produkt	60	1,57	0,17	101,25
Kein Packstoff	0	0,00	0,00	0,00
Kein Auftrag	3 770	98,43	10,93	6 361,88
Summe	**3 830**	**100,00**	**11,10**	**6 463,13**
Fehlleistung	Zeit (min)	Leistung (%)	Ges. (%)	Kosten (€)
Technische Störung	2 180	71,48	6,32	3 678,75
Stillstand	870	28,52	2,52	1 468,13
Summe	**3 050**	**100,00**	**8,84**	**5 146,88**
Summe gesamt	**34 500**		**100,00**	**58 078,15**

Die Fehlleistung z. B. weist den Anteil von 8,84 % mit dem entsprechenden Betrag von 5 146,88 Euro auf. Um diesen Anteil wird die Nutzleistung geschmälert (Bild 5.14). Davon weist die „technische Störung" mit 6,32 % bzw. 3 678,75 Euro den größten Anteil auf.

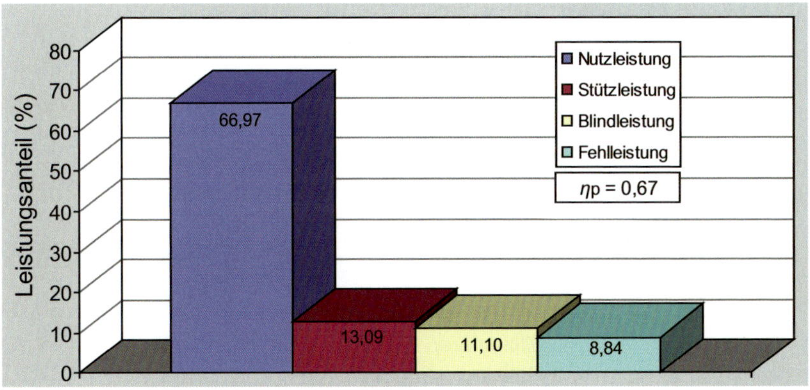

Bild 5.14: Leistungsverteilung im Abfüllprozess der Babynahrungsherstellung

Die Position „Technische Störung" z. B. beinhaltet eine Reihe von Störquellen, die unterschiedlich hohe Kosten verursachen. Den größten Kostenanteil an Störungen weist die Verpackungsanlage Transnova auf (Bild 5.15).

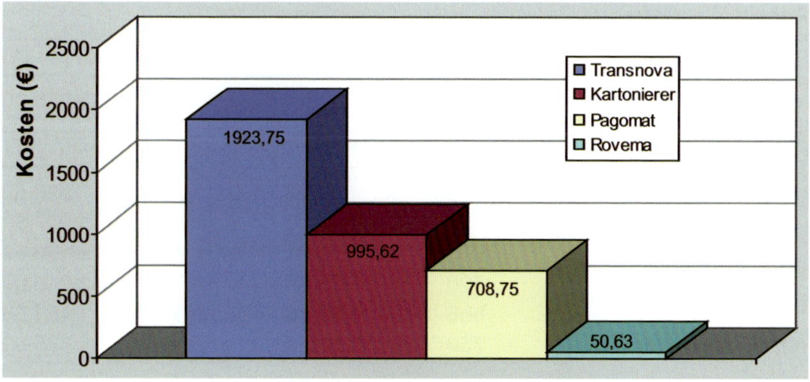

Bild 5.15: Analyse der Position „technische Störung"

Ihre größte Schwachstelle ist die fehlerbehaftete Funktion des Abzugs (Tabelle 5.7) mit 1 385,80 Euro.

Tabelle 5.7: Daten der „technischen Störung" im Abfüllprozess

		Zeit (min)	Kosten (€)
Rovema	**gesamt**	**30**	**50,70**
	Begasung	30	50,70
Kartonierer	**gesamt**	**590**	**997,10**
	Auslauf	70	118,30
	Offene Laschen	50	84,50
	Faltschachtel	370	625,30
	Einschub	100	169,00
Transnova	**gesamt**	**1140**	**1.926,60**
	Sonstiges	170	287,30
	Tray offen	30	50,70
	Abzug	820	1.385,80
	Feineinstellung	50	84,50
	Kartonhalterung	10	16,90
	Stapler	60	101,40
Pagomat	**gesamt**	**420**	**709,80**
	Stempelwechsel	30	50,70
	Etikettieren	10	16,90
	Störung	330	557,70
	Tintenstrahler	50	84,50

Die anschließende Ursache-Wirkungs-Analyse lieferte den Grund für die mangelhafte Funktion des Abzuges. Als Ursache wurde eine schlechte Positionierung des Kartons in der Führung, die auf eine unsaubere Stanzung zurückführte, festgestellt. Der monetär bewertete

Nutzen der Auswirkungen der Fehlerbeseitigung und der damit verbundene höhere Einkaufspreis für eine exaktere Kartonstanzung konnte in einer objektiven Kosten-Nutzen-Analyse dargestellt werden.

Aufgrund der positiven Erfahrungen im Pilotprojekt wurden im Anschluss alle Kernprozesse in der Produktion analysiert und der Prozesswirkungsgrad als Steuerungsgröße eingeführt. So verfügte man über eine ergebnisorientierte Kennzahl, die einerseits eine Information über die Effizienz der Wertschöpfung und ihre Kostenstruktur lieferte und andererseits einen direkten Vergleich der Prozesse untereinander erlaubte. Eine kontinuierliche Erfassung der Daten ermöglichte eine wöchentliche bzw. monatliche Auswertung, sodass auf Störungen unmittelbar reagiert werden konnte. Die Transparenz der Prozesse und ihrer Störgrößen erlaubte weiter die Vereinbarung von Zielgrößen mit den Prozessverantwortlichen. Zum Vergleich ist in Bild 5.16 der Prozesswirkungsgrad von 9 Teilprozessen über den Zeitraum von vier Jahren dargestellt. Es ist ein deutlicher Anstieg des Prozesswirkungsgrades ersichtlich, oder anders betrachtet, eine kontinuierliche Kostensenkung bei gleichbleibender Qualität erreicht worden.

Der Prozesswirkungsgrad als Vergleichs- und Zielgröße

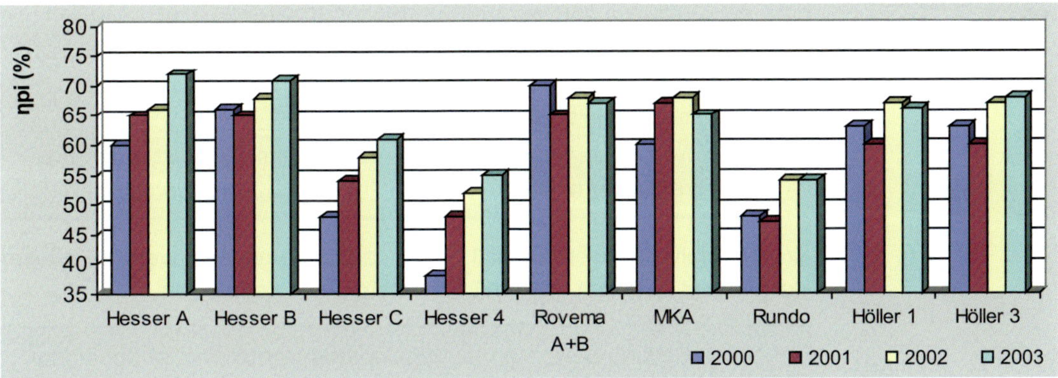

Bild 5.16: Zeitliche Veränderung des Prozesswirkungsgrades von 9 Teilprozessen

Auffällig sind in der Darstellung die deutlich differierenden Gesamtwirkungsgrade der einzelnen Prozesse: eine Gruppe erzielte Wirkungsgrade deutlich über 65 %, die andere darunter. Eine Analyse ergab, dass vor allem die Prozesse, die von einer Vielzahl von Umstellungen und Fertigung in Kleinserien geprägt waren, im Gesamtwirkungsgrad niedriger rangierten. Der Anteil der Stützleistung hatte sich im Verhältnis zur Nutzleistung deutlich erhöht und damit den Gesamtwirkungsgrad verschlechtert.

Umgekehrt konnten aber auch gerade im Bereich der komplexen Kleinserienfertigung durch Kombination von Aufträgen überproportional hohe Wirkungsgradverbesserungen in den ersten Jahren durch die Optimierung der Stützleistung erreicht werden. Der Gesamtwirkungsgrad eignet sich damit auch zur Abschätzung der zu erwartenden Auswirkung des Faktors Komplexität durch auftragsbezogene Kleinserienfertigung im Vergleich zu wirtschaftlichen Losgrößen in der Produktion.

Zusammenfassung und Bewertung

Der Prozesswirkungsgrad wurde bei entsprechender Definition der Nutzleistung auch bei Geschäftsprozessen [PhBe09] angewendet. Seine Vorteile können wie folgt zusammengefasst werden:

- Die Verwendung ist für alle Prozessarten möglich.
- Der Einfluss aller Faktoren wird berücksichtigt.
- Keine singulär ergebnisorientierte Kennzahl (wie z. B. Durchlaufzeit, Ausstoß).
- Die Beurteilung eines Prozesses erfolgt durch eine leistungsabhängige Kenngröße.
- Die Bewertung aller Einflüsse ist monetär möglich (Prozesskostenanalyse).
- Vergleich von mehreren Teil-Prozessen über die gleiche Größe ist möglich.
- Abhängigkeit von Veränderungen innerhalb von Prozessketten können dargestellt werden.
- Zielvorgaben können monetär bewertetet werden (z. B. über Investauswirkungen).
- Eigenverantwortliches Handeln der Prozesseigner ist aufgrund der Transparenz aller Prozesseinflüsse möglich.

Wenn analysiert werden soll, muss auch gemessen werden. Dieser Vorgang ist natürlich auch mit Schwierigkeiten verbunden.

- Eine zielorientierte Kommunikation des Vorhabens ist unbedingt notwendig, um das Misstrauen der Mitarbeiter zu mindern.
- Enge Zusammenarbeit der Beteiligten ist bei der Einführung notwendig.
- Akzeptanz aller Beteiligten bildet sich erst auf lange Sicht (Erfahrungswert).
- Die Erfassung aller meistens nicht zentral abgelegten Informationen und Daten bindet Kapazitäten.
- Eine zu starke Störung der Prozessbeteiligten ist bei der Erfassung zu vermeiden.
- Prozess-Schnittstellen sollten unbedingt einbezogen werden.

5.5 Sonstige Strategien

Die Ansätze zur Steigerung der Konkurrenzfähigkeit von Unternehmen sind vielfältig. Sie reichen von Produktinnovation, Marketing über Qualität bis zu Kundenzufriedenheit. Die Ansätze kommen aus unterschiedlichen Bereichen wie der Betriebs-, der Ingenieur-, der Natur-, der Sozialwissenschaft usw. Ihr Ursprung ist überwiegend der japanischen Industrie mit dem Vorreiter Toyota zuzuordnen. Auch wenn die Ansätze unterschiedlich sind, verfolgen sie ähnliche oder gleiche Ziele, Kosten und Kapitalbindung zu senken, Flexibilität und Produktverfügbarkeit zu steigern, Kundenforderungen inbegriffen Qualität mehr als zu erfüllen. Die folgenden, nicht direkt dem Qualitätsmanagement klar zuordenbaren Strategien beeinflussen aber stark seine Ziele.

5.5.1 Just-in-time (JIT)

Just-in-time-Produktion ist ein **logistikorientiertes Organisations- und Steuerungskonzept** für interne und externe Kunden. Punktgenaue Lieferung der Rohstoffe bzw. Produkte mit der geforderten Qualität in der gewünschten Menge (und auch Verpackung) zum Zeitpunkt, an welchem sie tatsächlich gebraucht werden, zum gewünschten Ort.

„Just-in-time" reduziert die Kapitalbindung.

Somit entfallen nicht nur die Lagerkosten, sondern auch der übrige Verwaltungsaufwand lässt sich auf ein relatives Minimum reduzieren, es führt zu einer **signifikanten Abnahme des Materialumlaufes**.

Durch Just-in-time ergeben sich folgende Vorteile:

- Durchlaufzeiten werden verkürzt,
- Verringerung der Läger, Lagerkosten und Materialbestände,
- Verringerung des Umlaufmaterials,
- Verringerung der Kapitalbindung,
- Erhöhung der Arbeitsproduktivität,
- die Fertigungsprozesse werden gleichmäßig ausgelastet,
- Erhöhung der Flexibilität,
- Probleme werden deutlich gesenkt oder vermieden, die Qualität gesteigert.

Eine Steigerung von „just-in-time" ist das sogenannte „just-in-sequence" (JIS). Aufbauend auf dem JIT-Prinzip werden die Produkte zusätzlich in der richtigen Reihenfolge beim Kunden angeliefert.

5.5.2 Lean Management (LM)

Der Begriff des Lean Managements verdeutlicht, dass diese Strategie auf einer schlanken Organisationsstruktur beruht. Die Grundlage ist die Einführung von Prozessen und eines straff organisierten Ablaufs des Wertschöpfungsprozesses. Als Ziel findet man die schon bekannten Merkmale wie die Vermeidung von Verschwendung, Fehlern und Kosten, bessere Kommunikation, Kundenorientierung usw. Das Lean Management besteht aus folgenden Bestandteilen:

Lean Management strafft die Organisation.

- Wachstums- und Eroberungsfähigkeit bedingt durch strategischen Kapitaleinsatz,

- schnelle und sichere Einführung neuer Produkte, bedingt durch Simultaneous Engineering u. ä.,
- kundenorientierte schlanke Fertigung, bedingt durch Just-in-time, Kanban usw.,
- umfassendes Qualitätsmanagement,
- Kunden gewinnen und erhalten durch proaktives Marketing,
- Unternehmen in Gesellschaft einbinden.

Die Vorteile von Lean Management entsprechen weitläufig denen des JIT.

5.5.3 Kanban

Das Ziel von Kanban ist, den Materialfluss bei möglichst geringer Nutzung der Ressourcen sicherzustellen. Die Einführung von Kanban hat Verminderung der Verschwendung von Ressourcen zur Folge. Sein Ansatz liegt in einer besonderen Art der Produktionsplanung und -steuerung.

Die Produktionssteuerung erfolgt bedarfsorientiert.

Die klassische Produktionsplanung und -steuerung (PPS) ist zentral organisiert. Die PPS-Stelle plant auf der Grundlage von Absatzprognosen mit dem Ziel, eine hohe Kapazitätsauslastung der Produktionsmittel zu erreichen (Bild 5.17). Dies hat in der Realität zur Folge, dass den Kundenforderungen wenig Rechnung getragen wird. Oft kommt es auch infolge der getrennten Planung und Ausführung zu Fehlern. Die komplexen Wechselbeziehungen in der Produktionsplanung und -steuerung führen zu einem gewaltigen Koordinationsaufwand, der kaum mehr zu überblicken und zu handhaben ist.

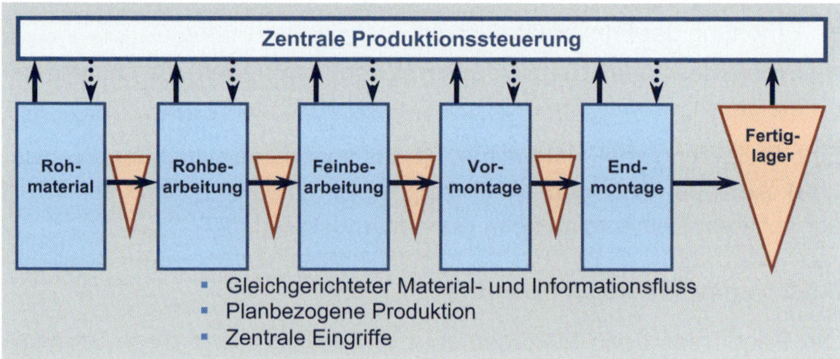

Bild 5.17: Klassisches PPS [GiKä07]

Das Kanban-System entnimmt einem vorgelagerten Arbeitsgang bzw. Prozess nur das gerade benötigte Teil in der benötigten Menge und zum benötigten Zeitpunkt (Just-in-time-Prinzip). Das führt zu einer Vereinfachung der Kommunikation durch eindeutige Bezeichnung und Menge, die benötigt wird (Bild 5.18).

Der Zulieferer wird nur dann aufgefordert, neues Material anzuliefern, wenn es gebraucht wird (z. B. weil ein Mindestbestand unterschritten wird). Damit wird die terminorientierte Steuerung der konventionellen PPS durch die bedarfsorientierte Steuerung ersetzt.

Kanban (jap.: Karte, Zettel) wird mit jedem Los transportiert und mit jeder Aufforderung zur neuen Anlieferung zurückgegeben, womit ein neuer Auftrag zur Fertigung erteilt wird.

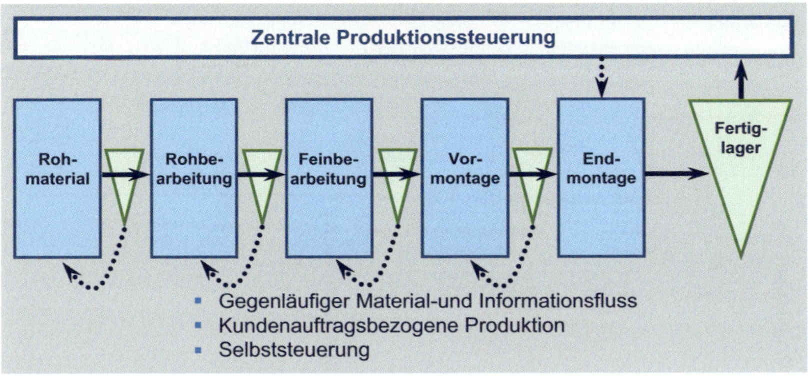

Bild 5.18: Das Prinzip von Kanban [GiKä07]

Die Vorteile von Kanban liegen in:

- einer bedarfsorientierten Produktionssteuerung,
- einer Verbindung der Produktionsplanung und -ausführung,
- der Flexibilität der Produktionsmittel,
- der fehlerfreien Lieferung,
- einer schnellen Ursachenanalyse bei Störungen und danach einer schnellen Beseitigung der Störungen.

5.5.4 Simultaneous Engineering

Der Entwicklungsablauf eines Produktes bedarf einer zwingenden Systematik. Die Entwicklungszeiten stellen einen wesentlichen Faktor des Markterfolges dar. Je nach Produktart können Entwicklungszeiten bis zu 10 Jahre (Flugzeugindustrie) betragen. Eine zeitliche Verzögerung bedeutet erhebliche Umsatzeinbußen [BeNa94].

Projektphasen überdecken sich.

Der traditionelle Projektablauf stellt sich als eine sequenzielle Abfolge von einzelnen Projektschritten dar (Bild. 5.19).

Beim Simultaneous Engineering beginnen die nachfolgenden Phasen schon vor dem Abschluss der aktuellen Projektphase. So kann die Entwicklungszeit verkürzt werden. Eine Voraussetzung für einen erfolgreichen Ablauf ist ein intensiver Informationsaustausch. Dadurch kommt es zu einem besseren Abgleich der Informationen zwischen den einzelnen Prozessen. So werden Fehler und Unstimmigkeiten vermieden, die in einem konventionellen Ablauf zu Korrekturmaßnahmen und zum erneuten Durchlauf der vorgelagerten Phasen führen würden.

Die Vorteile liegen in einer wesentlich kürzeren Entwicklungszeit und einer besseren Abstimmung im internen Kunden-Lieferanten-Verhältnis.

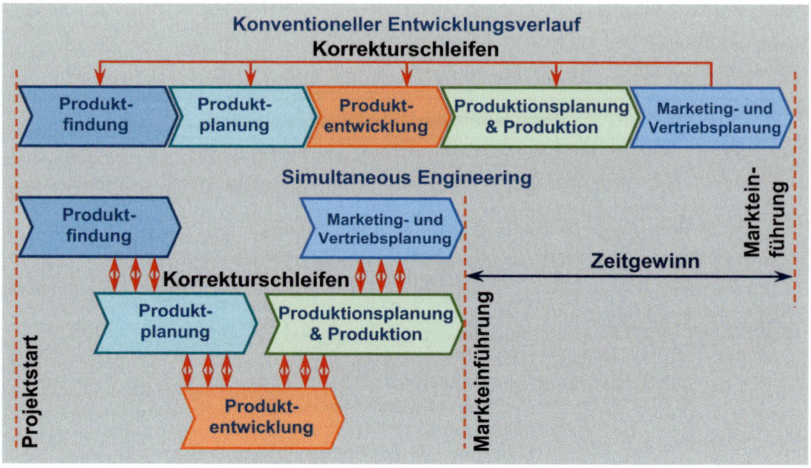

Bild 5.19: Zeitverkürzung durch Simultaneous Engineering

Früher Markteintritt erhöht die Marktchance.

Der Nachteil dieser Strategie ist durch Phasenüberdeckung bedingt. In der nachfolgenden Phase werden Arbeiten ausgeführt, die noch nicht auf endgültigen Daten basieren. So kann es zu Doppelarbeit kommen.

Zusammenfassung und Bewertung

Die vorgestellten Strategien zeigen nur eine kleine Auswahl. Sie weisen auf den ersten Blick unterschiedliche Ziele auf. Bei näherem Betrachten greifen sie auch indirekt die Ziele des Qualitätsmanagements mit auf. Die Strategien werden in der Praxis miteinander sehr häufig kombiniert, sodass eine genaue Abgrenzung oft nicht möglich und nicht sinnvoll ist.

☑ Lernerfolg

Zur Prüfung des Lernfortschritts beantworten Sie folgende Fragen:

Fragen zum Kap. 5:

1. Nennen Sie ein Beispiel eines gesamtheitlichen Ziels einer Prozessoptimierung.
2. Nennen Sie ein Beispiel für ein Ziel einer internen Prozessverbesserung.
3. Was bedeutet KVP?
4. Was ist eine der wichtigsten Voraussetzungen für ein gelebtes KVP?
5. Auf welchem Prinzip basiert KVP?
6. Welches Ziel verfolgt man mit der Anwendung der 3-Mu-Checkliste?
7. Nennen Sie Beispiele der Verschwendungsarten.
8. Was bedeuten die 5-S-Bewegungen?
9. Nennen Sie einige Beispiele nicht wertschöpfender Tätigkeiten.
10. Wozu dient die Anwendung der W-Fragen?
11. Mit welchem Ziel werden Qualitätszirkel eingesetzt?
12. Welchen großen Vorteil haben Qualitätszirkel?
13. Welches Ziel verfolgt Six Sigma?
14. Auf welchem Prinzip basiert Six Sigma?
15. Was ist die Grundlage der Six-Sigma-Methode?
16. Wozu dienen die farbigen Belts?
17. Was bedeutet ein DMAIC-Zyklus?
18. Auf welchem Ansatz beruht der Prozesswirkungsgrad?
19. Nennen Sie die vier Leistungsarten eines Prozesses.
20. Nennen Sie ein Beispiel für jede Leistungsart.
21. Wie ist der Prozesswirkungsgrad definiert?
22. Nennen Sie einige Vorteile des Prozesswirkungsgrades.
23. Auf welcher Basis verfolgt Just-in-time-Produktion ihre Ziele?
24. Was ist das Merkmal von Lean Management?
25. Welchem Prinzip folgt Kanban?
26. Wodurch unterscheidet sich Simultaneous Engineering vom klassischen Produktentstehungsprozess?

Qualitätstechniken

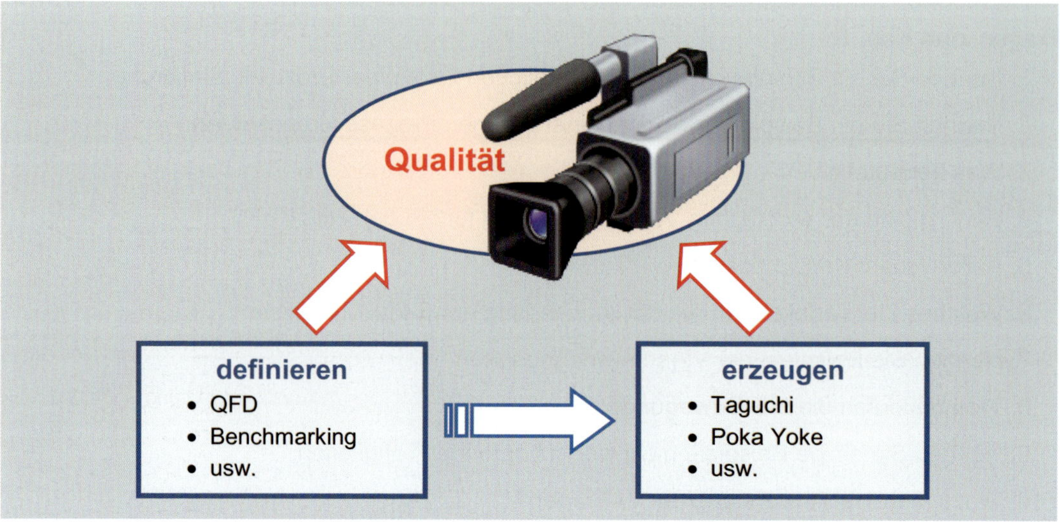

Lernziele:

Bevor das Ziel des Qualitätsmanagements, „Qualität zu erzeugen", in Angriff genommen werden kann, bedarf es der Definition von Qualität bzw. der Qualitätsmerkmale und ihrer Ausprägung. Die Forderungen an die Qualität stellen die drei Interessengruppen Kunde, Allgemeinheit und Hersteller. Sie sind häufig subjektiv und wenig greifbar wie z. B. sicher, bequem, haltbar, umweltfreundlich, schön usw. Also stellt sich die Frage nach der Interpretation solcher Forderungen.

Qualität ist eine Gesamtheit, deren Beschaffenheit aus einer Anzahl von messbaren bzw. bewertbaren Merkmalen besteht. Diese Eigenschaft greifen verschiedene Qualitätstechniken wie QFD-Methode, Benchmarking usw. auf und leiten aus den unterschiedlichsten Formen der Qualitätsforderungen verwertbare Qualitätsmerkmale ab.

Bei der Umsetzung der Qualitätsforderungen während des Produktentstehungsprozesses müssen Maßnahmen getroffen werden, die ihre Verwirklichung unterstützen bzw. ermöglichen. Qualitätstechniken wie Taguchi-Methode, Design of Experiment, Poka Yoke u. a. sind Methoden, die für diese Aufgaben entwickelt wurden.

Die vorliegenden Qualitätstechniken sind ein wesentlicher Bestandteil des Qualitätsmanagements.

6 Qualitätstechniken

Unter **Qualitätstechniken** fallen alle Werkzeuge, Vorgehensweisen und Methoden, die auf dem Gebiet des Qualitätsmanagements und der Qualitätssicherung aller Produktentstehungsebenen zum Lösen von spezifischen Problemen eingesetzt werden [MaWe98].

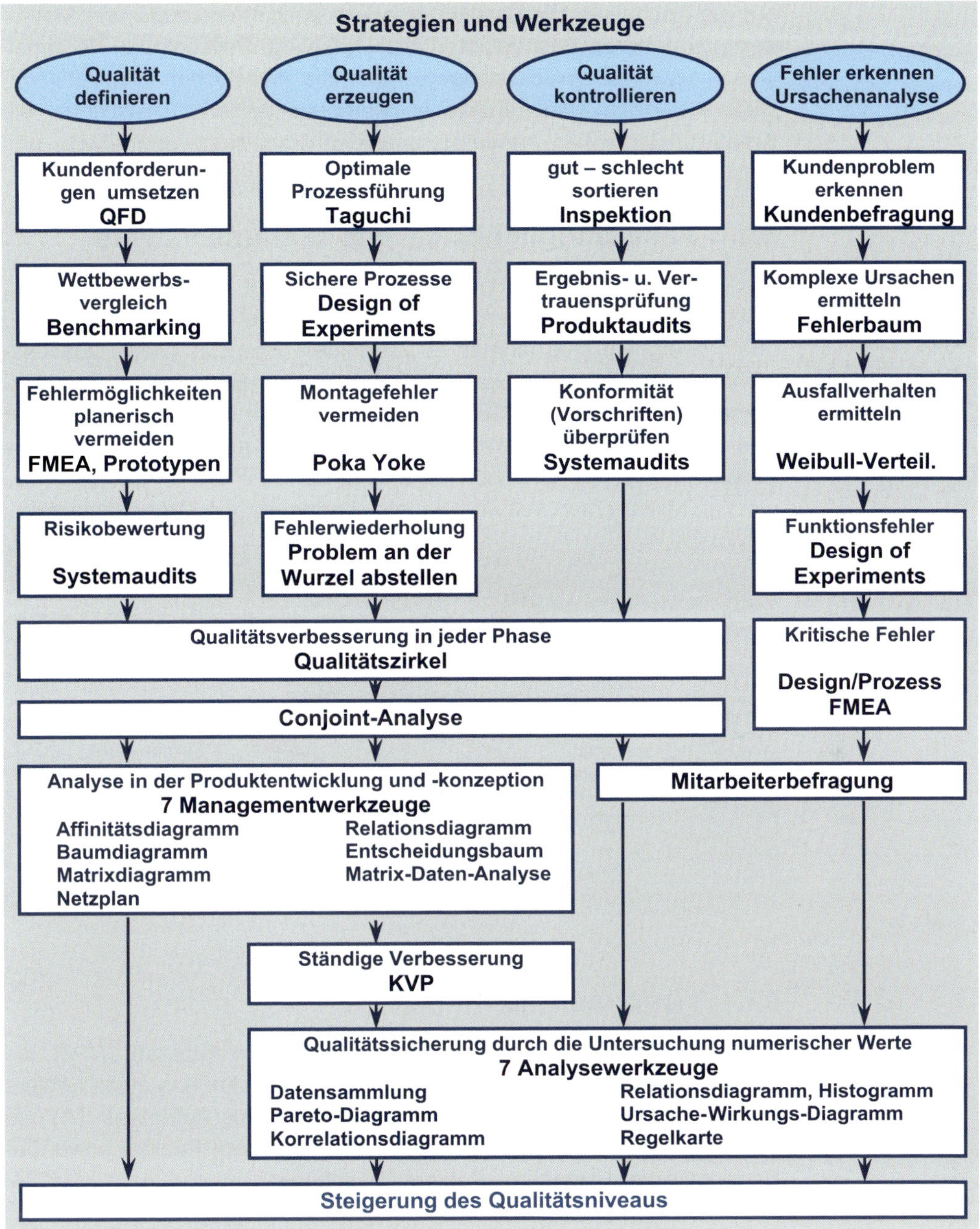

Bild 6.1: Qualitätstechniken und -werkzeuge

Qualitätstechniken umfassen auch Methoden aus anderen Disziplinen.

Bild 6.1 zeigt eine Übersicht der Qualitätstechniken, Strategien, Instrumente und Werkzeuge, die bei der Umsetzung von Qualitätsmanagementsystemen ihre Anwendung finden. Der Begriff Qualitätstechnik ist dabei sehr weit gefasst. Die Übersicht beinhaltet nicht nur die eigentlichen Qualitätstechniken, sondern auch Organisationsformen, wie z. B. die Qualitätszirkel oder Qualitätsaudits. Sie wurden entsprechen ihrer Zielsetzung strukturiert. Unter dem Begriff Qualitätstechniken sind nicht nur die Techniken der Qualität, sondern auch Werkzeuge und Methoden aus anderen Fachgebieten wie Marketing, Psychologie, Personalwesen usw. zu berücksichtigen. Auch die klassischen Qualitätstechniken bedienen sich zahlreicher Methoden anderer Disziplinen wie Kreativitätstechniken, Visualisierungstechniken, Nutzwertanalysen und ähnliche.

6.1 Fehlermöglichkeits- und Einflussanalyse

Fehler vor ihrem Auftreten entdecken und die Ursachen beheben

Die **FMEA** ist ein Instrument, das es ermöglicht, Fehler in Produkten, Prozessen oder Systemen schon vor ihrer Entstehung zu erkennen und durch geeignete Maßnahmen zu vermeiden (Bild 6.2). Diese Qualitätstechnik reduziert komplexe Probleme aus dem Bereich des Qualitätsmanagements durch systematisches Vorgehen auf ihre elementaren Bestandteile. Dadurch werden Ansatzpunkte aufgezeigt, bestimmte Problemstellungen einer Lösung zuzuführen. Sie wurde vom amerikanischen Militär entwickelt und industriell erstmals von Ford eingesetzt.

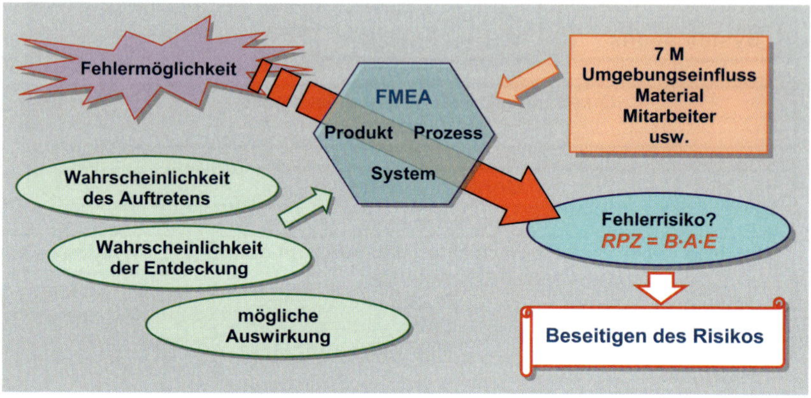

Bild. 6.2: Erkennen von Fehlerpotenzialen

6.1.1 FMEA-Methodik

Der wichtigste Faktor der FMEA ist die **Risikoprioritätszahl (*RPZ*)**, die eine Aussage über die Wahrscheinlichkeit des Auftretens eines Fehlers und seiner Folgen macht (Bild 6.2). Diese wird aus Auftretens- (A) und Entdeckungswahrscheinlichkeit (E) eines speziellen Fehlers sowie der Bedeutung der Folgen des Fehlers (B) gebildet.

Risikoprioritätszahl – *RPZ*

$RPZ = B \cdot A \cdot E$ mit
- *A* – Auftretenswahrscheinlichkeit des Fehlers $1 \leq A \leq 10$
- *B* – Bedeutung der Fehlerfolgen $1 \leq B \leq 10$
- *E* – Entdeckungswahrscheinlichkeit des Fehlers $1 \leq E \leq 10$

Es ergeben sich folgende Werte: $1 \leq RPZ \leq 1\,000$, d. h.

1 – kein Risiko; 1000 – sehr hohes Risiko

Die Bewertungskriterien werden anhand von Bewertungszahlen zwischen 1 (= gering einzuschätzender Fehler) und 10 (= hoch einzuschätzender Fehler) gewichtet. Das Kriterium **Fehlerfolgen** wird nach Tabelle 6.1 ermittelt.

Tabelle 6.1: Bedeutung der Fehler für den Kunden in einer FMEA

B **– Bedeutung**	**Bewertungspunkte**
Es ist **unwahrscheinlich**, dass der Fehler wahrnehmbare Auswirkungen auf die Funktion des Produktes hat und vom Kunden entdeckt wird.	1
Der **Fehler ist unbedeutend** und der Kunde wird nur geringfügig belästigt. Er wird nur eine geringe Beeinträchtigung der Funktion des Produktes bemerken.	2 bis 3
Mittelschwerer Fehler, der bei einigen Kunden Unzufriedenheit auslöst. Er wird eine Beeinträchtigung der Funktion des Produktes feststellen.	4 bis 6
Schwerer Fehler, der den Kunden verärgert. Sicherheitsaspekte oder gesetzliche Bestimmungen sind nicht betroffen.	7 bis 8
Äußerst schwerwiegender Fehler, der den Kunden stark verärgert und / oder möglicherweise sind Sicherheitsaspekte sowie gesetzliche Vorschriften betroffen.	9 bis 10

Es erfolgt die Bewertung der Bedeutung des Fehlers für den Kunden. Seine Folgen können unbedeutend sein, sodass sie nicht einmal bemerkt werden, oder auch schwerwiegend sein, wie z. B. bei mangelhafter Sicherheit.

Wie wahrscheinlich kann ein Fehler auftreten?

Die Bewertung der **Auftretenswahrscheinlichkeit** *A* erfolgt anhand der Häufigkeit, die für die betrachtete Ursache zu erwarten ist. Sie wird entsprechend Tabelle 6.2 vorgenommen. Bei diesem Bewertungsraster fällt auf, dass die Auftretenswahrscheinlichkeit umgekehrt skaliert ist. Eine geringe Punktzahl bei der Auftretenswahrscheinlichkeit weist ein selteneres Fehlerauftreten auf.

Tabelle 6.2: Auftretenswahrscheinlichkeit A in einer FMEA

A **– Wahrscheinlichkeit des Auftretens**	**Häufigkeit**	**Bewertungspunkte**
Unwahrscheinlich, dass ein Fehler auftritt, ähnliche Konstruktionen sind bisher ohne Fehler.	0	1
Sehr gering: Konstruktion entspricht generell früheren Entwürfen, für die relativ geringe Fehlerzahlen gemeldet wurden.	1/20 000 1/10 000	2 3
Gering: Konstruktion entspricht generell früheren Entwürfen, bei denen gelegentlich, aber nicht in größerem Maße Fehler auftraten.	1/2 000 1/1 000 1/200	4 5 6
Mäßig: Konstruktion entspricht größtenteils früheren, fehlerträchtigen Entwürfen, die immer wieder Schwierigkeiten verursachten.	1/100 1/20	7 8
Hoch: Es ist nahezu sicher, dass Fehler in größerem Umfang auftreten werden.	1/10 1/2	9 10

Die **Entdeckungswahrscheinlichkeit** *E* gibt an, welche Möglichkeit besteht, den Fehler vor der Auslieferung des Produktes bzw. Inbetriebnahme zu entdecken und somit die Folgen seines Auftretens zu verhindern (Tabelle 6.3).

Tabelle 6.3: Entdeckungswahrscheinlichkeit E in einer FMEA

E **– Wahrscheinlichkeit der Entdeckung vor Auslieferung**	**Wahrscheinlichkeit**	**Bewertungspunkte**
Hoch: Funktioneller Fehler, der bei nachfolgenden Arbeitsgängen entdeckt wird.	> 99,99 %	1
Mäßig: Offensichtlicher Fehler, einfaches Merkmal.	> 99,70 %	2 bis 5
Gering: Leicht zu entdeckendes Fehlermerkmal.	≥ 98 %	6 bis 8
Sehr gering: Nicht leicht zu entdeckendes Fehlermerkmal.	≥ 90 %	9
Unwahrscheinlich: Das Merkmal wird nicht bzw. kann nicht geprüft werden.	< 90 %	10

Die Multiplikation der drei Kennzahlen ergibt die Risikoprioritätszahl *RPZ*. Die *RPZ* kann also Werte zwischen 1 und 1 000 annehmen. Eine 1 bedeutet kein Risiko, eine 1 000 ein extrem hohes Risiko. Als äußerst wichtig stellt sich eine strukturierte Dokumentation der FMEA heraus. Sie kann bei Weiter- und Neuentwicklungen, im Produkthaftungsfall oder bei der Zertifizierung von Produkten sehr hilfreich sein.

Höhe der *RPZ* ist entscheidend.

Die *RPZ* ist ein Maßstab für den Handlungsbedarf. Ab einer *RPZ* in einem Bereich zwischen 100–150 sollten Optimierungsmaßnahmen eingeleitet werden.

6.1.2 Arten der FMEA

Je nach Einsatzgebiet und Zweck lassen sich drei grundsätzliche Typen von FMEAs unterscheiden (Tabelle 6.4). Durch diese Einteilung wird erreicht, dass die Komplexität eines Problems verringert wird und den Überblick zu behalten leichter fällt.

Die **System-FMEA** untersucht die Möglichkeit einer Fehlerentstehung in einem Gesamtsystem aufgrund des Zusammenwirkens seiner Teilsysteme. Die Charakteristik der Teilsysteme, ihre gegenseitige Abhängigkeit, die Schnittstelleneigenschaften usw. prägen die Charakteristik des Gesamtsystems sowie seine qualitätsbezogenen Eigenschaften.

Die **Konstruktions-FMEA** setzt gleich nach der Entwurfsphase an. Sie soll konstruktive Mängel und Fehler, die in der Entwurfsphase entstanden sind, aufdecken und hinsichtlich der Schwere ihrer Fehlerfolge bewerten. Grundlage hierbei bilden die Konstruktionsunterlagen (Zeichnungen, Stücklisten u. ä.). Daraufhin müssen geeignete Verbesserungsmaßnahmen getroffen werden. Fehler, die in der Fertigung auftreten könnten, werden dabei noch nicht betrachtet. Zielsetzung der Konstruktions-FMEA ist es, einen möglichst konstruktiv einwandfreien Entwurf zu erhalten und damit auch ein fehlerfreies Produkt.

FMEA ist universell anwendbar.

Die **Prozess-FMEA** betrachtet im Gegensatz dazu nur den vorhandenen bzw. den geplanten Produktionsprozess. Sie kann aber auch zur Optimierung anderer Prozessarten dienen. Auch hierbei ist die Zielsetzung, mögliche kritische Prozesse oder Arbeitsgänge herauszuarbeiten und eine Bewertung der Fehlerfolgen vorzunehmen. Ebenfalls sind geeignete Verbesserungsmaßnahmen vorzuschlagen.

Tabelle 6.4: Arten der FMEA [Pfei7.30]

	Betrachtetes Objekt	**Grundlagen der FMEA**	**Zeitpunkt der Erstellung**	**Durchführungs-verantwortung**
System-FMEA	Übergeordnetes Produkt/System (z. B. Fahrzeug)	Produktkonzepte	Nach Fertigstellung der Produktkonzepte	Entwicklung
Konstruktions-FMEA	Einzelnes Bauteil (z. B. Achse)	Konstruktions-unterlagen	Nach Fertigstellung der Konstruktionsunterlagen	Konstruktion
Prozess-FMEA	Schritte der Produktion (z. B. Schleifen)	Produktionspläne	Nach Fertigstellung des Produktionsplans	Produktions-planung

6.1.3 Durchführung einer FMEA

Wissen kommt aus allen Unternehmensbereichen.

Die Durchführung einer FMEA ist eine Teamarbeit. Das Team setzt sich aus Mitarbeitern der an der Entwicklung beteiligten Abteilungen sowie anderer Bereiche zusammen. Die genaue Aufgabenverteilung, Termine bzw. Eckdaten bei komplexen Systemen werden gemeinsam festgelegt und vom Projektleiter kontinuierlich verfolgt. Die einzelnen Arbeitsschritte sind in der Tabelle 6.5 aufgeführt.

Tabelle 6.5: Vorgehensweise bei der Erstellung einer FMEA

Arbeitsschritt:	Durchzuführende Maßnahmen:
1. Systemanalyse – Systemstruktur – Funktionsstruktur	▪ Teile oder Prozesse für FMEA auswählen ▪ Verantwortung verteilen und Teams bestimmen ▪ Termine und Eckpunkte festlegen ▪ Analyseobjekte strukturieren ▪ Aufgabenstellung strukturieren ▪ Aufgabenverteilung im Team festlegen
2. Fehleranalyse	▪ Potenzielle Fehler, Fehlerfolgen und -ursachen herausarbeiten ▪ Verbesserungsmaßnahmen beschreiben ▪ Derzeitigen Zustand nach Bedeutung, Auftreten und Entdeckung bewerten
3. Risikobewertung	▪ Bei allen Schwachstellen Maßnahmen zur Risikominimierung bestimmen ▪ Festlegung von Terminen und Verantwortung
4. Optimierung	▪ Geplante Maßnahmen durchführen und hinsichtlich Termin und Wirksamkeit überwachen ▪ Bewertung des verbesserten Zustandes

Das folgende Beispiel verdeutlicht die praktische Vorgehensweise.

Die Analyse reicht bis ins letzte Detail.

Beispiel:
Es soll eine FMEA von möglichen Fehlern an der Oberfläche einer Pkw-Stoßstange durchgeführt werden. Von dem FMEA-Team wurden Fehler wie Risse, Kratzer, Beulenbildung, Lackbeschädigung, Einfallstellen usw. als Fehlermerkmale bestimmt. Im Bild 6.3 ist beispielhaft der mögliche Fehler „Einfallstelle“ untersucht worden.
Eine Beeinträchtigung der Oberfläche löst bei Kunden Unzufriedenheit aus und wurde mit $B = 6$ bewertet. Aufgrund der Konstruktion mit einem ungünstigen Wanddickenverhältnis ist die Wahrscheinlichkeit des Auftretens sehr hoch und wurde mit $A = 10$ bewertet. Da eine Kontrolle ohne das Zersägen der Stoßstange nicht möglich ist, ist die Entdeckungswahrscheinlichkeit mit $E = 10$ bewertet worden. Damit ergibt sich $RPZ = 600$. Also muss Abhilfe geschaffen werden. Durch eine konstruktive Änderung der Wandstärken erhält man $A = 1$. Die restlichen Wahrscheinlichkeiten bleiben unverändert.
So sinkt mit $RPZ = 60$ das Risiko der Einfallentstehung fast gegen null.

Fehlermöglichkeits- und Einflussanalyse ☒ Produkt-FMEA ☐ System-FMEA **(a)**				*FMEA-Nr.:* **12.34.56**
Teilbenennung: **Stoßfänger** *Teile-Nr.:* **SVW 987.654.321-0**	Bestätigung betroffene Abteilung/ Lieferant	*Name, Telefon:* **WIBO, Kurz, -3987**	*Erstellt durch (Name, Tel.):* **Team SVW, Kohl, -3456**	*Datum:* **10.04.2010**

Merkmal, Funktion, Anforderung	Mögliche Fehler	Mögliche Fehlerfolgen	*B*	Fehler Klassi-fizierung	Mögliche Ursachen	*A*	Prozess-überwa-chung Ist-Stand	*E*	*RPZ*	Empfohlene Abstell-maßnahme	V/T	Ergebnis der Maßnahme: Ergriffene Maßnahme	*B*	*A*	*E*	*RPZ*
Oberfläche	Einfallstelle	Schlechte Optik (Imageverlust)	6		Ungünstiges Wanddickenverhältnis	10	Keine	10	600	Wandstärke kunststoffgerecht ausbilden	Entwicklung, Meier 15.05.09	In Zeichnung übernehmen	1	6	10	60
					Materialspezifikation falsch	3	Laborprüfung	8	144	Erprobung mit Versuchsteilen vornehmen	Labor, Müller 15.05.09	Laboruntersuchung abwarten	▪	▪	▪	▪
					…	…	…	…	…	…	…	…	…	…	…	…

Wahrscheinlichkeit des Auftretens
(Fehler kann vorkommen)

unwahrscheinlich	=	1
sehr gering	=	2 – 3
gering	=	4 – 6
mäßig	=	7 – 8
hoch	=	9 – 10

Bedeutung
(Auswirkung auf den Kunden)

kaum wahrnehmbare Auswirkung	=	1
unbedeutender Fehler, geringe Belästigung f. Kunden	=	2 – 3
mäßig schwerer Fehler	=	4 – 6
schwerer Fehler, Verärgerung beim Kunden	=	7 – 8
Äußerst schwerwiegender Fehler	=	9 – 10

Wahrscheinlichkeit der Entdeckung
(vor Auslieferung an Kunden)

hoch	=	1
mäßig	=	2 – 5
gering	=	6 – 8
sehr gering	=	9
unwahrscheinlich	=	10

Risikoprioritätszahl *RPZ*

hoch	=	1 000
mittel	=	125
keine	=	1

Bild 6.3: Beispiel für ein FMEA-Formblatt [Lei7.13]

Zusammenfassung und Bewertung

Fehler beseitigen bevor sie auftreten

Das Ziel der FMEA ist es, einen Fehler im Entstehungsstadium zu entdecken und anhand der RPZ das Fehlerrisiko zu bestimmen. Mithilfe der FMEA-Methodik kann das Risiko gesenkt werden. Der Erfolg einer FMEA hängt zu einem großen Teil von der Teamfähigkeit und Motivation der Mitarbeiter ab. Es liegt also auch am Management eines Unternehmens, durch Schaffung eines guten Arbeitsklimas und freier Kapazitäten zu einer erfolgreichen FMEA-Durchführung beizutragen. Die Vorteile der FMEA lassen sich folgendermaßen zusammenfassen [Sta97]:

Tabelle 6.6: Vorteile der FMEA

Methodische Vorteile	Technische Vorteile	Psychologisch-organisatorische Vorteile
▪ Systematik ▪ Universelle Anwendbarkeit der Methode ▪ Einheitliche und einfache Dokumentation	▪ Verbesserung des Objektes ▪ Produktivität wird gesteigert ▪ Kostensenkung ▪ Verfahrensabläufe werden optimiert	▪ Informationsaustausch der Abteilungen wird gefördert ▪ Qualitätsbewusstsein der Mitarbeiter wird gesteigert ▪ Imagesteigerung durch bessere Produkte ▪ Zeiteinsparung nach der Einarbeitungsphase

Die Erfahrung zeigt, dass die FMEA durchaus zu einer wesentlichen Fehlerreduzierung beitragen kann.

FMEA besitzt auch einige wesentliche Nachteile, die auf ihre Methodik zurückzuführen sind. Das zur Analyse benötigte Wissen muss offengelegt werden mit folgenden Folgen:

Erfassung und Analyse aller Faktoren erfordern einen hohen Aufwand.

- hoher Aufwand,
- Der Nutzen einer FMEA lässt sich schwer ermitteln, da es sich als problematisch herausstellt, die Kosten für einen nicht entstandenen Fehler zu spezifizieren.
- Wird die Arbeit mit der FMEA zur Routine, kann es dazu kommen, dass die FMEA nur halbherzig durchgeführt wird und somit nur wenig Verbesserungspotenzial generiert.
- Die Bewertung einzelner Kriterien erfolgt zwar auf einer Datengrundlage und entsprechend einer Bewertungsskala, findet aber seitens des Teams intuitiv statt. Somit wird die Aussagefähigkeit und Vergleichbarkeit der RPZ relativ. Sie ist nicht mehr Bestandteil von Richtlinien.

Trotz ihrer Nachteile gehört die Durchführung von FMEA zum Standard des gegenwärtigen Qualitätsmanagements.

6.2 QFD – Quality Function Deployment

Quality Function Deployment (QFD) ist eine Methode, die es erlaubt, Kundenwünsche in technische Eigenschaften bzw. Produktmerkmale umzusetzen. Die Erfüllung der Kundenforderungen wird auch in den Normen (ISO 9001:2008) verlangt.

Die Methode eignet sich nicht nur für die Gestaltung der Produktmerkmale, sondern auch zur Gestaltung von Produktkomponenten, der Prozessmerkmale und auch der Produktionsmittel. QFD bezieht dabei alle Unternehmensbereiche in die Qualitätsverantwortung mit ein.

QFD macht Kundenwünsche greifbar.

Gegenwärtig gehört sie zu den Standardtechniken des Qualitätsmanagements.

6.2.1 QFD-Methodik

„Die Nichterfüllung der Kundenforderungen ist genauso eine Fehlleistung wie ihre Übererfüllung. Merkmale, nach denen der Kunde nicht gefragt hat, ist er auch nicht bereit zu honorieren ...“ [Neu96]. Dies verdeutlicht, dass ein sehr großes Kostensenkungspotenzial in der Produktentwicklung, Anlaufzeit und in den Produktionsprozessen vorhanden ist.

> Quality Function Deployment – QFD: **Methode zur systematischen und umfassenden Qualitätsplanung auf der Basis der Kundenforderungen, ihrer Bedeutung und ihres Zusammenhangs mit den Merkmalen des Produktes [Li9.1].**

Das House of Quality (HOQ)

Die QFD-Methodik basiert auf der von Yoji Akao entwickelten Matrix.

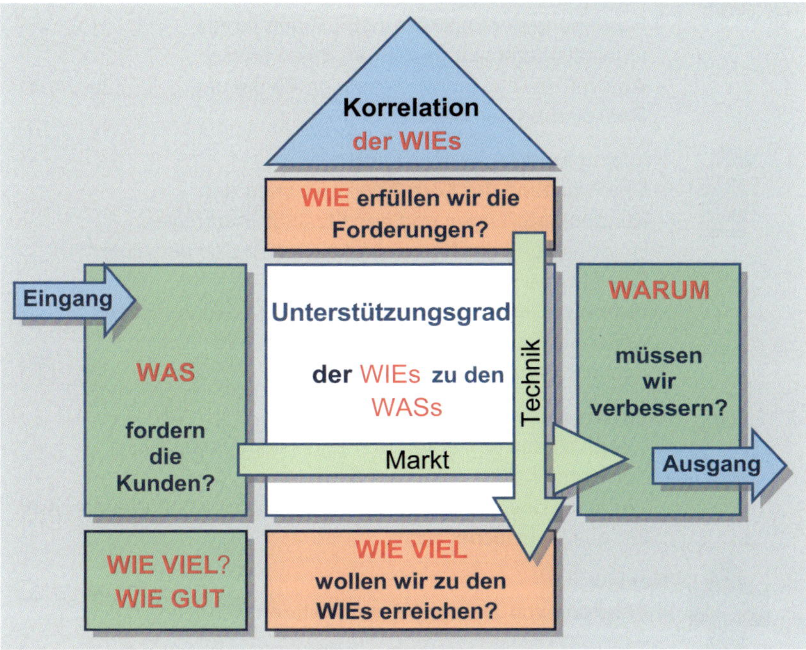

Bild 6.4: Vereinfachte Darstellung des QFD-Hauses [SaKu97]

Wegen ihrer Ähnlichkeit mit einem Haus wird sie das **House of Quality** genannt (Bild 6.4). Die Anwendung der QFD-Methode basiert auf den W-Fragen:

House of Quality ist eine Matrix mit W-Fragen.

- WAS? Was wird erwartet/gefordert (Forderungen)?
- WIE? Wie erfüllen wir die Forderungen (Merkmale)?
- WIE VIEL? Welchen Wert sollen die WIEs haben (Merkmalswerte)?
- WARUM? Wie gut erfüllen Wettbewerbsprodukte die WASs?

Die W-Fragen sind in einer Kombination von mehreren Matrizen so angeordnet, damit Korrelationen (Abhängigkeiten) dargestellt werden können.

Die Inhalte der Matrizen und Tabellen werden durch gewichtete Relationen in Beziehung gesetzt. Durch dieses Vorgehen ist es möglich, die Kundenforderungen in Produkt- oder Dienstleistungsmerkmale umzusetzen und zu bewerten.

1
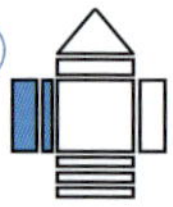

Ermittlung der Kundenwünsche/-forderungen
- Ermittlung der Forderungen an das Produkt (WAS).
- Einteilung in Kategorien und Wichtung entsprechend ihrer Bedeutung.

HOQ stellt einen gewichteten Zusammenhang zwischen Kundenkriterien und Q-Merkmalen her.

2
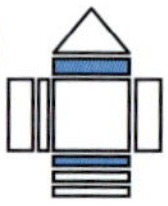

Ableitung der Qualitätsmerkmale
- Festlegung von Qualitätsmerkmalen (WIE).
- Ableitung der technischen Spezifikation.

3
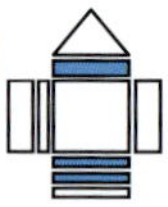

Festlegung von Zielwerten
- Zuordnung von angestrebten Merkmalswerten zu den Qualitätsmerkmalen (WIE VIEL).
- Festlegung der Optimierungsrichtung für die Qualitätsmerkmale (je kleiner, desto besser).
- Abschätzen der Schwierigkeitsgrade bei der Realisierung der Qualitätsmerkmale.

4
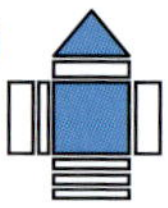

Prüfung auf Wechselwirkung
- Untersuchung der Korrelation zwischen den Kundenforderungen und den Qualitätsmerkmalen.
- Untersuchung der Korrelation zwischen den einzelnen Qualitätsmerkmalen.
- Untersuchung zeigt, ob beabsichtigter Lösungsansatz weiter verfolgt werden soll oder ein anderer Ansatz gesucht werden sollte.

5
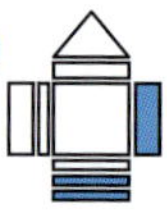

Leistungsvergleich
- Vergleich des geplanten Erzeugnisses aus der Sicht des Kunden mit Konkurrenzprodukten.
- Vergleich des geplanten Erzeugnisses mit Konkurrenzprodukten aus technischer Sicht.

6

Review
- Ableitung von Zielwerten und weiteren Kennzahlen [Li9.1].

Die praktische Vorgehensweise wird am folgenden Beispiel verdeutlicht.

Beispiel:
Mithilfe einer Umfrage wurden die Forderungen an die Handhabung einer Computer-Mouse (Bild 6.5) wie leicht beweglich, klemmt nicht usw. ermittelt (Frage „Was"). Kunden bewerteten auch ihre Bedeutung auf einer Skala von 1 (nicht wichtig) bis 10 (sehr wichtig). Daraus wurden Q-Merkmale wie Kraftaufwand, Tastendruck usw. abgeleitet (Frage „Wie"). Die Abhängigkeit der Merkmale wurde in der Matrix gekennzeichnet und ihre Korrelationsstärke wie z. B. „stark positiv" festgelegt.
Anschließend wurden die absolute und relative Bedeutung des jeweiligen Funktionsmerkmals durch Multiplikation bestimmt. Zum Beispiel ist das Kriterium „leicht beweglich" eine Funktion des Merkmals „Kraftaufwand". Der Kraftaufwand weist 72 Punkte auf. Hinzu kommt noch der Einfluss auf das Kriterium „nicht klemmen". Insgesamt erhält das Merkmal 87 Punkte, also eine Gesamtbewertung von 31 %. Die Gesamtbewertung liefert die Priorität für seine Erfüllung.

Abhängigkeiten, Bedeutung und Zielwerte stellen das Ergebnis dar.

6.2.2 4-Phasen-Modell des QFD-Prozesses

Die QFD-Methode zeigt erst ihr enormes Potenzial bei der Durchführung des QFD-Prozesses. Das Prinzip der Kundenwünsche wird auf die internen Vorgänge im Unternehmen übertragen. Betrachtet man den Produktentstehungsprozess in seiner planerischen Phase, stellt man eine Abhängigkeit der Produkt-, Komponenten-, Prozess- und Produktionsplanung fest. Also stellen die einzelnen Unternehmensprozesse gleichzeitig Kunden und Lieferanten dar, die Forderungen stellen oder empfangen. So kann der Produktentstehungsprozess in einen QFD-Prozess transformiert werden.

QFD-Prozess transformiert die Forderungen des Produktentstehungsprozesses.

Die Erfassung der Kundenwünsche und die Transformation in geeignete Spezifikationen entscheiden über den Erfolg oder Misserfolg eines QFD-Projektes [SaKu97]. Der Prozessablauf erfolgt in 4 Phasen (Bild 6.6).

Phase I – Produktplanung: Kundenforderungen werden in technische Größen übersetzt und ihre Werte bestimmt.

Q-Schnittstellen im Produktentstehungsprozess werden erfasst und analysiert.

Phase II – Komponentenplanung: Produktmerkmale werden in Qualitätsmerkmale einzelner Baugruppen oder Komponenten umgesetzt.

Phase III – Prozessplanung: Aus diesen Baugruppenmerkmalen werden Prozessmerkmale und -parameter für Prozess- und Prüfablaufpläne abgeleitet.

Phase IV – Produktionsplanung: Die aus der vorherigen Phase resultierenden Prozessmerkmale werden schließlich in Arbeits- und Prüfanweisungen überführt.

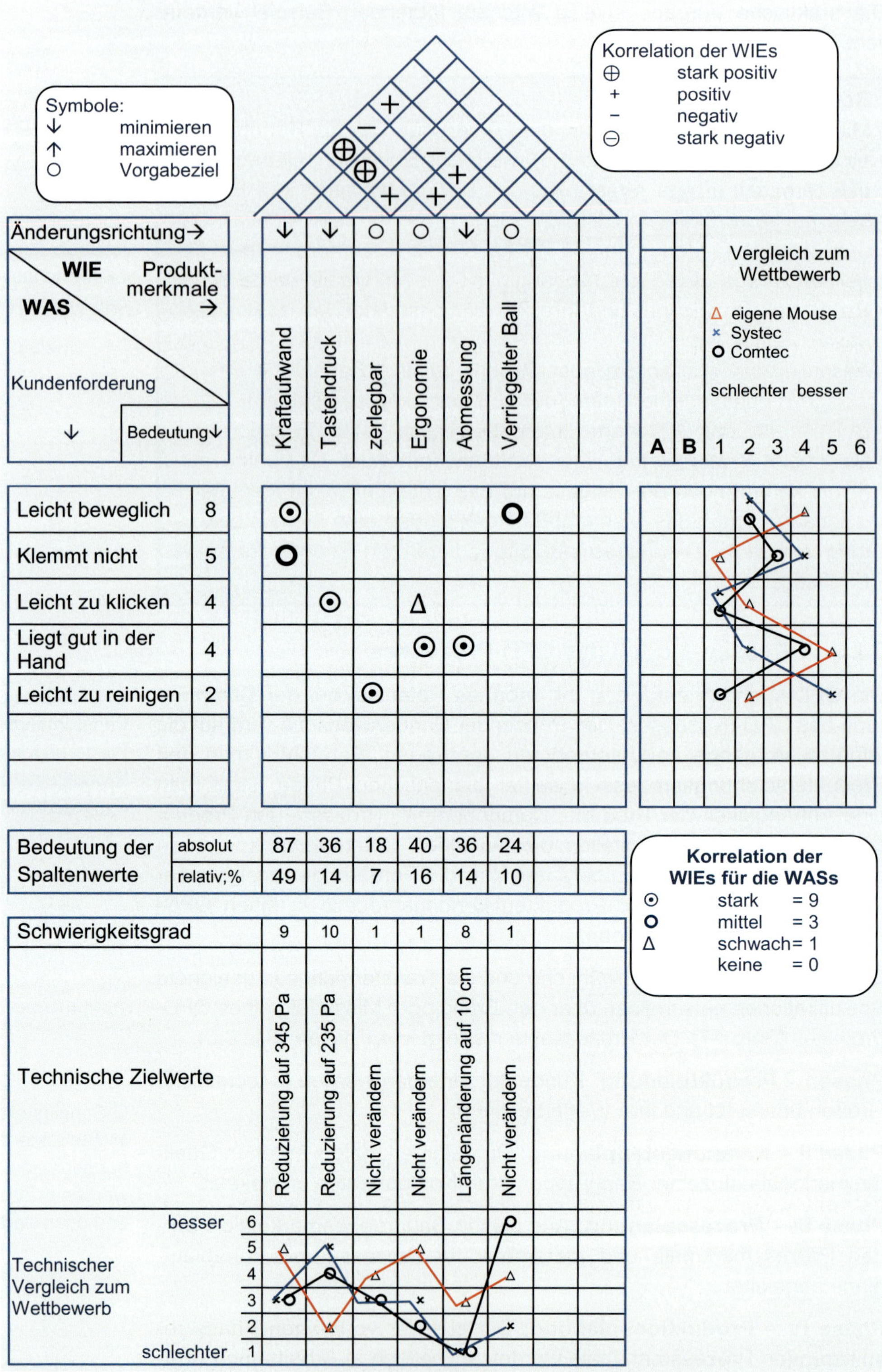

Bild 6.5: Analyse der Forderungen an eine Computer-Mouse

Eigentlich beinhaltet der Ablaufplan dieses Modells 5 Phasen. Die erste ist die Definitions- oder Informationsphase (Phase 0), also eine kundenbezogene Phase.

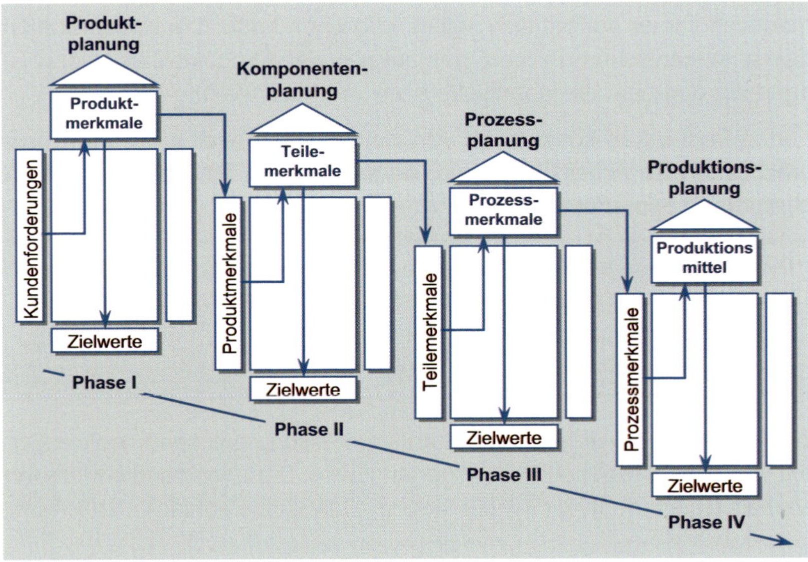

Bild 6.6: Die vier Phasen eines umfassenden QFDs [Li9.1]

Zusammenfassung und Bewertung

Viele Unternehmen haben Schwierigkeiten, überhaupt messbare Ergebnisse nach der Einführung von QFD zu erlangen. Das Problem liegt darin, dass es einer relativ langen Zeit bedarf, bis zählbare Erfolge zu verzeichnen sind. Auch die Komplexität erschwert ihre Umsetzung. Zu positiven Aspekten [KaTh95] von QFD zählen folgende Punkte:

- Simultane Aufgabendurchführung: Daraus ergibt sich die Möglichkeit, die Anlauf- und Entwicklungszeit zu verkürzen und Kosten zu senken.
- Notwendige Änderungen oder Korrekturen können frühzeitig erkannt und behoben werden.
- Steigerung der unternehmensinternen Kommunikation.
- QFD bietet mit dem HOQ eine systematische und übersichtliche Dokumentation der erarbeiteten Aspekte.
- Steigerung der Mitarbeiter- und Kundenzufriedenheit.

Hoher Aufwand, aber noch größere Potenziale

QFD stellt somit eine umfassende Methode dar, die erhebliche Verbesserungspotenziale aufspürt. Das Durchlaufen aller vier Phasen erfordert einen hohen Aufwand, jedoch genügt es für einfache Fälle, wenn nur die ersten zwei Phasen angewendet werden.

6.3 Benchmarking

Verbesserungen können aufgrund von Vergleichen erreicht werden. **Best Practices** ist eine Strategie, die mithilfe von Vergleichen und anschließender Auswahl der besten Lösung das beste Ergebnis erreichen will.

1979 erlebte die amerikanische Fotokopiererindustrie einen großen Rückgang der Marktanteile. Der japanischen Konkurrenz gelang es, die Herstellkosten und Preise so zu senken, dass amerikanische Hersteller ihre Konkurrenzfähigkeit einbüßten. Die Ursache dafür lag darin, dass man sich immer nur mit sich selbst verglichen hatte. Die Konzentration der amerikanischen Firmen galt immer der Produktivitätserhöhung, ohne ein Auge auf die japanische Konkurrenz zu werfen.

Systematischer Vergleich, um vom Besten zu lernen

Fortan lernte man konsequent von Spitzenfirmen weltweit deren „best practices", also Arbeitsmethoden, deren Ergebnis am besten die Kundenforderungen erfüllen.

Benchmarking ist eine Methode für einen systematischen Vergleich von Produkten, Dienstleistungen und Prozessen im eigenen Unternehmen oder mit anderen Unternehmen mit dem Ziel, die Wettbewerbsfähigkeit zu steigern.

Der Name dafür wurde aus der Landvermessung entliehen, wo ein Orientierungspunkt „bench marks" genannt wird. Die angewandte Methode wird als Benchmarking (Benchmarking = Maßstäbe setzen) bezeichnet.

6.3.1 Methodik des Benchmarkings

Benchmarking beruht auf einer vergleichenden Bewertung von Produktmerkmalen, von organisatorischen Vorgehensweisen, Kosten, Herstellprozessen usw. Es sollen Gestaltungshinweise, Zahlen und Fakten herausgefunden und die besten Ansätze übernommen werden. Benchmarking bedeutet, versteckte Potenziale im eigenen Unternehmen zu lokalisieren. Bereiche, wie Mitarbeitermotivation, Mitarbeiterzufriedenheit und Kundenzufriedenheit gehören natürlich auch zu den Aspekten, die verglichen werden können. Das Transparentmachen der eigenen Position im Wettbewerb hilft, den internen Widerstand gegen Änderungen im eigenen Unternehmen abzubauen und die Motivation der Mitarbeiter zu steigern.

Grundsätzlich besteht ein Benchmarkingprozess aus fünf Phasen.

Der Benchmarking-Pprozess lässt sich in fünf Phasen aufteilen (Bild 6.7). Die Ausführung der Phasen muss individuell an die Unternehmen und spezifischen Gegebenheiten der einzelnen Firmen angepasst werden. Die Datenbeschaffung und -verarbeitung stellt einen komplexen Prozess dar. Die Daten/Informationen müssen zielorientiert selektiert und in Kennzahlen verdichtet werden. Ein erfolgreiches Benchmarking kann nur durch wiederholte Anwendung erreicht werden. Die Leistungssteigerungen bzw. Ergebnisse müssen ständig gemessen und erneut verglichen werden.

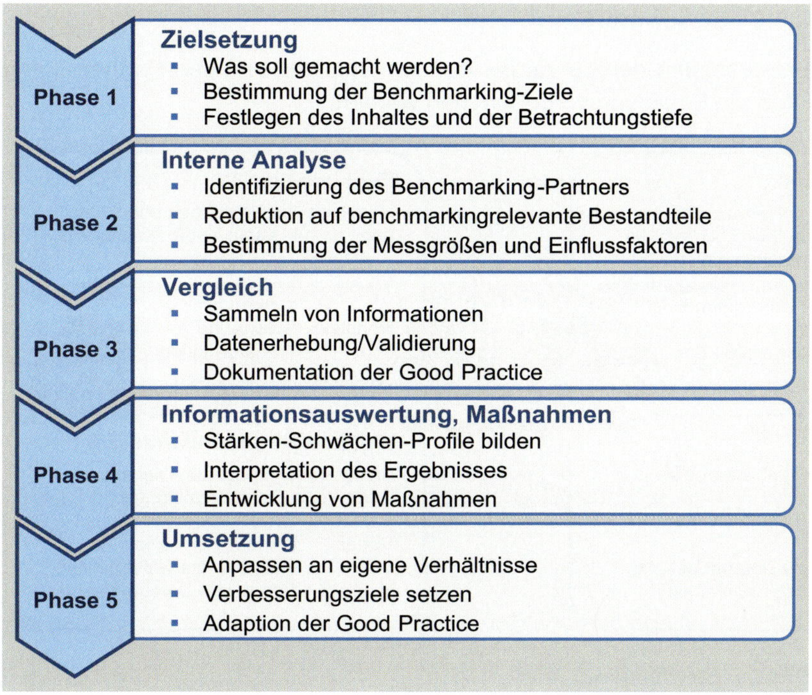

Bild 6.7: Die fünf Phasen des Benchmarkings

Die praktische Vorgehensweise wird am folgenden Beispiel verdeutlicht.

Abweichungen von Bestwerten bedeuten Verbesserungspotenzial.

> **Beispiel:**
> In einem Projekt wurde die Leistungsfähigkeit eines identischen Prozesses in vier Werken verglichen. Entsprechend der Systematik des Prozesswirkungsgrades wurden alle Vorgängen den vier Leistungsarten zugeordnet und entsprechend Best Practices das beste Leistungsprofil gebildet (Bild 6.8). Die Abweichungen der Einzelleistungen der jeweiligen Prozesse vom Bestwert stellen die Verbesserungspotenziale dar. Ein detaillierter Vergleich ihrer Leistungselemente gibt einen Aufschluss über die Verschwendungsursachen.

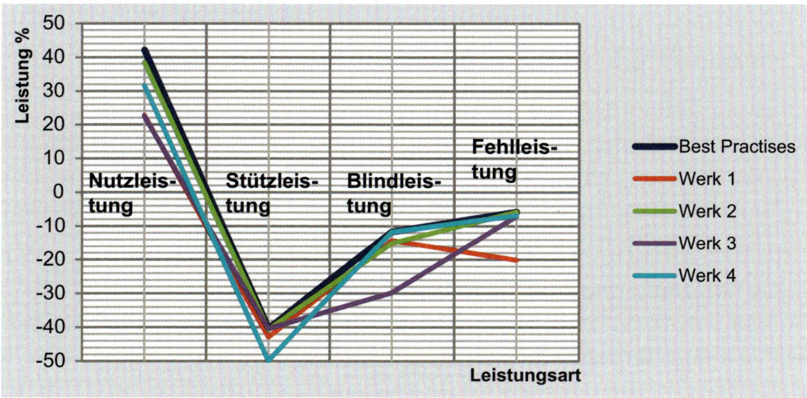

Bild 6.8: Bewertete Leistungen im Vergleich zu Best Practises

6.3.2 Benchmarking-Arten

Entsprechend den zu vergleichenden Objekten und den Partnern kann folgende Einteilung vorgenommen werden.

Bild 6.9: Benchmarking-Arten

Externes Benchmarking

- **Wettbewerbsorientiertes Benchmarking:** Es erfolgt der Vergleich mit dem „Besten“ in der Branche oder mit dem direkten Mitbewerber. Fairness spielt bei dieser Form von Benchmarking eine große Rolle, da beide Unternehmen profitieren möchten.

Externes Benchmarking ist schwieriger zu realisieren.

- **Funktionales Benchmarking:** Vergleich zwischen Unternehmen aus unterschiedlichen Branchen (Beispiel: Pralinenhersteller und Chiphersteller). Die Partnerfirmen sollten allerdings ähnliche Merkmale in Bezug auf Größe des Unternehmens, Form und Struktur haben.
- **Allgemeines Benchmarking:** Vergleich von Unternehmensbereichen und Prozessen, die trotz unterschiedlicher Branchen Gemeinsamkeiten aufweisen. Dies könnte zum Beispiel die Lagerverwaltung, Auftragsabfertigung, Materialwirtschaft usw. sein.

Internes Benchmarking

Internes Benchmarking findet innerhalb eines Unternehmens statt.

- **Internes Benchmarking:** Vergleich von Unternehmen, die alle einem Konzern angehören. Dies können z. B. Zweigwerke im In- oder Ausland sein. Es werden dabei verwandte Prozesse, z. B. Kundendienst, in unterschiedlichen Unternehmen untersucht.

Zusammenfassung und Bewertung

Benchmarking ist ein kontinuierlicher Prozess. Seine Vorteile spiegeln sich in seinen Ergebnissen wider:

- Informationen über den Stand und die Leistungsfähigkeit der Wettbewerber und die „Besten“ in einer Branche.

- Aufzeigen von Leistungsniveaus, die ein Unternehmen erreichen muss, um im Wettbewerb zu bestehen. (Wie groß sind die eigenen Defizite?)
- Aufzeigen von Merkmalen, um ein solches Leistungsniveau zu erreichen. (Lernen durch Erfahrungen und Methoden anderer.)
- Benchmarking ist Entwicklungshilfe, um ein Unternehmen in dem Kreis der „Klassenbesten“ zu etablieren.
- Durch kontinuierliches Benchmarking entwickelt sich das Unternehmen zu einer „lernenden Organisation“.

Chancen für ein lernendes Unternehmen

Schwächen im Zusammenhang mit Benchmarking sind schwierig zu formulieren. Es gibt eher Probleme oder Hindernisse, die es zu überwinden gilt, zum Beispiel geeignete Partner zu finden oder Vertrauen aufzubauen, um interne Daten offenzulegen.

6.4 Poka Yoke – Vermeidung unbeabsichtigter Fehler

Poka Yoke (Japanisch: Poka = unbeabsichtigter oder zufälliger Fehler, Yokero = Vermindern oder Verminderung; veröffentlicht von Shigeo Shingo 1969) soll das Entstehen unbeabsichtigter oder zufälliger Fehler reduzieren oder am besten ganz verhindern. Es ist Bestandteil einer **Null-Fehler-Strategie**.

Unbeabsichtigte oder zufällige Fehler reduzieren

6.4.1 Ursachen von menschlichen Fehlhandlungen

Menschen, die in einem automatisierten Produktionsablauf arbeiten, der eine starke Konzentration erfordert, machen leicht Fehler.

Tabelle 6.7: Beziehung zwischen Fehlern und menschlichen Fehlhandlungen

	Menschliche Fehlhandlung / Fehlerart	Fahrlässigkeit	Missverständnis	Vergesslichkeit	Falscherkennung	Erfahrungsdefizit	Vorsatz	Unaufmerksamkeit	Langsamkeit	Ablenkung	Überraschungseffekt
1	Ausgelassene Arbeitsgänge	0	X	0	X	X	X	0	X	X	
2	Bearbeitungsfehler	0	0	X	X	0	0	0	0	0	
3	Einlegefehler	X	X	0	X	X		0	X	X	
4	Fehlende Teile	0	X	X		X	X	0		X	
5	Falsche Teile	0	0	0	0	0	0	0		0	
6	Bearbeitung falscher Werkstücke	X	0	0	X	X	0	0		X	
7	Falschhandlung			X				X		X	0
8	Einstellfehler	X	X	X	0	X	0	X	X	X	X
9	Einrichtefehler			X				0			0
10	Falsche Werkzeuge			X				0			X

0 = starke Beziehung; X = gewisse Beziehung

Die systematisierten, immer wiederkehrenden Tätigkeiten verleiten dazu, diese zu unterschätzen. Tabelle 6.7 verdeutlicht den Zusammenhang zwischen menschlichen Fehlhandlungen und daraus resultierenden Fehlerarten.

Es zeigt sich deutlich, dass Vergesslichkeit und Unaufmerksamkeit für die Mehrzahl der Fehlerarten verantwortlich sind.

6.4.2 Poka Yoke – Durchführung

Poka Yoke ist ein fehlerquellenorientiertes einfaches technisches Hilfsmittel.

In der Produktion eingesetzt, ist Poka Yoke ein fehlerquellenorientiertes einfaches technisches Hilfsmittel. In den Produktionsablauf integriert, ist das z. B. eine Vorrichtung, die richtiges Einlegen eines Werkstückes erzwingt (z. B. ein asymmetrisch geformtes Teil, das sich nur in einer Richtung einlegen lässt). Der Einsatz von Poka Yoke ist konstruktiv bedingt und verhindert Fehlhandlungen der Mitarbeiter. Viele Montagearbeiten sind statistisch nicht zu erfassen, was ein weiterer Grund für die Einführung von Poka Yoke ist:

- arbeitsintensive Montagen sind statistisch nicht zu erfassen,
- ca. 50 % der industriellen Prozesse sind nicht „regelkartenfähig“,
- kostengünstig,
- kleinstmöglicher Regelkreis,
- Handarbeit.

Bei Anwendung von Poka Yoke in der Produktion unterscheidet man drei verschiedene Typen [KrQu94]:

Drei Poka-Yoke-Typen

- **Das Überprüfen**
  Vor dem Arbeitsablauf muss die einwandfreie Vorbereitung des Prozesses überprüft werden. Beim Einlegen eines Teils kann z. B. ein Schalter die korrekte Lage des Werkstücks bestätigen bzw. signalisieren.
- **Das Überwachen**
  Der Prozessablauf muss ständig überwacht werden. Ein Sensor kann z. B. die richtige Anzahl von Löchern in einer Bohrplatte zählen und bei Nichtübereinstimmung ein Warnsignal (Signalton, Signallampe) ausgeben.
- **Die Selbstprüfung**
  Nach dem Arbeitsgang überprüft der Werker die Fehlerfreiheit seiner Arbeit. Dies kann z. B. durch eine Schablone geschehen.

Mit anderen Qualitätstechniken kombinieren

Der Einsatz von Poka Yoke setzt die Kenntnis aller möglichen potenziellen Fehler voraus. Mögliche Fehler identifiziert man mithilfe von Qualitätstechniken (z. B. FMEA). Die Ursachen werden mithilfe von Qualitätswerkzeugen wie Ursache-Wirkungs-Diagramm u. a. bestimmt. Anschließend erfolgt die Beurteilung der Poka-Yoke-Fähigkeit (Bild 6.10).

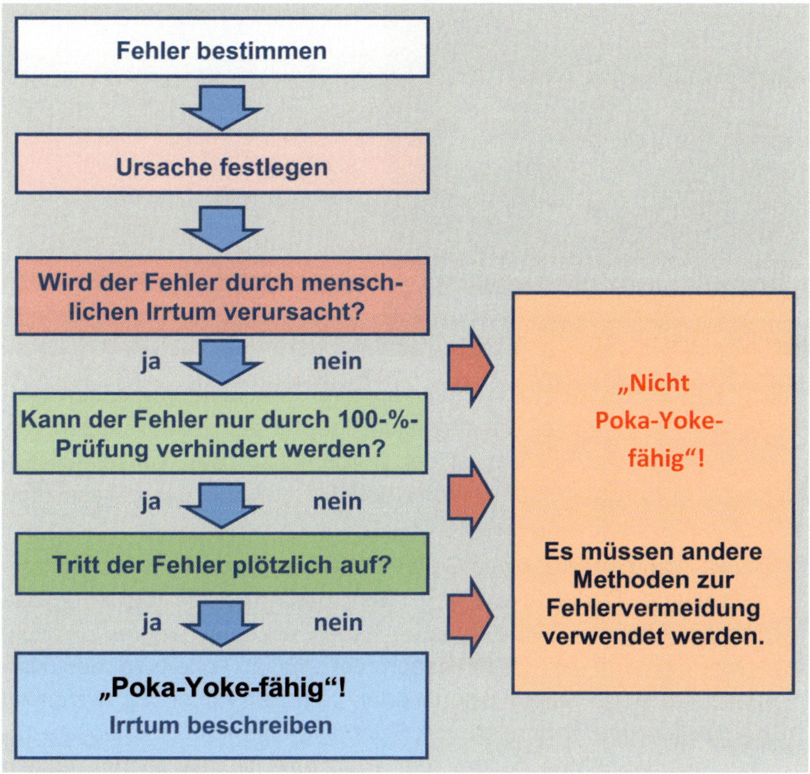

Bild 6.10: Flussdiagramm zur „Poka-Yoke-Entscheidung" [KrQu94]

Die praktische Anwendung aus dem täglichen Leben zeigen folgende Beispiele.

Beispiele:
Einige „typische Beispiele für Poka Yoke" sind:

- Um eine falsche Montage eines Telefonsteckers zu verhindern, wurde der TAE-Telefonstecker formcodiert. Er lässt sich nicht verkehrt herum einstecken. Auch CEE-Stecker (F-codiert für Fernsprecher, N-codiert für Zusatzeinrichtung, z. B. Fax) haben je nach Spannung und Frequenz andere Farben und Kontaktanordnungen, um Verwechselungen zu vermeiden (Bild 6.11).

Sichert die Funktion

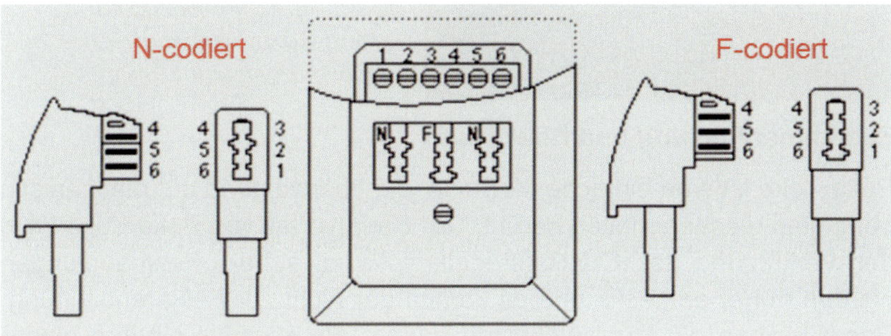

Bild 6.11: Formcodierte Telefonstecker [BrDz96]

Schadensbegrenzung

Bild 6.12: Tankeinfüllstutzen

- Tankdeckel können nicht mehr auf der Tanksäule vergessen werden, da sie mit einer Kunststoffschlinge mit dem Einfüllstutzen verbunden sind. Außerdem ist der Durchmesser des Tankeinfüllstutzens bei Autos mit Benzinmotor so klein gewählt, dass Dieselzapfpistolen nicht hineinpassen.
- Bankautomaten geben das Geld erst heraus, wenn die Karte entnommen wurde. Dadurch wird verhindert, dass man die Karte vergisst. Wichtig: Manche Geldautomaten haben ein sogenanntes „Froschmaul". Dies ist ein grüntransparenter Aufsatz oberhalb des Kartenschlitzes mit einem eingravierten Schlosssymbol. Es erschwert Kriminellen das Anbringen von Skimming-Geräten. Eine weitere Sicherheitsmaßnahme seitens der Postbank ist das leichte Rütteln beim Einzug sowie bei der Ausgabe der Karte. Auch dieses „Jitter" (von englisch „to jitter" = ruckeln) erschwert Skimming-Versuche.

Sicherheit bei Bankgeschäften

Bild 6.13: Karteneinzug bei einem Geldautomaten (Quelle: Postbank)

Zusammenfassung und Bewertung

Poka Yoke ist eine einfache Methode, die überwiegend auf mechanisch bedingten Gegebenheiten beruht. Der Hauptvorteil von Poka Yoke ist in der Verkürzung des Qualitätsregelkreises zu sehen. Fehlhandlungen werden früher entdeckt, und es kommt gar nicht zur Fehlerentstehung. Damit bleiben die Qualitätskosten gering. Als Nachteil gilt ihre eingeschränkte Einsatzfähigkeit.

6.5 Genichi-Taguchi-Methode

Diese Methode ist nach ihrem Erfinder Taguchi Genichi (anglisiert: Genichi Taguchi) benannt. Er ist ein japanischer Ingenieur, Statistiker und Experte für Qualitätsverbesserung, der sich mit statistischer Versuchsplanung befasste. Ziel war die Minimierung der Qualitätsverluste bei der Produktherstellung durch robuste Herstellungsprozesse gegenüber den Störeinflüssen.

Grundlage seiner Methode ist die Definition von Qualität:

> **„Qualität verhält sich umgekehrt proportional zu dem Verlust, den ein Produkt nach seiner Auslieferung verursacht“**

Minimierung von Kosten und Qualitätsverlusten

Grundsätzlich geht es bei seiner Methode darum, die Kosten zu minimieren, die ein Produkt verursacht, dies aber nicht nur im produzierenden Unternehmen, sondern auch für die Gesellschaft allgemein.

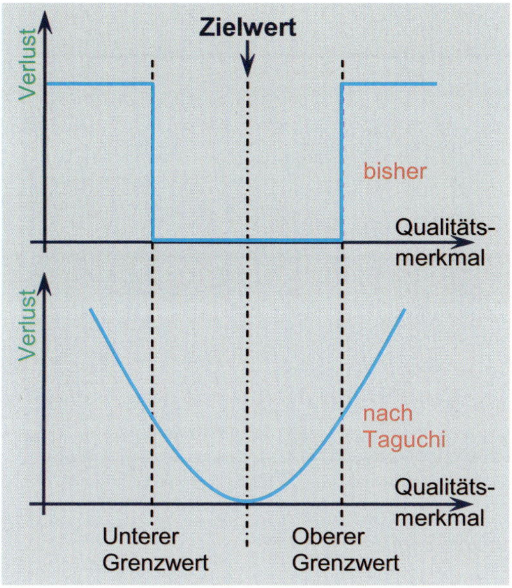

Bild 6.14: Toleranzverständnis nach Taguchi

Das heißt, dass jede Abweichung vom Zielwert – auch innerhalb der Toleranzgrenzen – zu Verlusten führt:

- Für den Kunden reduziert sich der Gebrauchswert eines Produktes kontinuierlich mit der Abweichung vom Zielwert.
- Streuverhalten zur Zielgröße steht im Vordergrund.
- Herstellungsgrenzwert (Toleranz) = „Verlustfunktion“,
- Ziel der Produkt- und Prozessentwicklung ist die Minimierung der Streuung.

Verlustfunktion

Die Verluste nach Taguchi sind nah am Zielwert sehr gering, steigen jedoch nach einer Parabelfunktion mit größer werdendem Abstand progressiv an (Bild 6.14). So tragen Prozesse zur Produkterstellung innerhalb der Toleranzvorgaben bei gleicher Streubreite unterschiedlich zum Verlust bei.

Betrachtung der Größe des Verlustes

Das Beispiel in Bild 6.15 zeigt, dass Prozess A deutlich mehr zum Verlust beiträgt als der zentrierte Prozess B. Daraus lässt sich die Erkenntnis ableiten, dass selbst bei einer Null-Fehler-Produktion – keine Überschreitungen der Teiletoleranzgrenzen – noch Verbesserungen möglich sind.

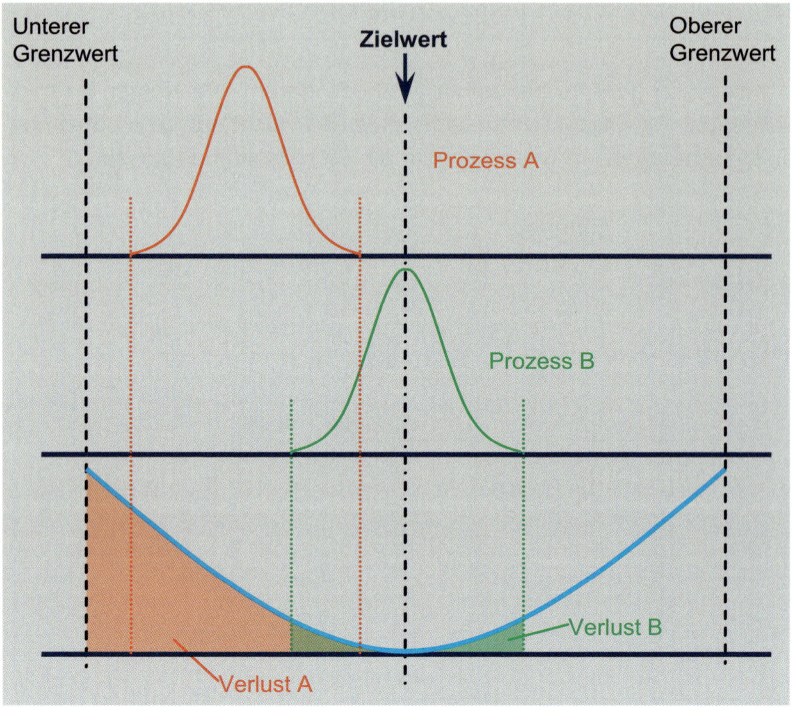

Bild 6.15: Verlustkostenfunktion von Taguchi [BrFr08]

Erzeugung robuster Prozesse

Eine weitere Grundlage der Taguchi-Philosophie ist das Prinzip des robusten Prozesses. Die Robustheit eines Prozesses steigern, bedeutet, ihn gegen Störgrößen unanfällig zu gestalten.

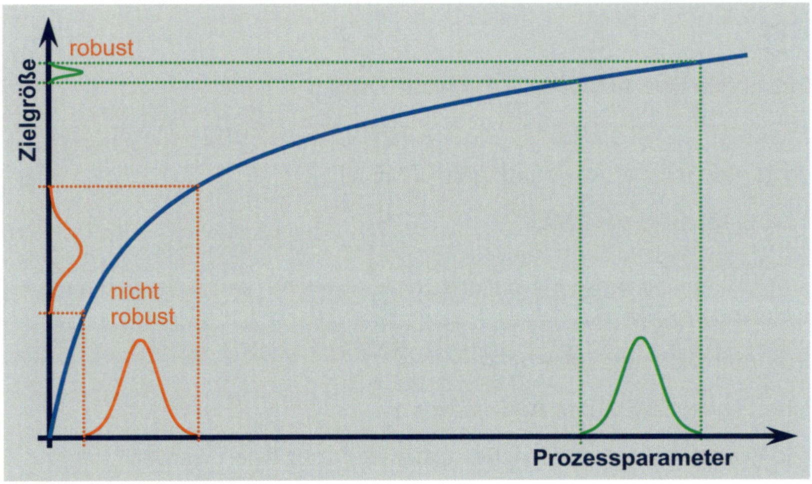

Bild 6.16: Robuster/nicht robuster Prozess

Dazu unterscheidet Taguchi drei Designphasen:

Taguchis Designphasen

- **System-Design**
  Dieser Punkt beinhaltet die systematische Entwicklung der Produkteigenschaften und Prozesse.
- **Parameter-Design**
  Das ist die systematische Entwicklung der Steuergrößen des Prozesses.
  - Auswirkungen der Steuergrößen auf die Produktmerkmale,
  - statistische Versuchsplanung,
  - Kombinationen von Steuer- und Störgrößen ausprobieren,
  - Streuung des Zielwertes minimieren,
  - Robustheit stärken (signal-to-noise-ratios).
- **Tolerance-Design**
  Festlegung der Toleranzen und Entscheidung, ob eine Veränderung der äußeren Faktoren eine Verbesserung der Qualität bringt.

Zusammenfassung und Bewertung

Die Verlustfunktion Taguchis lässt sich genau berechnen und in Geld ausdrücken. Der Verlust tritt demnach schon bei der geringsten Abweichung vom Zielwert auf. Diese Verluste sind aber nicht als real anzusehen, sondern als „imaginärer Verlust für die Gesellschaft" zu betrachten. Die Taguchi-Methode alleine angewandt liefert keine gesicherten Ergebnisse. Allerdings senkt die Versuchsplanung nach Taguchi den Versuchsaufwand erheblich.

Lernerfolg

Zur Prüfung des Lernfortschritts beantworten Sie folgende Fragen:

Fragen zum Kap. 6:

1. Welches Ziel verfolgt man mit der Anwendung der FMEA?
2. Welche Faktoren berücksichtigt die FMEA?
3. Wie wird das Risiko beurteilt?
4. Erläutern Sie das Prinzip der FMEA.
5. Nennen Sie die Vor- und Nachteile der FMEA.
6. In welchen Bereichen findet FMEA ihre Anwendung?
7. Mit welcher Methode können Kundenwünsche verwertbar spezifiziert werden?
8. Erklären Sie die Systematik des House of Quality.
9. Welche Ziele verfolgt ein QFD-Prozess?
10. Nennen Sie die Vor- und Nachteile von QFD.
11. Was bedeutet Best Practices?
12. Auf welchem Prinzip basiert Benchmarking?
13. Welche Arten von Benchmarking kennen Sie?
14. Welchen Vorteil bietet eine kontinuierliche Durchführung von Benchmarking?
15. Was bedeutet eine Null-Fehler-Strategie?
16. Nennen Sie einige Beispiele von menschlichen Fehlhandlungen.
17. Auf welchem Prinzip basiert Poka Yoke?
18. Nennen Sie ein Beispiel?
19. Nennen Sie die Voraussetzungen für den Einsatz von Poka Yoke.
20. Nennen Sie die Vor- und Nachteile von Poka Yoke.
21. Auf welchem Prinzip basiert die Taguchi-Methode?

Qualitätswerkzeuge

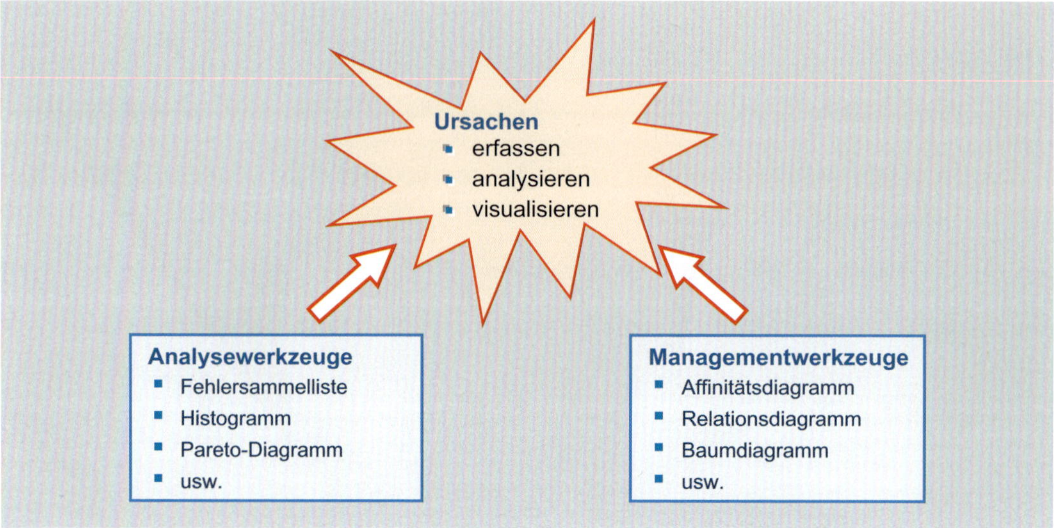

Lernziele:

Erste Voraussetzung für die Erhaltung bzw. Steigerung des Qualitätsniveaus ist das Erfassen von Störgrößen bzw. das Herausfinden von Fehlern und deren Ursachen. Das Qualitätsmanagement verfügt über eine Reihe von Qualitäts- und Managementwerkzeugen, die eine systematische Vorgehensweise erlauben.

Bei den vorliegenden Werkzeugen handelt es sich um Verfahren, mit deren Hilfe Daten, Merkmale, Fehler usw. erfasst und analysiert werden können. Aufgrund der relativ einfachen Beschaffenheit kann ihre Anwendung mit den gängigen Arbeitsmitteln vorgenommen werden. Ihr Vorteil liegt in einer sehr guten Visualisierungsfähigkeit. Sie können sowohl einzeln zur Lösung spezifischer Aufgaben als auch im Verbund zur Lösung komplexer Probleme eingesetzt werden.

Die vorliegenden Werkzeuge finden ihre Anwendung auch in vielen anderen Disziplinen wie Marketing, Controlling, Technik, Psychologie usw. Deshalb gehört ihre Beherrschung zum Allgemeinwissen.

7 Qualitätswerkzeuge

Qualitätswerkzeuge finden ihren Einsatz bevorzugt in der Teamarbeit (z. B. in Qualitätszirkeln), um Ursachen von Problemen zu analysieren und um Ergebnisse entsprechend visualisieren zu können.

In der Literatur sind die Werkzeuge als „seven tools“ und „seven new tools“ beschrieben. Sie sind auch in anderer Sortierung, als „Kreativitätstechniken“ und „Visualisierungstechniken“ zu finden. In der Norm DIN ISO 9004:1992 Teil 4 wurden elf Werkzeuge beschrieben.

Qualitätswerkzeuge helfen Probleme zu analysieren und zu visualisieren.

Aktuell greift das Qualitätsmanagement auf eine Vielzahl von Werkzeugen aus anderen Wissensgebieten zu. Daher wird hier eine Auswahl der am meisten eingesetzten Werkzeuge vorgestellt.

7.1 Elementare Qualitätswerkzeuge, Q 7

Die elementaren Qualitätswerkzeuge oder seven tools, werden auch als Quality-Control-Werkzeuge bezeichnet. Es handelt sich hierbei um Arbeitsmethoden, die z. B. Fehlerquellen oder komplexe Problemstellungen strukturieren und visualisieren. Sie sind dann angesagt, wenn alle Daten des zu lösenden Problems bekannt sind und analysiert werden sollen.

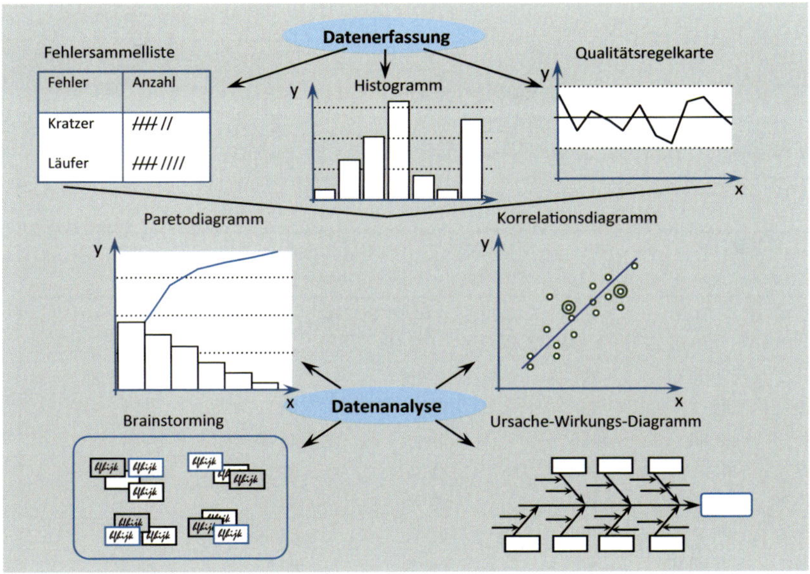

Bild 7.1: Die elementaren Qualitätswerkzeuge, Q 7

7.1.1 Fehlersammelliste/Strichliste

Die Fehlersammelkarte oder -liste ist ein häufig angewandtes Verfahren zur Auswertung von zählenden Prüfungen. Die Fehlersammelliste enthält keine Messwerte, sondern nur die Anzahl der Fehler. Die Auswertung erfolgt bei der Fehlersammelliste zumeist in einer Pareto-Analyse (Kap. 7.1.4) nach auftretenden Fehlern.

Die Vorteile der Fehlersammelliste sind:

Fehlersammellisten werden mit der Pareto-Analyse ausgewertet.

- einfache Aufstellung, leichte Führung,
- Daten können einfach visualisiert werden,
- Fehlertrends können frühzeitig erkannt werden,
- sie wird von den Mitarbeitern schnell verstanden,
- Fehlerschwerpunkte und Ursachen sind rasch ermittelt.

Für die Aufstellung eines Fehlerlistenformats muss/müssen:

- das Problem bestimmt sein,
- die bekannten Fehlerarten aufgeführt sein,
- Raum für „sonstige Fehler“ frei bleiben,
- der Erfassungsort und -zeitraum festgelegt sein,
- der Stichprobenumfang festlegt werden.

Beispiel:

Nach der Bestückung von Platinen für elektronische Spülmaschinensteuerungen wurde die Fehlerhäufigkeit nach Art und Anzahl zur späteren Analyse erfasst.

Tabelle 7.1: Beispiel einer Fehlersammelliste

Fehlersammelliste						
Produktnummer:	456.789-9 0		Prüfort:	Endprüfung		
Bezeichnung:	Leiterplatte		Prüfart:	Sichtprüfung		
Nr.	Fehlerart / Datum	Fehleranzahl				
		03.08.2009	04.08.2009	05.08.2009	06.08.2009	07.08.2009
1	Plattenränder	𝍸 𝍸 𝍸	𝍸 𝍸	𝍸 𝍸	𝍸 𝍸	𝍸 𝍸 𝍸
2	Fehlende Bauteile	𝍸	𝍸	𝍸	𝍸	𝍸 I
3	Lage der Bauteile	𝍸 𝍸	𝍸	𝍸 I	𝍸 𝍸 𝍸	𝍸
4	Saubere Lötstellen	𝍸	𝍸 𝍸	𝍸 III	𝍸 IIII	𝍸 𝍸
5	Lage der Kühlbleche	II	III	𝍸 𝍸	𝍸 III	I
6	Anz. Schrauben (6)	𝍸	𝍸 I	𝍸 III	𝍸 𝍸	III
7	Ausstanzungen (3)	𝍸 𝍸 𝍸	𝍸 𝍸	𝍸 𝍸	𝍸 I	𝍸 III
8	Sonstige	IIII		III		𝍸 I

Zusammenfassung und Bewertung

Strichlisten sind ein Hilfsmittel zum Erfassen von Daten. Ein großer Vorteil wird durch das Visualisieren der Häufigkeit des Auftretens von

Fehlerarten erreicht. In vielen Fällen ist es schon nach kurzer Zeit möglich, Aussagen über Fehlerhäufigkeiten zu machen (Tabelle 7.1). Daraus lassen sich Fehlerursachen ableiten, die bestimmte Merkmale aufweisen. Die Strichliste ist demnach die Grundlage für statistische Auswertungen und Analysen. Für das Lösen oder Optimieren von komplexen Problemen und Aufgabenstellungen reicht die Strichliste nicht aus.

7.1.2 Histogramm

Das Histogramm (griechisch *histos* = Gewebe, Netz, und *gramma* = Darstellung) ist eine grafische Darstellung einer **Häufigkeitsverteilung** von Messdaten (Prozessdatenerfassung) über einen bestimmten Zeitraum. Man geht dabei von den nach Größe geordneten Daten aus und teilt den gesamten Bereich der Stichprobe in k Bereiche auf. Diese Bereiche, die meistens die gleiche Größe aufweisen, werden **Klassen** genannt. Der Zahlenwert, der zwei Klassen trennt, heißt **Klassengrenze**. Klassengrenzen sind von besonderer Wichtigkeit, da eine schlechte Wahl dieser Klassengrenzen einen Sachverhalt verzerren kann und damit die Aussagen der Messdaten verloren gehen [Pa71].

Ein Histogramm ist eine Häufigkeitsverteilung von Messdaten.

Ein Histogramm entsteht, wenn man über den Klassen gleicher Breite Δx Rechtecke errichtet, deren Höhen den relativen Klassenhäufigkeiten entsprechen. Die Flächeninhalte der Rechtecke sind dabei den relativen Klassenhäufigkeiten proportional.

Zur Darstellung der Häufigkeitsverteilung einer in Klassen eingeteilten umfangreichen Stichprobe wird wie folgt vorgegangen:

- Erfassung der Messwerte: $x_1, x_2, x_3, \ldots, x_n$.
- Die Stichprobenwerte werden ihrer Größe nach geordnet und in k Klassen gleicher Breite aufgeteilt.
- Die Klasseneinteilung wird so gewählt, dass die Klassenmitte möglichst durch einfache Zahlen charakterisiert wird.
- Für die Festlegung der Anzahl k der Klassen bei n Stichprobenwerten kann folgende Faustregel verwendet werden:

Stichprobenwerte müssen in Klassen eingeteilt werden.

$$k \approx \sqrt{n} \quad \text{für} \quad 50 < n < 500$$

Durch Sortieren wird festgestellt, welche Stichprobenwerte in welche Klasse fallen. Die Anzahl n_i der Stichprobenwerte, die in der i-ten Klasse liegen, heißt absolute Klassenhäufigkeit. Dividiert man diese durch die Anzahl n aller Stichprobenwerte, so ergibt sich die relative Klassenhäufigkeit h_i.

$$h_i = \frac{n_i}{n} \qquad (i = 1, 2, \ldots, k)$$

Beispiel:
Die Erfassung von Messwerten mit einer Strichliste ergibt folgende Verteilungstabelle:

Tabelle 7.2: Verteilungstabelle

Stichprobenwert x_i (in mm)	4,7	4,8	4,9	5,0	5,1	5,2
n_i	/	///	~~////~~ /	~~////~~ ////	////	//
h_i	0,04	0,12	0,24	0,36	0,16	0,08

Im Folgenden wird jeder in die i-te Klasse fallende Stichprobenwert näherungsweise durch die Klassenmitte $\tilde{x}_i$ ersetzt.

Die Häufigkeitsverteilung lässt sich dann durch die Häufigkeitsfunktion oder die Verteilungsfunktion vollständig beschreiben:

$$f(x) = h_i \quad \text{für} \quad x = \tilde{x}_i \; (i = 1, 2, ..., k), \qquad F(x) = \sum_{\tilde{x}_i \leq x} f(\tilde{x}_i)$$

Für unser Beispiel wird $k = 6$ gewählt, die Klassenbreite $\Delta x = 0,1$ mm.

Tabelle 7.3: Geordnete Tabelle der Stichprobe

Klassen-Nr. i	Klassen-grenzen in mm	Klassenmitte $\tilde{x}_i$ in mm	absolute Klassen-häufigkeit n_i	relative Klassen-häufigkeit h_i
1	4,65 … 4,75	4,7	1	0,04
2	4,75 …4,85	4,8	3	0,12
3	4,85 … 4,95	4,9	6	0,24
4	4,95 … 5,05	5,0	9	0,36
5	5,05 … 5,15	5,1	4	0,16
6	5,15 … 5,25	5,2	2	0,08
Σ			25	1

Mithilfe der visuellen Darstellung in Bild 7.2 kann nun eine Analyse der Fehlerentstehung durchgeführt werden.

Zusammenfassung und Bewertung

Die mithilfe des Histogramms dargestellten Ergebnisse erlauben, einen Vergleich zwischen den Istwerten und den Sollvorgaben vorzunehmen. Die Klassifizierung und die Visualisierung der Häufigkeitsverteilung machen es möglich, z. B. das zukünftige Prozessverhalten bezüglich des Zielwertes positiv zu beeinflussen. Schwierigkeiten sind eventuell bei einer ungünstig gewählten Klasseneinteilung zu erwarten, die eine visuelle Beurteilung fast unmöglich macht.

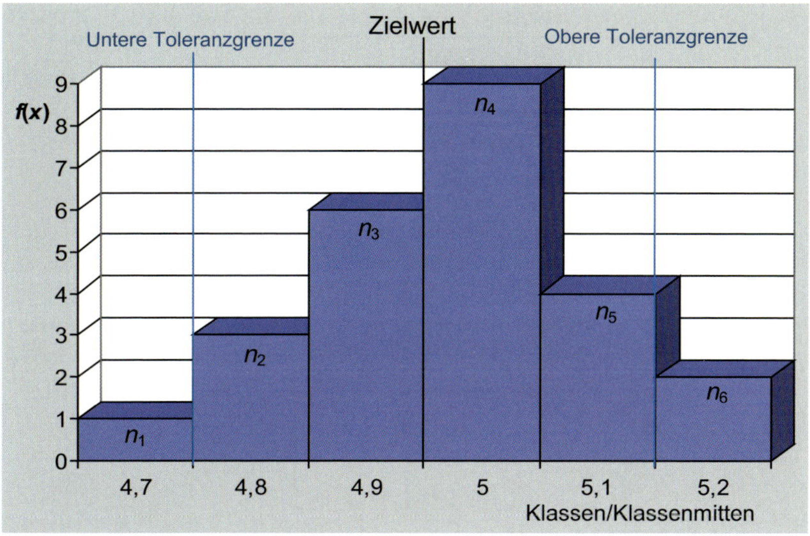

Visualisierung der Stichprobenverteilung in Klassen

Bild 7.2: Histogramm einer gruppierten Stichprobe

7.1.3 Qualitätsregelkarten

Über die Qualitätsregelkarte, eines der ältesten und bedeutendsten Werkzeuge der Qualitätslenkung, gibt es eine sehr umfangreiche Literatur [DGQ7.11/7.12]. Im Folgenden soll deshalb nur auf die Hauptgesichtspunkte eingegangen werden.

Die DIN 55350 [DIN 55] von 1993 definiert:

> **Qualitätsregelkarte (QRK) ist ein Formblatt zur grafischen Darstellung von statistischen Kennwerten für eine Serie von Stichproben mit Eingriffsgrenzen (obere und/oder untere) sowie häufig auch mit Warngrenzen und einer Mittellinie.**

Störgrößen bewirken die Streuung der Merkmalswerte.

Auf jeden Produktionsprozess wirken **Störgrößen**, die für die Streuung der Q-Merkmale verantwortlich sind. Es handelt sich um **systematische** und **zufällige Einflüsse**.

Die Auswirkung des Zufalls auf einen Teil eines Produktloses ist nicht vorhersagbar. Für die Summe der Zufallsereignisse lässt sich aber ein Bereich vorhersagen, der **Zufallsstreubereich**. Die Grenzen dieses Zufallsbereiches liegen meist sehr weit auseinander. Daher berechnet man diese Grenzen für einen frei wählbaren Prozentsatz z. B. einen 99-prozentigen Streubereich, d. h., 1 % der produzierten Teile liegen außerhalb dieser Grenzen (Bild 7.3).

Es gibt verschiedenen Verteilungsformen, deren spezifische Parameter berücksichtigt werden müssen. Bei der Normalverteilung sind es die Lagekenngröße μ (bzw. $\bar{x}$) und die Streukenngröße σ.

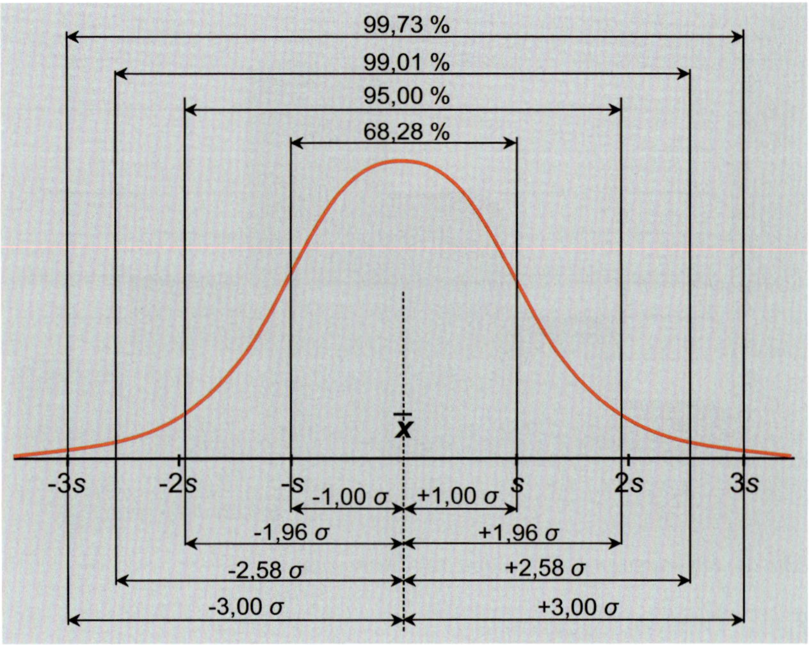

Bild 7.3: Normalverteilung und deren Zufallsstreubereiche

Aufbau einer Regelkarte

Aus den Stichproben werden die Urwerte ermittelt.

In einer Regelkarte werden z. B. Messwerte, Urwerte oder daraus berechnete statistische Kennwerte grafisch dargestellt. Dazu sind aus einem laufenden Produktionsprozess in regelmäßigen Zeitabständen Stichproben der Größe *n* entnommen worden (Bild 7.4). Die Stichproben werden auf der Abszisse eingetragen. Auf der Ordinate sind die Messwerte abgebildet. Eine Regelkarte enthält Warn- und Eingriffsgrenzen, deren Überschreiten einen Vorgang auslöst (Tabelle 7.4).

Tabelle 7.4: Bezeichnungen der Grenzen

Die Festlegung der Lage und der Grenzen sind wichtige Voraussetzungen.

Bezeichnung DE	Abkürzung DE	Bezeichnung EN	Abkürzung EN
Obere Toleranzgrenze	OTG	Upper specification limit	USL
Obere Eingriffsgrenze	OEG	Upper control limit	UCL
Obere Warngrenze	OWG	Upper warning limit	UWL
Mittelwert	$\bar{x}$	Mean	$\bar{x}$
Untere Warngrenze	UWG	Lower warning limit	LWL
Untere Eingriffsgrenze	UEG	Lower control limit	LCL
Untere Toleranzgrenze	UTG	Lower specification limit	LSL

Werte außerhalb der Warngrenze weisen auf eine Veränderung im Prozess hin, die Überschreitung der Eingriffsgrenzen dagegen deutet auf signifikante Veränderungen hin. Die Mittellinie zeigt die gewünschte

Lage der Werte an. Beim Überschreiten der Warngrenze wird der Prozess durch **Dynamisierung der Prüfumfänge** intensiver beobachtet. Beim Überschreiten der Eingriffsgrenze wird ein **Regelvorgang** ausgelöst, z. B. wird die Zustellung des Werkzeuges korrigiert oder sogar sein Austausch vorgenommen. So wird ein Überschreiten der Toleranzgrenzen verhindert und kein Ausschuss produziert.

Im Bild 7.4 ist beispielhaft eine Regelkarte für die Urwerte und den Mittelwert einer regelmäßigen Stichprobenentnahme dargestellt.

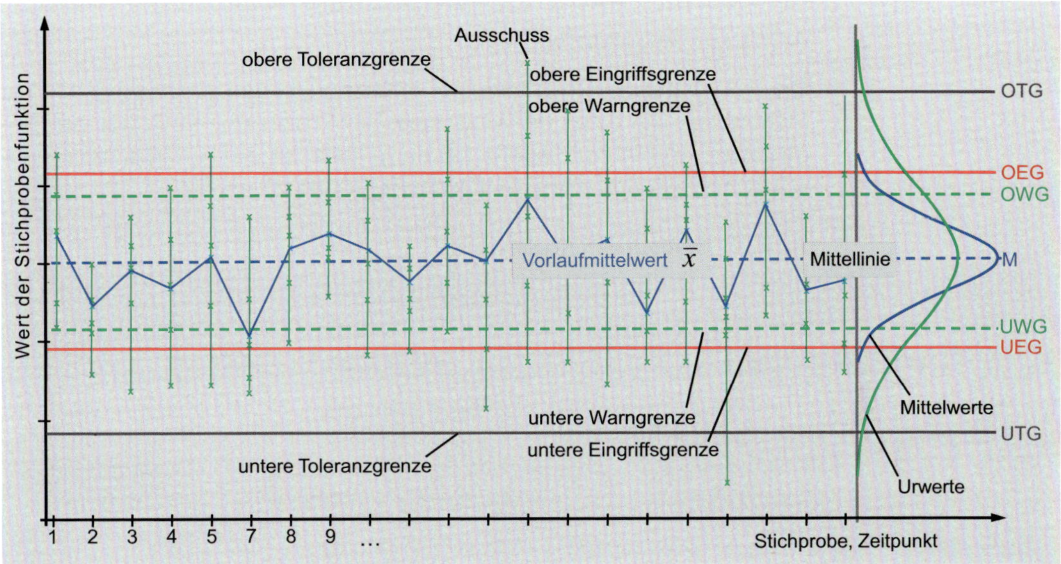

Bild 7.4: Aufbau einer Qualitätsregelkarte

Im Bild 7.4 sind je Stichprobe/Zeitpunkt fünf Messwerte (x), die Urwerte, und deren Mittelwerte eingetragen. Die Verbindungslinie der Mittelwerte (---) verdeutlicht die Abweichungen im Verlauf des Produktionsprozesses um den angestrebten Vorlaufmittelwert. Der Vorlaufmittelwert ($\overline{x}$) wurde durch einen Probelauf vor dem Produktionsanlauf ermittelt.

Die Kurven der Mittelwerte und Urwerte, rechts im Bild, verdeutlichen hier die Verteilung der Messwerte und sind üblicherweise nicht Bestandteil einer Regelkarte.

Das Auftreten von systematischen Störeinflüssen kann mithilfe einer Qualitätsregelkarte entdeckt und über eine Zeitspanne hinweg fortlaufend beobachtet werden. Das Ziel ist, den momentanen, meist normalverteilten Produktionsprozess nach Lage und – soweit möglich – nach Streuung zu beurteilen und zu steuern.

Systematische Störeinflüsse sind leicht zu entdecken.

Die wichtigsten Regelgrößen sind:

- Mittelwert x,
- Standardabweichung s,
- Zentralwert (Median) $\tilde{X}$,

- Spannweite (Range) R,
- Urwerte einer Stichprobe x,
- Anzahl fehlerhafter Einheiten np,
- Anzahl Fehler c.

Häufig werden zwei Regelgrößen eines Merkmals parallel als zwei Spuren einer Qualitätsregelkarte geführt, z. B. Mittelwert und Standardabweichung. Beispielhaft sind in Bild 7.7 der Mittelwert $\bar{x}$ und die Spannweite R dargestellt.

Arten von Regelkarten

Die Auswahl einer Regelkarte richtet sich nach den zu untersuchenden Merkmalen. Die Arten der Merkmale, der Prozessregelung und der Regelkarten sind in der Tabelle 7.5 dargestellt. Ist der Regelkartentyp gewählt, sind die prozesstypischen Kenngrößen zu ermitteln.

Tabelle 7.5: Arten von Regelkarten

<table>
<tr><th colspan="12">Qualitätsregelkarten</th></tr>
<tr><td colspan="5">für Zählmerkmale</td><td colspan="7">für kontinuierliche Merkmale</td></tr>
<tr><td colspan="2">Fehlerhafte Einheiten</td><td colspan="3">Fehler je Prüfeinheit</td><td colspan="5">Sollwertorientierte Prozessregelung</td><td colspan="2">Toleranzorientierte Prozessregelung</td></tr>
<tr><td colspan="2">Stichprobengröße = konstant</td><td colspan="3">Stichprobengröße ≠ konstant</td><td colspan="3">Überwachung der Lage</td><td colspan="2">Überwachung der Streuung</td><td colspan="2">Überwachung der Lage</td></tr>
<tr><td>np</td><td>c</td><td>x</td><td>p</td><td>u</td><td>$\bar{x}$</td><td>$\tilde{x}$</td><td>x</td><td>R</td><td>s</td><td>$\bar{x}$</td><td>$\tilde{x}$</td></tr>
<tr><td colspan="10">Shewhart-QRK</td><td colspan="2">Annahme-QRK</td></tr>
</table>

Shewhart-Regelkarte

Der Amerikaner Walter A. Shewhart hat die Regelkartentechnik 1924 entwickelt. Der Hintergrund war, die in einem Prozess vorkommenden systematischen Abweichungen vom Sollwert (Signale) von den unvermeidbaren zufälligen Messwertschwankungen (Rauschen) zu identifizieren. Die Karten sollen anzeigen, wenn sich etwas ändert.

Regelkarten identifizieren systematische Prozessabweichungen.

Qualitätsregelkarten mit **Shewhart-Regelgrenzen** werden genutzt, um die Streuung der aufgezeichneten Werte in Bezug auf zufällige oder spezielle Streuungsursachen zu unterscheiden. Shewhart-Karten urteilen nur aufgrund der aktuellen Stichprobe und nehmen keine Rücksicht auf vorangegangene Informationen. Es werden nur interne Prozessparameter und keine externen Toleranzen berücksichtigt. Durch sich ständig wiederholende statistische Tests wird geprüft, ob sich der eingestellte beherrschte Zustand des Prozesses noch nicht verändert hat.

Annahme-Qualitätsregelkarte

Annahme-Qualitätsregelkarten werden nur dann eingesetzt, wenn die momentane Verteilung der Merkmalswerte, also der Prozessmittelwert, konstant bleibt. Die Eingriffs- und Warngrenzen errechnen sich aus vorgegebenen Toleranzgrenzwerten, die die maximal zulässigen Abweichungen darstellen, in denen das Produkt noch brauchbar ist.

Hinweis: Im Folgenden wird lediglich eine Auswahl von Kartentypen näher betrachtet (weiterführende Literatur zum Beispiel [DGQ 7.11/7.12]).

7.1.3.1 Qualitätsregelkarten für kontinuierliche Merkmale

Die QRK für kontinuierliche Merkmale kann sollwertorientiert oder toleranzorientiert geführt werden.

- **Sollwertorientierte Prozessregelung**

Für die sollwertorientierte Prozessbewertung werden unterschiedliche QRK verwendet. Die Problematik lautet: Bleibt der Prozess im Zustand „beherrscht"?

Sollwertorientierte Prozessregelung wird am häufigsten eingesetzt.

Unter den QRK für sollwertorientierte Prozessregelung gibt es die ***x*-Regelkarte** oder auch **Urwertkarte**.

Urwerte können sein: alle Messwerte, Mittelwerte, Standardabweichungen oder Spannweiten.

Die Voraussetzung für die Verwendung der Urwertkarte ist, dass der Prozess (annähernd) normalverteilt ist.

Für die Festlegung von Regelgrenzen werden die Zufallsstreubereiche, wie im Bild 7.5 verdeutlicht, zweiseitig abgegrenzt. Den Regelfall zeigt Tabelle 7.6. Mit der Wahrscheinlichkeit α treten Werte außerhalb des Zufallstreubereiches auf.

UEG und OEG sind im Bild 7.5 die Regelgrenzen. Liegen die Urwerte bzw. die zu überwachenden Kennwerte zwischen UEG und OEG, also im Zufallsstreubereich $1 - \alpha$, so werden diese Grenzen mit der Wahrscheinlichkeit $1 - \alpha$ nicht überschritten, und es wird nicht in den Prozess eingegriffen.

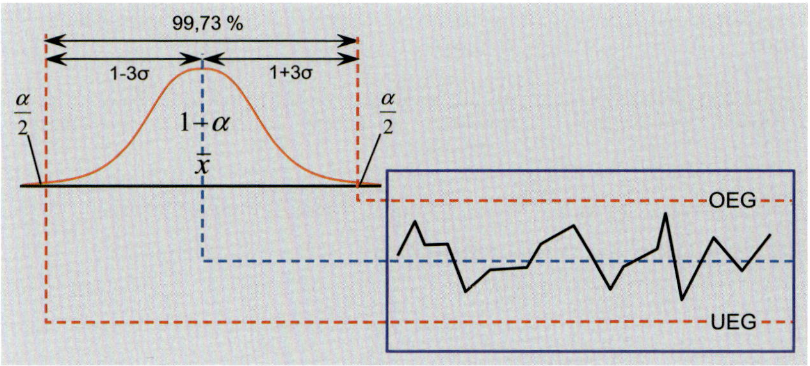

Bild 7.5: Regelkartengrenzen bei normalverteilten Prozessen

Tabelle 7.6: Regelgrenzen

UWG bis OWG:	$1 - \alpha$ = 95,45 %	Mittelwert ± 2 Sigma der Häufigkeitsverteilung der dargestellten Stichprobenkenngröße
UEG bis OEG:	$1 - \alpha$ = 99,73 %	Mittelwert ± 3 Sigma der Häufigkeitsverteilung der dargestellten Stichprobenkenngröße

Vorteile der Urwertkarte:

Der Bezug zu den Prozessergebnissen ist gegeben.

- Es ist ein direkter Bezug zu den Prozessergebnissen vorhanden.
- Die Handhabung ist recht einfach.
- Systematische Einflüsse auf den Prozess werden sehr gut erkannt.

Die weiteren **Shewhart-Qualitätsregelkarten für sollwertorientierte Prozessregelungen** finden ihre Anwendung bei Prozessen, die sich in einem befriedigend beherrschten Zustand befinden. Sie sollen anzeigen, wenn sich an diesem Zustand etwas ändert. Es gibt Shewhart-QRK für kontinuierliche Merkmale und für Zählmerkmale.

Regelkarten unterscheiden sich nach Art der Daten.

Zuerst wird anhand der zu untersuchenden Daten und aufgrund der Stichprobengröße eine passende Regelkarte ausgesucht. Bild 7.6 zeigt einen Auswahlbaum, um Qualitätsregelkarten für kontinuierliche Merkmale auszuwählen.

Bei den Shewhart-Qualitätsregelkarten geht man nicht von vorgegebenen Grenzwerten aus. Warn- und Eingriffsgrenzen werden aus den erhobenen Prozessdaten berechnet. Sie spiegeln nicht den Toleranzbereich wider, sondern lediglich die Häufigkeitsverteilung der Stichprobenkenngrößen.

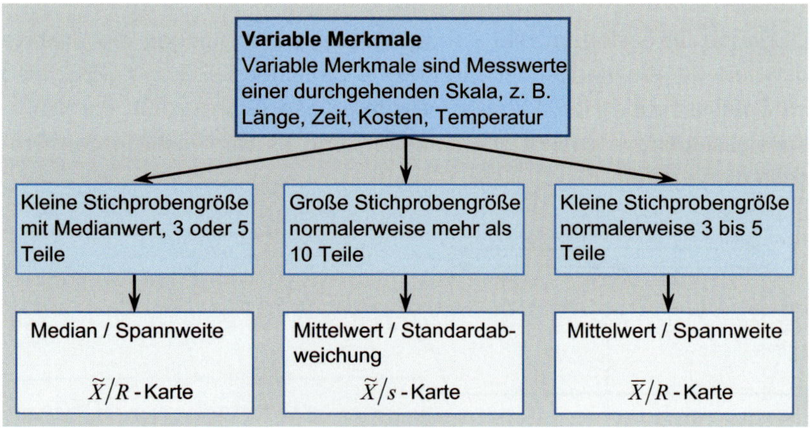

Bild 7.6: Auswahl von Qualitätsregelkarten

Beim Entwurf einer Shewhart-QRK müssen der Stichprobenumfang und der Stichprobenentnahmezeitpunkt festgelegt werden. Danach sind die Eingriffs- und Warngrenzen zu bestimmen. Da für messende Prüfungen die Produktionslage oder die Produktionsstreuung überwacht werden sollen, stammen die Sollwerte für diese Größen aus vorhandenen Spezifikationen oder aus vorangegangenen Untersuchungen des Prozesses, z. B. aus einem Vorlauf. Dieser Vorlauf ist sorgfältig und störungsfrei durchzuführen.

Liegen die Stichproben des Vorlaufes vor, können die erforderlichen Kennwerte zur Eintragung in die jeweilige Spur der Qualitätsregelkarte wie folgt berechnet werden:

Prozessregelkarten spiegeln die Häufigkeitsverteilung der Stichprobenkenngrößen wider.

Messwerte: x_i

Mittelwert: $\bar{x} = \frac{1}{n}\sum x_i$

Standardabweichung: $s = \sqrt{\frac{\sum (x_i - \bar{x})^2}{n-1}}$

Spannweite: $R = x_{max} - x_{min}$

Median: $\tilde{x}$ = mittlerer Wert der aufsteigend sortierten x_i

Mithilfe der berechneten Werte können nun die Mittellinie und die Eingriffsgrenzen berechnet werden. Die statistischen Gesamtwerte und die Eingriffsgrenzen lassen sich aus den Einzelwerten der k Stichproben ermitteln.

Tabelle 7.7: Mittellinie und Kontrollgrenzen für variable Merkmale [ThCo7.12]

Kartentyp	Stat. Gesamtwert der k Stichproben (Mittellinie) Prozessdurchschnitt	Eingriffsgrenzen
$\bar{x}/R$-Karte	$\bar{\bar{x}} = \frac{\bar{x}_1 + \bar{x}_2 \ldots + \bar{x}_k}{k}$ $\bar{R} = \frac{R_1 + R_2 + \ldots + R_k}{k}$	$OEG = \bar{\bar{x}} + A_2\bar{R}$ $UEG = \bar{\bar{x}} - A_2\bar{R}$ $OEG = D_4\bar{R}$ $UEG = D_3\bar{R}$
$\bar{x}/s$-Karte	$\bar{\bar{x}} = \frac{\bar{x}_1 + \bar{x}_2 \ldots + \bar{x}_k}{k}$ $\bar{s} = \frac{s_1 + s_2 + \ldots s_k}{k}$	$OEG = \bar{\bar{x}} + A_3\bar{s}$ $UEG = \bar{\bar{x}} - A_3\bar{s}$ $OEG = B_4\bar{s}$ $UEG = B_3\bar{s}$
$\tilde{x}/R$-Karte	$\bar{\tilde{x}} = \frac{\tilde{x}_1 + \tilde{x}_2 + \ldots \tilde{x}_k}{k}$ $\bar{R} = \frac{R_1 + R_2 + \ldots R_k}{k}$	$OEG = \bar{\tilde{x}} + \tilde{A}_2\bar{R}$ $UEG = \bar{\tilde{x}} - \tilde{A}_2\bar{R}$ $OEG = \tilde{D}_4\bar{R}$ $UEG = \tilde{D}_3\bar{R}$

Formeln zur Bestimmung der Eingriffsgrenzen – ohne Herleitung

$\bar{\bar{x}}$, $\bar{R}$ und $\bar{s}$ stellen die jeweiligen Mittelwerte aus allen in der Qualitätsregelkarte eingetragenen Werten für $\bar{x}$, R und s dar [DiSc7.12]. Die Konstanten A_2, A_3, B_3, … usw. (siehe Tabelle 7.8) sind von der Größe der Stichprobe abhängig.

Tabelle 7.8: Konstanten für die Berechnung der Eingriffsgrenzen [DGQ 7.12]

n	A_2	d_2	D_3	D_4	A_3	c_4	B_3	B_4	$\tilde{A}_2$
2	1,880	1,128	–	3,267	2,659	0,7979	–	3,267	1,880
3	1,023	1,693	–	2,574	1,954	0,8862	–	2,568	1,187
4	0,729	2,059	–	2,282	1,628	0,9213	–	2,266	0,796
5	0,577	2,326	–	2,114	1,427	0,9400	–	2,089	0,691
6	0,483	2,534	–	2,004	1,287	0,9515	0,030	1,970	0,548
7	0,419	2,704	0,076	1,924	1,182	0,9594	0,118	1,882	0,508
8	0,373	2,847	0,136	1,864	1,099	0,9650	0,185	1,815	0,433
9	0,337	2,970	0,184	1,816	1,032	0,9693	0,239	1,761	0,412
10	0,308	3,078	0,223	1,777	0,975	0,9727	0,284	1,716	0,362
...	...	...	...	...	...	...	...	...	...
25	0,153	3,931	0,459	1,541	0,606	0,9896	0,565	1,435	–

Die Faktoren für die Eingriffsgrenzen basieren auf einer statistischen Sicherheit von 99,73 %

Folgende Angaben sollten die Qualitätsregelkarte beinhalten:

Nötige Deklarationen der Qualitätsregelkarte

- Kartentyp,
- Qualitätsmerkmal,
- Aufnahmeort,
- Aufnahmehäufigkeit,
- Stichprobengröße.

Wichtig ist, dass auch Werte außerhalb der Eingriffsgrenzen eingetragen werden. Die eingezeichneten Werte werden in einer Tabelle dokumentiert, die sich meistens mit auf der Karte befindet. Die einzelnen Werte ergeben einen Verlauf, der es erlaubt, Aussagen über den beobachteten Prozessablauf treffen zu können.

Das Bild 7.7 zeigt ein Beispiel einer Qualitätsregelkarte für variable Merkmale mit den dazugehörigen Angaben.

Praktische Anwendung einer $\bar{x}/R$-Karte

Beispiel:
Der Durchmesser einer Welle soll nach Zeichnung (58,52 ± 0,05) mm betragen. Zur Beurteilung eines Loses wurden 16 Stichproben mit jeweils 5 Messwerten im Abstand einer Stunde entnommen. Zu einer übersichtlicheren Führung der Regelkarte wurden die Messwerte, die Toleranz- und Eingriffsgrenzen nach der Vorschrift:

x_i = (Messwert – 58,00) · 100 transformiert.

Die transformierten Werte sind im Bild 7.7 tabellarisch aufgeführt. Die in die QRK eingetragenen transformierten Stichprobenmittelwerte $\bar{x}$ und Spannweiten R liegen zwar innerhalb der Toleranz, aber die Prozessfähigkeit mit den Prozessfähigkeitskennzahlen c_p = 1,19 und c_{pk} = 1,06 (siehe Kap. 4.3.4) ist nicht gegeben. Der Fehleranteil im Los wird über 0,3 % liegen. Also muss der Prozess zentriert und seine Streuung eingeschränkt werden.

Qualitätsregelkarte für variable Merkmale	☒ $\bar{x}$ ☐ s ☐ $\tilde{x}$ ☒ R	**Teil:** Welle **Arbeitsgang:** Feindrehen **Merkmal:** Durchmesser d_3	**Blatt Nr.:** 4 **Datum:** 09.09.2009

k	1	2	3	4	5	6	7	8	9	10	11	12	13	14	15	16	
x_1	53	53	53	51	52	51	52	53	54	55	52	50	52	50	48	53	
x_2	53	53	53	50	52	52	51	52	54	54	54	51	55	52	54	52	Drehzentrum 2:
x_3	52	52	51	50	53	53	52	53	53	53	54	53	54	55	54	52	Maßeinheit: *1/100mm*
x_4	53	53	53	53	53	53	51	52	53	52	55	52	53	55	53	54	Stichpr.Umfang: *5*
x_5	52	53	52	52	52	50	52	51	53	55	52	53	52	53	53	53	Prüfintervall: *1 Std.*
$\bar{x}$	52,6	52,8	52,4	51,2	52,4	51,8	51,6	52,2	53,4	53,8	53,4	51,8	53,2	53,0	52,4	52,8	
R	1	1	2	3	1	3	1	2	1	3	3	3	3	5	6	2	

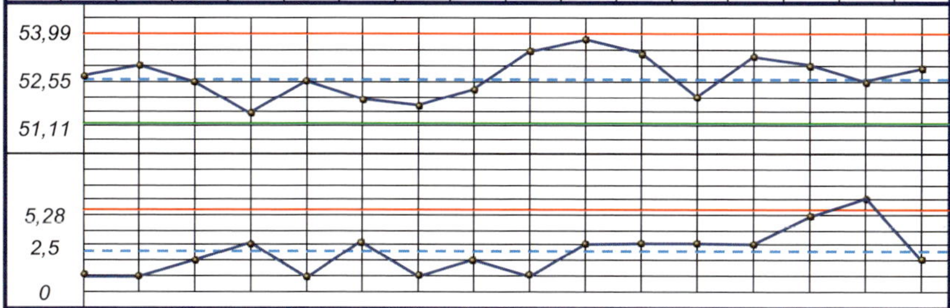

	$\bar{x}$	R
OTG:	57,00	-
OEG:	53,99	5,285
Mittell.:	52,55	2,5
UEG:	51,11	-
UTG:	47,00	-

Dat.	8.09								9.09							
Zeit	8:30	9:30	10:30	11:30	12:30	13.30	14.30	15.30	8:30	9:30	10:30	11:30	12:30	13.30	14.30	15.30
Nz.	Fe	Fe	Fe	Rü	Rü	Rü	Fe	Rü	Fe	Fe	Fe	Rü	Rü	Rü	Fe	Rü

Datum: *10.09.2009* Geprüft: *S. Prüfer*

Auswertung:
$\bar{x}$: *52,55*; c_p = *1,19*
R : *2,5*; c_{pk}= *1,06*

Bild 7.7: Beispiel einer Qualitätsregelkarte für variable Merkmale [ThCo7.13]

- **Toleranzorientierte Prozessregelung**

Annahme-Qualitätsregelkarte

Bei den Shewhart-QRK für kontinuierliche Merkmale wird mit den engstmöglichen Eingriffsgrenzen gearbeitet.

Sollte dies nicht nötig sein, kann bei sehr gut beherrschten Fertigungsprozessen dem Prozessmittelwert ein Spielraum zugebilligt werden. Um diesen Spielraum einhalten zu können, wird die Annahmeregelkarte eingesetzt.

Für sehr gut beherrschte Prozesse eignet sich die Annahme-QRK.

Ist die Prozessmittellage optimal gewählt, kann der Prozess trotz einer systematischen Prozessveränderung, z. B. einem Trend, möglichst lange ohne Eingriff ablaufen.

Dem Prozess wird also ein gewisser Spielraum zugebilligt, der in der mechanischen Fertigung dazu genutzt wird, die Standzeit eines Werkzeuges voll auszunutzen.

Prinzipielle Vorgehensweise bei der Festlegung der Eingriffsgrenzen

Im Gegensatz zu den Shewhart-QRK, die mit Warn- und Eingriffsgrenzen arbeiten, kommt die Annahme-QRK nur mit Eingriffsgrenzen aus.

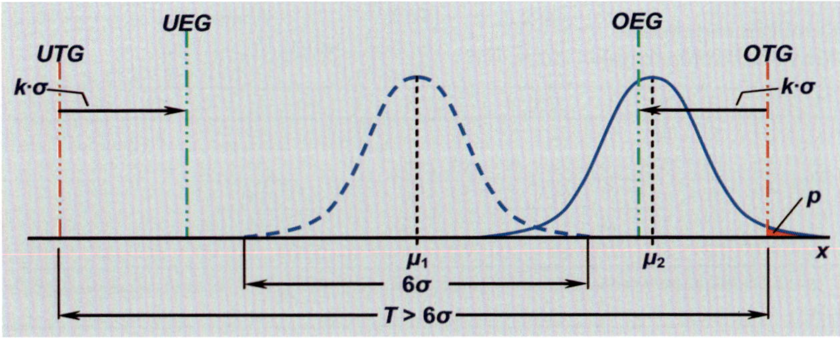

Bild 7.8: Sicherheitsabstand zwischen Eingriffsgrenze und Toleranzgrenze

Die Toleranzweite sollte viel größer seine als die Prozessstreubreite.

Für die Festlegung der **Eingriffsgrenzen** geht man davon aus, dass die Toleranz $T = OTG - UTG$ groß ist gegenüber der Prozessstreubreite von 6σ. Die im Bild 7.8 gestrichelt dargestellte Fertigungssituation kann als gut bezeichnet werden, da der Mittelwert μ_1 in der Nähe der Toleranzbereichsmitte liegt. Es werden, da $T \gg 6\sigma$, keine fehlerhaften Einheiten gefertigt. Die durchgezogene Kurve zeigt den Prozess in einer Grenzsituation, in der μ_2 so weit verschoben ist, dass ein kleiner Anteil p fehlerhafter Anteile gefertigt wird.

Ausgehend von den Grenzwerten (*UTG* und *OTG*), im Regelfall sind sie nicht in der Karte eingezeichnet, werden im Abstand $k \cdot \sigma$ (k = Abgrenzungsfaktor) die Eingriffsgrenzen gezogen.

Die Eingriffsgrenzen ergeben sich wie folgt:

$$OEG = OTG - k \cdot \sigma, \qquad UEG = UTG + k \cdot \sigma$$

mit

$$k = u_{1-p} + \frac{u_{1-P_a}}{\sqrt{n}}.$$

p Anteil fehlerhafter Einheiten, bei dem eingegriffen werden soll, die Eingriffswahrscheinlichkeit $1 - P_a$ ist zu wählen,

P_a ist die (Nichteingriffs-)Wahrscheinlichkeit, bei der beim Anteil p fehlerhafter Einheiten nicht eingegriffen wird,

$1 - P_a$ Eingriffswahrscheinlichkeit

n Stichprobenumfang,

u Variable der standardisierten Normalverteilung (siehe Kapitel 3.3 und [Pa71], [DGQ7.12]).

Das folgende Beispiel einer Annahme-QRK für den Mittelwert $\bar{x}$ verdeutlicht die Vorgehensweise.

Beispiel:
Für den Zuschnitt von Bandstahl ist das Längenmaß
$l = (29{,}5 \pm 0{,}5)$ mm
einzuhalten. Mit einer Annahme-QRK soll dies überwacht werden. Der Anteil p fehlerhafter Teile wird mit 1 % bei 90 % Eingriffswahrscheinlichkeit und der Stichprobenumfang mit $n = 5$ festgelegt.
Für die Parameter μ und σ werden aus Werten des Vorlaufes geschätzt:
$\hat{\mu} = 29{,}564$ mm
$\hat{\sigma} = 0{,}091$ mm
Der Abgrenzungsfaktor k für die Eingriffsgrenzen ergibt sich aus:

$$k = u_{1-p} + \frac{u_{1-P_a}}{\sqrt{n}} = u_{0,99} + \frac{u_{0,9}}{\sqrt{5}}$$

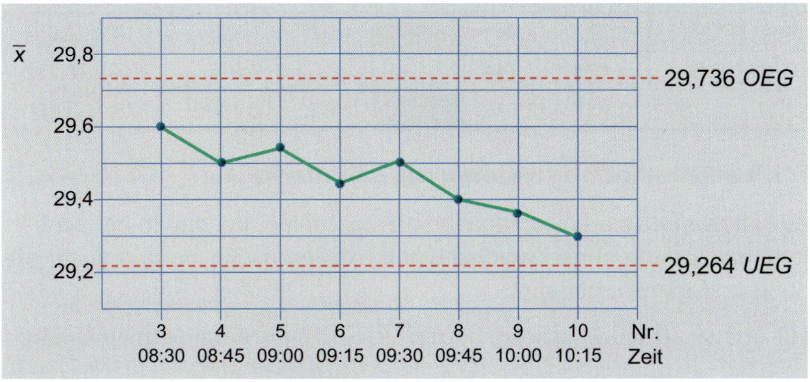

Bild 7.9: Mittelwert-QRK zum Beispiel

Aus der Tabelle der Quantile der standardisierten Normalverteilung, Tabelle 7.9 (siehe auch Abschnitt 3.3.2 und [Pa71], [DGQ7.12]), entnimmt man für
$p = 1$ %: $u_{1-p} = u_{0,99} = 2{,}326$
$1 - P_a = 90$ %: $u_{1-P_a} = u_{0,9} = 1{,}282$.

Damit ist $k = 2{,}326 + \frac{1{,}282}{\sqrt{5}} = 2{,}899$

und die Eingriffsgrenzen ergeben sich zu

$$OEG = OTG - k \cdot \hat{\sigma} = 30{,}0\,\text{mm} - 2{,}899 \cdot 0{,}091\,\text{mm} = 29{,}736\,\text{mm}$$

$$OEG = OTG + k \cdot \hat{\sigma} = 29{,}0\,\text{mm} + 2{,}899 \cdot 0{,}091\,\text{mm} = 29{,}264\,\text{mm}$$

In Bild 7.9 ist die berechnete Mittelwert-QRK mit dem typischen Verlauf eines Trends dargestellt.

Ausschnitt aus der Tabelle 7.9 „Standardisierte Norm

$G(u_P) = p$ Beispiel 1: $G(u) = 0{,}975 = 97{,}5$ %
$u_{1-P} = -u_P$ $u_{0,975} = 1{,}960$
Beispiel 2: $G(u) = 0{,}005 = 0{,}5\ \% = 1 - 0{,}995$
$u_{0,005} = -2{,}576$

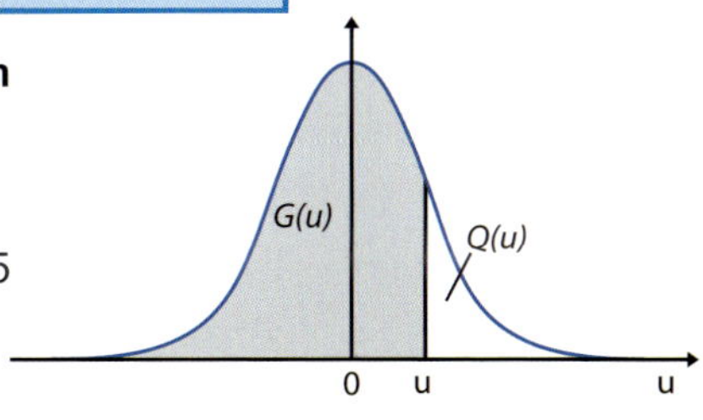

Tabelle 7.9: Funktionswerte G(u) der standardisierten Normalverteilung [DGQ 7.12]

G(*u*) in %	,0	,1	,2	,3	,4	,5	,6	,7	,8	,9
50	0,000	0,003	0,005	0,008	0,0010	0,013	0,015	0,018	0,020	0,023
51	0,025	0,028	0,030	0,033	0,035	0,038	0,040	0,043	0,045	0,048
52	0,050	0,053	0,055	0,058	0,060	0,063	0,065	0,068	0,070	0,073
...	...	...	...							
70	0,524	0,527	0,530	0,533	0,536	0,539	0,542	0,545	0,548	0,550
...	...	...	...							
80	0,842	0,845	0,849	0,852	0,856	0,860	0,863	0,867	0,871	0,874
...	...	...	...							
90	1,282	1,287	1,293	1,299	1,305	1,311	1,317	1,323	1,329	1,335
...	...	...	...							
97	1,881	1,896	1,911	1,927	1,943	1,960	1,977	1,995	2,014	2,034
98	2,054	2,075	2,097	2,120	2,144	2,170	2,197	2,226	2,257	2,290
99	2,326	2,366	2,409	2,457	2,512	2,576	2,652	2,748	2,878	3,090

7.1.3.2 Qualitätsregelkarten für Zählmerkmale

Zählmerkmale sind nichtnegative ganze Zahlen, bei denen benachbarte ganze Zahlen ohne Zwischenwerte existieren. Sie werden auch attributive Merkmale genannt.

Mit **Shewhart-Qualitätsregelkarten für Zählmerkmale** ermittelt man:

- die Anzahl von spezifischen Einheiten in Stichproben, z. B.:
  – Überwachung der Wasserqualität eines Klärwerkes anhand der Anzahl der Schmutzpartikel je Volumeneinheit oder
- die Anzahl der Fehler je Stichprobe bzw. je Prüfeinheit, z. B.:
  – Aufgetretene Fehler bei der Produktion eines Autoradios.

Entsprechend ihrer Aussagefähigkeit können unterschiedliche Regelkarten ausgewählt werden. Tabelle 7.10 zeigt die Regelkarten für die Anzahl fehlerhafter Einheiten in einer Stichprobe. Es können z. B. folgende Ereignisse festgehalten werden:

- Sind Einheiten in Ordnung oder nicht in Ordnung.
- Vorhandensein/Nichtvorhandensein erforderlicher Unterlegscheiben.
- Elektrischer Strom fließt/fließt nicht.
- Bohrungsdurchmesser richtig/falsch.

Die Anzahl möglicher Fehler an einer Einheit wird ebenso wie mögliche unterschiedliche Fehlerarten nicht berücksichtigt.

Keine Warnung vor negativen Prozessänderungen

Diese Regelkarten warnen nicht vor negativen Prozessänderungen. Es müssen bereits eine Anzahl Fehler aufgetreten sein. Eine gewisse „Anzahl fehlerhafter Einheiten“ bzw. ein „Anteil fehlerhafter Einheiten“ oder „Anzahl Fehler je Einheit“ wird diesen Karten zugestanden.

Tabelle 7.10: QRK für die Anzahl fehlerhafter Einheiten in Stichproben

QRK	Grafische Darstellung (Chart)	Illustration
x-Karte	Die **absolute Anzahl** fehlerhafter Einheiten je Stichprobe, z. B. $x = 5$ fehlerhafte Teile in einer Stichprobe von $n = 50$ Teilen, wird in der QRK notiert.	*i* Teile
np-Karte (number of proportions)	Anzahl Proportionen, z. B. **Anzahl** fehlerhafter Einheiten in einer Stichprobe. Berücksichtigt ebenso wie die *x*-Karte die absolute Anzahl fehlerhafter Einheiten in Stichproben. Allerdings werden bei der *np*-Karte die Eingriffs- und Warngrenzen basierend auf dem Modell der Normalverteilung bestimmt.	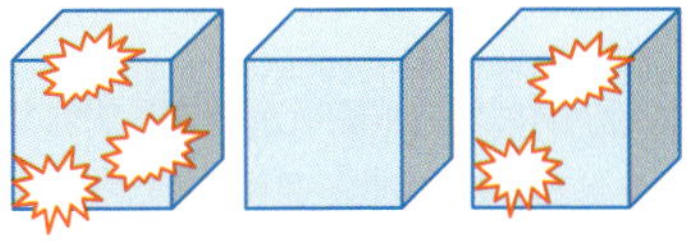 2 fehlerhafte Teile $np = 2$
p-Karte (proportions)	Proportionen, z. B. **Anteil** fehlerhafter Einheiten in einer Stichprobe. Der prozentuale Anteil, z. B. $p = 5/50 = 0{,}1$ „*p*“ = „part“, fehlerhafter Einheiten je Stichprobe wird in der QRK aufgezeichnet.	$i = 3$ 2 fehlerhafte Teile 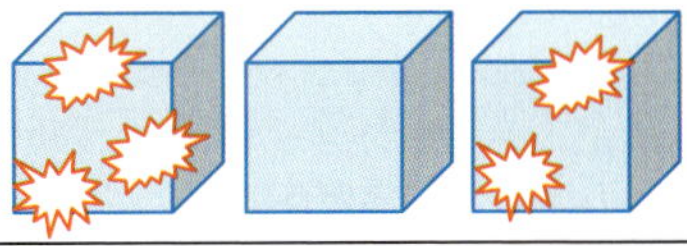 3 $P = 2/3 \equiv 67\ \%$

Tabelle 7.11: QRK für die Anzahl der Fehler je Stichprobe bzw. Prüfeinheit

QRK	Grafische Darstellung (Chart)	Illustration
x-Karte	Beschreibt die **absolute Anzahl** der Fehler je Einheit oder Stichprobe, z. B. „insgesamt 3 Fehler pro Gussteil“ oder „insgesamt 2 Fehler pro Tuchballen.	Stichprobe $i = 1$ Tuchballen 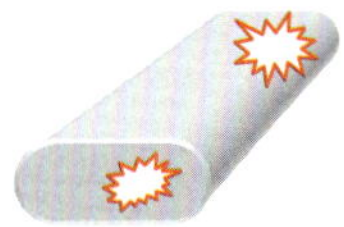 2 Fehler, $x = 2$
c-Karte	**Anzahl Ereignisse**, z. B. Anzahl Fehler innerhalb eines konstanten Ereignisbereiches (Anteil Fehler pro Einheit). Entspricht der *x*-Karte, erfordert aber **konstanten** Stichprobenumfang oder **konstante Menge** des zu prüfenden Materials.	$i = 3 =$ konstant 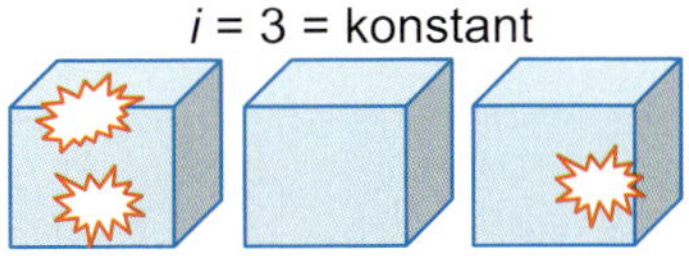 3 Fehler, $c = 3$
u-Karte (unit)	**Anteile** bzw. **Ereignisse**, z. B. Fehler pro physikalischer Bezugseinheit (pro m, pro m^2, pro kg, etc.)	$i = 2\ m^2$  $u = 4$ Fehler$/2\ m^2 = 2\ F/m^2$

In der Tabelle 7.11 sind die Regelkarten, in denen die Anzahl der Fehler je Stichprobe bzw. Prüfeinheit erfasst werden, dargestellt. Sie können z. B. für folgende Aussagen verwendet werden:

- Eine Einheit kann sein:
  Ein Erzeugnis/Produkt oder ein Vielfaches davon. Es werden alle Fehler der Einheit berücksichtigt, z. B. „die Einheit Gussteil“, „die Stichprobeneinheit aus 5 Gussteilen“,
- Blasen in einer Windschutzscheibe,
- Farbfehler an einer Heckklappe,
- Haarrisse im Material.

Für die Führung der QRK werden Kontrollgrenzen benötigt (siehe Bild 7.10). Ihre Festlegung erfolgt entsprechend Tabelle 7.12.

Tabelle 7.12: Berechnung der Kontrollgrenzen [BrRi7.13]

QRK	Stichproben	Mittellinie	Kontrollgrenzen
p-Karte	variabel norm. ≥ 50	Für jede Untergruppe $p = np/n$ Für alle Untergruppen $\bar{p} = np/n$	$OEG_p = \bar{p} + 3 \cdot \sqrt{\frac{\bar{p}(1-\bar{p})}{n}}$ $UEG_p = \bar{p} - 3 \cdot \sqrt{\frac{\bar{p}(1-\bar{p})}{n}}$
np-Karte	konstant norm. ≥ 50	Für jede Untergruppe *np* = # Fehler Für alle Untergruppen $n\bar{p} = np/k$	$OEG_{np} = n\bar{p} + 3 \cdot \sqrt{n\bar{p}(1-\bar{p})}$ $UEG_{np} = n\bar{p} - 3 \cdot \sqrt{n\bar{p}(1-\bar{p})}$
c-Karte	konstant $\bar{c} > 5$	Für jede Untergruppe $c = \#$ Fehler Für alle Untergruppen $\bar{c} = c/k$	$OEG_c = \bar{c} + 3 \cdot \sqrt{\bar{c}}$ $UEG_c = \bar{c} - 3 \cdot \sqrt{\bar{c}}$
u-Karte	variabel	Für jede Untergruppe $u = c/n$ Für alle Untergruppen $\bar{u} = c/n$	$OEG_u = \bar{u} + 3 \cdot \sqrt{\frac{\bar{u}}{n}}$ $UEG_u = \bar{u} - 3 \cdot \sqrt{\frac{\bar{u}}{n}}$

p bzw. *np* = Anzahl fehlerhafter Teile
c = Anzahl Fehler
n = Stichprobenumfang in jeder Untergruppe
k = Anzahl Untergruppen
$\bar{p}$ = Anteil fehlerhafter Einheiten [%]

Bei der *np*-Karte bleibt der Stichprobenumfang konstant.

Bild 7.10 zeigt den Ausschnitt einer *np*-Karte für die Qualitätskontrolle von Abschirmblechen. Folgende Daten müssen von jeder Stichprobe aufgenommen werden:

- Anzahl fehlerhafter Einheiten (*np*),
- Anzahl geprüfter Einheiten (*n*).

Da es sich um eine *np*-Karte handelt, bleibt der Stichprobenumfang konstant. Es muss demnach nur die Anzahl fehlerhafter Einheiten eingetragen und die mittlere Anzahl fehlerhafter Einheiten berechnet werden. Anschließend folgt die Berechnung der Eingriffsgrenzen. Es folgt die Eintragung der Werte in die Qualitätsregelkarte.

Teil-Nr.	AB02.C2009.DE	Spezifikation	
Teil-Benennung	Abschirmblech	Prüfmittel	
Arbeitsfolge		Prüfart	Sichtprüfung
Maschinen-Nr.		Prüfumfang	80 / Schicht

Nr.	Prüfmerkmal	Fehlerhäufigkeit														
1	Verkratzt	/			//				..	..						
2	Verschmutzt, Fremdkörper		/		/			/			..					
3	Apfelsinenhaut								..	..						
4	Matt							/								
5	Tropfen und Läufer	/			//						..					
6	Sonstige								..	..						
7											..					
Fehleranzahl	np c	***2***	***1***	***0***	***5***	***0***	***0***	***2***	..	..						
Stichprobenumfang	n	***80***	→													

Mittelwert = 1,43
OEG = 4,99
UEG = 0

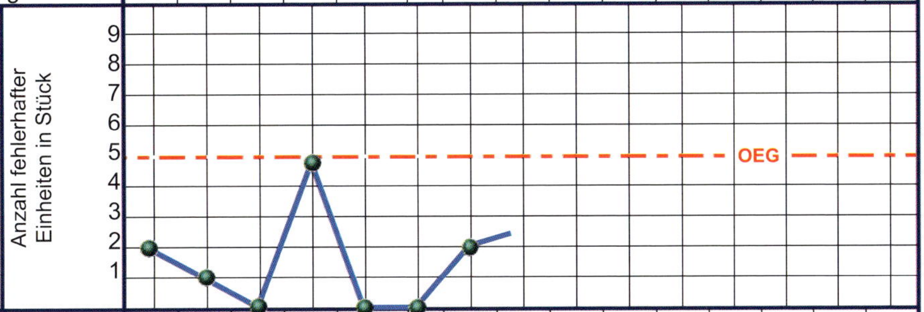

Schicht	1	2	1	2	1	2	1								
Zeit	10:30	17:30	10:30	17:30	10:30	17:30	10:30	...							
Datum	4.9.	4.9.	5.9.	5.9.	6.9.	6.9.	7.9.	...							
Kurzzeichen	*Mü*	*Ra*	*Mü*	*Ra*	*Mü*	*Ra*	*Mü*								

Bild 7.10: np-Karte für Abschirmbleche [Lei7.13]

7.1.3.3 Auswerten von Regelkarten

Eine QRK ist ständig auszuwerten.

Um Prozessstörungen zu erkennen, ist die QRK nach jeder Eintragung auszuwerten. Wird eine Warngrenze überschritten, bedarf es größerer Wachsamkeit, d. h., die nächste Stichprobe ist sofort oder in einem kürzeren Zeitabstand zu nehmen. In Bild 7.11 ist ein Ablaufdiagramm der Entscheidungsregeln dargestellt.

Die Regelung eines Prozesses ist auf der Grundlage der Auswertung der Regelkarte nach vorgegebenen Entscheidungsmustern vorzunehmen. Es gibt Prozesse, die Unregelmäßigkeiten aufzeigen, obwohl die Messdaten innerhalb des Bereiches der Eingriffsgrenzen liegen (Bild 7.12).

Mithilfe der Statistik ist es möglich nachzuweisen, dass eine Folge von sieben Werten unterhalb oder oberhalb des Mittelwertes einen systematischen Einfluss hat, da die Wahrscheinlichkeit für den Eintritt einer solchen einseitigen Konstellation sehr gering ist. Eine solche Konstellation nennt man **Run** [Kam7.20].

Ebenso verhält es sich bei einer kontinuierlich an- oder absteigenden Folge von Kennwerten. Diese Anordnung nennt man **Trend**.

Entscheidungsregeln kombiniert mit Regelkartenverläufen

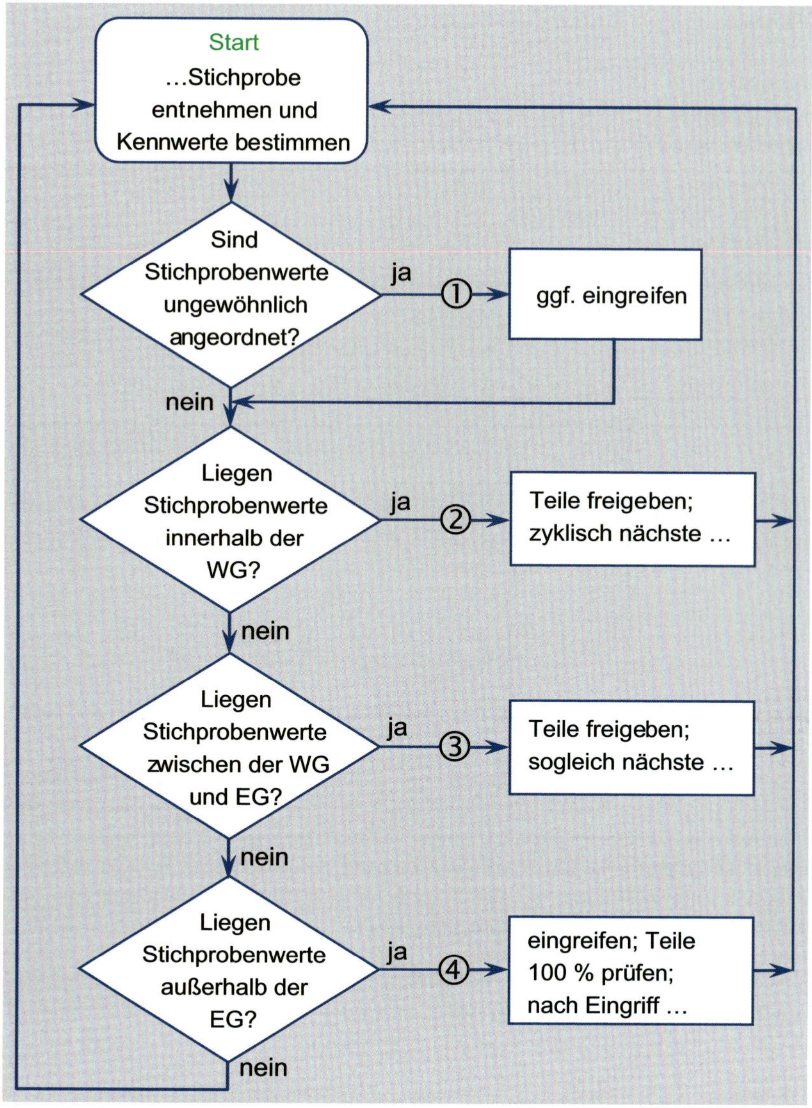

Bild 7.11: QRK-Entscheidungsregeln

Bei einer Anhäufung von Werten nahe dem Mittelwert (mehr als 2/3) ist davon auszugehen, dass eine falsche Berechnung der Eingriffsgrenzen zugrunde liegt bzw. die Werte geschönt wurden. Liegen mehr als 2/3 der Werte in der Nähe der beiden Grenzen, so besteht die Möglichkeit, dass Messwerte mehrerer Fertigungslinien vermischt wurden.

Liegt ein unruhiger Verlauf vor, eine **Instabilität**; muss der Prozess gestoppt und neu geregelt werden.

Liegt ein Stichprobenwert außerhalb der Eingriffsgrenzen, ist mit einem systematischen Fehler zu rechnen. Es muss herausgefunden werden, was diese Überschreitung verursacht und wie sie eliminiert werden kann. Wichtig ist, das Nachregeln vor der Überschreitung der Toleranzgrenzen vorzunehmen. Die Grenzen müssen nun wieder neu berechnet werden, um eine erneute Prozessregelung zu gewährleisten [ThCo7.14].

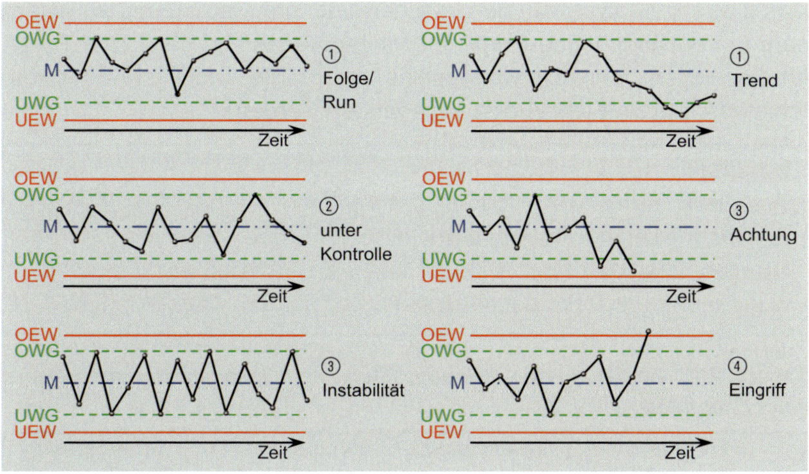

Bild 7.12: Eingriffssituationen bei der Shewhart-QRK [DGQ7.11]

Ist man durch eine Unregelmäßigkeit in einer Qualitätsregelkarte auf eine Schwierigkeit im Prozessablauf gestoßen, so ist die Ursachenforschung und das Verbessern immer noch eine anspruchsvolle Aufgabe. Nur anhand der Karte ändert sich nichts. Es ist deshalb sinnvoll, weitere Werkzeuge wie Ursache-Wirkungs-Diagramm etc. einzusetzen, um den Prozess sicher zu gestalten. Beim Regeln des Prozesses besteht auch die Gefahr der Überinterpretation, wobei der Prozess durch zu häufiges Eingreifen zum Schwingen gebracht werden kann.

Regelkartenanalyse sollte Verbesserungsprozesse auslösen.

Zusammenfassung und Bewertung

Die Qualitätsregelkarten machen sichtbar, ob sich die ändernden Einzelwerte eines sich wiederholenden Prozesses in tolerierten Grenzen bewegen. Werden festgelegte Grenzen überschritten, muss regelnd in den Prozess eingegriffen werden. Qualitätsregelkarten für Zählmerkmale warnen nicht vor negativen Prozessänderungen, bevor nicht bereits ein Fehler aufgetreten ist. Sie zeigen nur den Anteil der Produkte, die nicht in Ordnung sind. Eine gewisse Anzahl von Fehlern wird also im Voraus einkalkuliert. Dies ist ein großer Nachteil gegenüber den Qualitätsregelkarten für kontinuierliche Merkmale. Diese Karten zeigen außerdem die Richtung und Größe der Streuung. [DiSc7.13]

7.1.4 Pareto-Diagramm

Das **Pareto-Diagramm** und die darauf folgende Pareto-Analyse dient dazu, vorhandene Daten, z. B. in einer Strichliste, nach deren Bedeutung zu ordnen und daraus Prioritäten abzuleiten. Die Merkmale werden entweder nach ihrer Häufigkeit oder ihren Auswirkungen, wie z. B. Kosten, entsprechend ihrer Größe fallend geordnet dargestellt.

Die Pareto-Analyse ordnet die Daten nach ihrer Bedeutung.

Das Pareto-Prinzip besagt, dass die häufigsten Auswirkungen (80 %) eines Problems oft nur auf eine kleine Anzahl von Ursachen (20 %) zurückzuführen sind.

Das Ziel der Analyse ist, die Ursachen und ihre Gewichtung zu erkennen, um entsprechende Problemlösungsmaßnahmen nach ihrer Priorität einzuleiten. Sinnvollerweise sollte das größte, wichtigste oder kostenintensivste Problem zuerst angegangen werden.

Beispiel:
Die Endkontrolle von Blenden der Audio-Bedienelemente für den Einsatz in Armaturenschalttafeln in Pkws ergab verschiedene Fehlerarten, Fehlerhäufigkeiten und Nacharbeitskosten pro Fehler. Sie wurden entsprechend den Gesamtkosten sortiert (Tabelle 7.13):

Tabelle 7.13: Sortierung der Ausgangsdaten nach Gesamtkosten am Beispiel einer Endprüfung

Fehlerart	Anzahl	Bearbeitungskosten je Fehler	Gesamtkosten je Fehlerart	relative Häufigkeit h_i in %	Summenhäufigkeit H_i in %
Kratzer auf Zierblende	26	26,98 €	701,48 €	33,4	33,4
Montagefehler	25	19,99 €	499,75 €	23,8	57,2
Drehknopf schwergängig	21	18,10 €	380,10 €	18,1	75,3
Taste klemmt	23	7,94 €	182,62 €	8,7	84,0
Klebstoffreste	18	7,35 €	132,30 €	6,3	90,3
Verschmutzung	32	2,82 €	90,24 €	4,3	94,6
Verschraubung locker	14	4,50 €	63,00 €	3,0	97,6
Sonstige	16	3,40 €	54,40 €	2,4	100,0

Vorgehensweise:

- Daten, z. B. Fehlerarten und Ursachen, ermitteln: Um diese sichtbar zu machen, können verschiedene Strategien eingesetzt werden (z. B. Brainstorming, Ursache-Wirkungs-Diagramm usw.).
- Festlegen der Größen, mit denen die Auswirkungen gemessen werden: Die gebräuchlichsten Größen sind die Häufigkeit bzw. die mit Kosten bewertete Häufigkeit (Anzahl × Kostensatz). Bei größeren Bestandsaufnahmen ist z. B. eine Fehlersammelliste hilfreich.

Wichtig ist die richtige Aufbereitung der Daten!

- Erhebung der Einzeldaten: Die ermittelten Daten werden entsprechend ihrer Art zusammengefasst.
- Sortieren der Daten: Sie werden nach ausgewählten Kriterien (Tabelle 7.13) entsprechend ihrer Bedeutung (z. B. ABC-Analyse) geordnet.
- Visualisieren des Pareto-Diagramms: siehe Bild 7.13.

- Durchführen einer Ursachenanalyse: z. B. mithilfe des Ursache-Wirkungs-Diagramms.

Das entsprechende Pareto-Diagramm (Bild 7.13) zeigt den anteiligen Kostenverlauf der Fehlerarten und die kumulierten Nacharbeitskosten.

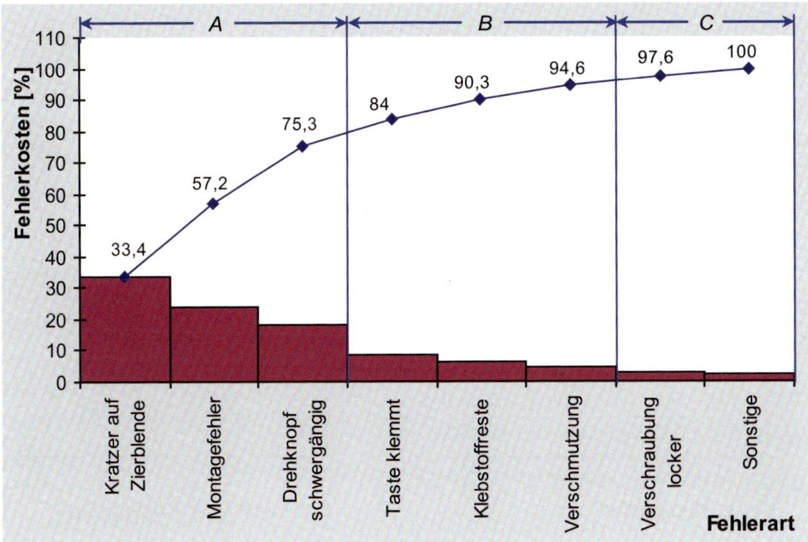

Bild 7.13: Pareto-Diagramm der „Nacharbeitungskosten"

Analyse: Das Ordnungskriterium des Diagramms (Bild 7.13) sind die „Gesamtkosten je Fehlerart". Deutlich wird, dass nicht die Anzahl der „Fehler je Art" für die entstandenen Nacharbeitskosten verantwortlich ist. Die Einteilung der Fehlerarten in Klassen, meist in der Teilung $A \approx 70$ %, $B \approx 20$ % und $C \approx 10$ % des Ordnungskriteriums, zeigt die größte Priorität bezüglich der Problembeseitigung bei den sogenannten A-Fehlerarten.

Eine sorgfältige Analyse ist wichtig.

Zusammenfassung und Bewertung

Mithilfe des Pareto-Diagramms ist es möglich, aus den umfangreichen Ursachen die wichtigsten herauszufiltern. Seine Anwendung ist relativ einfach zu verstehen und durchzuführen. Schwierigkeiten können durch viele Fehlerarten entstehen, die einer Klassifizierung bedürfen.

7.1.5 Korrelationsdiagramm

Im **Korrelationsdiagramm**, auch Streudiagramm, wird die Beziehung zweier statistischer Merkmale (Zufallsvariablen) grafisch dargestellt. Ein Wertepaar bildet einen Punkt. Trägt man die Werte in ein kartesisches Koordinatensystem ein, so erhält man eine Punktwolke, die dann Rückschlüsse auf die statistischen Zusammenhänge der Merkmale zulässt. Je nach Streuung und Tendenz gibt es unterschiedlich Korrelationsarten (Bild 7.14).

Wichtige Korrelationsarten

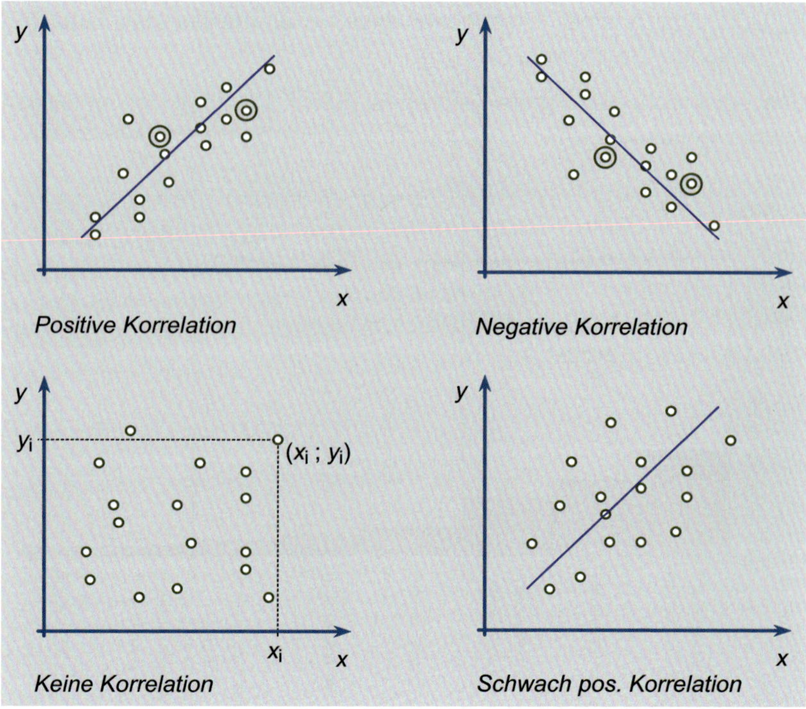

Bild 7.14: Korrelationsarten

Vorgehensweise:

Für die Ermittlung einer Korrelation sind folgende Schritte durchzuführen:

Stichproben müssen immer unter gleichen Bedingungen entnommen werden.

- Die im möglichen Zusammenhang stehenden Merkmale auswählen.
- Die Stichprobe mit dem Umfang n unter jeweils gleichen Bedingungen entnehmen. Sie besteht aus den n geordneten Wertepaaren $(x_1; y_1), (x_2; y_2), (x_3; y_3), \ldots, (x_n; y_n)$, (Faustregel $n > 30$).
- Die Wertepaare als Punkt in das Diagramm eintragen. Treten Wertepaare häufiger auf, wird dies mit Kreisen um den Punkt dargestellt.
- Das Korrelationsdiagramm entsprechend seiner Beschaffenheit interpretieren, wie beispielhaft im Bild 7.14 dargestellt.

Die beiden Merkmale getrennt ergeben die eindimensionalen Stichproben

$$x_1; x_2; x_3; \ldots, x_n \quad \text{und} \quad y_1; y_2; y_3; \ldots, y_n$$

mit den arithmetischen Mittelwerten

$$\bar{x} = \frac{1}{n}\sum_{i=1}^{n} x_i \quad \text{und} \quad \bar{y} = \frac{1}{n}\sum_{i=1}^{n} y_i$$

mit ihren Varianzen bzw. den Standardabweichungen s_x, s_y.

$$s_x^2 = \frac{1}{n-1}\sum_{i=1}^{n}(x_i - \bar{x})^2 \quad \text{und} \quad s_y^2 = \frac{1}{n-1}\sum_{i=1}^{n}(y_i - \bar{y})^2$$

Um einen wechselseitigen Zusammenhang aufzuzeigen, können folgende Kennwerte definiert werden:

- die empirische Kovarianz

$$s_{xy} = \frac{1}{n-1}\sum_{i=1}^{n}(x_i - \bar{x})\,(y_i - \bar{y})$$

und

- der empirische Korrelationskoeffizient

$$r = \frac{s_{xy}}{s_x \cdot s_y}$$

Statistische Aufbereitung der Stichproben

Es ist erkennbar, dass der empirische Korrelationskoeffizient nur Werte zwischen –1 und +1 annehmen kann:

$$-1 \leq r \leq +1$$

Wenn sich der **Korrelationskoeffizient** r nur wenig von +1 oder –1 unterscheidet, nähert sich der Stichprobenverlauf einer Geraden (Bild 7.14: positive bzw. negative Korrelation).

Strebt r gegen 0, ist keine Korrelation erkennbar (Bild 7.14: Keine Korrelation) [Pa71].

Zusammenfassung und Bewertung

Mithilfe des Korrelationsdiagramms kann auf einfache Weise eine Aussage über die Stärke und Richtung eines Zusammenhangs getroffen werden. Am schnellsten und einfachsten lassen sich lineare Beziehungen untersuchen. Ein weiterer positiver Aspekt ist, dass eine vermutete Ursache-Wirkungs-Beziehung, die durch ein Ursache-Wirkungs-Diagramm ermittelt wurde, überprüft und dadurch widerlegt oder bestätigt werden kann. Falls die betrachteten Größen von weiteren Größen beeinflusst werden oder der Zusammenhang nur zum Teil besteht, kann die durch das Diagramm ermittelte Korrelation nicht direkt interpretiert werden.

Stärke und Richtung des Problemzusammenhangs sind erkennbar.

Beispiel:
Es wurden von verschiedenen Pkw-Herstellern aus deren angebotenen Fahrzeugklassen die Längen und Leergewichte pro Fahrzeugtyp ermittelt. In das Koordinatensystem eingetragen, bilden die Wertepaare Punktwolken. Je nach Fahrzeugklasse werden Gemeinsamkeiten und Tendenzen sichtbar.

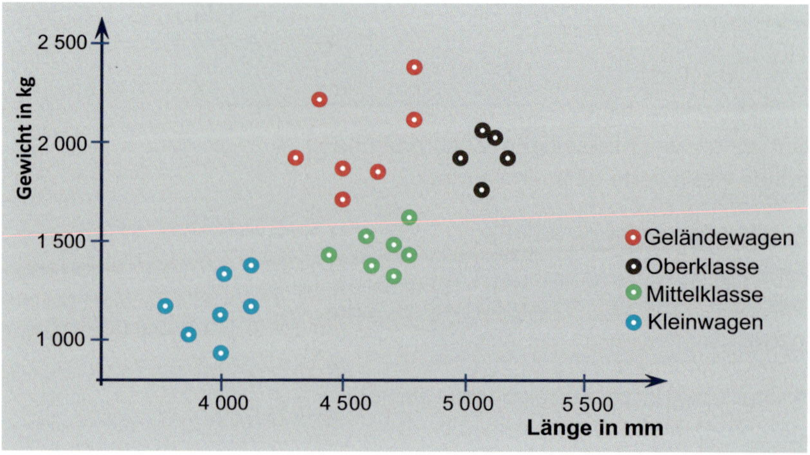

Bild 7.15: Korrelationsdiagramm von Pkw-Typen

7.1.6 Brainstorming

Brainstorming ist eine von Alex Osborn erfundene Methode zur Ideenfindung. Im Sinne von „using the brain to storm a problem" gilt es neue, auch ungewöhnliche Ideen zu finden, um ein Problem zu lösen.

Der Erfolg der Brainstorming-Methode beruht auf 5 Merkmalen [Tea1.12]:

Brainstorming, eine Kreativitätstechnik

- Eine Gruppe/ein Team kann ihre/seine gemeinsamen Kräfte entfalten.
- Denkpsychologische Blockaden können ausgeschaltet werden.
- Äußerungen, die den Ideenfluss hemmen (Vermeiden negativer Kritik), können ausgegrenzt werden.
- Das partnerorientierte Kommunikationsverhalten der Beteiligten kann gefördert werden.
- Unnötige Diskussionen können vermieden werden.

7.1.6.1 Methodik und Einsatzgebiet

Brainstorming findet inzwischen in allen Arbeitsbereichen Anwendung.

Verlauf einer Brainstorming-Sitzung

Universell einsetzbar

Ein Problem muss klar definiert sein oder durch eine entsprechende Fragestellung verdeutlicht werden. Die 5–7 Mitglieder des Brainstorming-Teams müssen nun miteinander kooperieren, sich gegenseitig ermuntern, Ideen zu generieren und zu assoziieren.

Am Ende einer derartigen Brainstorming-Sitzung sollte eine Grobauswahl von Ideen vorhanden sein. Diese lassen sich in

Kooperation ist gefragt.

- unmittelbar verwendbar,
- prinzipiell verwendbar, müssen aber noch weiter eruiert werden,
- eher nicht verwendbar

klassifizieren. Die Ergebnisse sind entsprechend zu dokumentieren.

Rollen der Teammitglieder beim Brainstorming

Ein Team benötigt

- einen **Moderator** und
- einen **Protokollanten** und vor allem
- aktive Brainstorming-Teilnehmer.

Der Moderator spielt eine wichtige Rolle.

Der Moderator stellt das Problem vor, sorgt für die Einhaltung der Gruppenregeln, lenkt die Diskussion, ohne dabei der Teamchef zu sein.

Der Protokollant dokumentiert die wesentlichen Fakten auf Tafeln, Karten, Flipchart oder Pinnwand und erstellt nach der Auswertung der Ergebnisse ein Abschlussprotokoll.

Durchführung

Eine Brainstorming-Sitzung kann z. B. von einem **Projektleiter** vorbereitet und anberaumt werden. Er stellt eine klar strukturierte Problembeschreibung vor und nimmt aktiv an der Sitzung teil.

- Unterstützt durch den Moderator, wird die genaue Problemstellung definiert. Diese muss allen Teammitgliedern klar sein.
- Der vom Team akzeptierte Moderator, führt die Diskussion mit besonderem Gewicht auf die Generierung von möglichst vielen Ideen. Er sollte dabei besonders auf sogenannte Killerphrasen [Thom7.17] achten, damit die Kreativität nicht verebbt.

Teamgeist spielt eine wichtige Rolle.

Phase Eins: Ideen finden

- Die Teammitglieder schreiben ihre Intuitionen zur Problemlösung z. B. auf Karten (eine Idee pro Karte, Zeitrahmen ca. 5 bis 30 min).

Phase Zwei: Ergebnisse sortieren und bewerten

- Der Moderator sammelt die Karten ein, stellt die Vorschläge dem Team vor und heftet die Karten an eine Pinnwand.
- Nun können im offenen Gespräch die gesammelten Lösungsansätze weiterentwickelt werden. Jeder soll seine Gedanken frei äußern können, dabei aber keine Kritik an anderen Beiträgen üben, da respektable Problemlösungen oft aus zunächst völlig unsinnigen Vorschlägen hervorgehen.
- Der Protokollführer bereitet inzwischen die Ideen und Äußerungen an Tafel, auf Folie, im Laptop mit Beamer oder Flipchart auf. Auf dieser Grundlage werden die Lösungsansätze priorisiert.
- Der Moderator muss die Gefahr von gruppendynamischen Konflikten erkennen und gegensteuern.

Auch „unsinnige“ Beiträge werden nicht kritisiert.

Es gibt Untersuchungen, die feststellten, dass die Äußerung einer Idee die Ideenfindung der anderen Teammitglieder beeinflusst. Deshalb ist es angebracht, die Teammitglieder ihre Ideen aufschreiben zu lassen, um danach unbeeinflusst über die Gedanken sprechen zu können. Ein Sozialpsychologe der Universität Utrecht machte zum Brainstorming ein Experiment, in dem 20 allein nachdenkende Menschen, die Brainstorming betrieben, bis zu 50 % mehr und originellere Einfälle hatten als „Teams“ [Foc7.17].

Beispiel:
Eine Kette von Pkw-Service-Fachbetrieben möchte neue Akzente im Kundenkontakt und im Serviceangebot setzen.
Die Mitarbeiter wurden in extern moderierten Seminaren nach dem Motto „Der Kundenexperte der Zukunft!“ gefragt. Sie sollten ein auf das Unternehmen passendes Konzept erarbeiten. Das Ergebnis ist im Bild 7.16 zusammengefasst.

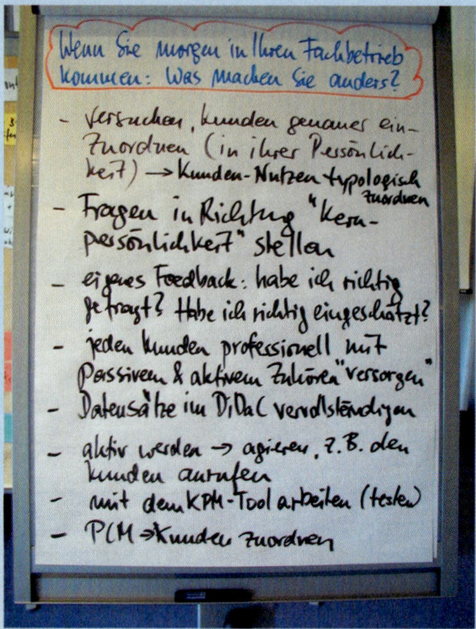

Bild 7.16: Brainstorming-Ergebnis [Bes7.17]

Zusammenfassung und Bewertung

Brainstorming ist ein weltweit verwendetes Verfahren zur Ideenfindung und bei korrekter Durchführung sehr erfolgreich. Die kreativen Potenziale der Gruppenmitglieder können sich voll entfalten. Brainstorming unterstützt die Gruppe, sich auf eine bestimmte Problemstellung zu konzentrieren und in kurzer Zeit eine Vielzahl von Lösungsvorschlägen zu generieren. Brainstorming und dessen Varianten finden auch aus betriebspolitischen Gründen statt, um möglichst viele Mitarbeiter an den Problemlösungen zu beteiligen. Dabei spielt oft Effektivität nur eine untergeordnete Rolle.

Vorteile

- Finden von innovativen Ideen und ausgefallenen Problemlösungen,
- in der Handhabung einfach,
- verursacht geringe Kosten,
- Ausnutzung von Synergieeffekten infolge der Gruppenbildung.

Nachteile

- von den Teilnehmern abhängig,
- Gefahr der Abschweifung,
- aufwendige Selektion geeigneter Ideen.

Die Brainstorming-Methode ist umstritten.

Trotz kritischer Verlautbarungen findet Brainstorming erfolgreich Anwendung bei der Problemermittlung, -analyse und -lösung.

7.1.6.2 Weitere Methoden und Varianten

Folgend werden einige Abwandlungen von Brainstorming kurz erläutert:

Anonymes Brainstorming: Die gegenseitige Anregung zur Ideenproduktion entfällt. Jeder Teilnehmer sollte eine Idee beitragen.

Didaktisches Brainstorming: Der Moderator steuert die Ideenfindung durch schrittweise Informationsvergabe.

Imaginäres Brainstorming: Das Problem wird verfremdet, damit Teilnehmer von festgefahrenen Vorstellungen abkommen.

SIL-Methode (sukzessive Integration von Lösungen): Hier werden an die kreative Zusammenarbeit der Teilnehmer der Brainstorming-Sitzung besonders hohe Forderungen gestellt. Im Team wird ein Lösungsansatz entwickelt, der möglichst die bisher vorgestellten Ideen kombiniert. Dies eignet sich besonders für komplexere Lösungsansätze. Besonders zu beachten ist die Zusammensetzung des Brainstorming-Teams.

Methode 635: Auf einem strukturierten Arbeitsblatt werden schriftlich Ideen von den Teilnehmern eingetragen. So sollen bereits eingetragene Ideen die Teilnehmer zu neuen inspirieren.

Collective Notebook: Wenn Teilnehmer nicht gleichzeitig anwesend sein können, ist diese schriftliche Methode einsetzbar. Das Collective Notebook kann ein umlaufender Schnellhefter oder eine Datei im internen Netzwerk sein.

Brainwriting-Pool: Wenn allen Teilnehmer die gleichen Möglichkeiten zum Vorbringen von Ideen eingeräumt werden sollen, wählt man diese schriftliche Methode.

Kärtchentechnik: Diese ist ebenfalls eine schriftliche Form des Brainstormings. Es ermöglicht gleiche Chancen zur Ideenartikulation. Die Karten werden vom Moderator auf einer Pinnwand ggf. schon sortierend angebracht.

Zusammenfassung und Bewertung

Die Abwandlungen von Brainstorming haben das Ziel, die Effektivität durch eine bestimmte Vorgehensweise zu steigern. Ihre Anwendung ist hauptsächlich von der Teambesetzung abhängig.

7.1.7 Ursache-Wirkungs-Diagramm

Das vom Vater der japanischen Qualitätskontrolle Prof. Ishikawa Kaoru erfundene und nach ihm benannte Ishikawa-Diagramm ist ein **Ursa-**

che-Wirkungs-Diagramm. Andere geläufige Bezeichnungen sind Fischgräten-Diagramm bzw. Fishbone-Diagramm.

Visualisierung eines Problemlöse-prozesses

Es ist ein Werkzeug zur Visualisierung eines Problemlösungsprozesses und stellt Kausalitätsbeziehungen dar, in dem nach primären Ursachen/Einflüssen eines Problems/einer Wirkung gesucht wird. Es eignet sich für die Analyse jeglicher Problemstellungen.

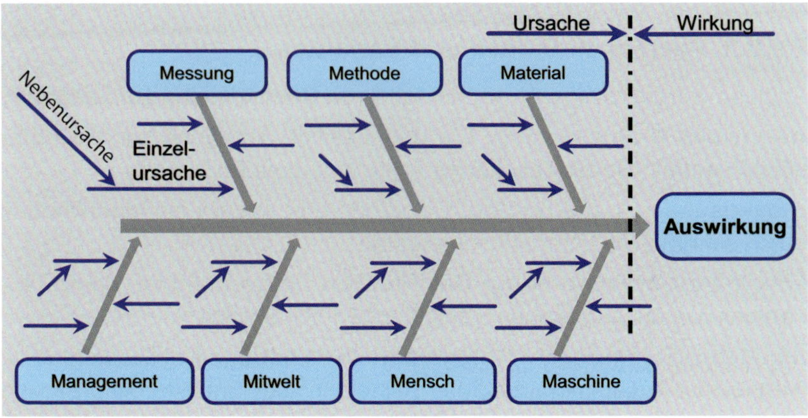

Bild 7.17: Erweitertes Ursache-Wirkungs-Diagramm

Die Hauptgruppen können der Problemstellung angepasst werden.

Das Ishikawa-Diagramm ist in Hauptgruppen eingeteilt. Diese können je nach Problemstellung erweitert werden, um die Abhängigkeiten zwischen den einzelnen Ursachen leichter erkennen zu können. Am wirkungsvollsten erfolgt die Analyse in einem fachübergreifenden Team. So werden unterschiedliche Aspekte bei der Ursachenfindung berücksichtigt.

Vorgehensweise:

- Im Team wird eine möglichst exakte Problembeschreibung erarbeitet, mit Angaben zu Ort, Zeit, Inhalt, Ausmaß:
  „Welche Auswirkung hat das Problem?“
- Die Problemursachen werden mithilfe von Brainstorming dargelegt.
- Die Problembezeichnung wird für alle sichtbar aufgezeichnet (z. B. auf eine Tafel/Flipchart).
- Die Hauptgruppen werden zur späteren Zuordnung der Ursachen (siehe Beispiel in Bild 7.18) mit der 5-M-Methode aufgestellt:
  - Mensch: beteiligte Personen
  - Methode: Werkzeug, Geräte, …
  - Maschine: Arbeitsweise, …
  - Material: Rohmaterialien, Werkstoffe, …
  - Mitwelt: Einflüsse der Umgebung

Teamfähigkeit der Mitarbeiter ist Bedingung.

- Mögliche Ursachen aus dem Brainstorming werden den Hauptgruppen/Kategorien an einem gesonderten Pfeil zugeordnet. Dabei wird ständig hinterfragt (warum?), da auch Einzelursachen weitere Nebenursachen haben können.

- Anschließend wird die Beurteilung der Einzelursachen und ihre Gewichtung vorgenommen.

> **Beispiel:**
> Das Trennschleifen von Naturstein mit rotierenden Werkzeugen ergab einen nicht zufriedenstellenden Schnittverlauf. Mithilfe von Brainstorming wurden mögliche Ursachen erarbeitet und im Ishikawa-Diagramm visualisiert (Bild 7.18). Zum Spezifizieren der eigentlichen Ursache wurden einzelne Einflussfaktoren untersucht.

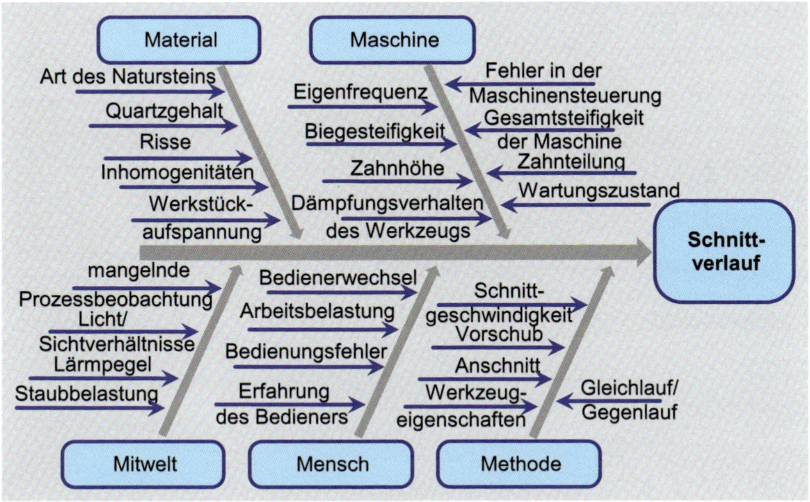

Bild 7.18: Beispiel eines Ursache-Wirkungs-Diagramms

Zusammenfassung und Bewertung

Aufgrund der Systematik des Ishikawa-Diagramms und der Teamarbeit werden verschiedene Ursachen für die Entstehung des Problems sichtbar. So können einseitige Ansätze bzw. das Berücksichtigen von Interessen vermieden werden. Weitere Vorteile sind die Anzahl der Ursachenvorschläge sowie das Erkennen der Zugehörigkeiten und Abhängigkeiten der einzelnen Ursachen. Auch bereichsübergreifende Einflüsse können durch die Zusammenarbeit der abteilungsübergreifenden Teammitglieder erkannt werden.

Bereichsübergreifende Zusammenarbeit fördert die Firmenkultur.

Nachteilig wirkt sich bei einer Erstanwendung der Methode die Einstellung der Mitarbeiter aus, die sie als „Spielerei" ansehen. Mithilfe eines kundigen Moderators wird diese Schwierigkeit schnell überwunden. Ein weiterer Nachteil ist eine unübersichtliche Darstellung bei komplexen Problemstellungen. Das Unterteilen des Problems in Einzelprobleme ist hier als Lösungsansatz verwendbar. Der größte Schwachpunkt ist, dass eine zeitliche Abhängigkeit nicht darstellbar ist.

7.2 Sieben Management-Werkzeuge, M 7

Bei den sieben Management-Werkzeugen (Seven-M-Tools) handelt es sich um ein Bündel von Methoden, die Informationen veranschaulichen und durch Auswertung Lösungen gegliedert generieren.

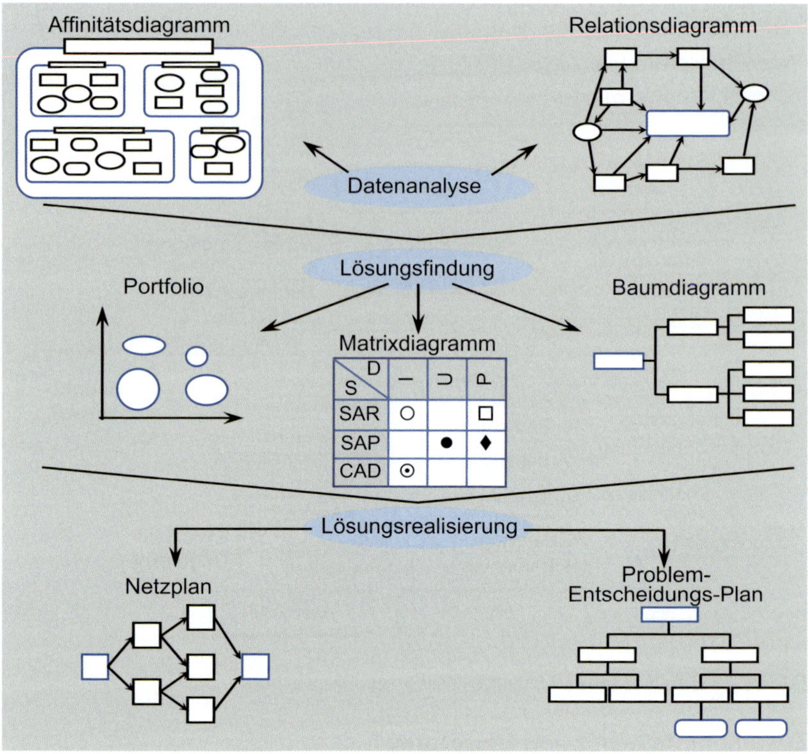

Bild 7.19: Die sieben Management-Werkzeuge

Seven-M-Tools unterstützen die Problemerkennung und die Bewertung von Lösungen vor allem in der Planungs- und Entwicklungsphase, in denen noch kein ausreichendes Zahlenmaterial vorliegt (Bild 7.19). Die praktische Arbeit findet in Teams unter Zuhilfenahme von Pinnwänden und Karten statt.

7.2.1 Affinitätsdiagramm

Affinitätsdiagramme verdichten und strukturieren Informationen.

Wenn z. B. mithilfe von Brainstorming eine große Anzahl von Ideen, Problemen, Ursachen u. ä. erarbeitet wurde, müssen diese nach einer gewissen Ordnung und Struktur zusammengefasst werden.

Die Anwendung des **Affinitätsdiagramms** hilft, diese zu verdichten und übersichtlich zu strukturieren. Neue Ideen und Zusammenhänge werden erkennbar. Sie helfen, neue Lösungsansätze zu erarbeiten.

Vorgehensweise:

Zur Lösung der Aufgabenstellung werden vorliegende Themen/Stichworte zusammengetragen und entsprechend ihren Merkmalen gruppiert. Es werden Cluster gebildet, die eine genau spezifizierte Überschrift erhalten. Das Finden der Überschriften sollte ausreichend diskutiert werden, da hier die eigentlichen Lösungsansätze entstehen.

Sind die Cluster nun gebildet, muss das Team sie nach ihrer Wichtigkeit hinsichtlich der zu lösenden Aufgabe bewerten. Das kann z. B. mit farbigen Punkten geschehen (rot = sehr wichtig, gelb = wichtig, grün = weniger wichtig usw.), die an die verwendeten Karten der einzelnen Gruppen angeheftet werden. So gewinnt man eine strukturierte und bewertete Sammlung von Ideen zu einer bestimmten Aufgabenstellung.

Dokumentation:

Die entstandenen Tafelbilder, Pinnwände oder Flipcharts lassen sich leicht abfotografieren und dem knapp gehaltenen Protokoll beifügen.

Zusammenfassung und Bewertung

Ergebnisse sorgfältig dokumentieren

Das Affinitätsdiagram hilft, Merkmale eines Betrachtungsgegenstandes abzubilden und zu strukturieren. Es wird überwiegend in Verbindung mit Brainstorming eingesetzt. Vorteile:

- schnelle, effektive Ideenfindung,
- Kommunikationsbarrieren werden überwunden,
- schneller Einigungsprozess wird gefördert,
- Verbesserung von Teamgeist und Arbeitsklima.

Beispiel:

Der Halbjahresreport eines Unternehmens sagt für den Rest des Jahres einen Rückgang des Marktanteils um 9 % voraus. Die Abteilungsleiter sitzen zusammen, um die Ursache einzugrenzen.

Das Bild 7.20 zeigt das Ergebnis des Brainstormings. Die Ursachen für den Verlust des Marktanteils fangen bei den Stammkunden an, reichen über Lieferantenausfälle bis zur Komplexität der Prozesse.

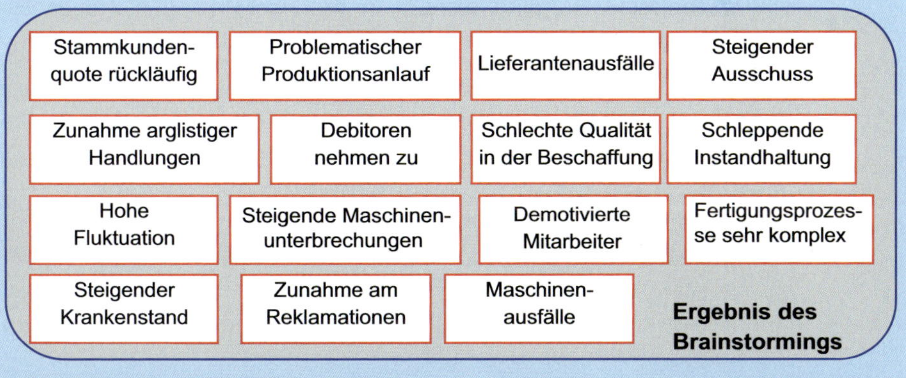

Bild 7.20: Ergebnis des Brainstormings an der Pinnwand

Mithilfe des Affinitätsdiagramms wurden durch die Teammitglieder vier Cluster gebildet und bewertet (Bild 7.21). Die Bewertung zeigt, dass die Ursachen für den Verlust des Marktanteils hauptsächlich auf die Fertigungsprozesse zurückzuführen sind.

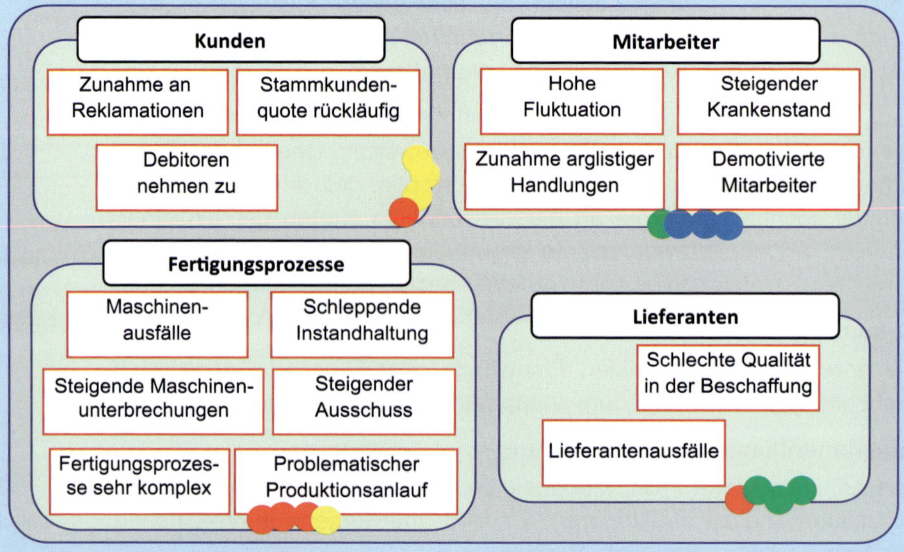

Bild 7.21: Strukturierte Darstellung im Affinitätsdiagramm an der Pinnwand

7.2.2 Relationsdiagramm

Relationsdiagramme stellen komplexe Probleme übersichtlich dar.

Häufig können Ursache- und Wirkungsbeziehungen nicht mit mathematischen oder statistischen Methoden erfasst und analysiert werden. Deswegen bietet das **Relationsdiagramm** eine Möglichkeit, verschiedene Sichtweisen, Argumente und Fakten miteinander zu verknüpfen, ihre Abhängigkeiten und ihre Gewichtung als treibende Kräfte bzw. Ergebnisse darzustellen.

Das Relationsdiagramm stellt grafisch selbst komplexe Vorgänge und deren Zusammenhänge mit anderen Faktoren dar. Ausgehend von einem zentralen Vorgang werden in Wechselwirkung stehende Einflussfaktoren gruppiert und ihre Beziehungen durch Pfeile dargestellt.

Eine hierarchische Sortierung der oft umfangreichen Wechselbeziehungen ist möglich. Ursachen können so in Gruppen erster, zweiter, dritter usw. Ordnung klassifiziert werden.

Beispiel:
Im Servicebereich eines Unternehmens soll eine neue Software die Disposition der Mitarbeiter systematisieren. Es muss ermittelt werden, welche Hindernisse entstehen könnten und wie man diese am wirkungsvollsten abbauen kann.
Bild 7.22 zeigt die einzelnen Einflussfaktoren und deren Abhängigkeit. Die Zahl 5 der ausgehenden Pfeile der Geschäftsleitung besagt, dass der Erfolg der Einführung der neuen Software im Wesentlichen von der Aktivität der Geschäftsleitung als Treiber abhängt.

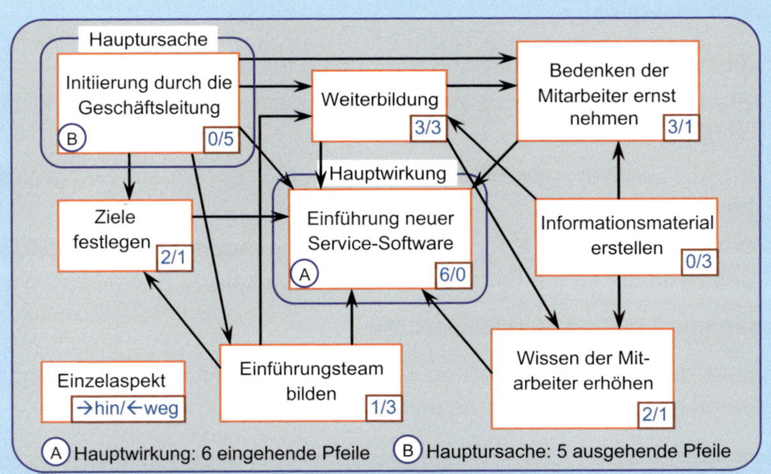

Bild 7.22: Beispiel eines Relationsdiagramms

Vorgehensweise:

- Problemstellung in einem verständlichen Satz formulieren.
- Karte mit Problemstellung in die Mitte einer Pinnwand, Tafel oder ähnlichem anordnen.
- Sammeln von Einflussfaktoren zur Problemstellung (Brainstorming).
- Ermittelte Einflussfaktoren auf Karten um die Problemstellung anordnen.
- Von einer Karte ausgehend prüfen, ob sie in Beziehung zu anderen Karten steht, dann Beziehungspfeile zwischen Einflussfaktoren und Problemstellung ziehen.
- Beziehungspfeile immer von der Ursache zur Wirkung zeichnen (niemals in beide Richtungen).
- Beziehungen zwischen den Einflussfaktoren diskutieren.
- Auswertung:
  Hauptwirkungen = Gesichtspunkte mit vielen eingehenden Pfeilen.
  Hauptursachen = Gesichtspunkte mit vielen ausgehenden Pfeilen.

Vorgehensweise beachten, um logische Fehler zu vermeiden

Zusammenfassung und Bewertung

Das Relationsdiagramm bietet eine einfache und schnelle Möglichkeit, Abhängigkeiten von Merkmalen eines Betrachtungsgegenstandes zu analysieren und qualitativ zu bewerten. Allerdings hängt das Ergebnis von dem Wissen der Beteiligten ab.

7.2.3 Portfolio

Mit einem **Portfolio** bzw. einer **Portfolio-Analyse** (auch Matrix-Daten-Analyse) können Objekte, z. B. Produkte, Leistungen, Verfahren oder Marktdaten, gegenübergestellt werden. Nach der Bewertung in zwei Dimensionen wird das Ergebnis im Koordinatensystem dargestellt. Aus dieser Ist-Situation heraus lassen sich Entwicklungsmöglichkeiten und angestrebte Ziele für weitere Konzeptionen herleiten.

Mit der Portfolio-Analyse lassen sich Objekte gegenüberstellen und bewerten.

Vorgehensweise:

- die zu vergleichenden Objekte/Produkte festlegen,
- Erarbeiten der beiden Eigenschaften, nach denen das Objekt bewertet werden soll,
- für die beiden gewählten Merkmale die jeweiligen Maßgrößen bestimmen,
- ermittelte Werte in Koordinatensystem eintragen, wobei die Größe des Symbols für ein drittes Merkmal stehen kann.

Zusammenfassung und Bewertung

Anhand der Portfoliodarstellung lassen sich dreidimensionale Abhängigkeiten darstellen und Strategien ableiten.

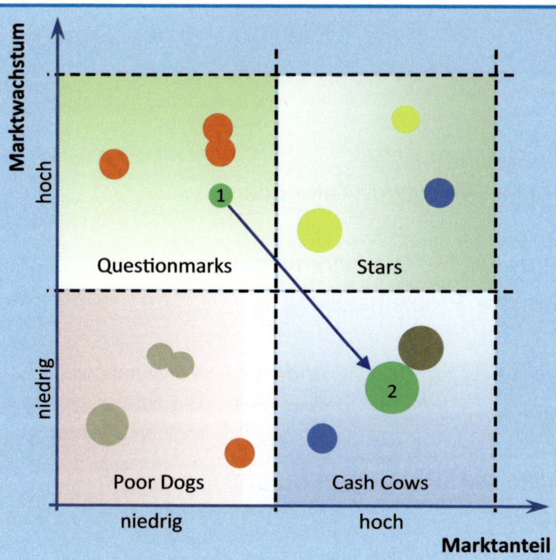

Bild 7.23: Portfolio-Analyse

Beispiel:
Im Bereich Marketing soll für neu eingeführte Produkte, bei denen noch unklar ist, ob sie Versager oder Aufsteiger werden, eine Analyse vorgenommen werden. Dabei werden vor allem die Konkurrenzprodukte zum Vergleichsmaßstab [DeTe7.25].

● = eigenes Produkt
○ = Produkte der Konkurrenten

Kreisgröße gibt den Umsatz wieder

1: momentaner Zustand des eigenen Unternehmens
2: angestrebter Zustand des eigenen Unternehmens

7.2.4 Matrixdiagramm

Ein ***Matrixdiagramm*** deckt Beziehungen zwischen zwei oder mehreren Gruppen von Informationen, also Dimensionen, auf. Mit ihm lassen sich Wechselwirkungen analysieren und bewerten. Es werden also zwei Dimensionen miteinander verknüpft.

Die Abhängigkeiten einzelner Merkmale lassen sich mit einer geeigneten Matrixform gegenüberstellen und bewerten (Bild 7.24).

Matrixdiagramme zeigen Wechselwirkungen in mehreren Dimensionen auf.

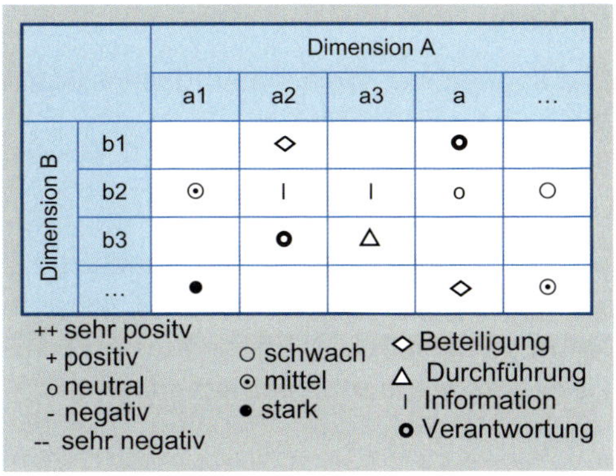

Bild 7.24: Matrixdiagramm in L-Form

Vorgehensweise:

- Festlegen der Dimensionen des Problems, die verglichen werden sollen.
- Die einzelnen Merkmale der Dimensionen können neu bestimmt (Brainstorming) oder aus anderen Werkzeugen (Affinitätsdiagramm) entnommen werden.
- Für jede Zelle der Matrix sind nun die Wechselbeziehung, Verantwortlichkeiten und Handlungsanweisungen zu ermitteln.

Es gibt verschiedene Formen von Matrixdiagrammen, die sich nach der Anzahl der zu untersuchenden Dimensionen richten (Bild 7.25). Die gebräuchlichsten sind die L-Matrix (für zwei zu untersuchende Gruppen) und die T-Matrix (für drei zu untersuchende Dimensionen).

Der Zusammenhang zu anderen Management-Werkzeugen besteht darin, dass z. B. das Ergebnis (letzte Stufe) eines Baumdiagramms eine Gruppe von Informationen im Matrixdiagramm darstellt und somit weiterverarbeitet werden kann. Die Ergebnisse eines Baumdiagramms sollen in die Praxis umgesetzt werden, müssen also mit anderen Faktoren verglichen, bzw. in Einklang gebracht werden. Hierzu eignet sich das Matrixdiagramm.

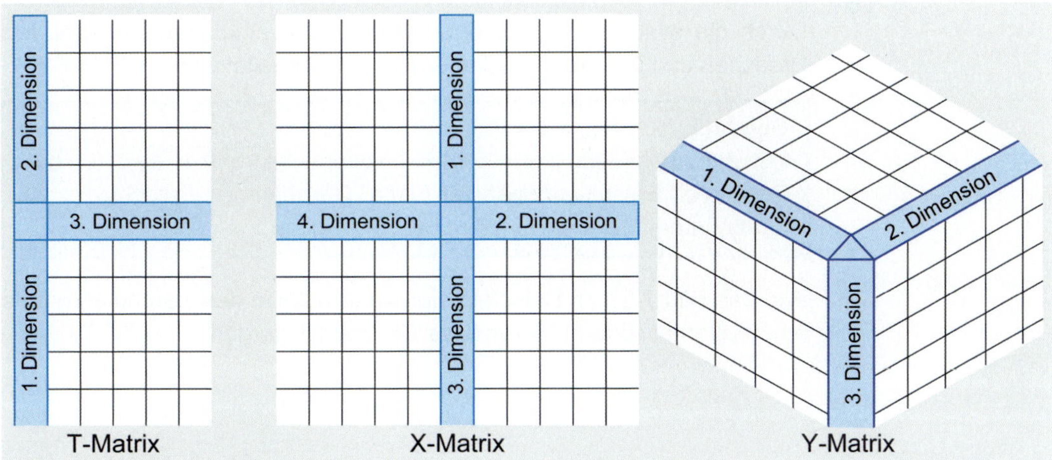

Bild 7.25: Weitere Matrixformen

Zusammenfassung und Bewertung

Das Matrixdiagramm erlaubt, auf einfache Weise mehrdimensionale Wechselwirkungen zu analysieren und zu bewerten.

7.2.5 Baumdiagramm

Mithilfe eines **Baumdiagramms** können Beziehungen (verwandtschaftliche oder hierarchische Abhängigkeiten) grafisch dargestellt werden. So ist es möglich, ein Problem in verschiedenen Ebenen zu untersuchen, wobei mit steigender Ebenenzahl der Detaillierungsgrad zunimmt.

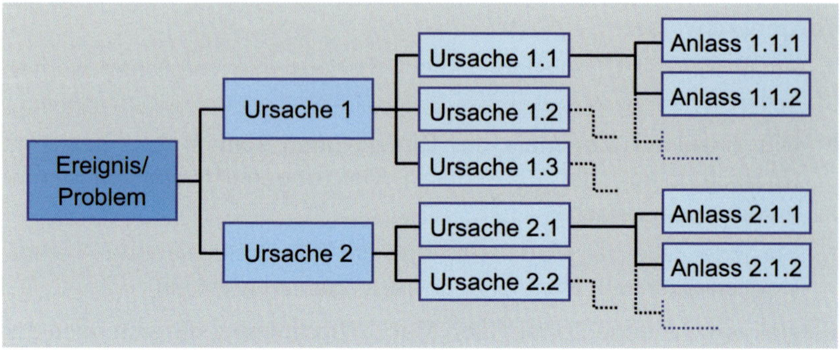

Bild 7.26: Modell des Baumdiagramms

Vorgehensweise:

Baumdiagramme stellen hierarchische Abhängigkeiten dar.

- Die zu untersuchende Sachlage wird in einem Satz formuliert und als Karte an die Pinnwand gehängt.
- Die erste Ebene unter der Sachlage wird erstellt (Ursache 1; 2).
- In den nächsten Ebenen können die Ursachen (Ursache 1.1; 2.1; ...) differenzierter und genauer beschrieben werden.
- Jeder Unterpunkt wird nun weiter untersucht.

Durch die stufenweise Vorgehensweise kann eine große Anzahl von Ursachen und ihre Abhängigkeiten herausgearbeitet werden (Bild 7.26).

Beispiel:
Für die Ausbildung zum Kommunikationselektroniker sind für den Servicefall Entscheidungshilfen nötig. Der folgende Entscheidungsbaum unterstützt die Fehlersuche.

Wie das Bild 7.27 im Beispiel zeigt, kann mithilfe des Baumdiagramms eine systematische Fehleranalyse unterstützt werden.

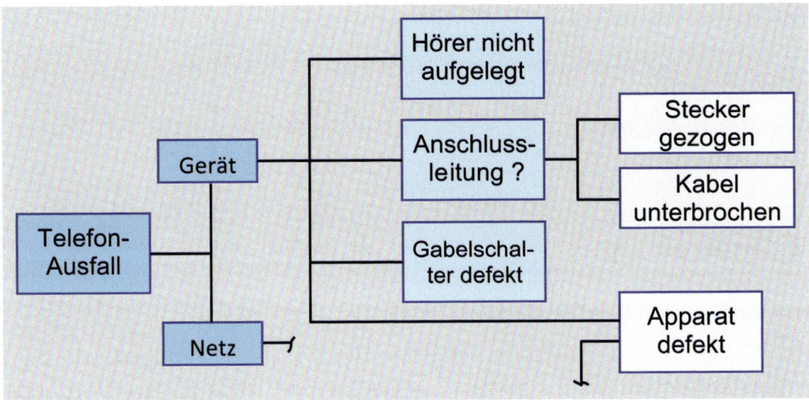

Bild 7.27: Baumdiagramm zur Entscheidungshilfe

Zusammenfassung und Bewertung

Das Baumdiagramm visualisiert auf eine einfache Weise hierarchische Abhängigkeiten, die in unterschiedlichen Ebenen dargestellt werden.

7.2.6 Netzplan

Ein **Netzplan** oder die **Netzplantechnik** ist ein grafisches Verfahren, um variable Abläufe zu planen, zu analysieren und zu steuern. Ein Vorgang, z. B. ein Projekt, wird in Teilvorgänge, Aufgaben bzw. Tätigkeiten zerlegt und deren jeweilige Zeitdauer ermittelt. Die Teilvorgänge werden so miteinander verknüpft, dass zeitkritische Zusammenhänge, Abhängigkeiten und Parallelitäten erkennbar werden. Die Ereignisfolge mit den kritischsten Teilvorgängen ergeben den kritischen Pfad, dieser bestimmt die Gesamtprojektdauer.

Netzpläne bilden komplexe, zeitkritische Probleme ab.

Vorgehensweise:

- Vorgänge zur Erreichung des Projektziels auflisten,
- Zeitdauer der einzelnen Aktivitäten abschätzen,
- eine Abhängigkeitsanalyse der Teilvorgänge erstellen,
- Ablaufstruktur erstellen,
- Daten aus der Aktivitätenliste in die Knoten übertragen.

Endgültige Terminierung, terminliche, sachliche und personelle Engpässe werden sichtbar.

Symbolik:

An den Knoten eines Netzplans werden Vorgangsfelder platziert, in denen die Vorgangsbeschreibung festgehalten wird (Bild 7.28).

<table>
<tr><td colspan="3">Vorgangsnummer,
Beschreibung des Vorgangs</td><td rowspan="3">Berechnung:
FAZ=FEZ-Dauer
SAZ=SEZ-Dauer</td></tr>
<tr><td>FAZ
frühester Anfangs-zeitpunkt</td><td rowspan="2">Dauer des Vorgangs</td><td>FEZ
frühester Ende-zeitpunkt</td></tr>
<tr><td>SAZ
spätester Anfangszeitpunkt</td><td>SEZ
spätester Ende-zeitpunkt</td></tr>
</table>

Bild 7.28: Legende eines Vorgangsfeldes

Diese Legende muss allen Projektbeteiligten geläufig sein.

Zur Erstellung des Netzplans werden die Vorgänge ermittelt, die zum Projektstart stattfinden können. Zu beachten ist, dass andere Vorgänge noch nicht beendet sein müssen (Tabelle 7.14).

Diese Vorgänge (im Beispiel mit der Aktivitätennummer 2 und 3 benannt) werden rechts neben dem Projektstart angeordnet.

Beispiel:

Tabelle 7.14: Aktivitätenliste

Aktivitätenliste				
Nummer	Vorgangsbezeichnung	Vorgänger	Folgetätigkeit	Dauer
1	Projektstart: Plausibilitätsprüfung	–	2; 3	0
2	Dokumentation sichten	1	4	14
3	Vorort Kontrolle	1	4	18
4	Prüfbericht erstellen	2, 3	5	7
5	Projektende: Verifizierung	4	–	0

Zu den Vorgängen kann noch die Gesamtpufferzeit festgehalten werden.

Im nächsten Schritt werden die Vorgänge ermittelt, die erst stattfinden können, wenn die zuvor platzierten abgeschlossen sind. Vorgang 4 ist somit von 2, aber auch unmittelbar von 3 abhängig. Diese Vorgehensweise wird solange wiederholt, bis die Aktivitätenliste abgearbeitet ist.

Im Beispiel darf Vorgang 4 mit maximal einem Tag Puffer (Tag 22) beginnen, um das Projektende (5) nicht zu gefährden. Die Vorgänge 1, 3, 4, und 5 stellen somit den kritischen Pfad dar. So können unrealistische Zeitpläne aufgedeckt und kritische Vorgänge herausgearbeitet werden.

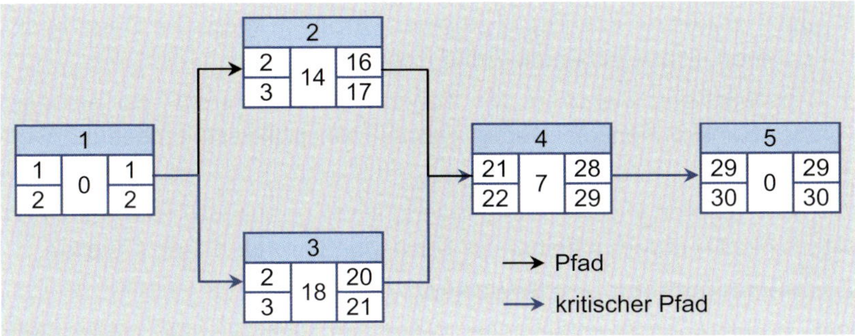

Bild 7.29: Beispiel eines Netzplans

Zusammenfassung und Bewertung

Die Netzplantechnik ermöglicht, Abhängigkeiten systematisch zu beschreiben und anhand von quantitativ erfassten Merkmalen Schwachstellen zu entdecken. Mit der Netzplantechnik werden komplexe Strukturen untersucht. Deshalb ist Softwareunterstützung notwendig.

7.2.7 Problementscheidungsplan

In Projekten treten immer Probleme und Schwierigkeiten auf, die eine termingerechte Ausführung behindern. Mit dem **Problementscheidungsplan** ist es möglich, im Voraus, also schon in der Planungsphase, diese Störungen zu sammeln und Gegenmaßnahmen zu erarbeiten. Eine grafische Darstellung ermöglicht einen schnellen Überblick über die Zusammenhänge und über die möglichen Gegenmaßnahmen.

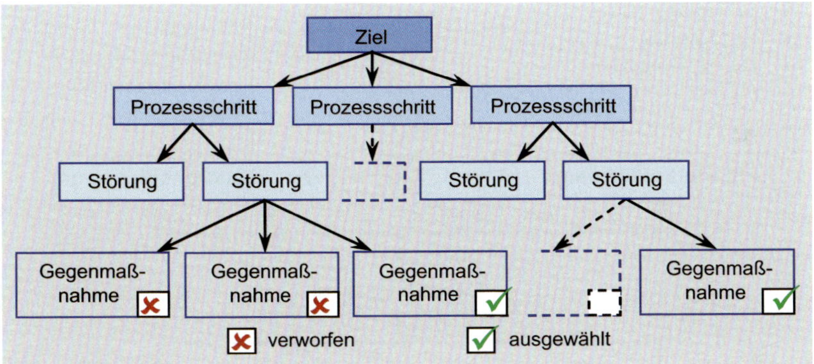

Bild 7.30: Prinzip des Problementscheidungsplans

Vorgehensweise:

- Die zu erreichenden Ziele werden festgelegt.
- In der ersten Ebene des Problementscheidungsplans werden z. B. die Prozessschritte in ihrer zeitlichen Reihenfolge eingetragen.
- Im Team werden nun mithilfe von Brainstorming zu jedem Prozessschritt bzw. jeder Tätigkeit Probleme gesammelt, die entstehen könnten. Diese werden in der zweiten Ebene dargestellt.

Mit einem Problementscheidungsplan lassen sich Probleme und Störungen in Prozessen vorhersagen.

- Jetzt erarbeitet das Team zu jedem Problem mögliche Gegenmaßnahmen. Diese bilden die dritte Ebene.
- Abschließend diskutiert das Team die Maßnahmen und bewertet sie. Nun können die Gegenmaßnahmen praktisch umgesetzt werden.

Bei komplexeren Problemstellungen sollte man aus Gründen der Übersichtlichkeit mehrere miteinander korrespondierende Pläne erstellen.

Zusammenfassung und Bewertung

Der Problementscheidungsplan liefert im Voraus eine strukturierte Übersicht von möglichen Störungen bzw. Fehlern und die Ansätze zur ihrer Vermeidung.

7.3 Zusammenwirken der Qualitätstechniken und Werkzeuge

Qualitätstechniken und -werkzeuge sollten auf die Unternehmensstruktur abgestimmt sein.

Problemlösungstechniken, zu den die 7 Analyse- und 7 Management-Werkzeuge gehören, sind im Grunde relativ einfach strukturiert und verfolgen eindeutige Ziele. Sie sind nicht auf spezielle Merkmale bezogen, und damit eignen sie sich für fast alle Bereiche der Industrie, der Dienstleistung und des Handels. Sie werden zur Lösung von spezifischen Aufgaben, wie z. B. das Ursache-Wirkungs-Diagramm zur Ursachenfindung, eingesetzt. Sie entfalten verstärkt ihre Wirkung, wenn sie im Zusammenhang eingesetzt werden (Bild 7.31).

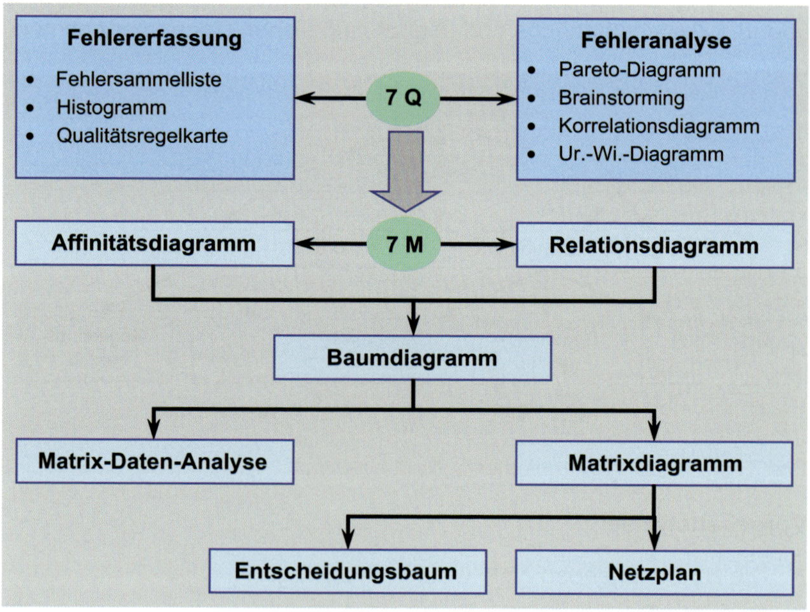

Bild 7.31: Das Zusammenwirken der Managementwerkzeuge [Pfei7.30]

So können Ereignisse, ausgehend von der Findung einzelner Merkmale und ihrer Abhängigkeit bis zu Lösungsansätzen und ihrer Umsetzung erarbeitet werden.

Lernerfolg

Zur Prüfung des Lernfortschritts beantworten Sie folgende Fragen:

Fragen zum Kap. 7.1:

1. Welche Ziele verfolgt man mit dem Einsatz von Qualitätswerkzeugen?
2. Wozu dient eine Fehlersammelliste?
3. Was ist ein Histogramm und wie wird es erstellt?
4. Auf welchem Prinzip beruht die Qualitätsregelkarte?
5. Erklären Sie die Funktion einer QRK.
6. Nennen Sie die Grenzwertarten in einer QRK.
7. Nennen Sie die Arten der QRK.
8. Nennen Sie einige Beispiele der variablen Regelkarten.
9. Nennen Sie einige Beispiele der Regelkarten für Zählmerkmale und erläutern Sie diese.
10. Erläutern Sie verschiedene Eingriffssituationen bei der QRK.
11. Prüfen Sie rechnerisch das Beispiel im Bild 7.7.
12. Wie wird ein Pareto-Diagramm aufgestellt und welche Aussage macht es?
13. Wozu verwendet man ein Korrelationsdiagramm?
14. Welche Zielsetzung verfolgt Brainstorming?
15. Erklären Sie die Methodik von Ursache-Wirkungs-Diagrammen.

Fragen zum Kap. 7.2:

16. Wann würden Sie das Affinitätsdiagramm einsetzen?
17. Wann kommt das Relationsdiagramm zum Tragen?
18. Wozu dient eine Portfolio-Analyse?
19. Wie würden Sie Wechselbeziehungen zwischen mehreren Dimensionen und ihren Merkmalen darstellen?
20. Was zeigt ein Baumdiagramm auf?
21. Wann würden Sie einen Netzplan einsetzen?
22. Nennen Sie die Ziele bei der Anwendung eines Problementscheidungsplans.

Normen und Richtlinien

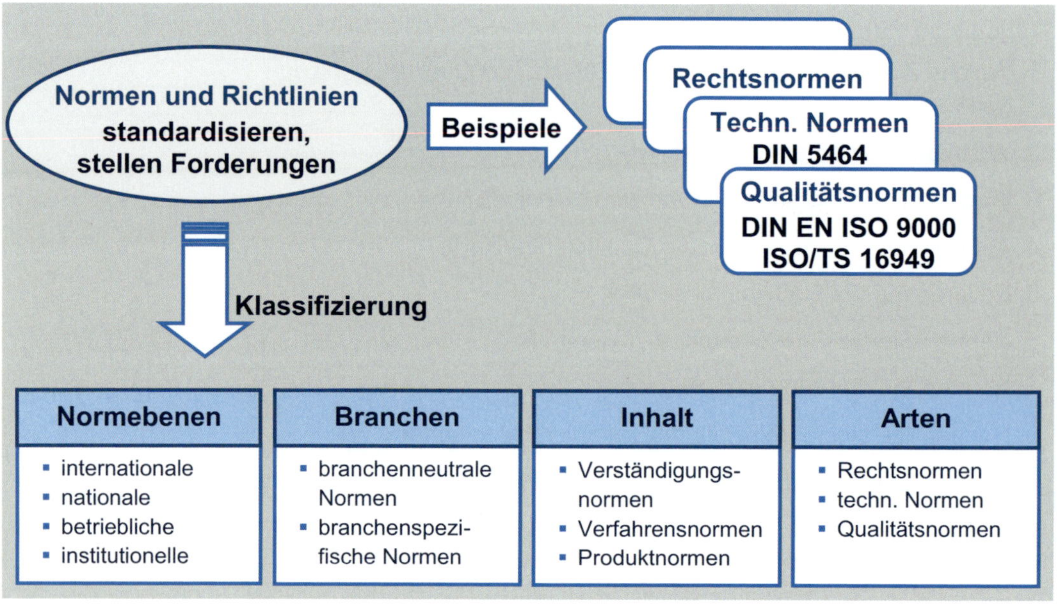

Lernziele:

Die industrielle Gesellschaft basiert auf Arbeitsteilung, Wissensvermittlung und Kommunikation. Die Erzeugung und Nutzung von materiellen und immateriellen Produkten stellt Forderungen sowohl an ihre Beschaffenheit als auch an die Beschaffenheit von Tätigkeiten, Personen und Organisationen. Die Zwänge, die Forderungen erfüllen zu können, führten zur Standardisierung und zur Entwicklung von Normen auf betrieblicher bzw. nationaler Ebene. Internationalisierung und Globalisierung erforderten Standards, die zur Einführung von internationalen Normen führten.

Steigende Bedeutung der Qualität bedurfte einer Entwicklung von qualitätsbezogenen Normen. Ein hoher Grad an Spezifizierung von Qualitätsforderungen und der Zwang zur Wirtschaftlichkeit bedurften Normen, die nicht nur die Produkte, sondern auch eine systematische Qualitätserzeugung betrafen.

Die Grundlagen des gegenwärtigen Qualitätsmanagements sind die qualitätsbezogenen Normen, deren Schwerpunkt die internationalen ISO-Normen darstellen. Das folgende Kapitel bietet einen Überblick über die Arten der wichtigsten Qualitätsnormen.

8 Normen und Richtlinien

Bei der Erzeugung sowohl von materiellen bzw. immateriellen Produkten als auch bei der Durchführung von Dienstleistungen stehen Forderungen an ihre Beschaffenheit im Vordergrund. Sie betreffen ebenfalls die Beschaffenheit von Tätigkeiten, Personen und Organisationen. Die Erfüllung oder Nichterfüllung dieser Forderungen assoziiert mit dem Begriff der Qualität und des Qualitätsmanagements.

Um eindeutige Aussagen über nahezu jegliche vom Menschen geplanten Tätigkeiten und daraus resultierende Ergebnisse zu erzielen, werden Begriffe mit eindeutigen Benennungen und Beschreibungen benötigt. Durch ihre Abstraktion und Festlegung in **Normen** (technische Normen, Rechtsnormen, ...) wurde eine notwendige Verständigungsgrundlage über die Fachbereiche und Branchen hinweg geschaffen, auf der Tätigkeiten/Prozesse/Verfahren und Ergebnisse beschrieben und festgelegt werden können.

Normen legen Forderungen an die Beschaffenheit von ... fest.

Normen und Richtlinien haben den Charakter von Empfehlungen, sie haben keine rechtliche Verbindlichkeit. Sie werden erst in dem Fall bindend, wenn sie Gegenstand von Rechts- und Verwaltungsvorschriften eines Gesetz- oder Verordnungsgebers oder Inhalt eines Vertrages werden.

8.1 Aufgaben der Normung

In DIN 820 Teil 1 heißt es:

Normung ist die planmäßige, durch die interessierten Kreise gemeinschaftlich durchgeführte Vereinheitlichung von materiellen und immateriellen Gegenständen zum Nutzen der Allgemeinheit. Sie darf nicht zu einem wirtschaftlichen Sondervorteil Einzelner führen.

Sie fördert die Rationalisierung und die Qualitätssicherung in Wirtschaft, Technik, Wissenschaft und Verwaltung. Sie dient der Sicherheit von Menschen und Sachen sowie der Qualitätsverbesserung in allen Lebensbereichen.

Sie dient außerdem einer sinnvollen Ordnung und der Information auf dem jeweiligen Normungsgebiet.

Die Normung wird auf nationaler, regionaler und internationaler Ebene durchgeführt.

Normen werden von interessierten Parteien erarbeitet.

Die überbetriebliche Normung ist in der Bundesrepublik Deutschland eine Aufgabe der Selbstverwaltung der Wirtschaft unter Einschluss der interessierten behördlichen Stellen. Das Deutsche Institut für Normung e. V. (DIN) ist der „runde Tisch“, um den sich Wirtschaft, Wissenschaft und Staat sowie jedermann, der ein Interesse an der Normungsarbeit hat, zusammensetzen, um den Stand der Technik des betrachteten

Normungsgegenstandes zu ermitteln und in Deutschen Normen, **DIN-Normen**, festzulegen. Das DIN ist die einzige zuständige Organisation für die Herausgabe der Deutschen Normen.

Normen stellen den Stand der Technik dar.

Die internationalen **ISO-Normen** (International Organization for Standardization) und die europäischen **EN-Normen** (herausgegeben von den europäischen Normungsorganisationen CEN, CENELEC) beseitigen Handelshemmnisse und fördern den Welthandel. Sie sind deshalb für ein außenhandelsorientiertes Land wie die Bundesrepublik Deutschland besonders wichtig. Die Normenwerke der hochentwickelten Industrieländer sind eine jedem Einzelnen leicht zugängliche Informationsquelle über den Stand der Technik. Sie stellen ein wesentliches Hilfsmittel des weltweiten Technologietransfers dar. Sie dienen damit auch der wirtschaftlichen Zusammenarbeit mit der Dritten Welt.

Normen fördern Kommunikation, Austauschbarkeit und Wirtschaftlichkeit.

Normen sind die Voraussetzung für die Lösung vieler technischer und wirtschaftlicher Aufgaben. Sie stellen ein eindeutiges Verständigungsmittel für alle Partner des Wirtschaftslebens dar. Viele Schutzfunktionen (Arbeitsschutz, Umweltschutz, Verbraucherschutz usw.) wären ohne Normung kaum möglich.

Genormte Konstruktions- und Bauelemente beschleunigen und verbilligen die Einführung neuer technischer wissenschaftlicher Erkenntnisse in die Praxis. Genormte Begriffe, genormte Forderungen und genormte Mess- und Prüfverfahren sowie Normen zu Managementpraktiken steigern im eigenen Bereich und im Austausch mit Partnern die Wirtschaftlichkeit. Das gilt im nationalen, im europäischen und im weltweiten Wirtschaftsverkehr.

8.2 Arten von Normen

Es gibt nationale, regionale und internationale Normen

Die Ergebnisse der Normungsarbeit sind bisher ca. 30 000 DIN-Normen und Norm-Entwürfe, ca. 15 000 internationale Normen und Norm-Entwürfe (ISO/IEC) und über 3 000 europäische Normen und Norm-Entwürfe (CEN/CENELEC, ETSI) einschließlich der Harmonisierungsdokumente.

Die nationalen, regionalen (europäischen) und internationalen Normen sind nach dem Inhalt der Norm in die folgenden drei Hauptkategorien eingestuft, wobei es auch Kombinationen gibt:

- **Verständigungsnormen** mit Festlegungen zu Begriffen, Zeichen, Systemen,
- **Verfahrensnormen** mit Festlegungen zu Abläufen sowie zu Merkmalen und Merkmalswerten für Tätigkeiten/Verfahren/Prozesse zur Anwendung in der Planung, Realisierung und Nutzung von Einheiten oder zu deren Prüfung,
- **Produktnormen** mit Festlegungen zu Merkmalen und Merkmalswerten für materielle oder immaterielle Produkte (also auch Dienstleistungen) in Form von Sortenbeschreibungen und von ausgewählten

Beschaffenheitsforderungen, d. h. von Einzelforderungen im Rahmen von Qualitätsforderungen. Im Vordergrund stehen dabei spezielle Qualitätsmerkmale wie Kompatibilität, Sicherheit, Instandhaltbarkeit, Umweltschutz usw.

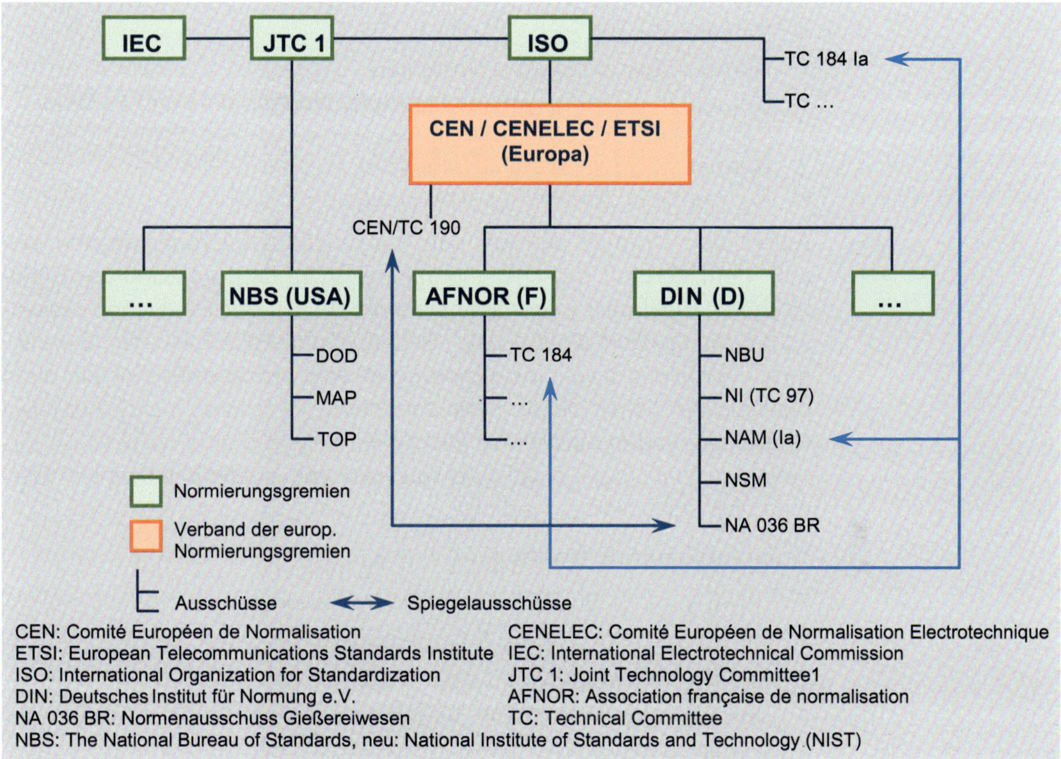

Bild 8.1: Nationale und internationale Normungsgremien

Unmittelbar oder mittelbar hat ein großer Teil aller Normen mit dem Thema Qualität und Qualitätsmanagement zu tun:

- Jede Produktnorm enthält Einzelforderungen als Bestandteile der Qualitätsforderung an das betreffende Produkt.
- Jede Verfahrensnorm enthält Einzelforderungen als Bestandteile der Qualitätsforderungen an die betreffende Tätigkeit, das betreffende Verfahren, den betreffenden Prozess.
- Viele Verfahrensnormen (z. B. die produkt- oder fachspezifischen Mess- und Prüfnormen oder die fachübergreifenden Normen, z. B. über statistische Verfahren und über Managementpraktiken oder -systeme) dienen unmittelbar dem Qualitätsmanagement eines Unternehmens, einer Organisation.
- Zahlreiche fachübergreifende Verständigungsnormen betreffen direkt das Qualitätsmanagement und stellen notwendige Bindeglieder zwischen Fachsprachen dar.

8.3 Qualitätsnormen

Die Ergebnisse der Grundnormung auf den Gebieten des Qualitätsmanagements und der Statistik sowie in verwandten Gebieten lassen sich nach folgender Ordnung einteilen:

- Begriffsnormen,
- Normen über statistische Verfahren,
- Normen über Verfahren des Qualitätsmanagements und zu Qualitätsmanagementsystemen,
- Normen in verwandten Gebieten,
- Normen über Zertifizierungsgrundlagen.

Richtlinien ergänzen Normen.

Außer den Normen werden von verschiedenen Organisationen wie z. B. dem Verein Deutscher Ingenieure (VDI), dem Verband der Elektrotechnik Elektronik Informationstechnik (VDE), der Deutschen Gesellschaft für Qualität (DGQ) usw. Schriften und Richtlinien zur Erweiterung, Vertiefung bzw. Spezifizierung sowohl fachspezifischer als auch qualitätsbezogener Inhalte herausgegeben. Trotz ihres nicht bindenden Charakters finden auch diese Richtlinien teilweise eine weltweite Anerkennung. Nachfolgend ist eine Auswahl von qualitätsrelevanten Normen und Richtlinien aufgeführt:

Branchenneutrale Normen

- DIN EN ISO 9000:2005, Grundlagen und Begriffe;
- DIN EN ISO 9001:2008, Anforderungen;
- DIN EN ISO 9004:2009, Leistungsverbesserung;
- DIN EN ISO 14001:2009, Anforderungen an ein Umweltmanagementsystem.

Branchenspezifische Ergänzungen zur ISO 9000 ff. z. B.:

- **Automobilbranche**
  - VDA 6.1, Regelwerk der deutschen Automobilindustrie – QM-Systemaudit;
  - VDA 6.2, Regelwerk der deutschen Automobilindustrie – Dienstleistungen;
  - ISO/TS 16949: 2009.
- **Medizin**
  - DIN EN ISO 13485, Medizinprodukte – Qualitätsmanagementsysteme – Anforderungen für regulatorische Zwecke;
  - ISO/TR 14969, Qualitätssicherungssysteme – Medizinprodukte.
- **Telekommunikation**
  - TL 9000, QuEST – Quality Excellence for Suppliers of Telecommunications.

- **Aerospace**
  - AS/EN 9100 – Qualitätsmanagementsystem – Anforderungen für die Entwicklung und Fertigung von Produkten in der Luft- und Raumfahrtindustrie.

Branchenspezifische Regelwerke:

- **Medizin**
  - GMP, Good Manufacturing Practice, „Gute Herstellungspraxis";
  - GLP, Good Laboratory Practice; „Gute Laborpraxis bei der Forschung und Entwicklung von Arzneimitteln";
  - HACCP, Hazard Analysis and Critical Control Points, „Gefahrenanalyse und kritische Lenkungspunkte";
  - 90/385/EWG, Medizinproduktegesetz (kurz MPG).
- **Elektronik**
  - IECQ/CECC, Internationales Qualitätsbewertungsverfahren für Bauelemente der Elektronik (alt DIN 4590).
- **Kernkraftwerke**
  - KTA 1401, Allgemeine Anforderungen an die Qualitätssicherung von Kernkraftwerken.

Branchenunabhängige Werkzeuge des Qualitätsmanagements:

- DIN/ISO 10005:2009-5, Leitfaden für Qualitätsmanagementpläne;
- ISO 10006:2004, Leitfaden für Qualitätsmanagement in Projekten;
- ISO/TR 10013:2001, Leitfaden für die Dokumentation des Qualitätsmanagementsystems;
- ISO 10015:1999, Leitfaden für Schulungen;
- ISO/TR 13425:2006, Leitfaden zur Auswahl standardisierter statistischer Verfahren;
- EN ISO 19011:2011, Leitfaden für das Auditieren von Qualitätsmanagement- und/oder Umweltmanagementsystemen;
- VDI/DGQ 5500, Richtlinie zur Umsetzung von TQM;
- VDI/VDE/DGQ 2619, Richtlinie zur Prüfplanung;
- VDI/VDE/DGQ 2618, Prüfmittelüberwachung;
- usw.

☑ Lernerfolg

Zur Prüfung des Lernfortschritts beantworten Sie folgende Fragen:

Fragen zum Kap. 8:

1. Erläutern Sie die Ziele der Normung.
2. Sind Normen rechtlich bindend?
3. Wie sind Normen und Richtlinien klassifiziert? Nennen Sie einige Beispiele.
4. Was beinhalten Verfahrensnormen?
5. Von wem werden Richtlinien herausgegeben, nennen Sie einige Beispiele.

Qualitätsmanagementsysteme

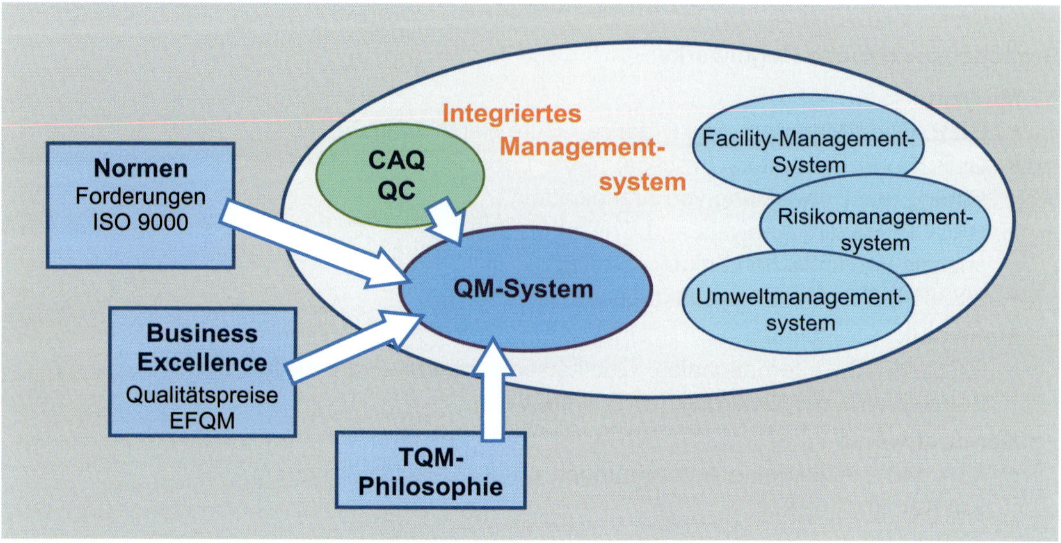

Lernziele:

Für ein Qualitätsmanagement bedarf es einer Organisation, eines Qualitätsmanagementsystems (QM-System). Wie muss dieses System aufgebaut werden, welche Forderungen muss es erfüllen, welche Rolle spielen Normen? Diese Fragen müssen beantwortet werden, bevor ein QM-System implementiert werden kann. Zur Steigerung seiner Wirksamkeit können ein Qualitätscontrolling (QC) sowie ein rechnergestütztes System, Computer Aided Quality (CAQ), eingeführt werden.

Ein Unternehmen muss neben den Qualitätsforderungen auch eine Reihe von weiteren Forderungen (umwelt-, risiko-, sicherheits-, betriebsbedingte sowie weitere Aspekte) berücksichtigen. Dafür benötigt man entsprechende Managementsysteme. Also stellt sich die Frage, wie kann ein Integriertes Managementsystem aufgrund von Synergieeffekten Vorteile bringen?

Globalisierung zwingt die Unternehmen, immer leistungsfähiger und konkurrenzfähiger zu werden. Zu den wichtigsten Ansätzen gehört die strategische Ausrichtung zu Business Excellence. Ausgehend von der Total-Quality-Management-Philosophie (TQM) erfolgt die Umsetzung nach dem EFQM-Modell. Mit der Bewerbung um den European Quality Award (Europäischer Qualitätspreis) oder einen anderen Qualitätspreis dokumentiert ein Unternehmen nicht nur seinen wirtschaftlichen Erfolg, sondern findet auch öffentlich Anerkennung.

9 Qualitätsmanagementsysteme

Qualität beschäftigt Menschen, solange Güter produziert oder Leistungen erbracht werden. Die erste Organisation zur systematischen Qualitätssicherung waren die Zünfte (Berufsverbände). Für die Zünfte war aber die Qualitätssicherung kein gesondertes Thema. Die Meister bzw. die Gesellen waren gleichzeitig für die Erstellung sowie für die Qualität der Produkte allein verantwortlich. Bei Nichterfüllung der jeweiligen Qualitätsansprüche mussten sie mit harten Konsequenzen rechnen (z. B. Ausschluss aus den Zünften).

Evolution der QM-Systeme

Mit dem Beginn des Industriezeitalters und der Taylorisierung der Produktion mussten Qualitätskontrolle und später Qualitätssicherung eingeführt werden. Die Qualitätssicherung bezog sich meist auf reine Produktqualität. Der Einstieg in die Serienproduktion erforderte ein zusammenhängendes System von Sicherungsmaßnahmen, das Qualitätssicherungssystem. Steigende Kundenansprüche und Konkurrenzdruck, Kosten und Haftungsansprüche zwangen Unternehmen zu einer systematischen und strategisch ausgerichteten Umsetzung der Qualitätsforderungen mithilfe von Qualitätsmanagementsystemen. Auch steigende Forderungen des Umwelt- und Arbeitsschutzes, Risikoabsicherung sowie Prozessorientierung weisen eine große Affinität zum Qualitätsmanagement auf (Bild 9.1).

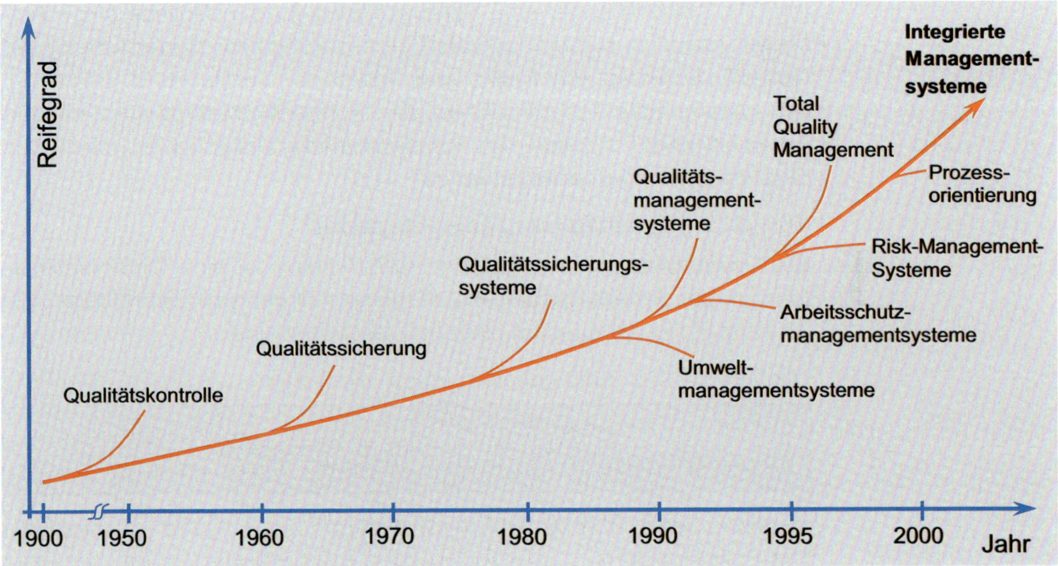

Bild 9.1: Chronologische Entwicklung der Managementsysteme [Bay9.1]

QM-Syteme sind vielfältig.

Um Exzellenz erreichen zu können, reicht eine reine Fixierung auf die Produkt- und Produktentstehungsqualität nicht aus. Deswegen bezieht das Total Quality Management (TQM) nicht nur alle Unternehmenselemente und -bereiche mit ein, sondern es sollen auch alle Entscheidungen im Unternehmen unter dem Qualitätsaspekt gefällt werden.

Die Umsetzung von TQM kann nur durch Zusammenführung aller Managementsysteme zu einem integrierten Managementsystem erreicht werden.

Das QM-System entwickelte sich in den Industrieländern entsprechend den jeweils aktuellen Forderungen an die Qualität über einen langen Zeitraum. Weltweit findet man aber alle im Bild 9.1 aufgeführte Formen des QM-Systems, die mithilfe eines Reifegrads beurteilt werden können. **Reifegradmodelle** bieten u. a. das EFQM-Modell für Excellence [EFQM 99] (siehe Abschitt 9.5.2) und die DIN EN ISO 9004:2009 [ISO9004] an.

Alle Arten der QM-Systeme finden weltweite Verwendung.

Das Streben nach Exzellenz führte zur Gründung von Organisationen wie der European Foundation for Quality Management (EFQM), dem US-amerikanischen Modell für Excellence – Malcolm Baldrige National Quality Award – u. a. Es handelt sich um keine Normen, sondern um anerkannte Modelle, in denen die drei fundmentalen Säulen des TQM – die gleichzeitige Betrachtung von Menschen, Prozessen und Ergebnissen – herangezogen werden.

9.1 Gründe für den Aufbau von QM-Systemen

Das Vertrauen des Kunden steigt, wenn eine Organisation nachweisen kann, dass sie durch gezielte Maßnahmen die Qualität ihrer Produkte erhält und ständig verbessert. Häufig ist der Nachweis eines zertifizierten QM-Systems sogar eine Voraussetzung für die Vergabe eines Auftrages. Natürlich stehen auch die Verbesserung bzw. Beherrschung der Qualität, Senkung von Risiko und Kosten im Vordergrund [BeVo1.0]. Ein systemhaftes Zusammenspiel der ergriffenen Maßnahmen, die alle Bereiche und Prozesse des Unternehmens einschließen, stellt das **Qualitätsmanagementsystem** dar.

Was ist ein Qualitätsmanagementsystem?

Ein Qualitätsmanagementsystem (QM-System) ist eine Organisationsform, in der Arbeitsabläufe, -prozesse und Organisationsstrukturen zur Sicherstellung der Qualität eindeutig festgelegt sind.

Die DIN EN ISO 9000 definiert:

> **QM-System: System für die Festlegung der Qualitätspolitik und von Qualitätszielen sowie zum Erreichen dieser Ziele.**

Im Sinne der ISO 9000:2005 – Grundlagen und Begriffe – besteht ein QM-System aus:

Um Q-Forderungen erfüllen zu können, braucht man eine Organisation.

- der dazugehörenden eigenen Organisationsstruktur und Verantwortlichkeiten,
- den notwendigen Verfahren und Prozessen, um das QM-System im Sinne der Norm aufrechtzuerhalten,
- den beschriebenen und so gelebten Arbeitsprozessen und
- den erforderlichen Mitteln für die Verwirklichung des QM-Systems.

Erwartungen und Bedürfnisse der beteiligten Interessengruppen gilt es zu erkennen und zu befriedigen.

Wozu braucht man ein Qualitätsmanagementsystem?

Nur mithilfe wirksamer QM-Systeme werden die Qualitätsziele eines Unternehmens zeitgerecht und nachvollziehbar erreicht und ein erarbeiteter Qualitätsstandard dauerhaft gesichert.

Zudem unterstützt es:

- einem aktiven und ständigen Wandel der Arbeitsumgebung gerecht zu werden,
- die Erfüllung der unterschiedlichsten Forderungen und Erwartungen innerhalb des Unternehmens,
- durch die Dokumentation des QM-Systems mit den enthaltenen Prozessen die Abläufe für jeden Mitarbeiter erlernbar und nachvollziehbar zu machen,
- die Kundenforderungen zu erfüllen.

Die Führungskräfte der Organisation bzw. des Unternehmens spielen dabei eine besondere Rolle. Ihnen obliegt es, die Qualitätspolitik und die konkreten Qualitätsziele festzulegen. Sie sind verantwortlich für die Aufrechterhaltung des QM-Systems.

9.2 Aufbau und Einführung von QM-Systemen

Die Mindestforderungen für den Aufbau eines QM-Systems sind in der DIN EN ISO 9001:2008 enthalten. Zu berücksichtigen ist, dass **branchenspezifisch** weitere **Forderungsdokumente** wie z. B. die VDA 6.1 oder die Medizingeräterichtlinie u. v. a. integriert werden können.

Der Aufbau und die Einführung von Qualitätsmanagementsystemen sind Führungsaufgaben.

Ein QM-System kann man nicht „vorfertigen“ und dann einer Organisation einfach überstülpen. Ein QM-System muss sich entwickeln und den betrieblichen Abläufen individuell anpassen. Es lässt sich leicht nachvollziehen, dass sich die QM-Systeme kleiner und mittelständischer Unternehmen deutlich von denen großer internationaler Konzerne unterscheiden.

QM-System muss sich den betrieblichen Gegebenheiten anpassen.

Einen starken Einfluss hat auch der Grad der Komplexität der Produkte und der Prozesse. Auch der Spezialisierungsgrad bzw. die Branche des Unternehmens und die Kompetenz der Mitarbeiter beeinflussen die Struktur eines QM-Systems.

9.2.1 Aufbau eines QM-Systems

Um den Ansprüchen an die Qualität gerecht zu werden, wurden im Kap. 3.2.4 externe Forderungen an ein QM-System aufgestellt. Demgegenüber stehen eine Reihe betrieblicher Aspekte, die beim Aufbau eines QM-Systems ebenfalls berücksichtigt werden müssen (Bild 9.2).

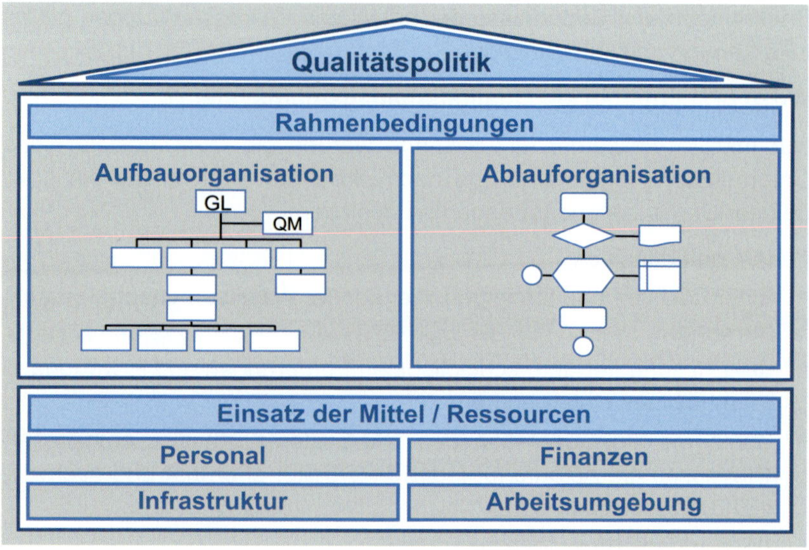

Bild 9.2: Zu berücksichtigende Aspekte beim Aufbau eines QM-Systems

Eine gemeinsame Basis für den Aufbau eines QM-Systems stellen folgende Elemente dar:

- Die **Qualitätspolitik** wird zur obersten Leitlinie. Die Geschäftsleitung trägt die Verantwortung gegenüber den Kunden und fixiert die Verpflichtung aller Mitarbeiter zur Qualität (siehe Kap. 3.1.1).
- Aus der Qualitätspolitik ergeben sich konsequenterweise konkrete **Qualitätsziele**. Um diese zu erreichen, müssen entsprechende Rahmenbedingungen geschaffen werden.
- Die **Aufbauorganisation** gibt z. B. in Form eines Organigramms Auskünfte über folgende organisatorische Sachverhalte:
  - Verteilung betrieblicher Aufgaben auf Stellen und Abteilungen,
  - hierarchische Struktur der Aufbau- bzw. Leitungsorganisation und der Weisungsbeziehungen,
  - Einordnung von Leitungshilfsstellen,
  - personelle Besetzung von Stäben, Stellen, Abteilungen.

Beschaffenheit eines QM-Systems hängt von Rahmenbedingungen ab.

- **Ablauforganisation** bezeichnet in der Organisationstheorie die Ermittlung und Definition von Arbeitsprozessen unter Berücksichtigung von Raum, Zeit, Sachmitteln und Personen.
- Als **Ressource** „Hilfsmittel, Hilfsquelle" (lat. resurgere, „hervorquellen"), wird im Allgemeinen ein Mittel bezeichnet, das benötigt wird, um eine bestimmte Aufgabe zu lösen, zur Realisierung der Qualitätspolitik. Meist werden darunter Betriebsmittel, Finanzmittel, Boden, Rohstoffe oder Personen verstanden. Ihre Zuteilung wird Ressourcenallokation (lat.: allocare, „platzieren") genannt.

Das **Qualitätsmanagementsystem** stellt in der Aufbauorganisation eine unabhängige Funktionseinheit dar, die die Aufrechterhaltung und

Verbesserung des Qualitätsmanagements sowie die Prüfung und Überwachung der Qualitätsforderungen gewährleistet.

9.2.2 Einführung eines QM-Systems

Über die Einführung eines QM-Systems und seine Struktur entscheidet die Geschäftsleitung. Die Umsetzung delegiert sie an die operative Führungsebene.

Die Strategie zur Einführung eines QM-Systems hängt u. a. von:

Einführung eines QM-Systems bedarf eines systematischen Vorgehens.

- der Größe des Unternehmens und seiner Struktur,
- den Unternehmensprozessen,
- von den sich daraus ergebenden Veränderungsprojekten und
- vom vorgegebenen Zeitrahmen

ab.

Tabelle 9.1: Projektphasen bei der Einführung eines QM-Systems

Projektphasen	Arbeitspakete
1. Vorbereitungsphase	Projektplanung: Abgrenzung, Zuständigkeit, Termine, Kapazität, Kosten, ...
2. Ziele definieren	Qualitätspolitik und -ziele definieren: Kommunikation der Ziele, Einführungsveranstaltung für Mitarbeiter, ...
3. Istaufnahme	Beschreibung der betrieblichen Abläufe: Prozesse, Q- und P-Merkmale, Fehler, Kosten, ...
4. Abweichungsanalyse	Soll-Ist-Vergleich: Schwachstellenanalyse, Optimierung, Normen, ...
5. Festlegung des QM-Systems	Beschreibung des QM-Systems QM-Handbuch, Prozesse, Anweisungen, ...
6. Umsetzung der Maßnahmen	Umsetzen der im QM-System festgelegten Maßnahmen
7. Validierung	Prüfen der Wirksamkeit des QM-Systems: Interne Audits, Reports, ...
8. Zertifizierungsvorbereitung	QM-System: Zertifizierer, Mitarbeiter, Dokumentation, Korrekturmaßnahmen
9. Zertifizierung	Auditierung des QM-Systems

QMS-Einführung erfolgt in Projektphasen.

Es können folgende Strategien zur Einführung eines QM-Systems verfolgt werden:

- Pilotierte Einführung: In einer Region oder in einem Funktionsbereich.
- Step-by-step: Regional oder in Funktionsbereichen.
- Big-bang: Gleichzeitige Einführung in allen Regionen und Funktionsbereichen.

Die Einführung erfolgt prinzipiell im Rahmen eines Projektes, das nach den in Tabelle 9.1 beschriebenen Phasen abläuft.

Nach einer erfolgreichen Einführung eines QM-Systems ist seine Wirksamkeit hinsichtlich der Erfüllung interner und externer Forderungen regelmäßig zu bewerten, und es sind ggf. Verbesserungsprozesse anzustoßen.

9.3 Normative Grundlagen für QM-Systeme

In den Normen, die Qualitätsmanagementsysteme abbilden, sind lediglich die Mindestbestandteile und die Forderungen an ein QM-System beschrieben. Es gibt keine genormten QM-Systeme. Jedes Unternehmen kann bzw. sollte sein QM-System entsprechend den Unternehmensgegebenheiten aufbauen. Bei den Normen handelt es sich nicht um „Gesetze", sondern um eine mehrheitliche Auffassung von nationalen bzw. internationalen Normungsgremien, die in regelmäßigen Abständen eine Norm der industriellen Entwicklung anpassen oder neu entwickeln (siehe Kapitel 8).

Die Ausführungen zu den QM-Systemen gliedern sich in **Normen** selbst und in **Regelwerke** für QM-Systeme.

Forderungen an QM-Systeme sind in branchenunabhängigen und branchenabhängigen Normen und Regelwerken festgelegt.

Für den Aufbau von QM-Systemen ist die Normenreihe ISO 9000 ff. am wichtigsten. Sie beinhaltet die Leitlinien und grundsätzliche Elemente, um branchenunabhängig QM-Systeme einzuführen. Sie legt einen Standard für Nachweisforderungen bezüglich eines QM-Systems für den Fall fest, dass ein Vertrag zwischen zwei Vertragspartnern die Darlegung der Eignung als Zulieferer für die Entwicklung und Realisierung von Produkten verlangt.

Branchenabhängige Normen, wie z. B. VDA 6 oder ISO/TS 16949, wurden von bzw. für die Automobilindustrie entwickelt. Da Umweltmanagement zunehmend an Bedeutung gewinnt, gibt es Bestrebungen zur Integration von Qualitäts- und Umweltmanagement (z. B. DIN EN ISO 19011). Eine Auswahl qualitätsrelevanter Normen und Richtlinien liegt in Kap. 8.3 vor.

9.3.1 QM-System nach DIN EN ISO 9000 ff.

Die ISO-9000-Reihe wurde 1987 eingeführt und entwickelte sich zu einer weltweit anerkannten branchenunabhängigen Qualitätsnorm. In ihrer aktuellen Form beschreibt sie das Prinzip eines prozessorientiertes QM-Systems (Bild 9.3).

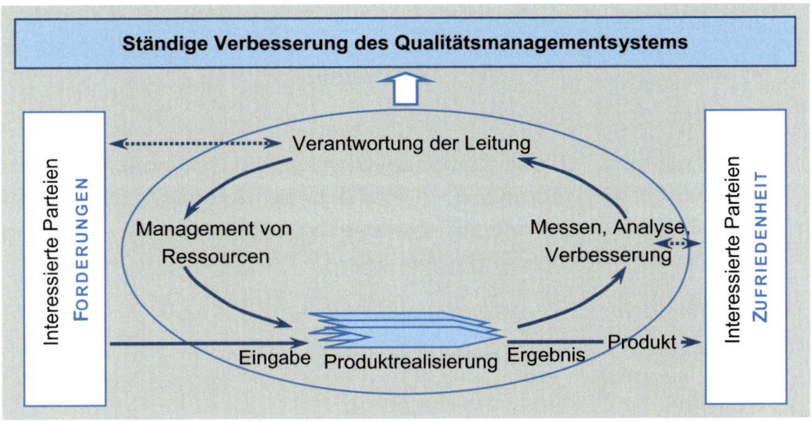

Bild 9.3: Modell eines prozessorientierten QM-Systems nach ISO 9000 ff.

Im Gegensatz zu Gesetzen, Verordnungen etc. handelt es sich bei ihrer Anwendung um eine freiwillige Entscheidung. Durch konkrete Kundenwünsche wird die Einführung eines QM-Systems zu einer „geforderten Freiwilligkeit“. Die Konformität (Übereinstimmung) eines QM-Systems mit den Normforderungen wird anhand des ISO-9001-Zertifikats deklariert.

QM-System nach ISO 9000 basiert auf bestimmten Kriterien.

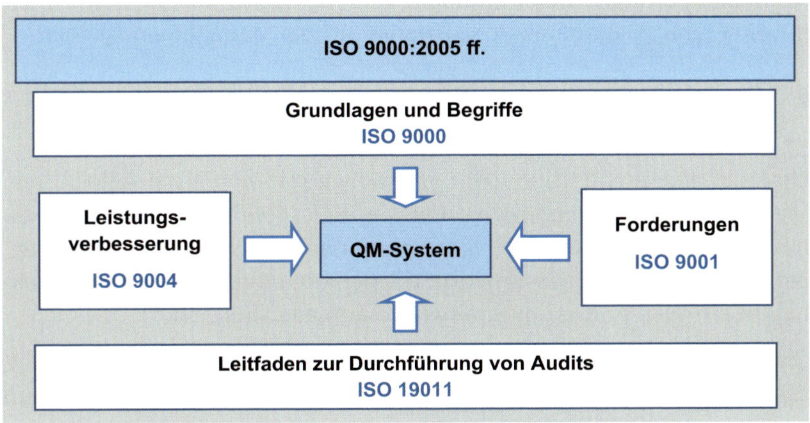

Bild 9.4: Struktur der Normenfamilie ISO 9000:2005 ff. [Li9.1]

Die **DIN EN ISO 9000:2005** beinhaltet Ausführungen über die Grundlagen von Qualitätsmanagementsystemen. Sie erläutert den prozessorientierten Ansatz, die Aufgabe von Qualitätspolitik, die Rolle der obersten Leitung sowie die Begriffe des Qualitätsmanagements.

Die **DIN EN ISO 9001:2008** ist weltweit die am häufigsten genutzte Norm, die als Grundlage für ein QM-System dient.

Die neun Abschnitte der **DIN EN ISO 9001:2008** sind:

Abschnitt 0:	Einleitung,
Abschnitt 1:	Anwendungsbereich,
Abschnitt 2:	Normative Verweisungen,
Abschnitt 3:	Begriffe,
Abschnitt 4:	Qualitätsmanagementsystem (allgemeine Anforderungen, dokumentierte Anforderungen, QM-Handbuch, Lenkung von Dokumenten, Lenkung von Aufzeichnungen),
Abschnitt 5:	Verantwortung der Leitung,
Abschnitt 6:	Management von Ressourcen,
Abschnitt 7:	Produktrealisierung,
Abschnitt 8:	Messung, Analyse und Verbesserung.

Durch eine Zertifizierung ist die Umsetzung der Abschnitte 4 bis 8 mit ihren konkreten Forderungen im Unternehmen nachzuweisen.

Die **DIN ISO 9004:2009** stellt einen grundlegenden Leitfaden mit dem Titel „Leiten und Lenken für den nachhaltigen Erfolg einer Organisation – Ein Qualitätsmanagementansatz“ zur Leistungsverbesserung eines Unternehmens in Richtung Total Quality Management dar. Diese Norm ist aber keine Zertifizierungs- oder Vertragsgrundlage, sie ist somit eher eine „Managementphilosophie" als ein Managementsystem.

9.3.2 Umweltmanagementsystem nach ISO 14000ff.

Umweltnormen ermöglichen ein systematisches Umweltmanagement.

Umweltmanagement- und QM-Systeme weisen eine hohe Affinität auf. Die *Umweltmanagementnormenfamilie ISO 14000ff.* ist eine allgemeine Anleitung, mit deren Hilfe Organisationen (Unternehmen, Behörden, etc.) ein systematisches Umweltmanagement betreiben bzw. ein strukturiertes **Umweltmanagementsystem** aufbauen können.

Die **Normenreihe ISO 14000**, Grundlagen des Umweltmanagementsystems (EMS, **E**nvironment **M**anagement **S**ystem), ist im Zusammenhang mit der ISO 9000 zu verstehen und gilt für jegliche Organisation und Wirtschaftsunternehmen.

Die **DIN EN ISO 14001:2009**, Anforderungen an ein Umweltmanagementsystem, ist die Norm, auf deren Basis eine Zertifizierung durch einen unabhängigen **Umweltgutachter** möglich ist. Die meisten Normen der 14000er-Familie sind Leitfäden mit empfehlendem Charakter, d. h., sie sollen beim Aufbau und bei der Pflege des Umweltmanagements bzw. des Umweltmanagementsystems Hilfestellung geben, ohne Forderungen festzuschreiben:

- **DIN EN ISO 14004:2010** Umweltmanagementsystem – Allgemeiner Leitfaden über Grundsätze, Systeme und unterstützende Methoden.
- **DIN EN ISO 14020:2001** Umweltkennzeichnungen/-deklarationen – Allgemeine Grundsätze.
- **DIN EN ISO 14031:2000** Umweltleistungsbewertung – Leitlinien.
- **DIN EN ISO 14040:2009** Umweltmanagement – Ökobilanz – Grundsätze und Rahmenbedingungen.
- **ISO 14064-1:2012** Treibhausgase – Grundlagen und Anforderungen zu Quantifizierung, Monitoring und Berichterstattung von Treibhausgasemissionen und Senken auf Unternehmensebene.

Um die Managementsysteme validieren (Validierung: Beweisführung, dass ein System die Forderungen in der Praxis erfüllt) zu können, wurde eine spezielle Norm geschaffen:

- **DIN EN ISO 19011:2011**, Leitfaden für Audits von Qualitätsmanagement- und/oder Umweltmanagementsystemen.

Sie stellt eine Anleitung für das Auditieren von Qualitäts- und Umweltmanagementsystemen bereit, die auch als Grundlage zur Ausbildung von Auditoren dient.

9.3.3 Dokumente für ein QM-System

Um eine Nachvollziehbarkeit eines QM-Systems sicherzustellen, muss seine Funktionalität dokumentiert werden.

Bild 9.5: Aufbau der Dokumentation

Dokumentation ist der Spiegel eines QM-Systems.

Wegen der vielfältigen Forderungen an ein Managementsystem sind für seine komplette Beschreibung verschiedene Arten der **Dokumentation** erforderlich. Diese unterscheiden sich sowohl inhaltlich als auch in ihrem Detaillierungsgrad (Bild 9.5).

In einem richtig verstandenen QM-System ergibt sich die QM-Dokumentation von selbst und stellt ein Abbild der betrieblichen Realität dar. Die QM-Dokumentation soll verständliche Vorgaben enthalten und den Umgang mit notwendigen Nachweisen regeln.

9.3.4 Forderungen der QMS-Normen an ein QM-System

Am Beispiel der ISO 9001 werden im Folgenden die Forderungen aus den Normabschnitten 4 bis 7 kurz in Stichworten dargestellt.

Forderungen der ISO 9001 sind die Ausgangsbasis.

- ISO 9001 Abschnitt 4: Qualitätsmanagementsystem.
  Allgemeine Forderungen (siehe auch Kap. 9.2.1), Dokumentenforderungen (siehe auch Kap. 9.2.6), Lenkung von Dokumenten, Lenkung von Aufzeichnungen.
- ISO 9001 Abschnitt 5: Verantwortung der Leitung.
  Verpflichtung der Leitung, Kundenorientierung, Qualitätspolitik, Planung des Qualitätsmanagementsystems, Verantwortung, Befugnis und Kommunikation, Beauftragter der obersten Leitung, interne Kommunikation, Managementbewertung.
- ISO 9001 Abschnitt 6: Management von Ressourcen.
  Bereitstellung von Ressourcen, personelle Ressourcen, Infrastruktur, Arbeitsumgebung.
- ISO 9001 Abschnitt 7: Produktrealisierung.
  Planung der Produktrealisierung, kundenbezogene Prozesse, Kommunikation mit dem Kunden, Entwicklung, Beschaffung, Produktion und Dienstleistungserbringung, Lenkung von Überwachungs- und Messmitteln.

9.3.5 Audit

Audits werden von den Unternehmensleitungen initiiert und von unabhängigen Personen, den Auditoren, durchgeführt. Es wird dabei untersucht, ob die getroffenen qualitätsbezogenen Maßnahmen wie geplant verwirklicht wurden und geeignet sind, die Qualitätsziele zu erreichen.

> **Ein Audit ist ein systematischer, unabhängiger und dokumentierter Prozess zur Erlangung von Auditnachweisen und zu deren objektiver Auswertung, um zu ermitteln, inwieweit Auditkriterien erfüllt sind.** [DIN EN ISO 9000:2005]

Die Durchführung von Audits ist ein Instrument zur kontinuierlichen Verbesserung und eine Forderung der DIN EN ISO 9001:2000.

Je nach Schwerpunkt (d. h. Betrachtungsgegenstand) des Audits werden die folgenden Auditvarianten unterschieden:

- **Prozessaudit** (auch: Verfahrensaudit)
  Prozessaudits sind meist interne Audits, die die Funktionsweise z. B. einer Produktionsstraße beleuchten.
- **Produktaudit**
  Typische Produktaudits werden z. B. von Materialprüfstellen durchgeführt.
- **Systemaudit**
  Bei einem „QM-Audit“ handelt es sich um ein typisches Systemaudit. Es wird vorrangig die Funktionsfähigkeit des gesamten QM-Systems überprüft.

Auch ein QM-System muss geprüft werden.

Man unterscheidet weiterhin nach zwei Auditarten:

- **Interne Audits**
  werden, initiiert von der Unternehmensleitung, von eigenen internen Auditoren durchgeführt. Sie werden auch als **first party audit** bezeichnet.
- **Externe Audits** sind
  - Audits, die in der Lieferantenorganisation stattfinden – **second party audit**.
  - Audits, die im Auftrag der Geschäftsleitung durch eine Zertifizierungsstelle durchgeführt werden, um ein Zertifikat zu erwerben – **third party audit**.

Ein Audit kann sich keine Fehler erlauben.

Durchführung eines QM-Audits

Ein typischer Auditablauf gestaltet sich wie folgt:

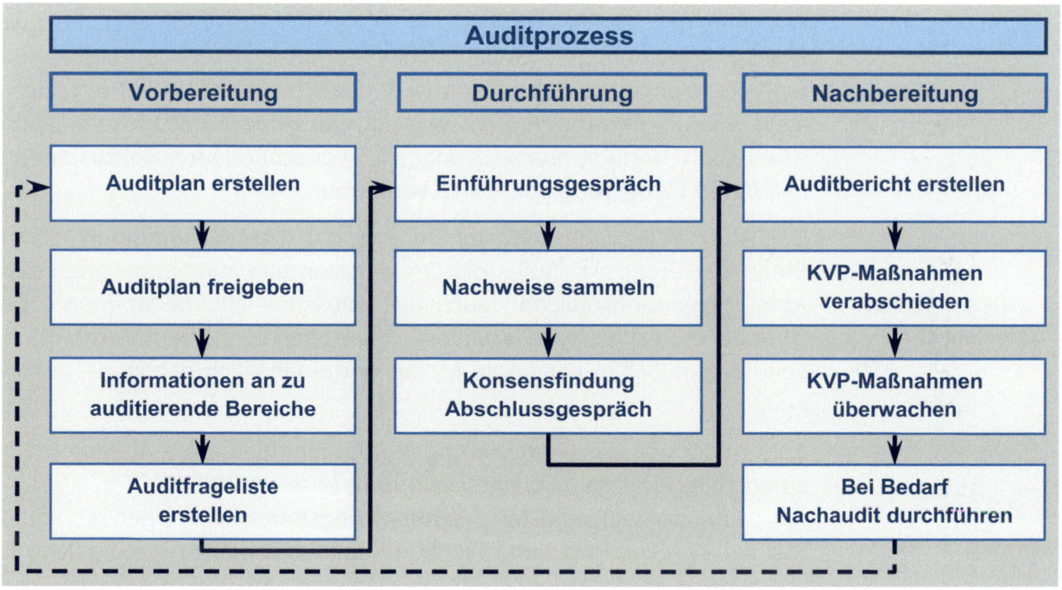

Bild 9.6: Auditprozess

Der Qualitätsmanagementbeauftragte wird im Laufe der Entwicklung des Qualitätsmanagements darauf hinarbeiten, dass dieser **Auditprozess** so weit optimiert wird, dass jederzeit und nahezu ohne große Vorbereitung ein Audit erfolgreich durchgeführt werden kann.

9.3.6 Zertifizierung eines QM-Systems

Die Einführung eines QM-Systems endet für die meisten Organisationen mit einer erfolgreichen **Zertifizierung**. Die Gründe dafür sind:

- anerkannter Nachweis durch einen unabhängigen Dritten (Zertifizierungsgesellschaft) und
- explizite Forderung der Kunden.

Das Ziel der Zertifizierung ist die Feststellung der Konformität des QM-Systems mit den Normforderungen. Im Falle der Konformität wird ein Zertifikat erteilt.

Als Zertifizierungsgrundlage kommen die im Kap. 9.3.4 aufgeführten Normen gegebenenfalls in Verbindung mit den branchenspezifischen Ergänzungen infrage.

Ablauf der Zertifizierung

Bei der Zertifizierung haben die Auditoren das Wort.

Nur akkreditierte Zertifizierungsgesellschaften mit ihren Zertifizierungsauditoren können die Zertifizierung vornehmen. Das Zertifikat soll schließlich eine definitive Aussagekraft und Bedeutung besitzen. Ein zertifizierungswilliges Unternehmen kann in Deutschland bei der DGA, Deutsche Akkreditierungsstelle GmbH (DAkkS), Berlin, aus über 140 (Stand 2012) akkreditierten Zertifizierungsgesellschaften auswählen (Bild 9.7).

Während des Zertifizierungsaudits stellen die Auditoren fest, ob und welche Abweichungen zwischen den betrieblichen Verfahrensweisen bzw. Regelungen und der Norm (z. B. DIN EN ISO 9001:2008) festgestellt wurden. Gleichermaßen wird mit den in der QM-Dokumentation (Handbuch, Verfahrensanweisungen, ...) beschriebenen Sollzuständen und deren Umsetzung im Betrieb verfahren.

Bei der Zertifizierung steht die Firma Kopf.

Das Audit findet dabei stets vor Ort statt, d. h., der Auditor durchläuft im Sinne des Prozessablaufes die Organisation und interviewt neben den Abteilungsverantwortlichen auch die beteiligten Mitarbeiter/-innen. Es ist dabei die Aufgabe des Auditors, die Fragen so zu formulieren, dass sein Gegenüber in der Lage ist, die Frage inhaltlich richtig zu verstehen.

Zum Abschluss des Zertifizierungsaudits informieren die Auditoren zusammenfassend die Geschäftsleitung über die gemachten Feststellungen. Für die festgestellten Verbesserungsbereiche werden konkrete Maßnahmen vereinbart und Termine für deren Umsetzung festgelegt.

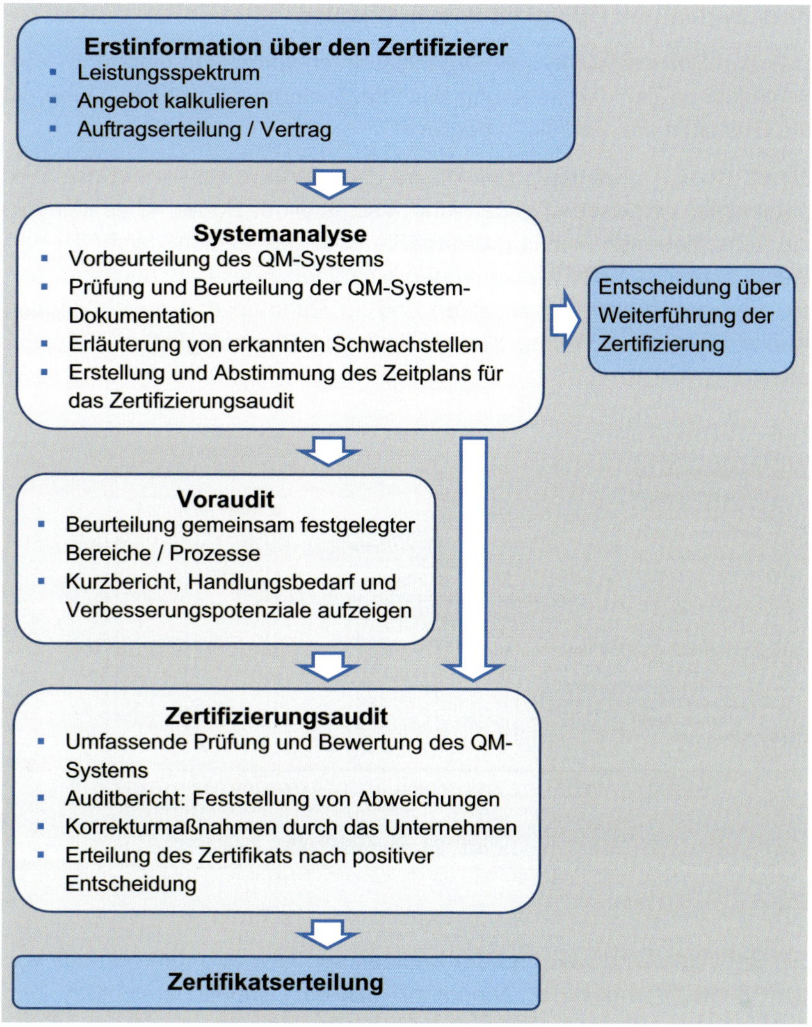

Bild 9.7: Prinzipieller Ablauf einer QMS-Zertifizierung [DQS9.1]

Bei jedem Audit werden alle Erkenntnisse und Feststellungen in einem Auditbericht dokumentiert, der selbstverständlich der Organisation zur Verfügung gestellt wird. Der Auditor gibt abschließend eine Empfehlung an die Zertifizierungsgesellschaft über die Erteilung des Zertifikates.

Nachdem bei der Zertifizierungsgesellschaft selbst dieser Auditbericht sowie die Zertifizierungsempfehlung nochmals überprüft wurden, wird das **Zertifikat** ausgehändigt.

Mit der erfolgreichen Zertifizierung ist das Thema QM nicht abgeschlossen; die Zertifizierung ist ein – durchaus wesentlicher – Meilenstein in der Weiterentwicklung der eigenen Organisation.

Auditzyklen und Gültigkeit des Zertifikates

Das Zertifikat verpflichtet die Organisation entsprechend der Norm, kontinuierlich an der Verbesserung des QM-Systems zu arbeiten. Daher ist die Gültigkeit des Zertifikats begrenzt.

Das Zertifikat ist zeitlich begrenzt.

Jedes Audit – unabhängig davon ob intern oder extern – hat das Ziel, potenzielle Verbesserungsbereiche festzustellen. Daher ist es sinnvoll, die verschiedenen Audits gleichmäßig über das Geschäftsjahr zu verteilen. Dadurch bleibt zwischen den einzelnen Audits ausreichend Zeit, die Verbesserungen umzusetzen und im Rahmen des nachfolgenden Audits auch die wirkliche Wirksamkeit und Sinnhaftigkeit zu überwachen.

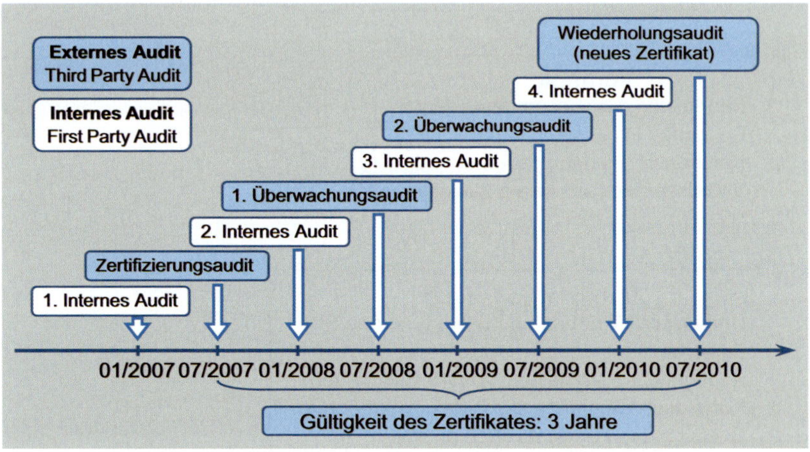

Bild 9.8: Auditzyklen

Ein Zertifikat kann während der Laufzeit von jeweils 3 Jahren auch von der Zertifizierungsstelle aberkannt werden, sobald ersichtlich und nachweisbar ist, dass die Organisation kein wirkliches Interesse an der Implementierung und Umsetzung der QM-Forderungen hat.

9.4 Integrierte Managementsysteme

Die Ansprüche an die Leitung eines Unternehmens sind enorm gestiegen. Reichten vor einigen Jahrzehnten nur einige Funktionen wie Buchhaltung, Produktionsplanung, Kontrolle u. ä. zur Unternehmensleitung, so verfügen heute Unternehmen über eine Vielzahl von Managementsystemen. Zu den klassischen Managementsystemen wie Finanz-, Planungs-, Produktionsmanagement u. a. kamen neue wie Qualitäts-, Innovations-, Umwelt-, Risiko- und Arbeitschutzmanagement hinzu.

9.4.1 Ausgangsposition

Aus geschichtlichen Gründen entwickelten sich einzelne Managementsysteme unabhängig voneinander. Naturgemäß ist ihre Verfügbarkeit mit einigen Hindernissen verbunden:

- Sie verfügen über unterschiedliche Strukturen.
- Sie sind nicht kompatibel.
- Sie verwenden sehr häufig unterschiedliche Begriffe für identische Gegenstände.
- Daten sind in unterschiedlichen Formen, an unterschiedlichen Orten und in unterschiedlichen Medien ablegt.
- Es treten Doppelungen von Daten auf und sie weisen unterschiedliche Inhalte auf.

Betriebliche Managementsysteme sind heterogen.

Die fortschreitende Entwicklung von IT ermöglicht zunehmend eine Vernetzung von Managementsystemen.

9.4.2 Rechnergestütztes Qualitätsmanagement

Im Gleichschritt mit der rasanten Entwicklung der IT-Technologie entwickelte sich die Mess-, Regel- und Steuerungstechnik. Mithilfe der erfassten Messdaten ermöglichte sie die Steuerung und Überwachung von Produktionsprozessen und ihrer Qualitätsmerkmale. Die angefallene große Datenmenge musste verarbeitet werden. Außer den Messdaten kamen noch weitere qualitätsrelevante Größen wie Fehlerarten und -häufigkeiten, Stichproben, Kosten, Beurteilungen usw. hinzu. Der Anspruch des Qualitätsmanagements an die Planung, Prüfung und Lenkung führte zur Entwicklung von **Computer-Aided-Quality-(CAQ)** Systemen.

CAQ konzentriert alle Q-Aktivitäten.

Außer den genannten Funktionen erlauben aktuelle CAQ-Systeme die Durchführung von statistischen Analysen, Erstellung von Prüfplänen, Bildung von Kennzahlen, Schadensverfolgung bzw. Reklamationsbearbeitung, Lieferantenbewertung usw. Alle Daten können in entsprechender Dokumentation dargestellt werden. CAQ verfügt über Schnittstellen zu anderen betrieblichen Systemen oder ist selbst ein Modul eines betrieblichen Systems wie z. B. bei SAP.

9.4.3 Ansätze für integrierte Managementsysteme

IMS unterstützt die Bildung einheitlicher Managementstrukturen.

Das **integrierte Managementsystem (IMS)** fasst Forderungen aus den verschiedenen Bereichen in einer einheitlichen Struktur zusammen. Durch Nutzung von Synergien und die Bündelung von Ressourcen ist – im Vergleich zu einzelnen, isolierten Managementsystemen – ein schlankeres Management möglich.

Ist bereits ein QM-System etabliert, kann dieses z. B. durch die Umweltaspekte und -forderungen der DIN EN ISO 14001 erweitert werden.

Ein Beispiel eines Teils von einem integrierten Managementsystem ist in Bild 9.9 dargestellt.

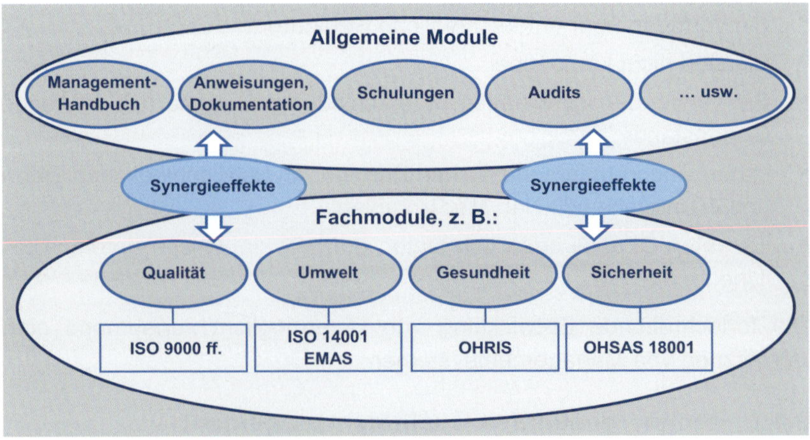

Bild 9.9: Integriertes Managementsystem

- **EMAS: „Eco-Management and Audit Scheme“**
(Umwelttechnisches Management und Revisionssystem).
Eine Richtlinie für gewerbliche Unternehmen, die sich freiwillig am Gemeinschaftssystem der Europäischen Union zur Einführung von Umweltmanagementsystemen beteiligen.
- **OHRIS: „Occupational Health- and Risk-Managementsystem“**
(Berufliches Gesundheit- und Risiko-Managementsystem).
Ein Arbeitsschutzmanagementsystem zur Verbesserung des Gesundheitsschutzes am Arbeitsplatz. Unternehmen, die über ein Arbeitsschutzmanagementsystem verfügen, werden von der routinemäßigen Detailprüfung durch die Gewerbeaufsicht befreit.
- **OHSAS: „Occupational Health and Safety Assessment Series“**
(Berufsgesundheit und Berufs-Sicherheits-Abschätzungs-Serie).
Die **OHSAS 18001** ist analog den Normen ISO 14001 und ISO 9001 konstruiert und wurde von der British Standards Institution und internationalen Zertifizierungsgesellschaften entwickelt.

Integration weiterer Konzepte

Über die bereits erwähnten Normen hinaus können weitere Konzepte integriert werden, z. B.:

- Risikomanagement (wie im Gesetz zur Kontrolle und Transparenz im Unternehmensbereich, kurz KonTraG gefordert),
- Datenschutz (siehe Bundesdatenschutzgesetz),
- Facility Management und Instandhaltung,
- Gebäudeschutz mit Bereichen wie Schließanlagen, Bewachung, Brandschutz usw.,
- aber auch Finanz- und Berichtswesen, Data Mining (Datenschürfung), Wissens- und Ideenmanagement,
- Energiemanagementsysteme.

Einer der wesentlichen Gründe für den Aufbau von IMS in Organisationen sind eine gemeinsame Datenbasis und ein vereinfachter Datenzugriff. So können Datendoppelungen bzw. Übertragungsfehler vermieden und eine Verbesserung für mehrere Bereiche (Synergieeffekt) erreicht werden. Da sich (normierte) Qualitäts- und Umweltmanagementsysteme in ihrer Struktur ähnlich sind (Handbuch, Vorgabedokumente etc.), ist die Integration eines der beiden Managementsysteme in das vorhandene Managementsystem mit wenig Mehraufwand möglich. Die vorhandenen Dokumente werden um die fehlenden Aspekte ergänzt, mögliche Schnittstellen zwischen den Systemen definiert und optimiert. Die von den jeweiligen ISO-Normen geforderten regelmäßigen Selbstüberprüfungen (Audits, Managementreview etc.) können alle Aspekte des IMS ohne größeren Mehraufwand abdecken.

Die Vorteile sind gemeinsame Datenbasis und Synergieeffekte.

9.5 Total Quality Management und Business Excellence

Nach dem Zweiten Weltkrieg fielen die Arbeiten von Deming im Bereich Qualitätsmanagement in Japan auf einen fruchtbaren Boden. Mithilfe seiner Philosophie des Total Quality Managements (TQM) stieg Japan zu einer Industrieweltmacht auf. Dieser Ansatz wurde in den Industrieländern erst später aufgegriffen. Der Anstoß kam in den 80er-Jahren von der US-Industrie, der es mithilfe des amerikanischen Qualitätspreises Baldrige Award gelungen ist, wieder konkurrenzfähig zu werden.

9.5.1 Total Quality Management

In der TQM-Philosophie, wird die Qualität zur obersten Zielsetzung für das gesamte Unternehmen. Die Strategie des Managements ist darauf ausgerichtet, Spitzenleistungen in allen Geschäftsbereichen zu erzielen.

Total Quality Management ist in der ISO 9000 wie folgt definiert:

> **Umfassendes Qualitätsmanagement – TQM:**
> **Qualitätsmanagement einer Organisation, das die gesamte Organisation einschließt.**

Den ursprünglichen Ansatz der TQM-Philosophie drückt eher folgende Beschreibung aus:

> **... auf der Mitwirkung aller ihrer Mitglieder basierende Führungsmethode einer Organisation, die Qualität in den Mittelpunkt stellt und durch Zufriedenstellung der Kunden auf langfristigen Geschäftserfolg sowie auf Nutzen für die Mitglieder der Organisation und für die Gesellschaft zielt.** [HeWa95]

Deming charakterisierte TQM anhand von 14 Merkmalen [QAge95]:

Umfassendes Qualitätsmanagement berücksichtigt alle Aspekte.

- Beständigkeit der Zielsetzung,
- Aneignung der Qualitätsphilosophie,
- präventive Qualitätssicherung,
- partnerschaftliche Zusammenarbeit mit Lieferanten,
- ständige Verbesserung aller Prozesse,
- arbeitsbegleitende Ausbildung,
- kooperativer Führungsstil,
- offenes Unternehmensklima,
- Beseitigung organisatorischer Barrieren,
- verständliche Ziele und Vorgehensweisen,
- kooperative Zielvereinbarungen,
- Identifikation der Mitarbeiter mit ihrer Tätigkeit,
- Qualifizierungsprogramme,
- Maßnahmenplan.

Die operative Umsetzung der TQM-Philosophie wurde in den Qualitätspreisen verwirklicht und weiter zu Business Excellence entwickelt.

9.5.2 Modell für Business-Excellence-Qualitätspreise

TQM weist den Weg zu Business Excellence.

Exzellente Organisationen werden an ihrer Fähigkeit gemessen, überragende Ergebnisse für ihre Interessengruppen zu erwirtschaften und aufrechtzuerhalten. Überragende Ergebnisse zu erwirtschaften, ist schon schwierig genug. Noch schwieriger aber ist es, Excellence in einer Welt des immer stärker werdenden globalen Wettbewerbs, rascher technologischer Innovation, sich ständig ändernder Arbeitsprozesse und des häufigen Wechsels im wirtschaftlichen, sozialen und kundenbezogenen Umfeld aufrechtzuerhalten.

Um Excellence zu erreichen, ist ein absolutes Engagement der Führungsverantwortlichen und eine umfassende Akzeptanz dieser Konzepte erforderlich. Excellence wird in diesem Zusammenhang als überragende Vorgehensweise beim Managen einer Organisation und Erzielen ihrer Ergebnisse definiert.

Das Modell für Excellence basiert auf den im Bild 9.10 dargestellten acht Grundkonzepten, die in den Qualitätspreisen genau spezifiziert sind. Die Erfüllung der Forderungen wird mithilfe eines Bewertungssystems durchgeführt.

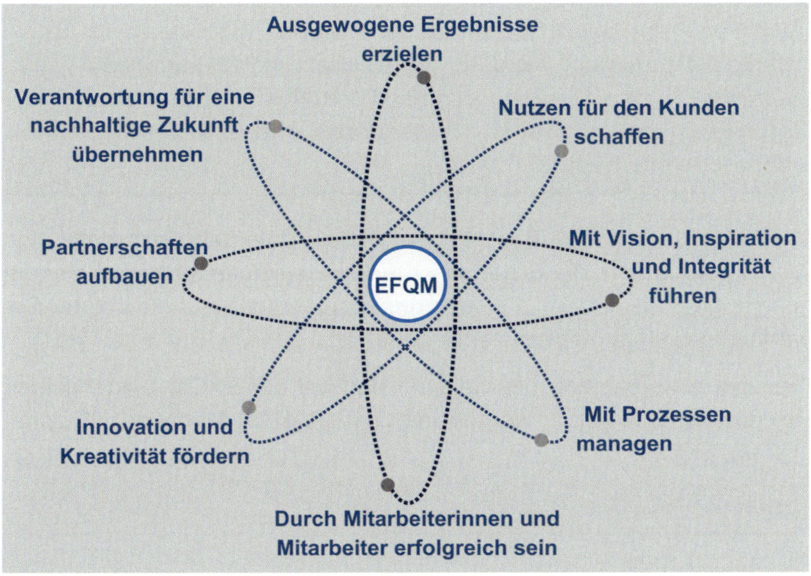

Bild 9.10: Die Grundkonzepte der Business Excellence [LEP 2010]

European Quality Award – EQA

Die TQM-Philosophie ist Grundlage für die European Foundation of Quality Management (EFQM), als treibende Kraft ihr Modell für Excellence (EFQM-Modell) in Europa voranzubringen. Sie organisiert den Europäischen Qualitätspreis (European Quality Award – EQA) und bietet ihren Mitgliedern eine breite Palette von Dienstleistungen an.

Forderungen der Qualitätspreise operationalisieren TQM.

Das EFQM-Modell ist eine Art große Checkliste, welche die Wirkungszusammenhänge in einem Unternehmen aufzeigt. Das Modell umfasst neun Kriterien (Bild 9.11), deren Gewichtung in Prozent angegeben ist.

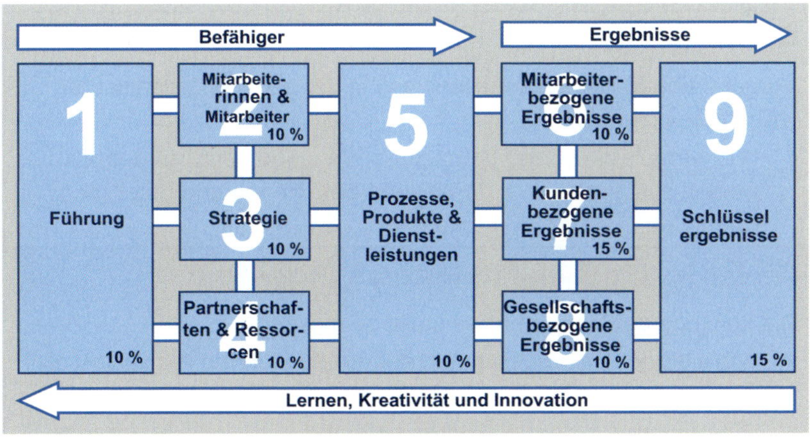

Bild 9.11: EFQM-Modell für Excellence [LEP 2010]

Die Prämisse des EQA lautet: „Exzellente Ergebnisse im Hinblick auf Leistung, Kunden, Mitarbeiter und Gesellschaft werden durch eine Führung erzielt, die Politik und Strategie, Mitarbeiter, Partnerschaften, Ressourcen und Prozesse auf ein hohes Niveau hebt. [EFQM 99]

Die **Befähigerkriterien** beschreiben, wie ein Unternehmen handelt und wie es vorgeht, um die **Ergebniskriterien** zu erzielen. Jedem Kriterium ist eine gewisse Anzahl **„Teilkriterien"** zugeordnet, auf die bei der Bewertung des Unternehmens einzugehen ist.

Die vom Unternehmen bearbeiteten und bei der EFQM eingereichten Bewerbungsunterlagen werden mit der **RADAR-Methode** überprüft (Tabelle 9.2).

Tabelle 9.2: RADAR [EFQM99]

Results (Ergebnisse)
Sie enthalten die Leistungen der Organisation in finanzieller und operativer Hinsicht und wie diese von ihren Interessengruppen wahrgenommen werden. ▪ Welches konkrete Ziel soll mit der jeweiligen Aktion, Aktivität etc. erreicht werden?
Approach (Vorgehen)
Fundiertes Vorgehen planen (Zielvereinbarungen), um gegenwärtig und auch zukünftig die geforderten Ergebnisse zu erzielen. ▪ Wie sehen die Planungen zur Realisierung dieses vorher definierten Ziels aus? Wie wird dabei methodisch vorgegangen?
Deployment (Umsetzung)
Vorgehensweise ist systematisch und in der ganzen Organisation vollständig umzusetzen. ▪ Wie werden die vorher gemachten Planungen und Vorgehensweisen systematisch in den jeweils betroffenen und beteiligten Bereichen realisiert und umgesetzt?
Assessment und **R**eview (Bewertung & Überprüfung)
Die Leistung der Vorgehensweise ist zu messen. ▪ Wie wird der Erfolg/Misserfolg der durchgeführten Aktivitäten ermittelt? ▪ Was wurde aus den Aktivitäten gelernt?

Die Bewertungsskala für die einzelnen Teilkriterien reicht von 0 % bis 100 %.

Ludwig-Erhard-Preis

Die Initiatoren des deutschen Qualitätspreises sind die Industrie- und Handwerksverbände und die Ludwig-Erhard-Stiftung e. V., Bonn. Das Referenzmodell für den Ludwig-Erhard-Preis ist das EFQM-Modell für Excellence (Bild 9.11).

Die Teilkriterien wurden leicht abgewandelt, um die Bewerbung gerade für kleine und mittelständische Unternehmen zu erleichtern.

Deming Application Prize

Der Qualitätspreis wurde bereits 1951 erstmals in Japan vergeben. Damit begann die Verbreitung des Gedankens der umfassenden Qualität.

Malcolm Baldrige National Award

Um nach den Japanern das Qualitätsbewusstsein der amerikanischen Unternehmen zu steigern, wurden Anfang der 1980er-Jahre verschiedene Initiativen gestartet. Seit 1987 wird der MBNA jährlich verliehen.

Weitere Qualitätspreise

Zwischenzeitlich haben sich weltweit weitere nationale Qualitätspreise etabliert. Auch auf regionalen Ebenen wurden Preise ausgeschrieben, wie z. B. der Bayrische Qualitätspreis, Qualitätspreis Sachsen-Anhalt oder der DEKRA Award.

9.6 Qualitätscontrolling

Das Qualitätsmanagement setzt die von der Geschäftsleitung vorgegebene Qualitätspolitik um (siehe Kap. 3.1.2). Sie definiert die Merkmale wie z. B. die Fehlerquote, Qualitätskosten, Kundenzufriedenheit, anhand deren die Ziele erreicht werden sollen. Für die Verfolgung der Entwicklung und Beurteilung der Zielerreichung benötigt das Qualitätsmanagement ein Controllingsystem, das Qualitätscontrolling.

Das Qualitätscontrolling (QC) hat die Aufgabe, dem Qualitätsmanagement geeignete Informationen zur Steuerung der Qualitätsmerkmale entlang der Wertschöpfungskette sowie über den Erreichungsgrad der von der Geschäftsleitung vorgegebenen Ziele zur Verfügung zu stellen. Gleichzeitig überwacht sie die Wirtschaftlichkeit der vorgesehenen Maßnahmen.

Anhand der gelieferten Daten und Analysen leitet das Qualitätsmanagement strategische und operative Maßnahmen ein.

9.6.1 Merkmale des Qualitätscontrollings

In der Praxis nimmt das Qualitätscontrolling verschiedene Formen und Inhalte an. Seine Organisation kann zentral oder dezentral in Verantwortung verschiedener Fachabteilungen liegen. Häufig wird sie im Bereich des strategischen Qualitätsmanagements, direkt der Geschäftsleitung unterstellt, angesiedelt. Für die Datenbeschaffung sind einzelne Bereiche wie das operative Qualitätsmanagement, Finanzcontrolling, Personalbereich, Marketing usw. zuständig. Zu den Aufgaben gehören:

Qualitätscontrolling analysiert übergreifend und strategisch.

- Erfassung der Daten von Geschäftsprozessen und Bildung von Kennzahlen,
- Analyse von Daten und Kennzahlen,
- Bildung von Quality Gates – Meilensteine im Produktlebenszyklus zur Überwachung der Produkt- und Prozessqualität,
- Verfolgung der Zielerreichung, Erarbeitung von Strategien zur Zielerreichung,
- Benchmarking und
- Berichterstattung an die Geschäftsleitung.

Die in einem Unternehmen erhobene Datenmenge ist enorm. Deswegen muss sie zu aussagefähigen Kennzahlen wie Fehlerquote, Reklamationsquote, Durchlaufzeiten, Kundenzufriedenheit, Mitarbeiterzufriedenheit usw. verdichtet werden. Eine besondere Bedeutung wird den qualitätsbezogenen Kosten beigemessen.

9.6.2 Qualitätsbezogene Kosten

Die Kosten für „Qualität“ bzw. „Nichtqualität“ stellen innerhalb eines Unternehmens ein noch unausgeschöpftes Potenzial dar. Kosten, die durch entsprechende Qualitätsmaßnahmen beeinflussbar sind, stecken in allen Bereichen eines Unternehmens. Eine Kostenanalyse ist unumgänglich, um eine Reduktion der Kosten zu erreichen. [Ben9.1]

Kosten von Qualität

Kosten als Investitionen oder als Verluste

Unter „Kosten von Qualität“, die auch als „Kosten der Übereinstimmung“ bzw. **Konformitätskosten** bezeichnet werden, fasst man alle Kosten zusammen, die zur Erfüllung der Kundenforderungen führen und eine einwandfreie Arbeitstätigkeit gewährleisten. Darunter fallen die Fehlerverhütungskosten als Präventivmaßnahmen und die Kosten für die prozessbegleitenden Prüfungen, die aus einer dem Kunden entsprechenden Leistungserstellung resultieren. Die Kosten von Qualität tragen damit unmittelbar zur Wertschöpfung im Unternehmen bei und sind als positive Investitionen in die Schaffung von Qualität anzusehen.

Kosten von Nichtqualität

Die „Kosten von Nichtqualität“ werden auch als „Abweichungskosten“, **Nichtkonformitätskosten** bzw. „Fehlleistungsaufwand“ bezeichnet. Sie entstehen durch zusätzliche Aktivitäten, die über die eigentliche Leistungserstellung hinaus anfallen und für die Behebung vorhandener Abweichungen aufgewendet werden. Die Abweichungen resultieren aus der Nichterfüllung der Kundenforderungen und der Prozessqualität. Zu den Kosten von Nichtqualität ist der Teil der Prüfkosten zu zählen, der durch Sonderprüfungen anfällt. Diese stellen aus Fehlern resultierende zusätzliche Prüfungen dar, wie z. B. das Aussortieren fehlerhafter Produkte. Die Fehlerkosten gelten als weiterer Bestandteil der Kosten von Nichtqualität.

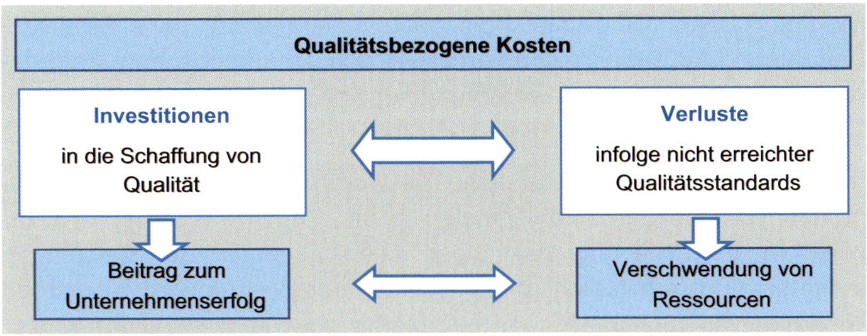

Bild 9.12: Polarisierung des Qualitätskostenblocks [Ben9.1]

Gliederung der qualitätsbezogenen Kosten

Das Bild 9.13 macht den Zusammenhang der traditionellen und der aktuellen Betrachtungsweise der qualitätsbezogenen Kosten deutlich.

Fehlerverhütungskosten (FVK)

Geplante und nicht geplante Kosten

Hierunter sind Kosten zu verstehen, die für fehlerverhütende und fehlervorbeugende Tätigkeiten und Maßnahmen im Zusammenhang mit der Qualitätssicherung entstehen. Sie fallen im Bereich des Qualitätswesens an und darüber hinaus vornehmlich in den Bereichen Entwicklung, Arbeitsvorbereitung, Produktion und Marketing/Vertrieb.

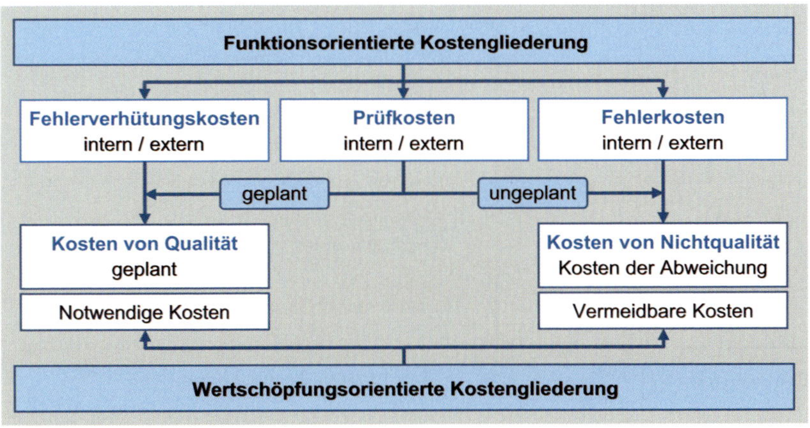

Bild 9.13: Gliederung der Qualitätskostenkategorien [Ben9.1]

Prüfkosten (PK)

Als Prüfkosten werden Kosten bezeichnet, die durch alle **planmäßigen** Qualitätsprüfungen in allen Bereichen entstehen. Sie umfassen vor allem Kosten für eingesetzte Prüfmittel, Personalkosten für die Prüfer sowie Raumkosten für Messeinrichtungen und Personal. Nicht einzubeziehen sind hierbei Wiederholungsprüfungen, Sortierprüfungen und sonstige außerplanmäßige Qualitätsprüfungen. Diese sind den Fehlerkosten zuzuordnen.

Fehlerkosten (FK)

Hierunter fallen alle Kosten, die dadurch entstehen, dass Produkte, Verfahren oder Dienstleistungen nicht den entsprechenden Anforderungen, die an sie gestellt werden, genügen.

Aufgrund des Fehlerentdeckungsortes unterscheidet man weiter in **interne** und **externe** Fehlerkosten. Die Unterscheidung wird damit begründet, dass externe Fehlerkosten in der Regel erst mit erheblicher zeitlicher Verschiebung zum eigentlichen Zeitpunkt der Entstehung auftreten und somit nicht mehr periodengerecht zugeordnet werden können.

Zusammenfassung

Die traditionelle Sichtweise der funktionsorientierten Kostengliederung unter dem Begriff der Qualitätskosten ist zunehmend in Kritik geraten. Die Kritik entzündet sich zum einen an dem Begriff **Qualitätskosten**, der suggeriert, dass Qualität *Kosten* verursacht. Die aktuelle Definition geht davon aus, dass nur ein bestimmter Teil (Kosten von Nichtqualität) für die Entstehung von Kosten verantwortlich ist. Der andere Teil (Kosten von Qualität) ist als eine Investition in die Schaffung von Qualität zu sehen.

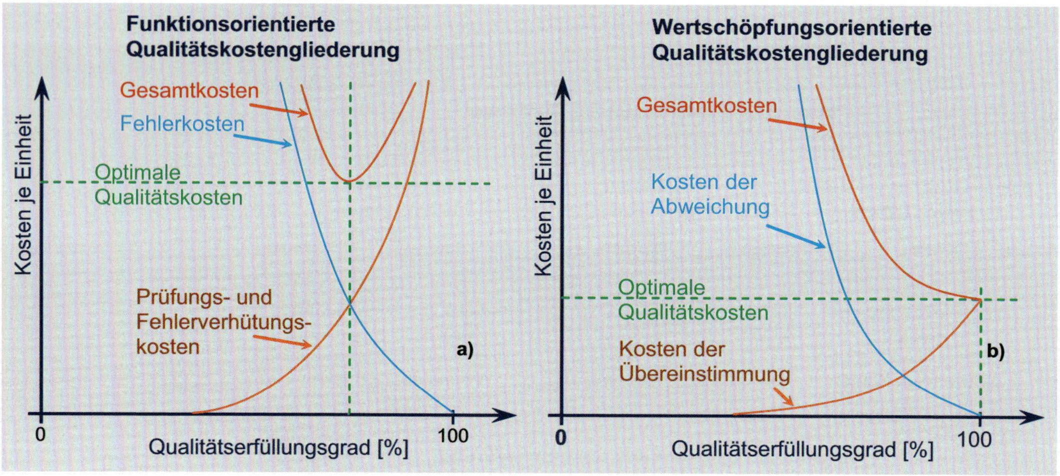

Bild 9.14: Qualitätserfüllungsgrad und Kostenfunktionen

Das ist auch der Grund, warum bei der traditionellen Einteilung der funktionsorientierten Qualitätskosten die kostenoptimale Qualität einen Qualitätserfüllungsgrad von 100 % (Bild 9.14-a) nicht erreichen kann. Die Ursache liegt insbesondere in der einseitigen Zuordnung der Prüfkosten zum Block der Fehlerverhütungskosten. Werden die Prüfkosten entsprechend ihren Wertschöpfungsanteilen jeweils den Übereinstimmungs- bzw. Abweichungskosten zugeordnet, erreicht die kostenoptimale Qualität einen Erfüllungsgrad von 100 Prozent (Bild 9.14-b).

Diesem Aspekt sollte die Umbenennung der Qualitätskosten in qualitätsbezogene Kosten Rechnung tragen. Auf den Begriff Qualitätskosten sollte künftig verzichtet werden.

☑ Lernerfolg

Fragen zum Kap. 9:

Zur Prüfung des Lernfortschritts beantworten Sie folgende Fragen:

1. Nennen Sie Gründe für den Aufbau eines QM-Systems.
2. Woraus besteht ein QM-System?
3. Kann ein genormtes QM-System in einem Unternehmen eingeführt werden?
4. Von welchen Rahmenbedingungen hängt der Aufbau eines QMS-Systems ab?
5. Wovon hängt die Strategie zur Einführung eines QM-Systems ab?
6. Nennen Sie die Projektphasen zur Einführung eines QMS-Systems.
7. Welche Qualitätsnormenreihe hat sich weltweit durchgesetzt?
8. Kann ISO 9000 ff. unabhängig von der Branche eingesetzt werden?
9. Nennen Sie einige wichtige Merkmale eines QM-Systems nach ISO 9000.
10. Warum wird ein Umweltmanagementsystem in Verbindung mit dem QM-System gebracht?
11. Wie sieht der prinzipielle Dokumentenaufbau eines QM-Systems aus?
12. Wozu dient ein Audit?
13. Welche Auditarten kennen Sie?
14. Nennen Sie ein Beispiel für ein externes Audit.
15. Was besagt das ISO-Zertifikat?
16. Ist das ISO-Zertifikat unbegrenzt gültig?
17. Warum strebt man „Integrierte Managementsysteme“ an?
18. Über welche Funktionen verfügt ein CAQ-System?
19. Auf welcher Idee basiert TQM?
20. Nennen Sie einige Aspekte der TQM-Philosophie.
21. Wie wird Business Excellence in Europa umgesetzt?
22. Wie ist das EFQM-Model aufgebaut?
23. Geben Sie die qualitätsbezogenen Kostenarten an und erklären Sie diese.
24. Skizzieren Sie den Verlauf der funktions- und wertschöpfungsorientierten Kosten.

Qualität und Recht

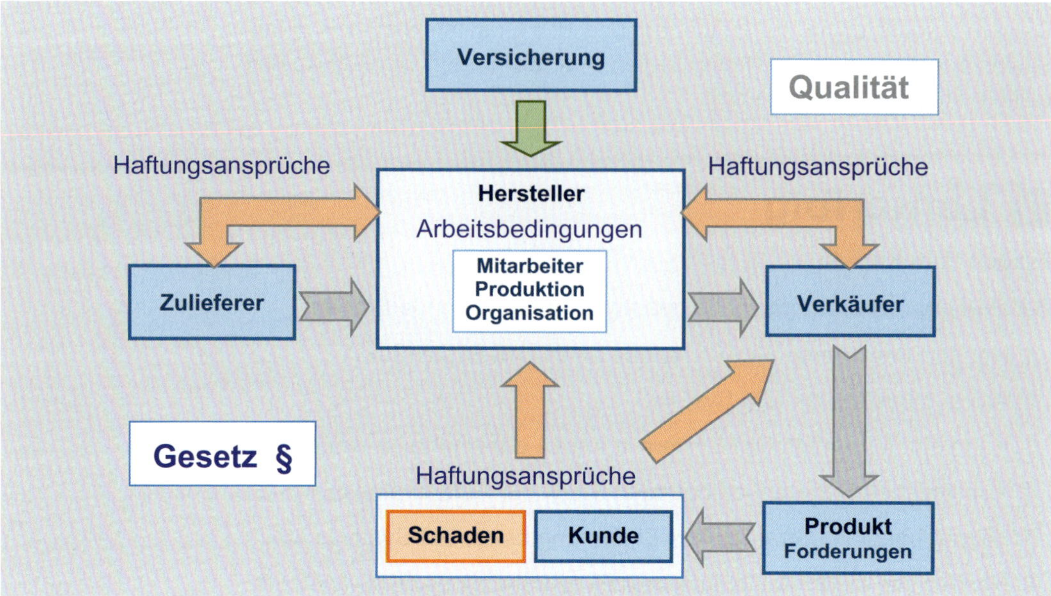

Lernziele:

Qualität ist ein wichtiges Merkmal jedes Produktes. Sie wird durch die Forderungen seitens des Staates nach Sicherheit, aber auch seitens der Kunden hinsichtlich des erwarteten Nutzens geprägt. Aufgrund verschiedener Umstände kann es zu Fällen kommen, in denen Produkte nicht über die von Unternehmen vertraglich zugesicherten Eigenschaften verfügen bzw. gesetzliche Vorgaben einhalten. Wer in solchen Fällen für den Schaden und seine Gutmachung die Verantwortung trägt, regelt der Gesetzgeber.

Auf dem Weg von der Produktentstehung bis zur Inbetriebnahme und zum Gebrauch eines Produktes sind viele Personen, Organisationen und Unternehmen beteiligt. Hersteller mit ihren Mitarbeitern und internen Prozessen, Zulieferer, Handel usw. bilden die Lieferkette bis zum Kunden. Um Rechtssicherheit in Haftungsfällen zu schaffen, hat der Gesetzgeber Regeln aufgestellt, auf deren Grundlage Verträge abgeschlossen und im Schadensfall Haftungsansprüche geregelt werden. Unter Umständen stellt sich auch die Frage nach den Verantwortlichen und ihrer persönlichen Haftung.

Die qualitätsrelevanten unternehmerischen Maßnahmen betreffen weitgehend auch die Arbeitsbedingungen der Mitarbeiter und ihre Rechte wie z. B. die Mitbestimmungsrechte des Betriebsrats.

Ziel dieses Kapitels ist es, die prinzipiellen Beziehungen und gesetzlichen Regelungen zwischen den Vertragspartnern im Schadensfall aufzuzeigen. Darüber hinaus werden arbeitsrechtliche Aspekte erläutert.

10 Qualität und Recht

Qualitätsmanagement hat eine Reihe von Zielen: den Kunden zufriedenzustellen, Kosten zu senken, Einsatzfähigkeit und Sicherheit von Produkten sicherzustellen usw. Zusammengefasst bedeutet es, die gestellten Forderungen zu erfüllen.

10.1 Auswahl der rechtlichen Aspekte

Gesetz schützt vor den Auswirkungen mangelhafter Produkte.

In der Realität gelingt dies aus verschiedenen Gründen nicht immer. Damit stellt sich einerseits die Frage nach Ursachen und anderseits nach Folgen, Verantwortung und nicht zuletzt nach einer Gutmachung. Das Bürgerliche Gesetzbuch (§ 823 BGB) besagt:

Wer vorsätzlich oder fahrlässig das Leben, die Gesundheit, die Freiheit, das Eigentum oder ein sonstiges Recht eines anderen widerrechtlich verletzt, ist dem anderen zum Ersatz des daraus entstandenen Schadens verpflichtet.

Da die Risiken infolge rechtlicher Aspekte nicht unerheblich sind (siehe Kap. 1.3), soll auch der Bereich der betrieblichen Haftpflichtversicherung mit einbezogen werden (Bild 10.1).

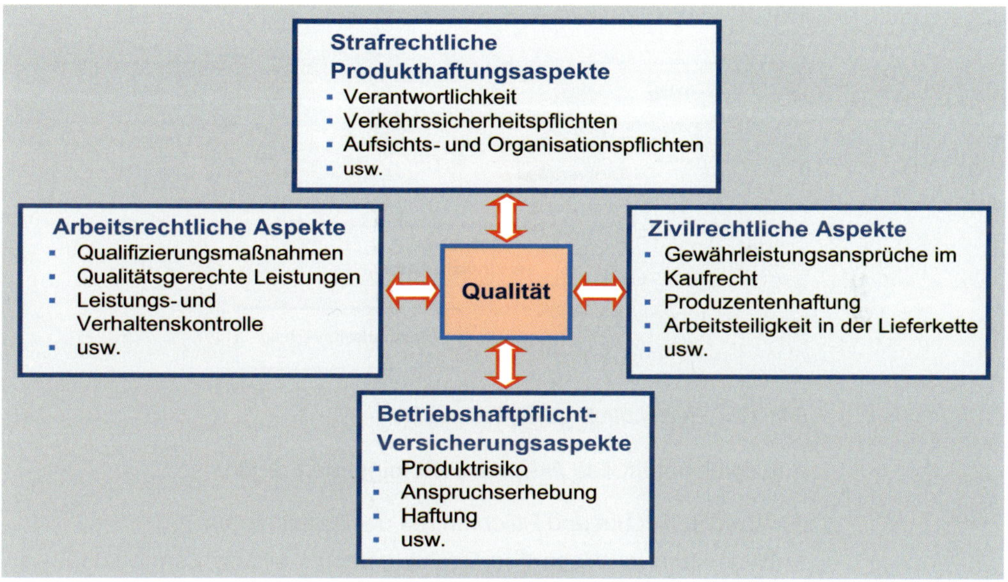

Bild 10.1: Auswahl der rechtlichen Aspekte von Qualität

Unternehmen sind natürlich bestrebt, Qualitätsmängel im Ansatz zu vermeiden. Qualitätsbezogene Maßnahmen betreffen alle Qualitätseinflussfaktoren (6 M), also auch die Mitarbeiter. Fragen der qualitätsgerechten Arbeitsleistungen, der Datenerfassung, der Qualifizierungsmaßnahmen usw. betreffen die *Arbeitnehmerrechte*.

Gesetz berücksichtigt die Belange der Mitarbeiter.

Das Qualitätsmanagement muss auch die rechtlichen Aspekte von Sicherheit und Umwelt berücksichtigen, auf die weiter nicht eingegangen wird.

Das Recht und die damit verbundene Rechtsprechung haben sich über Jahrhunderte entwickelt, und damit hat sich auch eine eigene Terminologie und Denkweise etabliert, die sich in Gesetzen widerspiegelt. Aus diesem Grund und wegen der komplexen Verflechtung der Gesetze und Vorschriften ist es für einen Nichtjuristen kaum möglich, sich zurechtzufinden. Trotzdem sollten wichtige rechtliche Aspekte bekannt sein [StKl07]. Wegen der allgemeinen Verständlichkeit werden sie vereinfacht wiedergegeben.

10.2 Arbeitsrechtliche Aspekte

Rechte und Pflichten stehen im Mittelpunkt arbeitsrechtlicher Aspekte.

Qualität hängt im Wesentlichen vom Mitarbeiterverhalten ab. Ohne das notwendige Engagement der Mitarbeiter kann ein Unternehmen seine Ziele nicht erreichen (Kap. 2.3.1). Deswegen ist das Verhältnis Arbeitgeber – Arbeitnehmer von entscheidender Bedeutung. Für beide Parteien stellt die gesetzliche Grundlage die Rechte und Pflichten als Ausgangsbasis für ein geregeltes Miteinander dar. Damit könnte man sie quasi den Hygienefaktoren nach Herzberg zuordnen [Her68].

Unter dem Qualitätsaspekt ist nahezu das gesamte Arbeitsrecht (siehe Bild 10.2) relevant [Fey97].

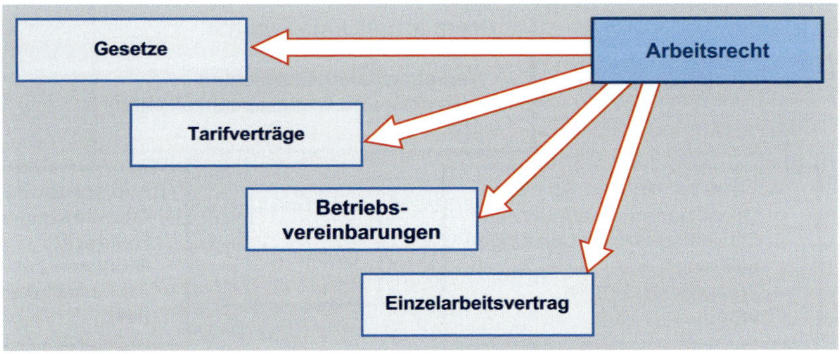

Bild 10.2: Bestandteile des Arbeitsrechts

Prinzipiell betrifft das **Arbeitsrecht** folgende Fragen:

- Welche Rechte und Pflichten hat der Arbeitnehmer?
- Was kann im Wege des Direktionsrechts einseitig angeordnet werden?
- Gibt es tarifliche Bestimmungen oder Betriebsvereinbarungen, die beachtet werden müssen?
- Welche Beteiligungsrechte hat der Betriebsrat?

Gesetze

Gesetze sind vom Staat festgesetzte, rechtlich bindende Vorschriften, die von allen beachtet werden müssen. Das Arbeitsrecht beinhaltet eine Reihe von Gesetzen, die direkt oder indirekt eine Anbindung an das QM aufweisen.

Eines der wichtigsten Gesetze ist das Betriebsverfassungsgesetz BetrVG. Es regelt die Einrichtung und Stellung von Betriebsräten, definiert verschiedene Begriffe wie z. B. den des Arbeitnehmers, behandelt Fragen der betrieblichen Ausbildung, aber auch die Fragen der Mitbestimmung, des Datenschutzes, der Arbeitsbedingungen usw.

Betriebsverfassungsgesetz regelt die Rechte der Mitarbeiter.

Das heutige Qualitätsmanagement basiert auf Datenerfassung und -analyse und den daraus abgeleiteten Maßnahmen. Bei Qualitätszirkeln, Gruppenarbeit, KVP u. a. kommen beispielsweise Informations- und Beteiligungsrechte nach §§ 74 bis 113 in Betracht.

Auch die durchzuführenden qualitätsbezogenen Maßnahmen betreffen meistens die Gestaltung des Arbeitsplatzes, den Arbeitsablauf, die Arbeitsumgebung und somit §§ 90 und 91.

Qualitätsergebnisse sind im Wesentlichen von dem Engagement der Mitarbeiter abhängig. Als Motivationsschub geplante Entlohnungsmaßnahmen bedürfen nach §§ 87 der Mitbestimmung des Betriebsrates. Dieses betrifft aber auch die Leistung- und Verhaltensüberwachung der Mitarbeiter.

Beispiel:

Zur Bestimmung eines Prozesswirkungsgrades muss eine Zeitaufnahme aller Prozessvorgänge durchgeführt werden. Das betrifft auch die Tätigkeit der Mitarbeiter. Auf der Grundlage der erfolgten Analyse plant die Geschäftsleitung die Einführung einer kontinuierlichen Datenerfassung. Die Zeitaufnahme, auch mit einer Stoppuhr, unterliegt der Mitbestimmung nicht. Die Einführung eines Betriebsdatenerfassungs- und -verarbeitungssystems (BDE-System), das von seiner Zweckbestimmung für andere Aufgaben im Betrieb bestimmt ist, fällt jedoch unter die Mitbestimmung nach § 87 Abs. 1, Nr. 1 und Nr. 6 BetrVG, wenn Leistungs- und Verhaltensdaten der Mitarbeiter damit ermittelt und ausgewertet werden können [Fey97].

Anhand der aufgeführten Fälle wird eine umfangreiche Verflechtung zwischen QM und dem Arbeitsrecht deutlich. Weitere Regelungen sind im Arbeitsplatzschutzgesetz ArbPlSchG, im Berufsbildungsgesetz BBiG und in einer Reihe anderer Gesetze zu finden.

Tarifverträge

Tarifverträge legen die Standards für Arbeitsbedingungen fest.

Tarifverträge werden zwischen zwei Tarifparteien ausgehandelt und geschlossen. Bei den Tarifparteien handelt es sich überwiegend um Arbeitgeberverbände und Gewerkschaften einer bestimmten Branche. Als Verbandstarifverträge gelten sie für die Mitglieder der Tarifparteien. Sie werden auch Flächentarifverträge genannt.

In den **Tarifverträgen** werden Mindeststandards für die Arbeits- und Einkommensbedingungen festgelegt. Sie beinhalten Löhne bzw. Gehälter, Arbeitszeiten, Ausbildungsbedingungen, Arbeitsplatzbestandsgarantien, Kündigungszeiten usw. Sie regeln die Rechte und Pflichten der Tarifparteien.

Es werden auch Tarifverträge mit den großen Unternehmen wie z. B. der Volkswagen AG in Form eines Firmentarifvertrages abgeschlossen. Die Laufzeit der Tarifverträge beträgt ein bis zwei Jahre. Allgemeine Betriebsbedingungen werden in Mantel- bzw. Rahmenverträgen mit einer längeren Laufzeit abgeschlossen.

Betriebsvereinbarungen

Eine **Betriebsvereinbarung** ist ein Vertrag zwischen Arbeitgeber und Betriebsrat, der für beide Seiten bindend ist. Auf der Grundlage des Betriebsverfassungsgesetzes werden betriebsspezifische Vereinbarungen getroffen.

Betriebsvereinbarungen betreffen betriebsspezifische Belange.

In Bezug auf das Qualitätsmanagement können sie folgende Themen betreffen:

- Arbeitsorganisation: z. B. Gruppenarbeit,
- Arbeitszeit: z. B. Zeitwirtschaftssysteme,
- EDV-IT: z. B. Personalinformationssysteme,
- Entgelt: z. B. qualitätsorientierte Entlohnung,
- Gesundheit: z. B. Gesundheitsförderung,
- Personalpolitik: z. B. Kompetenzentwicklung,
- Q-Management: z. B. Verbesserungsvorschläge,
- Weiterbildung: z. B. betriebliche Weiterbildung.

Einzelarbeitsvertrag

Arbeitsvertrag ist ein Vertrag zwischen Arbeitgeber und -nehmer.

Ein **Arbeitsvertrag** ist ein Vertrag zwischen dem Arbeitnehmer und dem Arbeitgeber. Er legt den Tätigkeitsbereich fest, regelt die Arbeitszeit, die Entlohnung und weitere Kriterien des Beschäftigungsverhältnisses.

Die qualitätsbezogenen Elemente sind hauptsächlich Bestandteil des Tätigkeits- und Verantwortungsbereichs des Vertrages.

10.3 Strafrechtliche Produkthaftungsaspekte

Strafrechtliche Verantwortung für Schäden aufgrund von Produktfehlern bzw. der Verletzung der Verkehrssicherungspflichten liegt nicht beim

Unternehmen, sondern beruht auf der persönlichen Haftung für eigenes Verhalten, also auf der persönlichen Vorwerfbarkeit [Fey97] (Strafgesetzbuch – StGB, Strafprozessordnung – StPO, Lebensmittel- und Bedarfsgegenständegesetz – LMBG, Gesetz über den Verkehr mit Arzneimitteln – AMG und andere).

Beispiel:

Bei einem Hersteller von Schuh- und Lederpflegeartikeln gingen Schadensmeldungen ein, die über gesundheitliche Probleme wie Atembeschwerden, Husten, Übelkeit, Schüttelfrost, Fieber und teilweise auch lebensbedrohlichen Zustände von Verbrauchern berichteten. Die Geschäftsleitung beschloss erst nach ca. 2 Jahren auf Intervention des Bundesgesundheitsamtes eine Rückrufaktion der betreffenden Produkte, ohne allerdings völlig auf die Weiterverwendung der betroffenen Rezepturen in der Produktion zu verzichten.

Wegen der aufgetretenen Schadensfälle, der Unterlassung des rechtzeitigen Rückrufs der Produkte sowie der Fortsetzung der Produktion wurden die verantwortlichen Geschäftsführer wegen fahrlässiger Körperverletzung zu Freiheitsstrafen von 8 bzw. 12 Monaten auf Bewährung oder Geldstrafen verurteilt. [LgMa90]

Strafrechtliche Verantwortung beruht auf persönlicher Haftung.

Wie das vorliegende Beispiel zeigt, tragen die verantwortlichen Geschäftsführer eine persönliche Verantwortung. Bei einer einstimmigen Entscheidung der Geschäftsleitung haften alle Mitglieder der Geschäftsleitung für die Schadensfolgen der Unterlassung als Mittäter.

Auch bei einer innerbetrieblichen Delegation bleibt die Geschäftsleitung in der Verantwortung. Die Verkehrssicherungspflichten werden zu Aufsichts- und Organisationspflichten. Wegen der Verletzung der Verkehrssicherheitspflichten kann auch ein Mitarbeiter zur Rechenschaft gezogen werden.

Beispiel:

Ein Abteilungsleiter wurde wegen fahrlässiger Tötung und Körperverletzung zu einem Jahr Freiheitsstrafe auf Bewährung verurteilt. Es wurde ihm zur Last gelegt, die Serienfreigabe von Kfz-Reifen, ohne eine Dauer- und Hochgeschwindigkeitsprüfung durchgeführt zu haben, erteilt zu haben. Infolgedessen kam es zu schweren Unfällen mit Toten und Verletzten. [LgMü78]

10.4 Zivilrechtliche Produkthaftungsaspekte

Die Verknüpfung der beiden Disziplinen Qualität und Recht ist eigentlich in allen Bereichen des Miteinanders zu finden. Ob es sich um ein Mietverhältnis oder um einen zu hohen Kraftstoffverbrauch eines Neufahrzeuges handelt, beides betrifft die gestellten Forderungen (Qualität) und das Recht. Also betreffen Gesetze in einem großen Umfang qualitätsrele-

Recht kennt den Begriff Qualität nicht.

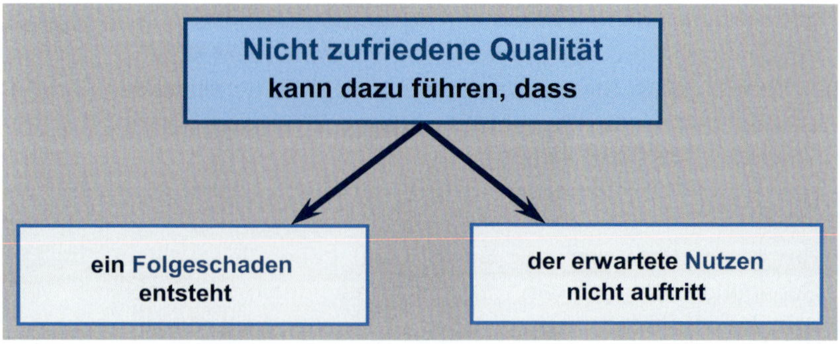

Bild 10.3: Nicht zufriedenstellende Qualität und ihre Folgen

vante Vorgänge, ohne dass die gesetzliche Sprachregelung den Begriff Qualität kennt [GeKo07.5]. Prinzipiell kann zwischen zwei Arten der Folgen von Nichterfüllung der Qualität unterschieden werden (Bild 10.3).

Der Aspekt des Nichtauftretens des erwarteten Nutzens betrifft z. B. die Garantieleistungen, der Aspekt der Folgeschäden die gesundheits- und sicherheitsrelevanten Merkmale. Juristisch ausgedrückt heißt es:

Sorgfalt und Forderungen an die Beschaffenheit betreffen Qualität.

Der Ersteller der Einheit sollte die zumutbare und angemessene Sorgfalt walten lassen, um die Forderung an die Beschaffenheit der Einheit in beiderlei Hinsicht zu erfüllen [GeKo07.5] (in Bezug auf den Nutzen und Folgeschaden).

Daraus folgt, dass Qualitätsmanagement eine Rechtspflicht ist. Einige Beispiele rechtlicher Aspekte wurden im Kap. 1.3.3 aufgezeigt. Es spielen aber nicht nur die angesprochenen Schadenersatzansprüche seitens der Kunden bzw. Sachmängel am Produkt eine wichtige Rolle, sondern auch andere qualitätsrelevante Fragen wie z. B. die Verantwortung und Haftung in der Lieferkette.

Die zivilrechtlichen Haftungsaspekte betreffen eine Reihe von Gesetzen (Bild 10.4). Die Basis stellen Teile des „Bürgerlichen Gesetzbuchs (BGB)“, das Produkthaftungsgesetz (ProdHaftG) und eine Reihe von

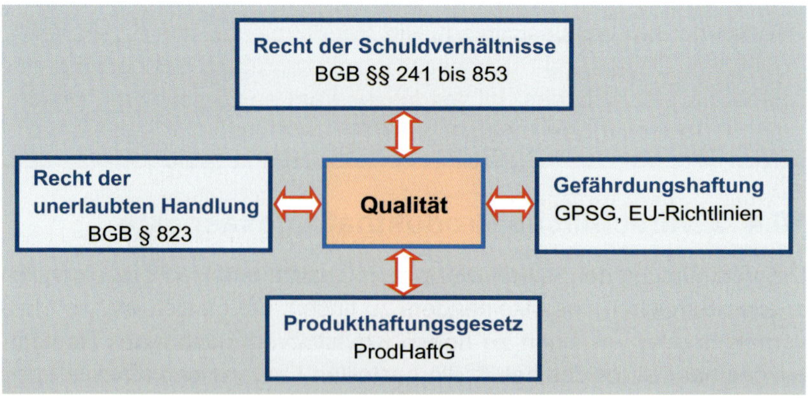

Bild 10.4: Rechtsgrundlagen zur Qualität und Haftung

Sicherheitsvorschriften und Gesetzen wie z. B. das Geräte- und Produktsicherheitsgesetz (GPSG).

Für ein Unternehmen und somit für sein Qualitätsmanagement sind die Haftungssysteme des Rechts von großer Bedeutung. Haftung bedeutet in marktwirtschaftlicher Ordnung eine Korrektur für unnötigerweise gefährliche Produkte [Enst07]. Das Produkthaftungsgesetz (ProdHaftG) definiert nach § 1:

(1) Wird durch den Fehler eines Produktes jemand getötet, sein Körper oder seine Gesundheit verletzt oder eine Sache beschädigt, so ist der Hersteller des Produktes verpflichtet, dem Geschädigten den daraus entstandenen Schaden zu ersetzen. Im Falle der Sachbeschädigung gilt dies nur, wenn eine andere Sache als das fehlerhafte Produkt beschädigt wird und diese andere Sache ihrer Art nach gewöhnlich für den privaten Ge- oder Verbrauch bestimmt und hierzu von dem Geschädigten hauptsächlich verwendet worden ist.

Codex Hammurabi – der Haftungsgedanke ist seit 6 000 Jahren identisch.

Also haftet der Hersteller nicht für das Produkt selbst, sondern für die Folgeschäden. Die maßgebliche Vorschrift der Verschuldungshaftung gem. § 823 Abs. 1 BGB legt den Wortlaut weiter aus, ohne den Hersteller gesondert hervorzuheben. Entsprechend dem ProdHaftG muss der Geschädigte den Fehlernachweis und den Nachweis für die verursachten Folgeschäden erbringen.

(4) Für den Fehler, den Schaden und den ursächlichen Zusammenhang zwischen Fehler und Schaden trägt der Geschädigte die Beweislast.

Das Produkthaftungsgesetz definiert auch weitere Begriffe wie Fehler, Produkt, Hersteller, Händler, Umfang der Ersatzpflicht, Verjährung usw.

Die betroffenen Rechtsgrundlagen wie BGB, ProdHaftG, GPSG usw. werden oft auch nebeneinander wirksam. Aufgrund ihrer Komplexität können nur einige Aspekte erläutert werden. Im Ausland gelten entsprechend die jeweiligen nationalen Gesetze, die beachtet werden müssen.

Allgemeine Haftungsaspekte

- **Haftungsarten** – es wird zwischen der vertraglichen Haftung (grundsätzlich zwischen Vertragspartnern) und der rein gesetzlichen Haftung, Verschuldungs- bzw. Gefährdungshaftung unterschieden.
- Das Recht der unerlaubten Handlung und der Schuldverhältnisse (BGB) ist die Basis für die Haftungsansprüche sowohl für das Nichtauftreten des erwarteten Nutzens (Gewährleistung) als auch für entstandene Folgeschäden. Das Produkthaftungsgesetz (ProdHaftG) regelt spezifiziert ausschließlich die Haftungsfragen für Folgeschäden.

Allgemeine Haftungsaspekte sind Allgemeingut.

- Normalerweise besteht keine Haftung durch den Hersteller gegenüber dem Käufer, da er seine Produkte üblicherweise nicht selbst, sondern über seinen Vertragspartner, den Übergeber (Verkäufer), vertreibt. Der Übernehmer (Käufer) sei grundsätzlich gehalten, sich im Falle einer Mängelhaftung an den Verkäufer zu wenden, da er sein Vertragspartner ist.
- Die Rechte des Übernehmers (Käufers) richten sich nach dem Inhalt des abgeschlossenen Vertrages. Im Falle, dass keine Mängelhaftung vertraglich geregelt ist, kommen gesetzliche Bestimmungen zum Tragen.
- **Gewährleistung** ist das gesetzlich verankerte Recht des Übernehmers (Käufers), vom Übergeber (Verkäufer) ein Einstehen für Mängel an der Sache zu fordern.
- **Garantie** ist eine Erweiterung der Gewährleistungshaftung durch eine Erklärung des Herstellers zugunsten des Käufers. Sie ist ein vertraglich festgelegter Wille, für auftretende Mängel während der Garantiezeit entsprechend den Garantiebedingungen einzustehen.

Beispiel:
VW bietet seinen Kunden eine 3-jährige Garantie gegen Lackmängel und eine 12-jährige Garantie gegen Durchrostung. Es handelt sich um eine freiwillige, aber vertraglich festgelegte Leistung. Meistens sind die Garantieleistungen an bestimmte Bedingungen geknüpft, die bei Nichteinhaltung ein Ausschlusskriterium bedeuten.

Die Aspekte, die der Gesetzgeber beachten muss, sind vielfältig. Aus diesem Grund beinhalten die Rechtsvorschriften verschiedene Definitionen, Gültigkeitsbereiche, Forderungen, Ausnahmen usw. Deshalb stellen folgende Erläuterungen nur einige Eckpunkte der Haftungsproblematik dar. In realen Fällen ist eine genaue Prüfung der Gesetzeslage notwendig.

Rechte des Käufers bei Mängeln der Sache

- Im Falle eines Sachmangels kann der Käufer gemäß § 439 BGB zunächst eine Nacherfüllung (Umtausch oder Mangelbeseitigung) innerhalb einer angemessenen Frist verlangen. Eine unentgeltliche Mangelbeseitigung gilt nach einem erfolglosen 2. Versuch als fehlgeschlagen. Den Begriff Sachmangel legt § 434 BGB fest.

Jeder Käufer sollte seine Rechte kennen.

- Bei einer fehlgeschlagenen Nacherfüllung kann der Käufer gemäß § 440 BGB unter bestimmten Voraussetzungen vom Kaufvertrag zurücktreten oder nach § 441 BGB den Kaufpreis mindern.
- Darüber hinaus gehende Schadensersatzforderungen sind zwar nach § 440 BGB als vergebliche Aufwendungen gesetzlich vorgesehen, setzen aber ein Verschulden des Verkäufers voraus. Dabei wird angenommen, dass der Käufer den Mangel unverzüglich gegenüber dem Verkäufer gerügt hat.

- Die Verjährung der Mängelansprüche, § 438 BGB, erfolgt nach zwei Jahren.
- Übernimmt der Verkäufer oder ein Dritter eine Garantie für die Beschaffenheit der Sache oder eine Haltbarkeitsgarantie, so stehen dem Käufer im Garantiefall gemäß § 443 BGB die Rechte aus der Garantie zu.

Beispiel:
Nach dem Datumswechsel auf das Jahr 2010 konnten wegen eines fehlerhaften Chips des französischen Herstellers Gemalto mit EC- und Kreditkarten keine Transaktionen abgewickelt werden. Das betraf 30 Millionen Karten. Ein Austausch der Karten würde 300 Millionen Euro betragen. Als eine kurzfristige Maßnahme wurden Bankautomaten von der Finanzwirtschaft mit einem Kostenaufwand in dreistelliger Millionenhöhe neu programmiert.

Nun fordern Zahlungsabwickler von dem zentralen Kreditausschuss der deutschen Kreditwirtschaft die entstandenen Kosten zurück. Auch der Hauptverband des deutschen Einzelhandels prüft Schadensersatzforderungen für entstandene Umsatzeinbußen, da Kunden an 200 000 Bezahlterminals im Einzelhandel nicht zahlen konnten. Der kurze Aufriss dieses Vorgangs wirft komplexe rechtliche Fragen in Bezug auf Nachbesserung bzw. mögliche Schadensersatzforderungen und ihre Adressaten auf [FAZ10].

Haftungsansprüche können rechtlich komplex sein.

Pflichten des Herstellers bei Folgeschäden

Im Folgenden wird ausschließlich das ProdHaftG herangezogen, weil es direkt auf die Beziehung Hersteller, Produkt, Kunde abzielt. Im Gesetz werden Produkte als bewegliche Sachen bezeichnet. Haftung kommt zum Tragen, wenn das Produkt bereits bei Inverkehrsbringung (Annahme des Produktes) fehlerhaft war, d. h. von Anfang an.

- Haftbar können gemäß § 4 Hersteller des Endproduktes, des Teilproduktes, Quasihersteller und unter Umständen auch Importeure bzw. Händler gemacht werden.
- Der Hersteller haftet gemäß § 3 grundsächlich nur, wenn seine Produkte nicht die Sicherheit bieten, die ein verständiger und objektiver Verbraucher erwarten kann. Das bedeutet, dass der Hersteller für Schäden nicht haftet, die aufgrund allgemein bekannter Ursachen, wie z. B. Krebserkrankung infolge von Rauchen, beruhen.
- Der Hersteller unterliegt gemäß § 3 während der Produkterstellung einer Reihe von Verkehrssicherheitspflichten, bei deren Verletzung Fehler entstehen und damit zu einer Haftung führen können.

Unternehmensleitung und QM tragen eine weitreichende Verantwortung.

- Der Hersteller hat die Pflicht, für eine Organisation zu sorgen, die das Risiko von Produktfehlern minimiert (Personal, Anweisungen, Ausstattung der Arbeitsplätze, Prüfmittel usw.). Haftungsansprüche können auch durch Konstruktions-, Fabrikations- und Instruktionsfehler entstehen.

- Nach der Inverkehrsbringung des Produktes hat der Hersteller eine Produktbeobachtungspflicht. Sein Handlungsbedarf geht von einer nachträglichen Aufklärung bzw. Warnung bis zum Rückruf des Produktes. Stellt sich nach der Inverkehrsbringung heraus, dass ein Produkt fehlerhaft ist, so muss der Hersteller auch in der laufenden Produktion die Sicherheitsstandards anpassen.
- Der Geschädigte hat die Pflicht, den Beweis für das Auftreten und Entstehen des Fehlers zu liefern. Jedoch muss der Geschädigte nur den Fehler zum Zeitpunkt des Schadens beweisen und nicht zum Zeitpunkt der Inverkehrsbringung. Der Hersteller kann zu seiner Entlastung Beweise für das Vorliegen einer Haftungsbefreiung in Form von Prüfberichten über den damaligen Wissensstand (Stand von Wissenschaft und Technik) u. Ä. vorlegen.
- Gehaftet wird gemäß § 1 für Sachschäden, aber nicht als Ersatz für das Produkt selbst. Infolge einer Körperverletzung wird gehaftet gemäß § 8 für Folgekosten wie Heilungskosten, Rentenansprüche usw. sowie bei Tötung für Beerdigungskosten, Versorgung der Unterhaltsberechtigten usw. Schmerzensgeld wird gemäß § 9 nach freiem Ermessen gewährt.
- Die Haftung des Herstellers erlischt gemäß § 14 zehn Jahre nach der Inverkehrsbringung und kann nicht vertraglich ausgeschlossen werden.

Beispiel:

Ein Säuglings- und Kindernahrungshersteller brachte einen süßen Tee auf den Markt, der anhand einer von ihm vertriebenen Nuckelflasche Säuglingen und Kleinkindern verabreicht werden konnte. Zu einem späteren Zeitpunkt wurde ein Zusammenhang zwischen einem Dauernuckeln des Tees und Kariesbildung nachgewiesen. Das Unternehmen brachte Hinweise auf der Banderole der Teeverpackungen an und ergänzte die Zubereitungshinweise. Aufgrund einer Klage wurde das Unternehmen trotzdem zum Leisten von Schadensersatz verurteilt, weil es seine Produktbeobachtungspflicht verletzt hatte. Es hätte rechtzeitig durch deutliche Etikettaufdrucke auf den Zusammenhang zwischen Kariesbildung und Dauernuckeln hinweisen und damit seiner Warnungspflicht nachkommen müssen. [BGH91]

Spezielle Problematik der Haftung tritt im Verhältnis zwischen einem Endhersteller und seinem Lieferanten auf.

Vertragsgestaltung zwischen dem Hersteller und einem Zulieferer

Die Lieferverträge beinhalten Angaben über die Beschaffenheit der Zulieferprodukte, Menge, Preise, Lieferbedingungen, QS-Vereinbarungen usw. In den QS-Vereinbarungen werden technisch-organisatorische Maßnahmen der Hersteller-Lieferanten-Beziehung festgelegt.

- Sie beinhalten erforderliche Arbeitsschritte und Verhaltensweisen als Leistungsverpflichtung des Zulieferers mit dem Ziel:
  - Voraussetzungen für sichere Prozesse beim Zulieferer zu schaffen,
  - Rationalisierung, indem man notwendige Maßnahmen abstimmt, um z. B. doppelte Prüfungen zu vermeiden,
  - die Qualitätsfähigkeit des Zulieferers zu fördern,
  - Verantwortungsbereiche und Haftungsrisiken des Zulieferers und des Endherstellers festzulegen bzw. zu begrenzen.
- Die Haftung kann in diesem Fall gemäß § 14 ProdHaftG vertraglich durch haftungsbegrenzende Klauseln eingeschränkt, die Verteilung von Prüf- und Kontrollpflichten beschränkt werden.
- Im Rahmen der Rationalisierung, wie das bei Just-in-Time-Produktionen der Fall ist, wird häufig auf die Wareneingangskontrolle beim Hersteller verzichtet. Damit kann der Hersteller seine Rügepflicht nicht wahrnehmen und ist bestrebt, trotzdem die Haftung an den Zulieferer zu verlagern. Die Regelung für die Mängelbehandlung, die Haftungsverantwortung bzw. Regressansprüche versucht man, im Rahmen der QS-Vereinbarungen festzulegen. Für diesen Sachverhalt gibt es verschiedene rechtliche Standpunkte mit hoher Komplexität. Deswegen sollte jede Art der Lieferbeziehungen einer genauen Analyse unterzogen werden.
- Für eine vertragliche Gestaltung ist seitens des Herstellers eine Lieferantenbeurteilung von großer Bedeutung. Sie ist die Grundlage für die Beurteilung eines möglichen Risikos.

Die Qualität der Vertragsgestaltung ist von besonderer Bedeutung.

Beispiel:

Die Firma Kiekert AG stellte 1998 ihre Lieferungen von Türschlössern an den Automobilhersteller Ford aus verschiedenen Gründen ein. Trotz intensiver Verhandlungen gab es keine Einigung, und die Fahrzeugproduktion musste für mehrere Tage unterbrochen werden. Nach Angaben von Ford verursachte der Stillstand eine Umsatzeinbuße von 100 Mio. DM. Infolgedessen drohte Ford mit Regressansprüchen und beantragte eine einstweilige Verfügung, um die „vertragsgemäße“ Lieferung zu erzwingen (AFP/DPA 17.06.1998).

Da beide Parteien unterschiedliche Positionen im Bezug auf das Verschulden des Tatbestandes vertraten, war eine rechtliche Klärung vonnöten.

10.5 Staatliche Vorgaben an die Produktsicherheit

Der Staat hat ein hohes Interesse an der Sicherheit und Gesundheit seiner Bürger. Deswegen sind die Sicherheit und der Gesundheitseinfluss von Produkten, Produktionsmitteln und Gütern aller Art Gegenstand seiner Gesetze und behördlicher Verordnungen. Im Rahmen der EU-Harmonisierung werden auch EU-Richtlinien ins nationale Recht umgesetzt.

Staat schützt seine Bürger vor Auswirkungen mangelhafter Produkte.

Im Vordergrund steht das Vorbeugen von Risiken und ihren Auswirkungen. Diese müssen von Herstellern bzw. Betreibern befolgt werden. Da die Sicherheitsaspekte einen Teil der Qualitätsmerkmale darstellen, sind die Qualität und das Qualitätsmanagement in ihre Erfüllung eingebunden.

Basis der nationalen Rechtsprechung ist das Geräte- und Produktsicherheitsgesetz (GPSG). Es ermächtigt staatliche Organisationen zum Erlass von Rechtsverordnungen zu:

- Forderungen an die Gewährleistung von Sicherheit und Gesundheit, zur Inbetriebnahme, zur Produktionsüberwachung usw.,
- Forderungen an die Gewährleistung von Sicherheit von Produkten und ihren Einfluss auf Gesundheit,
- Forderungen an die Kennzeichnung, Aufbewahrungs- und Mitteilungspflichten,
- CE- und GS-Kennzeichnung,
- Aufsichts-, Überwachungs- und Kontrollorganen und ihrer Tätigkeiten sowie
- Straf- und Bußgeldvorschriften.

Die Rechtsverordnungen beziehen sich häufig auf DIN-, ISO-, CEN- und andere Normen bzw. Richtlinien. Von zunehmender Bedeutung sind die EU-Richtlinien, die ins nationale Recht übernommen werden müssen.

Beispiel:
Die Sicherheit von Druckbehältern ist wegen der Explosionsgefahr von großer Bedeutung. Deswegen wurde die 14. GPSGV – Druckgeräteverordnung – auf der Grundlage der Richtlinie 97/23 EG erlassen. Sie legt z. B. die Voraussetzungen für das Inverkehrbringen eines Druckbehälters fest. Sie verpflichtet den Hersteller zur CE-Kennzeichnung, zu einer EG-Konformitätserklärung sowie einer Betriebsanleitung in deutscher Sprache.

Produkte müssen eine Reihe von Sicherheitsvorschriften erfüllen. Damit äußerlich erkennbar ist, ob alle Vorschriften erfüllt wurden, werden CE- und GS-Kennzeichen vergeben.

CE-Kennzeichnung

Die CE-Kennzeichnung besagt, dass ein Produkt den dem Hersteller von der EU auferlegten Forderungen entspricht. Das bedeutet, dass es allen anzuwendenden Vorschriften entspricht und dass alle Konformitätsverfahren (z. B. Gefährdungsanalyse, Risikobewertung usw.) durchgeführt wurden. Die CE-Kennzeichnung ist für den Warenverkehr in der EU wichtig und für den Hersteller verpflichtend.

CE-Kennzeichnung ist für den EU-Warenverkehr unerlässlich.

GS-Kennzeichnung

GS-Siegel bedeutet Geprüfte Sicherheit. Um das GS-Zeichen erlangen zu können, muss gemäß § 7 GPSG ein Nachweis über die Erfüllung gesetzlich festgelegter Forderungen an die Sicherheit und Gesundheit gebracht werden. In der Regel beantragen die Hersteller freiwillig das GS-Siegel aus Marketinggründen.

GS-Zeichen signalisiert Kunden Sicherheit.

10.6 Betriebshaftpflicht-Versicherungsaspekte

Haftungsrisiken stellen Unternehmen vor ein ernsthaftes Problem. Da nicht erfüllte Qualitätsforderungen oft eine ganze Serie, Produktgruppe usw. betreffen bzw. ein hoher wirtschaftlicher Schaden entstehen kann, können rechtliche Auswirkungen sogar bis zur Insolvenz eines Unternehmens führen. Bedenkt man, um welche Schadensersatzforderungen es sich z. B. in den USA handeln kann (siehe Kap. 1.1.3), ist die Frage nach einer Betriebs- und Produkthaftplichtversicherung mehr als berechtigt.

Betriebs- und Produkthaftpflicht-versicherung ist im Unternehmens-interesse.

Vor dem Abschluss einer Haftpflichtversicherung müssen zentrale Fragen geklärt werden:

- Arten von Risiken,
- Wahrscheinlichkeit des Auftretens und Bewertung von Auswirkungen eines Schadensfalles,
- Gesetzgebung in dem betroffenen Land,
- Wahl eines geeigneten Versicherers,
- Höhe der Versicherungsprämie und ihre Finanzierung,
- Rechtsverteidigungspflicht und Übernahme der Rechtsverteidigungskosten im Schadensfall.

Auch der zuletzt aufgeführte Punkt bedarf gerade für den US-Markt einer besonderen Aufmerksamkeit. Die Verteidigungskosten können astronomische Höhen erreichen.

Betriebshaftpflichtversicherung

Den Haftpflichtversicherungsverträgen liegen normalerweise die Allgemeinen Versicherungsbedingungen für die Haftpflichtversicherung (AHB) zugrunde. Danach sind vertragliche Gewährleistungsansprüche wegen Mängeln ausgeschlossen. Sie beinhaltet im Allgemeinen:

Betriebshaftpflicht-versicherung deckt nur einen Teil der Risiken ab.

- Personen- und Sachschäden infolge mangelhafter Produkte,
- Vermögensschäden aufgrund vorhergegangener Personen- oder Sachschäden.

Beispiel:
Ein Produktionsfehler an Reifen führte zu einem Unfall und Verletzung von mehreren Personen. Die Betriebshaftpflichtversicherung trägt die Genesungskosten, mögliche Rentenansprüche oder sogar Kosten für die Versorgung der Unterhaltsberechtigten im Todesfall.

Die Haftungsrisiken für Unternehmen sind sehr weitreichend. Da Ansprüche infolge von Mängeln nicht gedeckt sind, bietet die Versicherungswirtschaft eine erweiterte Betriebshaftpflichtversicherung an.

Erweiterte Betriebshaftpflichtversicherung

Sie beinhaltet diverse Zusatzversicherungen, die wahlweise abgeschlossen werden können:

- Echte Vermögensschäden: Wenn Mängel an der Lieferung einen wirtschaftlichen Schaden, z. B. Stillstand der Produktion, verursachen.
- Rückrufkosten: Falls ein Produkt aus dem Verkehr genommen werden muss, z. B. Rückrufaktion.
- Verbindungs- und Vermischungsschäden: Wenn aufgrund eines fehlerhaften Grundwerkstoffes bei weiterem Verarbeiten fehlerhafte Produkte entstehen, z. B. bei der Produktion von Babynahrung wird ein kontaminiertes Milchpulver geliefert und verarbeitet.

Erweiterter Versicherungsschutz deckt Produkt-, Produktions- und Lieferrisiken ab.

Weitere Zusatzversicherungen bieten eine breite Skala zur Abdeckung von Haftungsrisiken ab [All08].

Lernerfolg

Fragen zum Kapitel 10:

Zur Prüfung des Lernfortschritts beantworten Sie folgende Fragen:

1. Welche Aspekte der Rechtsprechung betreffen Qualität?
2. Nennen Sie Bereiche des Arbeitsrechts, die in Verbindung zu Qualität stehen.
3. Was regelt das Arbeitsrecht?
4. Nennen Sie einige Beispiele im Zusammenhang Qualität und Arbeitsrecht.
5. Gibt es eine gesetzlich verankerte Pflicht auf Schadensersatz bei vorsätzlichen oder fahrlässigen Handlungen und wenn ja, wer haftet?
6. Wer trägt die Verantwortung und welcher Art bei Unterlassung von Warnungen bzw. Rückrufen von Produkten beim Auftreten von Schäden?
7. Können auch Mitarbeiter strafrechtlich belangt werden und in welchem Fall?
8. Welche zivilrechtlichen Auswirkungen kann ein Schadensfall hervorrufen?
9. Welche zwei Haftungsarten gibt es?
10. Wer haftet und wie im Schadensfall?
11. An wen muss sich der Käufer im Schadensfall wenden und warum?
12. An wen wendet sich der Kunde beim Mangel an dem Produkt und warum?
13. Kann der Kunde eine Nacherfüllung (Mangelbeseitigung oder Umtausch) fordern?
14. Wer hat die Pflicht, den Beweis des Auftretens eines Fehlers und zu welchen Zeitpunkt zu führen?
15. Kann der Hersteller eine Haftungsbefreiung erlangen und wie?
16. Welche Pflicht hat der Hersteller, wenn sich seine Produkte auf dem Markt befinden?
17. Ist das Qualitätsmanagement eine Rechtspflicht?
18. Was beinhalten QS-Vereinbarungen?
19. Was besagt die CE-Kenzeichnung?
20. Deckt die Betriebshaftpflichtversicherung alle Schadensfälle ab?

Literaturverzeichnis

[All08] Qualität ist nicht alles. Allianz Versicherungs-AG, FH-0189ZO-0/02 vom 2.1.08

[Bay9.1] Bayerisches Staatsministerium für Wirtschaft, Infrastruktur, Verkehr und Technologie: Integriertes Managementsystem, 2003

[Baz03] Bazlen, J.: Kaizen als Optimierungswerkzeug in komplexen Produktionssystemen, Diplomarbeit 2003, FH Gießen-Friedberg, FB WI, Q45

[BeLu01] Benes, G.; Lutz, D.; Vossebein, U.; Werthebach, M.: Der menschliche Faktor. QZ (2001)12, S. 1525–1529

[BeLu02] Benes, G.; Lutz, D.; Werthebach, M.: Mensch und Qualität – Qualitätssteigerung durch gezieltes Kompetenz- und Motivations-Management, Winner's Conferece 2002, Kongressband DGQ-EFQM-QZ, 11. und 12.3.2002

[Ben9.1] Benes, G.; Groh, P.; Mildenberger, H. J.; Vossebein, U.: Kosten-Nutzen-Analyse als Instrument des Qualitätsmanagements. Kissingen: WEKA MEDIA, 2004

[BeNa94] Benes G.; Nau M.: Überwachung von Produktentwicklungen im Rahmen der Produktplanung. VDI-Fortschrittsberichte Reihe 1, Nr. 238, VDI-Verlag 1994, S. 15

[BeSu04] Benes, G.; Surma, S.: Forschungsprojekt „Mensch und Qualität". BMBF-AiF, FKZ: 1701502, S. 71, Dezember 2004

[Bene02] Benes. G.: Der Erfolgsfaktor Mensch. In „Firmenkultur". Hrg. Goethe-Institut Prag 2002, S. 111 bis 130

[Bes7.17] J. Besier – Training & Beratung: Seminar: „Der Kundenexperte der Zukunft!"; Biebertal, 2009

[BeSa81] Beckerath, P. G.; Sauermann, P.; Wisswede, G.: Handwörterbuch der Betriebspsychologie. Stuttgart: Lucius & Lucius, 1981

[BeSc05] Benes, G.; Schrödter, R.: Komplexität beherrschen. QZ (2005)12, S. 29–33

[BeSu04] Benes, G.; Surma, S.: Ist der Humanfaktor kalkulierbar? QZ 49(2004), S. 32–37

[BeVo1.0] Benes, G., Vossebein, U.: QM-Systeme im Mittelstand – eine empirische Analyse. VDI-Fortschrittberichte, Reihe 2, Nr. 465. Düsseldorf: VDI-Verlag, 1998

[BGH91] BGH-Urteil vom 12.11.1991: BGHZ 116, 60 – VI ZR 7/91 = NJW 1992, 560

[BrDz96] Brechmann, G.; Dzieia, W.; Hörnemann, E.: Elektrotechnik – Tabellen Kommunikationselektronik. Braunschweig: Westermann, 1996

[BrFr08] Brunner, F. J.: Japanische Erfolgskonzepte. München: Carl Hanser Verlag, 2008

[BrRi7.13] Brassard, M.; Ritter, D.: Der Memory Jogger. Ein Taschenbuchführer mit Werkzeugen für kontinuierliche Verbesserung und erfolgreiche Planung. Methuen (USA): GOAL/QPC, 1994, S. 39

[BuAu2008] Bundesagentur für Außenwirtschaft, Berlin, 2008

[BuMa08] Bundesanstalt für Materialforschung und -prüfung, Berlin, 2010

[Bur07] Burghardt, M.: Einführung in Projektmanagement. München: Publicis Corporate Publishing, 2007

[ChCo95] Chrysler Corporation, Ford Motor Company, General Motor Corporation: Fehler-Möglichkeits- und -Einfluss-Analyse (FMEA): QS 9000: Potential Failure Mode and Effects Analysis. 2. Ausgabe, 1995

[CzGe53] Czauderna, Geiselhöring: Qualitätsmanagement „Methoden und Werkzeuge zur Planung und Sicherung der Qualität. Kapitel 5/3 QFD – Quality Function Deployment, Augsburg: WEKA

[DBZ] Deutsches Benchmarking Zentrum, Berlin, 2010

[Dem82] Deming, W. E.: Quality, Productivity and Competetive Position. Massachusetts: Institute of Technology, 1982

[DeTe7.25] Akademie der Führungskräfte: Marketing; Deutsche Telekom, Bonn, 1995

[DGQ7.11] Deutsche Gesellschaft für Qualität e. V.: SPC 1; Statistische Prozesslenkung. Berlin: Beuth, 1990 (DGQ; 16–31)

[DGQ7.12] Deutsche Gesellschaft für Qualität e. V.: SPC 2; Qualitätsregelkartentechnik. Berlin: Beuth, 1995 (DGQ; 16–32)

[DIN 131] DIN 1319-1, Kapitel 2, Nr. 1.1. Bemerkungen 1. Definition des Begriffs „Messgröße“

[DIN 132] DIN 1319-1, Kapitel 2, Nr. 1.1. Bemerkungen 2. Definition des Begriffs „Messgröße“

[DIN 133] DIN 1319-1, Kapitel 2, Nr. 1.2. Bemerkungen 2. Definition des Begriffs „Messgröße“

[DIN 39] DIN ISO 3951-1:2008-03, Verfahren für die Stichprobenprüfung anhand quantitativer Merkmale (Variablenprüfung) – Teil 1: Spezifikation für einfache Stichprobenanweisungen für losweise Prüfung, geordnet nach der annehmbaren Qualitätsgrenzlage (AQL) für ein einfaches Qualitätsmerkmal und einfache AQL (ISO 3951-1: 2005). Berlin: Beuth, 2008

[DIN 40] DIN 40041: 1990-12: Zuverlässigkeit; Begriffe. Berlin: Beuth

[DIN 55] DIN 55350-33: 1993-09: Begriffe zu Qualitätsmanagement und Statistik; Begriffe der statistischen Prozesslenkung (SPC). Berlin: Beuth

[DIN 553] DIN 55350-11-08: 1995-08: Begriffe zu Qualitätsmanagement und Statistik. Berlin: Beuth

[DIN 55350-14] DIN 55350-14: 1095-12: Begriffe der Qualitätssicherung und der Statistik: Begriffe der Probeentnahme

[DiSc7.12] Dietrich, E.; Schulze A.: Statistische Verfahren zur Maschinen- und Prozessqualifikation. München: Carl Hanser Verlag, 1996, S. 150

[DiSc7.13] Dietrich, E.; Schulze, A.: Statistische Verfahren zur Maschinen- und Prozessqualifikation. München: Carl Hanser Verlag, 1996, S. 128

[D ISO 2859-1] DIN ISO 2859-1:2004-01: Annahmestichprobenprüfung anhand der Anzahl fehlerhafter Einheiten oder Fehler – Teil 1

[DQS 9.1] DQS GmbH, Deutsche Gesellschaft zur Zertifizierung von Managementsystemen, Frankfurt am Main. www.dqs.de

[EFQM 99] Das EFQM-Modell für Excellence, EFQM, Brüssel, 1999

[Enst07] Ensthaler, J.: Qualitätsmanagement und Recht, in Handbuch Qualitätsmanagement. Hrg. Pfeifer T.; Schmitt R.: München: Carl Hanser Verlag, 2007, S. 126

[EuBl08] www.europa-auf-einen-blick.de/grossbritannien/wirtschaft.php; Stand 2008

[EuPa06] Europäisches Parlament: Richtlinie 2006/42/EG

[ExBa03] DGQ – Deutsche Gesellschaft für Qualität e. V., forum! GmbH marketing + comunikations, Mainz, S. 19 bis S. 39

[FaLi01] Fachliteratur für statistische Methoden: Rinne, H.; Mittag, H.-J.: Statistische Methoden der Qualitätssicherung. München: Carl Hanser Verlag, 1995;

Linß, G.: Statistiktraining im Qualitätsmanagement. Leipzig: Fachbuchverlag, 2006

[FAZ10] Einzelhandel will Schadensersatz von Banken. Frankfurter Allgemeine Zeitung, 7. Januar 2010, Nr. 5, Seite 9

[Fey97] Feyerabend F.-K.: Basiswissen zum Recht der Qualitätsorganisation. In Qualitätsmanagement als interdisziplinäres Problem. Hrg. Benes, G.; Feyerabend, F.-K.; Vossebein, U.: DUV, 1997

[Foc7.17] Flop Brainstorming, FOCUS Nr. 5 (2009)

[FoQu96] Forschungsgemeinschaft Qualitätssicherung e. V. (FQS): Qualitätssicherung bei der Überleitung von QFD-Information in die rechnerunterstützte Konstruktion als Teil des Projektmanagements. Berlin: Beuth, 1996, S. 18

[FrWi98] Fremdwörterbuch Wirtschaft. Weyarn: Seehamer, 1998

[Gar84] Garvin, D. A.: What Does „Product Quality" Really Mean?. Harvard University, Sloan Management Review, 1984

[GeCo98] Gemini Consult: Internationale Studie: „Was erwarten Mitarbeiter von ihren Job?", 1998, www.geminiconsulting.de

[GeKo07.0] Geiger, W.; Kotte, W.: Handbuch Qualität. Wiesbaden: Vieweg, 2007

[GeKo07.1] Geiger, W., Kotte, W.: Handbuch Qualität. Wiesbaden: Vieweg, 2007, S. 150

[GeKo07.2] Geiger, W., Kotte, W.: Handbuch Qualität. Wiesbaden: Vieweg, 2007, S. 153

[GeKo07.3] Geiger, W., Kotte, W.: Handbuch Qualität. Wiesbaden: Vieweg, 2007, S. 200

[GeKo07.4] Geiger, W., Kotte, W.: Handbuch Qualität. Wiesbaden: Vieweg, 2007, S. 107

[GeKo07.5] Geiger, W., Kotte, W.: Handbuch Qualität. Wiesbaden: Vieweg, 2007, S. 133

[GeKo07] Geiger, W., Kotte, W.: Handbuch Qualität. Wiesbaden: Vieweg, 2007, S. 30

[GiKä07] Gienke, H.; Kämpf, R. (Hrsg.): Handbuch Produktion. München: Carl Hanser Verlag, 2007

[Her68] Herzberg, F.: One more time: How do you motivate employees?. Harward business Review 46, 1968, Nr. 1, S. 57

[HeWa95] Herrmann J.; Walter T.: TQM – Verständnis und Umsetzung. QZ 40(1995), S. 922–925

[ILOI97] ILOI: Management of Change, Erfolgsfaktoren und Barrieren organisatorischer Veränderungsprozesse. München, 1997

[ISO 2859-0] ISO 2859-0: 1995-08: Annahmestichprobenprüfung anhand der Anzahl fehlerhafter Einheiten oder Fehler; Einführung in das System der Annahmestichprobenprüfung nach ISO 2859

[ISO 2859-1] ISO 2859-1: 1993-04: Annahmestichprobenprüfung anhand der Anzahl fehlerhafter Einheiten oder Fehler; Nach der annehmbaren Qualitätsgrenzlage (AQL) geordnete Stichprobenanweisungen für die Prüfung einzelner Lose anhand der Anzahl fehlerhafter Einheiten oder Fehler

[ISO 2859-2] ISO 2859-2: 1993-04: Annahmestichprobenprüfung anhand der Anzahl fehlerhafter Einheiten oder Fehler; Nach der rückzuweisenden Qualitätsgrenzlage (LQ) geordnete Stichprobenanweisungen für die Prüfung einzelner Lose anhand der Anzahl fehlerhafter Einheiten

[ISO 2859-3] ISO 2859-3: 1995-02: Annahmestichprobenprüfung anhand der Anzahl fehlerhafter Einheiten oder Fehler; Skip-Lot-Verfahren

[ISO 8402] DIN ISO 8402, Qualitätsmanagement, Begriffe. Berlin: Beuth, 1995

[ISO 9000] DIN EN ISO 9000:2005: Qualitätsmanagementsysteme: Grundlagen und Begriffe. Berlin: Beuth, 2005

[ISO 9001] DIN EN ISO 9001:2008: Qualitätsmanagementsysteme: Anforderungen. Berlin: Beuth, 2008

[ISO 9004] DIN EN ISO 9004:2009: Leiten und Lenken für den nachhaltigen Erfolg einer Organisation – Ein Qualitätsmanagementansatz (ISO 9004:2009). Berlin: Beuth

[KaBr07] Kamiske, G. F.; Brauer J.-P.: Qualitätsmanagement von A bis Z. München: Carl Hanser Verlag, 2007, S. 403

[Kam7.20] Kamiske, G. F.: Die Hohe Schule des Total Quality Management. Berlin: Springer, 1994, S. 365

[Kano84] Kano, N.: Attractive Quality and Must-be Quality. Journal of the Japanese Society for Quality Control, (1984)4, S. 39–48

[KaTh95] Kamiske, G. F.; Theden, P. H.: Einsatzpotentiale von Qualitätstechniken. ZWF (1995) 11

[KaUm08] Kamiske, G. F.; Umbreit, G.: Qualitätsmanagement – eine multimediale Einführung. Leipzig: Fachbuchverlag, 2008

[Kras98] Krasel, J.: Erfassung von Qualitätskosten. Diplomarbeit 1998, FH Gießen-Friedberg, FB WI, Q 36

[KrQu94] Kraft, M.; Quentin, H.: Poka-Yoke. Fehler frühzeitig und systematisch vermeiden. Qualität und Zuverlässigkeit, 39(1994)5, S. 534

[Lei7.13] Leist, R.: QM-Methoden. Augsburg: WEKA 1997, Kapitel 8

[Lei96] Leist, R.: Qualitätsmanagement. Augsburg: WEKA, 1996, Kap. 2/5.3, S. 2

[LEP 2010] Initiative Ludwig-Erhard-Preis – Auszeichnung für Spitzenleistungen im Wettbewerb e. V. (ILEP). www.ilep.de/, 2010

[LgMa90] Landgericht Mainz, Gerichtsurteil vom 6. Juli 1990 g. S. u. a. – 2 StR 549/89 – Landgericht Mainz

[LgMü78] Landgericht München, Urteil vom 21.04.1978, siehe Schmidt-Salzer: Entscheidungssammlung zur Produkthaftung Band IV Loseblattsammlung, S. 296 ff.

[Li9.1] Linß, G.: Qualitätsmanagement für Ingenieure. Leipzig: Fachbuchverlag, 2011

[MaKr03] Magnusson, K.; Kroslid, D.; Bergman B.: Six Sigma umsetzen. München: Carl Hanser Verlag, 2003, S. 44

[MaWe98] Maidhof, V.; Werhand, P.: Qualitätsmanagement-Methoden und ihre Anwendung, Diplomarbeit, 1998, FH Gießen-Friedberg, FB WI, Q31, S. 28

[MaWe7.3] Maidhof, V.; Werhand, P.: Qualitätsmanagement-Methoden und ihre Anwendung, Diplomarbeit, 1998, FH Gießen-Friedberg, FB WI, Q31, S. 92

[MeGr94] Metzger, R.; Gründler, H. C.: Zurück auf Spitzenniveau. Frankfurt: Campus, 1994, S. 54

[Mon91] Montgomery, D. C.: Design and Analysis of Experiment. New York: Wiley, 1991, S. 415

[MST5.2] Marciniak, F.; Scharnagel, A.; Tönnissen, F. J.: Qualitätsmanagement – Methoden und Werkzeuge zur Planung und Sicherung der Qualität. Kapitel 2/5.5 Qualitätszirkel, S. 7. Augsburg: WEKA, 1994

[Neu96] Neumann, A.: QFD – Qualitätsplanung für Serienprodukte. Aachen: Shaker, 1996

[NoKö06] Nolden, R.-G.; Körner, P.; Bizer, E.: Management im Industriebetrieb. Troisdorf: Bildungsverlag EINS, 2006

[Pa71] Papula, L.: Mathematik für Ingenieure und Naturwissenschaftler. Wiesbaden: Vieweg, 1994

[PaBe03] Pahl, G.; Beitz, W.: Konstruktionslehre, Methoden und Anwendungen. Berlin: Springer, 2003

[Pea02] Peace, G.: Six Sigma Training für Green Belts. Edition 10/2002, Block 1, Kap. 8 – S. 22

[PeCo98] PersonalConsult: Handbuch ’98 – Personalmanagement, Deutsche Telekom AG, 1998

[Pfei04] Pfeifer, T.: Expertengespräch, 06/2001, S. 723

[Pfei7.30] Pfeifer, T.: Qualitätsmanagement, Strategien, Methoden, Techniken. München: Carl Hanser Verlag, 1995, S. 539

[Pfei7.31] Pfeifer, T.: Qualitätsmanagement, Strategien, Methoden, Techniken. München: Carl Hanser Verlag, 2001

[PhBe09] Phillipp, A.; Benes G.: Eingriffe ins Räderwerk. QZ (2009), S. 26–30

[PrCo01] Proudfoot Consulting: Globale Produktivitätsstudie 2001, Frankfurt 2001

[PSM07] Pfeifer, T.; Schmitt, R.: Masing – Handbuch Qualitätsmanagement. München: Carl Hanser Verlag, 2007, S. 443

[QAge95] Q-Agenda 95, Das Jahrbuch zur Qualität. Gossau (CH): Reaprint, 1995

[Que01] Quellen: ZDF; www.faz.net, 2004; www.lufthansa-cargo.com; SPIEGEL ONLINE 2004

[Ren03] Renno, E.: Von der Statistik zur Qualität. QZ 48(2003)4, S. 310

[RiBu1830] Ritter von Burg, A.: Kupfer zu Burgs Mechanik, ca. 1830

[SaKu97] Saatweber, J.: Kundenorientierung durch Quality Function Deployment. Kapitel 1.8 Verkürzung der Entwicklungszeit durch QFD. München: Carl Hanser Verlag, 1997

[Schö00] Schönleben, P.: Integrales Logistikmanagement – Planung und Steuerung von umfassenden Geschäftsprozesse. Berlin: Springer, 2000

[Sne99] Snee, R.: Why should Statisticians pay attention to Six Sigma – An examination to their Role in the Six Sigma Methodology. In: Quality Progress. Milwaukee 32(1999)9, S. 100–103

[Sta97] Stahl, P.: Die Qualitätstechnik FMEA als Lerninstrument in Organisationen. Wiesbaden: Gabler, 1997, S. 15

[StKl07] Stempfle, Ch.; Klindt, Th.: Juristische Produktverantwortung. In: Pfeifer, T.; Schmitt, R. (Hrsg.): Handbuch Qualitätsmanagement. München: Carl Hanser Verlag, 2007, S. 790

[Tea1.12] www.teachsam.de/arb/krea/krea_brainst_0.htm, 16.09.2009

[ThCo7.12] Theden, Ph.; Colsman, H.: Qualitätstechniken: Werkzeuge zur Problemlösung und ständigen Verbesserung. Hrsg.: Gerd F. Kamiske. München: Carl Hanser Verlag, 1997, S. 20

[ThCo7.13] Theden, Ph.; Colsman, H.: Qualitätstechniken: Werkzeuge zur Problemlösung und ständigen Verbesserung. Hrsg.: Gerd F. Kamiske. München: Carl Hanser Verlag, 1997, S. 23

[ThCo7.14] Theden, Ph.; Colsman, H.: Qualitätstechniken: Werkzeuge zur Problemlösung und ständigen Verbesserung. Hrsg.: Gerd F. Kamiske. München: Carl Hanser Verlag, 1997, S. 21

[Thom7.17] Thompson, L.: Ja, aber ...; Knaur Verlag (1995)

[Tom95] Tomys, A.-K.: Kostenorientiertes Qualitätsmanagement, Qualitätscontrolling zur ständigen zur ständigen Verbesserung der Unternehmensprozesse. München: Carl Hanser Verlag, 1995, S. 98

[Töp04] Töpfer, A.: Six Sigma – Projektmanagement für Null-Fehler-Qualität in der Automobilindustrie. In: ZfAW, Ausgabe 2/2004, S.13–24

[UNE66] UNE 66174:2003-11, Guide for the assessment of quality management system

[VDA96] VDA – Verband der Automobilindustrie e. V.: Sicherung der Qualität vor Serieneinsatz: Teil 2: System-FMEA. Frankfurt: VDA, 1996 (Band 1)

[Wag01] Wagner, K. W.: PQM-Prozessorientiertes Qualitätsmanagement, Leitfaden zur Umsetzung der ISO 9001:2000. München: Carl Hanser Verlag, 2001

[Zip98] Zipse, M.: Qualitätspreise, Diplomarbeit, 1998, FH Gießen-Friedberg, FB WI, Q 34

Anhang: Lernerfolg – Lösungen

Antworten zum Kap. 1:

1. den Marktforderungen
2. TQM leben
3. alle, auch kleine und mittelständische Unternehmen
4. Kosten, Zeit und Qualität
5. umfassende Art der Unternehmensqualität: Flexibilität, Service, ...
6. konsequente Ausrichtung entsprechend den Bedürfnissen des externen und internen Kunden
7. Marktanteil, Konkurrenz, Preis, Kunde, Zufriedenheit, ... (siehe Bild 1.1)
8. klare Entscheidungen, Planung, Informationswege, ... (siehe Bild 1.6)
9. Reklamationen, Kundenvertrauen, Haftung, Nacharbeit, Marktverlust, ...
10. Taylorisierung: Arbeitsteilung
11. Trennung der Produkterzeugung und Qualität: Kontrolle
12. Versorgungsphase, Wachstumsphase, Qualitätsphase, Globalisierungsphase (siehe Bild 1.23)
13. Produktorientierung ↔ Absatzorientierung; Mangel ↔ Überangebot; Bedarf ↔ Prestige; Stückzahl ↔ Qualität; ... (siehe Bild 1.24)
14. gesättigter Markt: Kunde bestimmt die Q-Forderungen; ungesättigter Markt: Hersteller bestimmt die Q-Forderungen
15. wegen nicht ausreichender Wirtschaftlichkeit
16. Kunde, Allgemeinheit, Produzent (siehe Bild 1.25)
17. ja, kaum höhere Kosten, ein höherer durchsetzbarer Preis, höhere Rentabilität
18. z. B: Reklamationen → Produkthaftung → Image (siehe Tabelle 1.2)
19. Lebensniveau, Ressourcen, globale Sicherheit, Klima und Umwelt (siehe Bild 1.29)
20. Unternehmenspolitik, Führungskompetenz, MA-Orientierung, ... (siehe Bild 1.30)

Antworten zu den Kap. 2.1 und 2.2:

1. Ziele, Ressourcen, Strategien, Produktionsfaktoren, ... (siehe Bild 2.5)
2. Sie beinhaltet festgelegte Forderungen (z. B. Funktion, Sicherheit, Toleranzen, Mindestfestigkeit ...) und vorausgesetzte Aspekte (Einhaltung der Termine, ...). Es handelt sich um inhärente Merkmale.
3. Produktqualität, Prozessqualität, Systemqualität
4. Die Qualität ist umso höher, je niedriger die Verluste für die Gesellschaft sind.

5. Qualität ist nichts Absolutes, sie setzt sich aus der Summe einzelner Forderungen zusammen.
   Qualität ist keine physikalische und keine binäre Größe.
   Jede Qualitätseigenschaft kann sich kontinuierlich auf die Qualität auswirken.
6. von der Allgemeinheit, dem Markt, dem Unternehmen
7. gesetzliche Vorschriften, soziale Aspekte, Umwelt- und Klimaschutz
8. Marktmerkmale: Nachfrage, Preis, Qualität, Unternehmensstrategie, ... (siehe Bild 2.4)
9. Das Kano-Modell unterstellt den Zusammenhang zwischen der Kundenzufriedenheit und den Qualitätsmerkmalen. Die vier Merkmalsklassen geben die unterschiedliche Bedeutung und Gewichtung für die Kundenzufriedenheit an. Durch entsprechende Erfüllung der Forderungen steigt die Kundenzufriedenheit (siehe Bild 2.6).
10. Qualität entsteht in allen Unternehmensbereichen. Ihre Entstehung wird im Qualitätskreis verdeutlicht. Die Struktur des Qualitätskreises richtet sich nach den jeweiligen Gegebenheiten im Unternehmen (siehe Bild 2.7).

Antworten zu den Kap. 2.3 und 2.3.1:

11. von mehreren Einflussfaktoren; 7 M; Faktoren wirken gleichzeitig und voneinander unabhängig; ein Faktor kann zur Nichterfüllung der Forderungen führen.
12. 7 Bereiche der Einflussfaktoren: Mensch, Maschine, ... (siehe Bild 2.9)
13. eine zentrale Rolle, ohne sein Mitwirken sind Ziele nicht zu erreichen
14. wirtschaftlicher Wandel, Globalisierung, ... (siehe Bild 2.11)
15. Informationsbeschaffung und -verarbeitung, Interdisziplinarität, Komplexität, Leistungsdruck, ... (siehe Bild 2.13)
16. Einklang vom Berufs- und Privatleben, Freude an der Arbeit, ... (siehe Bild 2.15)
17. fehlende Motivation, Angst vor Neuerungen, ...
18. Berücksichtigung der sozialen Bedürfnisse und der MA-Wünsche, Abbau von Barrieren, bessere Qualität (siehe Bild 2.17)
19. Q-Politik, Prozesse, Zulieferer, Kunde, … (siehe Bild 2.19)
20. Die Geschäftsleitung legt die Vorgaben fest und lebt sie vor.
21. das direkte Verhalten des Vorgesetzten und sein Vorleben der Q-Politik
22. der Mitarbeiter
23. indem die Entwicklung der einzelne Merkmale des MA-Verhaltens seitens der Vorgesetzten gefördert wird
24. partizipativer Führungsstil; Coaching, Partizipation, Förderung, ...
25. mit Coaching führen, mit Zielen motivieren, Q-Politik aktiv betreiben, ... (siehe Bild 2.29)

Antworten zu den Kap. 2.3.2 bis 2.3.4:

26. Antriebsmaschinen (z. B. eine Dampfturbine), Arbeitsmaschinen (z. B. eine Pumpe)
27. schlechtere Energieumwandlung, Funktion, Sicherheit, Handhabung, Umwelt ...

28. nach seiner Beschaffenheit und seinen Eigenschaften
29. Eignung für den Verwendungszweck, Betriebsfestigkeit und -sicherheit, ...
30. eine planmäßige, folgerichtige Vorgehensweise, um ein Ziel zu erreichen

Antworten zu den Kap. 2.3.5 bis 2.3.7:

31. m, kg, s, A, K, mol, cd
32. Eine Messung ist das Ausführen von geplanten Tätigkeiten zu einer quantitativen Aussage über die Messgröße durch Vergleich mit einer Einheit.
    Unter Bewertung versteht man die Einschätzung des Wertes oder der Bedeutung eines Sachverhaltes oder Gegenstandes.
33. qualitative Merkmalsprüfung → Einschätzung (Bewertung) des Messwertes (z. B. Blutdruck zu hoch; quantitative Merkmalsprüfung → Blutdruck 160/90 mm Hg
34. Methode, Messgeräte, Mensch, Messobjekt, Mitwelt (siehe Bild 2.40)
35. Der Nennwert ist der vorgeschriebene Wert, der Istwert der ermittelte Messwert.
36. Bereinigt man die Solltoleranz um den Unsicherheitsbereich, ergibt sich der Übereinstimmungsbereich (siehe Bild 2.43).
37. Die Maßtoleranz begrenzt die zulässige Abweichung vom Nennwert der Bauteilabmessungen.
38. vollständiges Messergebnis: $M = \overline{x} - u_s \pm u_x$ (siehe Bild 2.44)
39. normatives Management: Unternehmensleitung entwickelt und vertritt die Unternehmenspolitik; strategisches Management: setzt die U-Politik in Strategien um; operatives Management: entwickelte Strategien werden umgesetzt
40. einen unvorgesehenen Einfluss von Umgebungsfaktoren

Antworten zum Kap. 2.4:

41. Produkt-, Prozess-, System- und Managementbewertung
42. harte Merkmale: Messwerte wie Längenmaß, Spannung ...; weiche Merkmale: Sauberkeit, Zufriedenheit ...
43. harte Merkmale: messen und prüfen, anschließend bewerten, weiche Merkmale: bewerten, anschließend mit einer Gewichtung zusammenfügen. Gesamtergebnis bewerten.

Antworten zu den Kap. 3, 3.1 und 3.2:

1. Qualität nicht erprüfen, sondern erzeugen
2. Qualitätsplanung, -prüfung, -lenkung, -sicherung, -verbesserung
3. vorbeugend, prozessorientiert, lenkend, umfassend, ...
4. Q-Politik, Q-Handbuch, Normen, Weiterbildung ...
5. die Geschäftsleitung
6. der strategischen, operativen, methodischen und organisatorischen Ebene
7. Abfolge der Tätigkeiten: planen, durchführen, prüfen, umsetzen (siehe Bild 3.6)

Antworten zu den Kap. 3.3 und 3.3.1:

8. Planung des QMS, der QM-Prozesse, der Q-Merkmale, der QM-Methoden ...
9. Zuverlässigkeit, Sicherheit, Verfügbarkeit, Risiko, Instandhaltbarkeit, Instandhaltung (siehe Tabelle 3.4)
10. durch die Ausfallrate in Form der Badewannenkurve mit den Phasen: Frühausfälle, Zufallsausfälle, Altersausfälle
11. Imageverlust für den Endhersteller, Schutz der Eigenfertigung, Gewährleistungsansprüche, Produkthaftung
12. Lieferantenbewertung, Vereinbarung von technische Lieferbedingungen, Prototyp- und Erstmusterprüfung, Lieferantenaudits, ...
13. Prototyp → die erste Produktverwirklichung, Erstmuster → unter Serienbedingungen erstelltes Muster
14. Sie ist entweder gesetzlich oder vertraglich festgelegt; bei kritischen sicherheitsrelevanten Produkten oder bei Großprojekten.

Antworten zu den Kap. 3.3.2 bis 3.3.4:

15. subjektiv oder objektiv; quantitativ oder nicht quantitativ
16. Audits, Managementreview, Selbstbewertung, ...
17. Produkt-, Prozess-, Systemaudit
18. Prüfmerkmale, Prüfzeitpunkt, Prüfort, Prüfart, Prüfumfang
19. Stichprobenprüfung: geringe Kosten → fehlerbehaftet; Hundertprozentprüfung: hohe Kosten → keine Fehler (siehe Bild 3.18)
20. Anpassen der Prüfkosten (des Aufwands) an das Qualitätsniveau
21. mit ungeeigneten Prüfmittel kann Qualität nicht erzeugt werden
22. beim Auftreten vieler zufälliger Einflussfaktoren
23. die Verteilungsform einer Gesamtheit
24. Mittelwert, Standardabweichung
25. $M = 0$, $\sigma = 1$
26. um mehrere gering abweichende Werte in eine Klasse (Stufe) zusammenzufassen
27. Es zeigt die Normalverteilung als eine Gerade.
28. Q-Lenkung hat die Aufgabe, vorbeugende und überwachende Maßnahmen einzuleiten und deren Auswirkungen zu prüfen.

Antworten zum Kap. 4:

1. Er ist eine Abfolge von Vorgängen, besitzt einen messbaren In- und Output, wiederholt sich.
2. nach Aufgaben und Zielen: z. B. Prozesse der Produktrealisierung; nach Bedeutung: z. B. Kernprozesse; nach Funktion: Hauptprozesse; nach Kundenorientierung: z. B. externe Prozesse

3. Verzweigung einer Kette in mehrere Zweige
4. Identifikation, Analyse, Konzeption, Realisierung (siehe Bild 4.5)
5. Daten-, Leistungs-, und Kommunikationsschnittstellen
6. ein Netzwerk von Prozessen
7. Management des Prozesses: z. B. Q-Nachweis; Ergebnisse des Prozesses: P-Kosten (siehe Bild 4.8)
8. auf einer frühzeitigen Ergreifung von Korrekturmaßnahmen
9. Prozessplanung, P-Führung, P-Steuerung, P-Kontrolle (siehe Bild 4.9)
10. SPC, KPR, SPÜ, KPÜ (siehe Bild 4.11)
11. annehmbare Qualitätsgrenzlage: Maximalforderung an den Fehleranteil
12. Prozess befindet sich in statistischer Kontrolle.
13. regelmäßige Entnahme von Stichproben, Auswertung anhand der QRK, beim Überschreiten der Eingriffsgrenze Eingriff in den Prozess (siehe Bild 4.13)
14. zufällige Störeinflüsse: Umgebungstemperatur; Systematische Störeinflüsse: Verschleiß
15. geringe Anzahl von Messwerten, regelmäßige Entnahme der Stichproben in kurzen Abständen
16. wenn mindestens 7 Werte eine steigende oder sinkende Tendenz aufweisen (siehe Bild 4.14)
17. wenn die Streuung der Messwerte kleiner ist als die vorgegebene Toleranz
18. C_p gibt das Verhältnis der Toleranz zu Prozessstreuung an; c_{pk} macht eine Aussage über die Zentrierung des Prozesses (siehe Bild 4.16).
19. C_p und c_{pk} = 1,33 (siehe Bild 4.17)

Antworten zum Kap. 5:

1. Vereinfachung der Prozessstruktur
2. Informationsfluss verbessern
3. kontinuierlicher Verbesserungsprozess: ein Prozess, in dem Mitarbeiter Verbesserungen an ihrem Arbeitsplatz kontinuierlich generieren
4. ein ständiger Informationsfluss zwischen sämtlichen Beteiligten, wie Unternehmensleitung, obere Führungsebene, Bereichsleiter/Meister, Mitarbeiter/Werker
5. auf dem SDCA-Zyklus: standardisieren, ausführen, überprüfen, ...
6. Ursachen von Verschwendung zu entdecken
7. Überproduktion, Wartezeiten, Unterbrechungen, ...
8. fünf Ansätze zur Verschwendungsvermeidung am Arbeitsplatz (siehe Bild 5.6)
9. Transport, Rüsten, Prüfen, ... (siehe Tabelle 5.1)
10. zur Identifizierung eines Problems (siehe Tabelle 5.3)

11. um arbeitsbezogen Probleme aus dem direkten oder übergreifendem Arbeitsbereich zu diskutieren und Lösungen zu verifizieren
12. Sie bewirken eine Verbesserung der Motivation und Zufriedenheit der Mitarbeiter.
13. Verbesserung der Qualität und Steigerung der Produktivität
14. Die Streuung der Ergebnisse (Qualität, Verluste) soll durch Verminderung der Streuung von Lenkungs- und Störfaktoren erreicht werden (siehe Bild 5.7).
15. die Statistik mit dem +/– -Sigma-Ansatz
16. Es ist die Kennzeichnung der zugewiesenen Rolle eines beteiligten Mitarbeiters.
17. eine Systematik zur Prozessverbesserung: definieren, messen, ... (siehe Bild 5.8)
18. auf einer monetären Bewertung aller Leistungsarten
19. Nutzleistung, Stützleistung, Blindleistung, Fehlleistung
20. Lötvorgang, Reinigung des Materials, warten auf Material, fehlerhafte Lötnaht
21. die Nutzleistung, bezogen auf die Gesamtleistung
22. Es werden alle Faktoren berücksichtigt, monetäre Bewertung aller Vorgänge, ...
23. keine Materialbestände, Direktanlieferung an die Produktion
24. schlanke Organisationsstruktur
25. Kanban steuert die Produktion bedarfsorientiert.
26. durch Überdeckung der einzelnen Entwicklungsphasen

Antworten zum Kap. 6:

1. noch nicht entstandene Fehler zu entdecken, ihr Risiko zu bewerten und ihre Ursachen zu beseitigen
2. Wahrscheinlichkeit des Auftretens, der Entdeckung und mögliche Auswirkungen
3. anhand der Risikoprioritätszahl
4. Für die untersuchte Anforderung werden alle möglichen Fehler aufgelistet. Anschließend werden Ursachen, Folgen und die Entdeckungswahrscheinlichkeit erfasst und bewertet. Die Risikoprioritätszahl wird berechnet, und entsprechend ihrer Größe werden Maßnahmen eingeleitet (siehe Bild 6.3).
5. Vorteile: Fehlerreduzierung, Systematik, Verbesserung des Objektes, Produktivitätssteigerung, ...; Nachteile: Hoher Aufwand, Nutzen schwer ermittelbar, ... (siehe Tabelle 6.6).
6. in Bereichen der System-, Fehler-, Risiko- und Optimierungsanalyse (siehe Tabelle 6.5)
7. QFD
8. es basiert auf Matrizen, mit deren Hilfe Abhängigkeiten dargestellt und bewertet werden (siehe Bild 6.4).
9. Transformation der Kundenforderungen in Produkt-, Teile-, Prozess- und Produktionsmerkmale (siehe Bild 6.6)

10. Vorteil: Nicht genau spezifizierte Forderungen können in messbare bzw. bewertbare Merkmale transformiert, bewertet und ihre Zielwerte festgelegt werden. Nachteil: Komplexität
11. Ausrichten nach besten Erfahrungen bzw. Lösungen und ihre Umsetzung
12. auf vergleichender Bewertung
13. allgemeines BM, funktionales BM, internes BM, wettbewerbsorientiertes BM (siehe Bild 6.9)
14. lernende Organisation
15. Vermeidung einer Fehlerentstehung
16. vertauschen, vergessen, verwechseln, ... (siehe Tabelle 6.7)
17. formorientiertes Verhindern von Fehlhandlungen.
18. Telefonstecker
19. menschlich bedingte Fehler, mechanisch basierte Möglichkeit, Fehler zu verhindern
20. hundertprozentige Fehlervermeidung, kurzer Regelkreis, kostengünstig, nicht immer anwendbar
21. Verlustfunktion (siehe Bild 6.14) und Prinzip des robusten Prozesses (siehe Bild 6.16)

Antworten zum Kap. 7.1:

1. Erfassung, Analyse und Visualisierung von Problemursachen
2. zur Erfassung der Anzahl und Art von Fehlern
3. Es handelt sich um ein Diagramm, in dem Werte in Klassen aufgeteilt und als Balken dargestellt sind.
4. Es ist ein Zeit-Werte-Diagramm mit vorgegebenen Grenzwerten, innerhalb derer sich die Istwerte befinden müssen (siehe Bild 7.4).
5. Wenn Messwerte die Eingriffsgrenze überschreiten, wird ein Regelvorgang ausgelöst und werden die Stellgrößen so verändert, dass kein Ausschuss entsteht.
6. Toleranz-, Eingriffs-, Warngrenzen, Median/Spannweite
7. Shewhart-QRK, Annahme-QRK, … (siehe Bild 7.5)
8. QRK: Mittelwert/Standardabweichung; Mittelwert/Spannweite, ... (siehe Bild 7.6)
9. x-Karte: absolute Anzahl fehlerhafter Einheiten je Stichprobe
   p-Karte: Anteil fehlerhafter Einheiten in einer Stichprobe
   u-Karte: Fehler pro physikalischer Bezugseinheit (siehe Tabelle 7.10 und 7.11)
10. Folge/Run; Trend; Achtung; Instabilität; Eingriff; unter Kontrolle (siehe Bild 7.12)

11. Rechnenbeispiel: Bild. 7.7

$(n = 5; k = 16)$;

$$\bar{x} = \frac{\sum x_i}{n \cdot k} = 52$$

$$\bar{\bar{x}} = \frac{\bar{x}_1 + \bar{x}_2 + ... + \bar{x}_k}{k} = \frac{840,8}{16} = 52,55$$

$$\bar{R} = \frac{R_1 + R_2 + ... + R_k}{k} = \frac{40}{16} = 2,5$$

$$OEG_{\bar{x}} = \bar{\bar{x}} + A_2 \cdot \bar{R} = 52,55 + 0,577 \cdot 2,5 = 53,99;$$

$$OEG_R = D_4 \cdot \bar{R} = 2,114 \cdot 2,5 = 5,285$$

$$UEG_{\bar{x}} = \bar{\bar{x}} - A_2 \cdot \bar{R} = 52,55 - 0,577 \cdot 2,5 = 51,11;$$

$$UEG_R = D_3 \cdot \bar{R} = 0 \cdot 2,5 = 0$$

$$s = \sqrt{\frac{\sum (x_i - \bar{x})^2}{n-1}} = \sqrt{\frac{155}{79}} = \sqrt{1,96} = 1,40$$

$$T = OTG - UTG = 10$$

$$c_p = \frac{T}{6 \cdot \sigma} = \frac{10}{6 \cdot 1,4} = 1,19$$

$$c_{pk} = \frac{Z_{\text{krit}}}{3 \cdot \sigma} = \frac{57,00 - 52,55}{3 \cdot 1,4} = \frac{4,45}{4,2} = 1,059$$

12. Die Merkmale werden entsprechend ihrer Größe bzw. Häufigkeit fallend sortiert. Das erste Drittel der Merkmale umfasst ca. 80 % der Gesamthäufigkeit (siehe Bild 7.13).
13. um festzustellen, ob es sich bei einer Häufigkeit von Wertepaaren um eine statistisch nachvollziehbare Abhängigkeit handelt (siehe Bild 7.14)
14. Ideenfindung (siehe Bild 7.16)
15. Das Problem wird definiert und die Ursachen für die Problementstehung werden anhand von 7 M beschrieben (siehe Bild 7.17).

Antworten zum Kap. 7.2:

16. um Ordnung und Struktur in Beziehungen zwischen Merkmalen und ihren Abhängigkeiten zu bringen (siehe Bild 7.21)
17. wenn Wechselwirkungen zwischen mehreren Merkmalen analysiert und bewertet werden sollen (siehe Bild 7.22)
18. zur Gegenüberstellung von Objekten, Daten usw. mit dem Ziel einer Vorgehensweise- bzw. Strategieentwicklung (siehe Bild 7.23)
19. anhand eines Matrixdiagramms (siehe Bild 7.24)
20. die Merkmalsstruktur eines Betrachtungsgegenstandes und die Abhängigkeiten (siehe Bild 7.26)
21. zur Planung, Analyse und Steuerung von Abläufen bzw. Prozessen (siehe Bild 7.29)
22. um Probleme im Planungsstadium zu erkennen und Vermeidungslösungen zu generieren (siehe Bild 7.29)

Antworten zum Kap. 8:

1. Standardisierung, Austauschbarkeit, Konkretisierung von Forderungen, Sicherstellen von Kommunikation, Wirtschaftlichkeit
2. Normen sind nur Empfehlungen, sie können aber ein Bestandteil von Verträgen bzw. Gesetzen und Vorschriften sein und damit bindend.

3. nach Ebenen, nach Zugehörigkeit zu Branchen, nach Inhalt und Arten; Beispiele: DIN-Normen, ISO-Normen, VDI-Richtlinien, VDA-Richtlinien
4. Qualitätsforderungen an Tätigkeiten, Verfahren z. B. Prüfnormen, als fachübergreifende Normen z. B. statistische Verfahren, Managementsysteme usw.
5. von verschiedenen, meistens branchenspezifischen Organisationen wie z. B. Deutsche Gesellschaft für Qualität DGQ, Verein Deutscher Ingenieure VDI usw.

Antworten zum Kap. 9:

1. Vertrauen bzw. Forderungen der Kunden, Steigerung der Qualität, Risikominderung, Kostensenkung
2. aus einer Organisationsstruktur und Verantwortlichkeiten, Verfahren und Prozessen, Ressourcen für die Verwirklichung des QMS
3. nein, Normen stellen Forderungen an ein QMS. Das QMS muss entsprechend den Unternehmensgegebenheiten konzipiert werden.
4. von der Q-Politik, der Aufbau- und Ablauforganisation, von den Ressourcen ...
5. von der Größe des Unternehmens und seiner Struktur, von Prozessen, vom Zeitrahmen ...
6. Vorbereitungsphase, Zieldefinition, Istaufnahme, Abweichungsanalyse, Festlegung des QMS, Umsetzung, Validierung, Vorbereitung und Durchführung der Zertifizierung
7. ISO 9000 ff.
8. ja
9. Kundenbezogenheit, prozessorientiert, KVP, Zielsetzung durch Q-Politik, Management der Ressourcen, Lenkung der Dokumente, Audits
10. Sie weisen eine hohe Affinität auf: Struktur, Verfahren, Dokumentation, Zertifizierung.
11. QM-Handbuch, Prozess- und Verfahrensanweisungen, Arbeitsanweisungen (siehe Bild 7.5)
12. zur Überprüfung der Erreichung von Forderungen an QMS, Prozesse, Produkte
13. Prozess-, Produkt-, Systemaudit, interner Audit, externer Audit
14. Zertifizierungsaudit, Tests in den Autozeitschriften, Stiftung Warentest
15. dass das QM-System die Forderungen der Norm erfüllt
16. nein, es gilt für drei Jahre mit jährlichen Überwachungsaudits (siehe Bild 9.8)
17. um die Nachteile von autarken Systemen zu beseitigen: Strukturen, Kompatibilität, Datendoppelungen
18. Datenerfassung, Analysewerkzeuge, Kennzahlenbildung, Statistik, Prüfpläne, Reklamationsbearbeitung, Dokumentation ...
19. Es ist eine Führungsmethode, die Qualität in den Mittelpunkt stellt, um Spitzenleistungen zu erreichen.
20. Beständigkeit der Zielsetzung, Qualitätsphilosophie, vorbeugend, partnerschaftlich mit Zulieferern, kooperativer Führungsstil, KVP, ...
21. nach dem EFQM-Modell

22. Es besteht aus 9 Kriterien, die die Zusammenhänge zwischen dem Befähiger (dem Handelnden) und den Ergebnissen beschreiben (siehe Bild 9.11).
23. Fehlerverhütungs-, Prüf-, Fehlerkosten, ... (siehe Bild 9.13)
24. Siehe Bild 9.14

Antworten zum Kap. 10:

1. arbeitsrechtliche, strafrechtliche und zivilrechtliche Aspekte
2. Gesetze, Tarifverträge, Betriebsvereinbarungen, Arbeitsverträge
3. die Rechte und Pflichten im Verhältnis Arbeitgeber – Arbeitnehmer
4. Mitbestimmungsrechte des Betriebsrats bei QM-Maßnahmen wie Datenerfassung, -analyse, Qualitätszirkeln, Q-Entlohnung, Q-Weiterbildung
5. ja, der Verursacher
6. Die Geschäftleitung trägt die persönliche strafrechtliche Verantwortung.
7. ja, wenn der Schaden auf eine fahrlässige oder vorsätzliche Handlung ihrerseits zurückzuführen ist
8. Es kann ein Folgeschaden auftreten und/oder der erwartete Nutzen ausbleiben.
9. Es gibt die vertragliche Haftung (zwischen zwei Vertragspartnern) und die rein gesetzliche Haftung, Verschuldungs- und Gefährdungshaftung.
10. Im Schadensfall haftet der Hersteller bzw. sein Vertragspartner nur für Folgeschäden, nicht für das Produkt selbst.
11. Der Käufer muss sich prinzipiell an seinen Vertragspartner (Verkäufer) wenden. Der Hersteller haftet normalerweise über seinen Vertragspartner, den Verkäufer.
12. Er wendet sich an den Verkäufer, um im Rahmen der Gewährleistung sein vertragliches bzw. gesetzliches Recht zum Einstellen (Beseitigen) des Mangels zu fordern.
13. ja, unentgeltlich und nach einem erfolglosen 2. Versuch Umtausch oder gegebenenfalls Rücktritt vom Vertrag
14. der Geschädigte, zum Zeitpunkt des Auftretens des Fehlers. Der Geschädigte muss aber keinen Nachweis über die Ursache der Entstehung führen.
15. ja, indem er Beweise zur seiner Entlastung (z. B. Prüfberichte) über die Schadensfreiheit vorlegt
16. Produktbeobachtungspflicht, d. h. bei auftretenden Schadensfällen die Pflicht zur Aufklärung, Warnung, zum Rückruf und Produktionsänderung
17. Ja, der Hersteller muss angemessene Sorgfalt walten lassen, um die Beschaffenheit ... Er hat die Pflicht für eine Organisation zu sorgen, die ...
18. qualitätsrelevante Leistungsvereinbarungen, Haftungsbedingungen
19. Sie besagt, dass ein Produkt den EU-Forderungen entspricht.
20. Nein, sie deckt nur Personen- und Sachschäden infolge mangelhafter Produkte. Nachbesserungen, Umtausch, Rückrufaktionen u. ä. sind nicht gedeckt.

Sachwortverzeichnis

E

F

G

H

I

J

K